RICHARD EMIL KUTTERER

BALLISTIK

3., neugestaltete Auflage

Mit 176 Abbildungen

SPRINGER FACHMEDIEN WIESBADEN GMBH

ISBN 978-3-663-00422-6   ISBN 978-3-663-02335-7 (eBook)
DOI 10.1007/978-3-663-02335-7

Aus dem Vorwort zur 1. und 2. Auflage

Der bekannte Verlag *Vieweg* in Braunschweig bietet hier den Ballistikern und solchen, die es werden wollen, ein vortreffliches Buch über theoretische äußere und innere und über experimentelle Ballistik dar, ausgezeichnet einerseits durch große Klarkeit, Einfachheit und Leichtverständlichkeit der Darstellung, andererseits durch strenge Wissenschaftlichkeit.

Ich bin aufgefordert, ein Vorwort vorauszuschicken und habe hierzu das Ganze eingehend durchgesehen; ich muß gestehen, daß mir dabei die Lektüre des Buches zu einer Quelle heller Freude geworden ist, und ich bin überzeugt, daß ähnliche Eindrücke alle anderen Leser des Buches erhalten werden, die das Buch für ihren jetzigen oder späteren Beruf verwenden wollen.

Ich darf dem Verfasser zu der vorsichtigen und streng wissenschaftlichen Abfassung des Buches, das einem wirklichen Bedürfnis entspricht, und dem Verlag *Vieweg* zu der in jeder Hinsicht bezüglich Druck und Ausführung der Abbildungen ausgezeichneten Herausgabe herzlich beglückwünschen und würde mich freuen, wenn dem Buch ein glänzender und dauernder Erfolg beschieden wäre.

Ich bin auch beim Durchlesen der zweiten Auflage zu der Überzeugung gelangt, daß jeder, der jetzt oder später ein klares, einfaches, leicht verständlich geschriebenes und dabei doch wirklich wissenschaftliches Buch von mäßigem Umfange zu erwerben sucht, in erster Linie auf das Buch „Ballistik" von *R. E. Kutterer* verwiesen werden sollte. Möge die zweite Auflage denselben glücklichen Weg gehen wie die erste.

Carl Cranz

Vorwort zur dritten Auflage

Der Aufgabenkreis der „klassischen" Ballistik hat sich sehr erweitert. Durch neue theoretische Erkenntnisse und durch Fortschritte insbesondere auf dem Gebiet der Elektronik konnte die Leistung der experimentellen Ballistik erheblich gesteigert werden.

Die Bedeutung der „sekundären" Ballistik (III. Abschnitt) ist stark in den Vordergrund gerückt. Viele Versuche wurden angestellt, um eine Leistungssteigerung herkömmlicher Waffen zu erreichen und neue Prinzipien anzuwenden (VIII. Abschnitt). Die rasche Entwicklung der Rakete (IX. Abschnitt) als ungesteuerter und gesteuerter Flugkörper mittlerer und großer Reichweite hat neue Probleme aerodynamischer, elektronischer und physikalischer Natur mit sich gebracht. Denn jeder Flugkörper, der in sehr großer Höhe fliegen soll, muß die Lufthülle beim Aufstieg wie bei der Rückkehr durchschneiden, wobei sich außer den Fragen des Luftwiderstandes die Frage der Erhitzung des Flugkörpers bei hohen M-Werten und die Frage der elektrischen Eigenschaften der Atmosphäre (Ionosphäre) bei der Steuerung ergeben. Ausführlich wird auf die verschiedenen Möglichkeiten der Lösung experimenteller ballistischer Probleme eingegangen, da die Erfahrung immer wieder bestätigt, daß in der experimentellen Ballistik sehr oft Aufgaben improvisiert und ad hoc gelöst werden müssen.

Viele der in der Ballistik entwickelten Methoden, wie z. B. die photographischen und kinematographischen Verfahren, um mittels kurzer Funken- und Röntgenblitze schnellverlaufende Vorgänge zu untersuchen, die Druckmeßverfahren, die Kurzzeitmeßverfahren sowie die Temperaturmeßverfahren, werden heute in der Industrie in steigendem Maße verwendet. Das Interesse an diesem Buch dürfte daher auch bei Ingenieuren und Physikern außerhalb des ballistischen Interessengebietes liegen.

Ich möchte noch meinen Dank an meine Kollegen des Laboratoire de Recherches Techniques de St. Louis (LRSL) sagen, die mich oft auf ihrem Spezialgebiet mit ihrem Rat unterstützt haben, insbesondere Herrn Dr.-Ing. *H. Molitz*, der mein Manuskript kritisch durchgelesen hat. Seine Arbeiten waren mir bei der Abfassung des neuen dritten Abschnittes sehr wertvoll. Herr *Molitz* hat durch seine geschickte, auf die Praxis ausgerichtete Darstellung seiner modernen theoretischen Untersuchungen in der „sekundären" Ballistik die experimentellen Aussagemöglichkeiten erheblich erweitert. Schließlich danke ich dem Verlag Friedr. Vieweg & Sohn, der meinen Wünschen weitgehend entgegengekommen ist.

Sommer 1958   *Der Verfasser*

Inhaltsverzeichnis

VII

Zweiter Teil: Innere Ballistik

Sechster Abschnitt: Grundlagen der inneren Ballistik. Verfahren zur Berechnung der innerballistischen Größen

Siebenter Abschnitt: Über spezielle Fragen der inneren Ballistik

Achter Abschnitt: Leistungssteigerung vorhandener Waffen. Sonderwaffen

Dritter Teil: Die Rakete

Neunter Abschnitt: Innere Ballistik der Rakete

X

Anwendungen des schrägen Bruchstriches

Aus drucktechnischen Gründen wird vielfach an Stelle des geraden Bruchstriches ein schräger Bruchstrich verwendet, dessen Anwendung an den folgenden Beispielen gezeigt werden soll.

$$a\,b/c\,d = a\,b/(c\,d) = (a\,b)/(c\,d) = \frac{a\,b}{c\,d}$$

$$a\,b/c \cdot d = (a\,b/c)\,d = \frac{a\,b}{c}\,d$$

$$(a + b)/(c + d) = \frac{a + b}{c + d}$$

$$a + b/c + d = a + \frac{b}{c} + d$$

Bemerkung zum Maßsystem

Im vorliegenden Buch wird das technische Maßsystem angewendet mit

dem Meter (m) als Einheit der Länge,

dem Kilopond (kp) als Einheit der Kraft und

der Sekunde (s) als Einheit der Zeit.

Neben dem kp wird aber auch das Kilogramm (kg) anstelle des kp verwendet. Die Masse ist durch $kp\,s^2/m$ gegeben.

Um vom technischen Maßsystem auf das MKS-System mit den Einheiten m, s und kg (Masse) überzugehen, ist die Umrechnung wie folgt durchzuführen, wobei der Umrechnungsfaktor $g = 9{,}80665$ den Normwert der Fallbeschleunigung darstellt.

Der Zahlenwert der Größe	gemessen im m kp s-System in	muß mit folgendem Zahlenfaktor multipliziert werden	um den entsprechenden Wert im MKS-System zu erhalten
Länge, Fläche, Volumen	m, m^2, m^3	1	m, m^2, m^3
Zeit	s	1	s
Geschwindigkeit, Beschleunigung	$m/s, m/s^2$	1	$m/s, m/s^2$
Masse, Dichte	$kp\,s^2/m^1, kp\,s^2/m^4$	9,80665	$kg, kg/m^3$
Wichte (spezif. Gewicht)	kp/m^{-3}	9,80665	$kg/(m^2 s^2)$
Kraft, Druck	$kp, kp/m^2$	9,80665	$m\,kg/s^2, kg/(s^2 m)$
Arbeit, Impuls	$mkp, mkp/s$	9,80665	$m^2\,kg/s^2, m^2\,kg/s^3$
Trägheitsmoment	$mkp\,s^2$	9,80665	$m^2\,kg$

ERSTER TEIL: ÄUSSERE BALLISTIK

Erster Abschnitt: Die Geschoßbahn im luftleeren Raum

1. Über die Flugbahnparabel

Wird ein Geschoß unter einem Winkel ϑ_0 und mit einer Anfangsgeschwindigkeit v_0 abgeschossen, so beschreibt es eine Flugbahn. Wir wollen uns vorstellen, daß die Geschoßbewegung im luftleeren Raum vor sich gehe. In diesem Falle ist die Gestalt der Flugbahn einfach zu ermitteln, da auf das Geschoß während seines Fluges nur die Anziehungskraft der Erde wirkt.

Wir nehmen an, daß diese konstant sei und dem Geschoß die konstante Fallbeschleunigung $g = 9{,}81$ m/s² erteile. Auch von der Erdkrümmung, der Konvergenz der Vertikalen und der Erdrotation werde abgesehen.

Nach einer gewissen Flugzeit t befinde sich das Geschoß an einer Stelle x, y (Bild 1), der Neigungswinkel der Bahnkurve an dieser Stelle sei ϑ, die Ge-

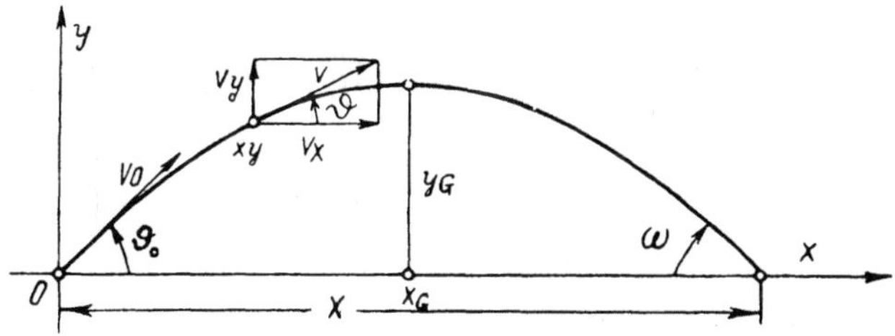

Bild 1. Flugbahnparabel

schoßgeschwindigkeit sei v mit den Komponenten $v_x = v \cos \vartheta$ und $v_y = v \sin \vartheta$.

Die Mechanik liefert für die Geschoßbewegung die voneinander unabhängigen Differentialgleichungen

$$m \, d^2x/dt^2 = 0 \quad \text{und} \quad m \, d^2y/dt^2 = - \, mg \tag{1}$$

mit den Anfangsbedingungen:

Für $t = 0$ ist $x = 0$, $y = 0$; $dx/dt = v_0 \cos \vartheta_0$, $dy/dt = v_0 \sin \vartheta_0$.

Die Integration der Differentialgleichungen (1) ergibt die Bewegungsgleichungen des Geschosses:

$$x = v_0\, t \cos \vartheta_0, \quad y = v_0\, t \sin \vartheta_0 - g\, t^2/2. \tag{2}$$

Durch Elimination von t aus diesen beiden Gleichungen erhält man die Flugbahngleichung des Geschosses:

$$y = x \tan \vartheta_0 - \frac{g\, x^2}{2\, v_0^2 \cos^2 \vartheta_0}. \tag{3}$$

Das ist die Gleichung einer Parabel, die symmetrisch zu den Gipfelkoordinaten x_G, y_G liegt. Die Gipfelkoordinaten selbst erhält man aus (3) durch die Bedingung

$$dy/dx = \tan \vartheta = 0,$$

da im Gipfel die Bahntangente waagerecht ist, zu

$$x_G = \frac{v_0^2}{2\, g} \sin 2\, \vartheta_0, \quad y_G = \frac{v_0^2}{2\, g} \sin^2 \vartheta_0. \tag{4}$$

Insbesondere für den lotrechten Schuß ($\vartheta_0 = 90°$) erhält man

$$y_G = \frac{v_0^2}{2\, g}. \tag{5}$$

Die Gesamtschußweite X folgt für $y = 0$ aus (3) zu:

$$X = \frac{v_0^2}{g} \sin 2\, \vartheta_0. \tag{6}$$

Mit Gl. (6) läßt sich Gl. (3) umformen in die einfache Form:

$$y = x\, (X - x) \frac{1}{X} \tan \vartheta_0. \tag{7}$$

Gl. (4) und (6) ergeben die folgende Beziehung zwischen Gipfelhöhe y_G und Schußweite X:

$$y_G = \frac{1}{4} X \tan \vartheta_0. \tag{8}$$

Eliminiert man aus Gl. (6) ϑ_0 mittels $\sin^2 \vartheta_0 = 2\, g\, y_G/v_0^2$, so erhält man:

$$X = v_0 \sqrt{8\, y_G/g - 16\, (y_G/v_0)^2} \approx v_0 \sqrt{8\, y_G/g}. \tag{9}$$

Beträgt die Höhe eines Zieles y_G, so erhält man bei einer vorgegebenen v_0 die Schußweite X, bei der das Ziel von der ganzen Flugbahn gerade noch bestrichen wird (sogenannter vollkommen bestrichener Raum).

Beispiel: Kampfwagenhöhe $2{,}5$ m; damit $X = 1{,}43\, v_0$. Bei $v_0 = 100$ m/s wird $X = 143$ m.

2

Die größte Schußweite bei einer gegebenen Anfangsgeschwindigkeit v_0 ergibt sich bei $\vartheta_0 = 45°$ zu:

$$X_{\mathrm{max}} = v_0^2/g. \tag{10}$$

Gl. (6) und (10) liefern die einfache Beziehung:

$$\sin 2\,\vartheta_0 = X/X_{\mathrm{max}}. \tag{11}$$

Ist somit die Höchstschußweite bekannt, so kann man aus dieser Beziehung sofort den zu einer Schußweite gehörigen Abgangswinkel ϑ_0 berechnen (Bild 2).

Die Flugzeit t, die das Geschoß braucht, um zu dem Bahnpunkt x, y zu gelangen, ist:

$$t = x/(v_0 \cos \vartheta_0). \tag{12}$$

Für die Gesamtflugzeit T, die das Geschoß zur Zurücklegung der ganzen Flugbahn benötigt, ergibt sich aus Gl. (2) für $y = 0$:

$$T = \frac{2}{g}\, v_0 \sin \vartheta_0. \tag{13}$$

Führt man aus Gl. (13) $v_0 \sin \vartheta_0 = g\,T/2$ in Gl. (4) ein, so erhält man folgende Beziehung zwischen der Flugzeit T und der Gipfelkoordinate y_G:

$$y_G = g\,T^2/8 = 1{,}23\,T^2. \tag{14}$$

Es ist leicht zu zeigen, daß ein Geschoß, das bei einer vorgegebenen Geschwindigkeit v_0 und einem Abgangswinkel ϑ_0 die Schußweite X und dabei die Gipfelhöhe y_G erreicht, bei einem Abgangswinkel $\vartheta_0 = 0$ bei gleichem Wert von v_0 in der Entfernung X um $y = 4\,y_G$ gefallen ist.

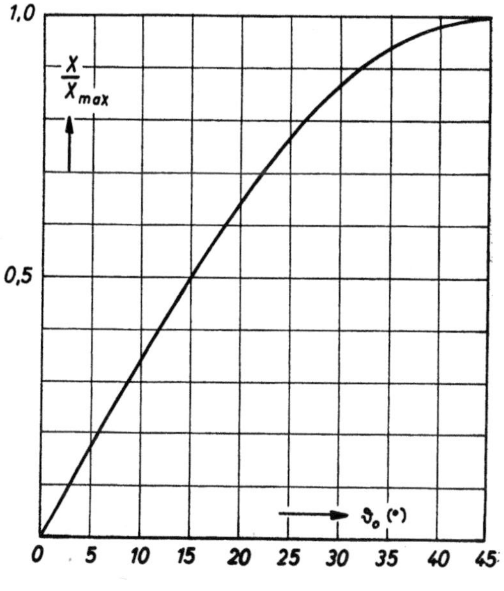

Bild 2. X/X_{max} in Abhängigkeit vom Abgangswinkel ϑ_0

Die mittlere Höhe y_m, in der sich das Geschoß befindet, ist bezüglich der Zeit:

$$y_m = \frac{1}{T} \int_0^T y\,dt = \frac{2}{3}\,y_G. \tag{15}$$

Die Geschwindigkeitskomponenten v_x und v_y an der Stelle x, y der Flugbahn erhält man durch Differentiation der Gl. (2):

$$dx/dt = v_x = v_0 \cos \vartheta_0, \quad dy/dt = v_y = v_0 \sin \vartheta_0 - gt. \tag{16}$$

1*

Die Geschwindigkeiten v an der Stelle x, y ergibt sich daraus zu:

$$v = \sqrt{v_x^2 + v_y^2} = \sqrt{v_0^2 - 2\,g\,y}\,. \tag{17}$$

Die Bahngeschwindigkeit v ist also außer von v_0 nur von der Höhe des Geschosses über dem Erdboden abhängig.

Bei der obigen Ableitung der Flugbahngleichung hatten wir abgesehen 1. von der Abnahme der Fallbeschleunigung mit der Höhe über dem Erdboden, 2. von der Konvergenz der Vertikalen, 3. von der Erdkrümmung und 4. von der Erdrotation. Diese Einflüsse sind außerordentlich klein und werden für die in der Praxis vorkommenden Schußweiten im allgemeinen nicht berücksichtigt. Bei Berücksichtigung der ersten drei Einflüsse wird aus der Flugbahnparabel eine Flugbahnellipse. Ist $X_P = (v_0^2/g) \sin 2\,\vartheta_0$ die Parabelschußweite und X_E die Ellipsenschußweite bei Berücksichtigung von 1 bis 3, so ist nach *O. v. Eberhard:*

$$X_E = X_P \frac{2\,r_0 \tan \vartheta_0}{2\,r_0 \tan \vartheta_0 - X_P}\,,$$

wobei r_0 der Erdradius ist ($r_0 = 6370$ km).

Wird ein Geschoß unter $\vartheta_0 = 45°$ abgefeuert, so ergibt sich, daß der Unterschied zwischen X_E und X_P bis zu Schußweiten $X_P = 125$ km unterhalb von $1\,^0/_0$ liegt. Die Erdkrümmung hat den weitaus größten Anteil an der Schußweitenvergrößerung.

2. Eigenschaften von Flugbahnen mit konstanter Anfangsgeschwindigkeit bzw. konstantem Abgangswinkel

a) Feuert man ein Geschoß unter verschiedenen Abgangswinkeln ϑ_0, jedoch mit gleicher Anfangsgeschwindigkeit v_0 ab, so gibt es einen bestimmten

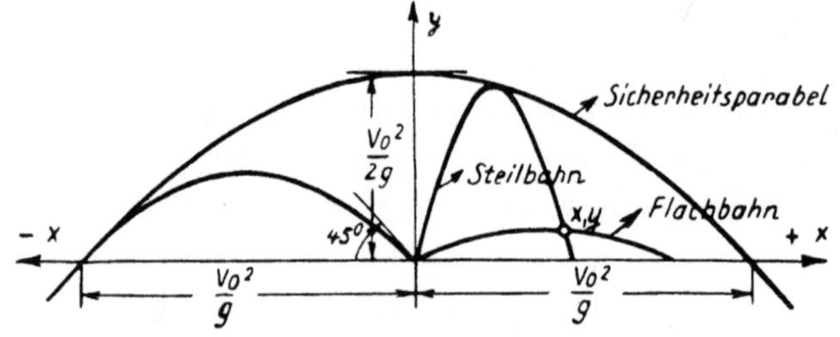

Bild 3. Flugbahnen bei konstanter Abgangsgeschwindigkeit v_0

Bereich (Schußbereich), in dem ein Ziel von einer bzw. zwei Flugbahnen erreicht werden kann.

Soll ein Ziel mit den Koordinaten x, y getroffen werden (Bild 3), so berechnet sich bei gegebener v_0 der notwendige Abgangswinkel ϑ_0 aus der Flugbahngleichung

$$y = x \tan \vartheta_0 - \frac{g\,x^2}{2\,v_0^2 \cos^2 \vartheta_0} \quad \text{mit} \quad \cos^2 \vartheta_0 = \frac{1}{1 + \tan^2 \vartheta_0}$$

zu

$$\tan \vartheta_0 = \frac{v_0^2}{g\,x} \pm \frac{1}{x} \sqrt{\frac{v_0^4}{g^2} - \frac{2\,v_0^2\,y}{g} - x^2}\,.$$

Man erhält also zwei Winkel ϑ_0, damit zwei Flugbahnen. Der kleinere Abgangswinkel ergibt den Flachschuß, der größere den Bogenschuß. Man erhält solange reelle Werte ϑ_0, wie $v_0^4/g^2 > 2\,v_0^2\,y/g + x^2$ ist. Für $v_0^4/g^2 = 2\,v_0^2\,y/g + x^2$ fallen beide Bahnen zusammen. Diese Beziehung zwischen x und y stellt die Gleichung einer zur y-Achse symmetrischen Parabel dar, die die Umhüllende sämtlicher bei der vorgegebenen v_0 möglichen Flugbahnen ist Innerhalb des von dieser Parabel eingeschlossenen Bereichs läßt sich ein Ziel mit zwei Bahnen erreichen, ein Ziel auf der Umhüllenden mit einer einzigen Bahn. Diese Umhüllende pflegt die *Sicherheitsparabel* genannt zu werden, da bei gegebener v_0 ein Ziel, das außerhalb dieser Parabel liegt, überhaupt nicht getroffen werden kann. Es zeigt sich übrigens, daß die Flugzeit zur Erreichung eines Zieles beim Bogenschuß größer ist als beim Flachschuß.

Wir wollen uns nun die Frage stellen, wo sich Geschosse, die unter verschiedenen Abgangswinkeln ϑ_0 mit gleicher v_0 zu gleicher Zeit abgefeuert werden, in einem bestimmten Zeitpunkt t befinden. Aus den Bewegungsgleichungen $x = v_0\,t \cos \vartheta_0$ und $y = v_0\,t \sin \vartheta_0 - (g/2)\,t^2$ läßt sich mit Hilfe der Beziehung $\sin^2 \vartheta_0 + \cos^2 \vartheta_0 = 1$ leicht ϑ_0 eliminieren und man erhält:

$$x^2 + (y + (g/2)\,t^2)^2 = v_0^2\,t^2.$$

Der geometrische Ort für die Geschoßorte x, y zur Zeit t ist also ein Kreis mit dem Radius $v_0\,t$, dessen Mittelpunkt auf der y-Achse von $y = 0$ um $y = -\,g\,t^2/2$ entfernt ist.

b) Wird ein Geschoß unter dem Winkel ϑ_0 mit verschiedenen Anfangsgeschwindigkeiten v_0 abgefeuert, so interessiert die Frage nach dem geometrischen Ort der Gipfelpunkte. Für den Gipfelpunkt hatten wir abgeleitet:

$$x_G = (v_0^2/2\,g) \sin 2\,\vartheta_0,$$
$$y_G = (v_0^2/2\,g) \sin^2 \vartheta_0.$$

Durch Division der beiden Gleichungen erhält man:

$$\frac{y_G}{x_G} = \frac{\sin^2 \vartheta_0}{\sin 2\,\vartheta_0} = \frac{1}{2}\,\tan \vartheta_0\,.$$

Der geometrische Ort der Gipfel ist also eine Gerade (Bild 4).

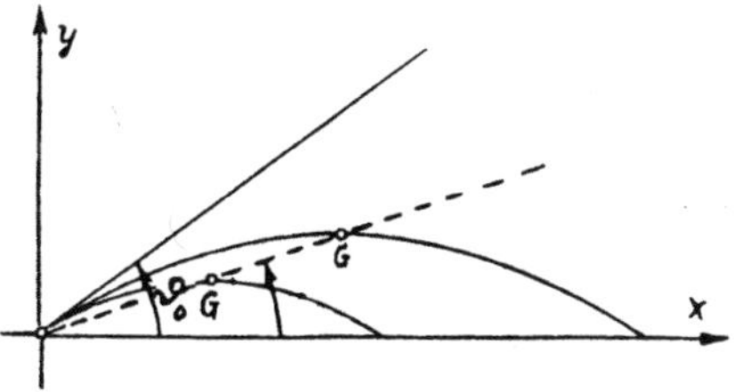

Bild 4. Flugbahnen bei konstantem Abgangswinkel ϑ_0

3. Schuß auf geneigter Ebene; das Schwenken von Flugbahnen

Die Erdoberfläche soll jetzt mit der Waagerechten durch die Mündung den Winkel E bilden (Bild 5).

Das Geschoß werde mit der Anfangsgeschwindigkeit v_0 unter dem Abgangswinkel ϑ_0 abgefeuert. Die Schußweite OA auf dem schiefen Gelände erhält man dann folgendermaßen:

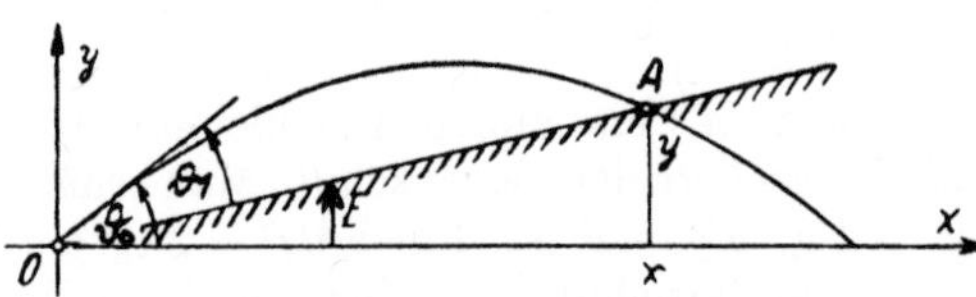

Bild 5. Schuß auf geneigter Ebene

Aus der Gleichung für die schiefe Ebene OA

$$y = x \tan E$$

und der Flugbahnparabel $y = x \tan \vartheta_0 - g x^2/(2 v_0^2 \cos^2 \vartheta_0)$ ergibt sich $\tan \vartheta_0 - g x/(2 v_0^2 \cos^2 \vartheta_0) = \tan E$, daraus $x = (2 v_0^2 \cos^2 \vartheta_0/g) \cdot (\tan \vartheta_0 - \tan E)$. Da nun $OA = x/\cos E$, wird:

$$OA = \frac{2 v_0^2}{g} \cdot \frac{\cos^2 \vartheta_0 (\tan \vartheta_0 - \tan E)}{\cos E} = \frac{2 v_0^2}{g} \cdot \frac{\cos \vartheta_0 \sin (\vartheta_0 - E)}{\cos^2 E}.$$

Setzt man $\vartheta_0 - E = \vartheta_1$, wo ϑ_1 der Abgangswinkel des Geschosses gegenüber der schiefen Ebene [bzw. bei Abgangsfehlerwinkel Null (vgl. S. 7) der sogenannte *Aufsatz-* oder *Visierwinkel*], so wird:

$$OA = \frac{2 v_0^2}{g} \cdot \frac{\cos (E + \vartheta_1) \sin \vartheta_1}{\cos^2 E}.$$

Bei gegebener Neigung E und gegebener v_0 wird, wie sich zeigen läßt, die größte Schußweite erreicht, wenn die Abgangsrichtung den Winkel zwischen der schiefen Ebene OA und der Lotrechten y durch den Anfangspunkt halbiert.

Entsprechend dem Schießen auf der horizontalen Ebene erreicht man beim Schießen auf der geneigten Ebene bei gleicher v_0 ein Ziel mit zwei Flugbahnen (*Flach-* und *Bogenschuß*).

Dabei müssen die Abgangswinkel für Flach- und Bogenschuß um den gleichen Betrag ε kleiner bzw. größer sein als der Winkel der maximalen Schußweite $\pi/4 - E/2$ (Bild 6).

Der geometrische Ort der Auffallpunkte A bei veränderlichem Geländewinkel E, jedoch gleichbleibender v_0 und gleichbleibendem Aufsatzwinkel ϑ_1, ergibt sich aus den beiden Gleichungen

$$y = x \tan (\vartheta - \vartheta_1) \quad \text{und} \quad x = \frac{2 v_0^2}{g} \cdot \frac{\cos \vartheta \sin \vartheta_1}{\cos (\vartheta - \vartheta_1)}$$

durch Elimination von ϑ

$$y = x \tan (\pi/2 - \vartheta_1) - \frac{g x^2}{2 v_0^2 \cos^2 (\pi/2 - \vartheta_1)} = x \cot \vartheta_1 - \frac{g x^2}{2 v_0^2 \sin^2 \vartheta_1}.$$

Der geometrische Ort der Auffallpunkte A bei konstanter v_0 und konstantem ϑ_1 ist demnach eine Parabel.

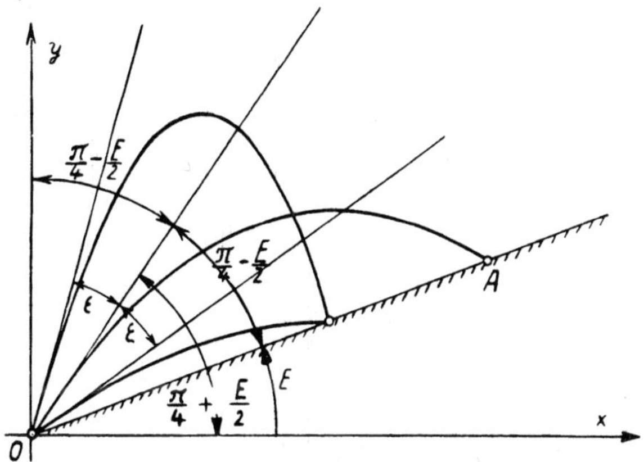

Bild 6. Schuß auf geneigter Ebene; Flachschuß und Bogenschuß

Wird nun bei schiefem Gelände für eine vorgegebene Zielentfernung der gleiche Aufsatzwinkel verwendet, der für diese Zielentfernung in der waagerechten Ebene maßgeblich ist, so begeht man einen Fehler. Bei positivem Geländewinkel erhält man im allgemeinen Kurzschuß, bei negativem Geländewinkel stets Weitschuß. Bei kleinen Geländewinkeln kann man jedoch diese Fehler in der Schußweite in erster Näherung vernachlässigen.

Die eben angedeutete Verwendung des gleichen Aufsatzwinkels für zwei Geländewinkel, um die gleiche Schußweite zu erhalten, stellt nicht anderes dar als ein Schwenken (Drehen) der ursprünglichen Flugbahn um ihren Ausgangspunkt, als ob die Flugbahn ein starres Gebilde wäre. Man bezeichnet daher diese Verfahren als Schwenken einer Flugbahn.

4. Über praktische Anwendungsmöglichkeiten für das Schießen im lufterfüllten Raum

A. Bestimmung des Abgangsfehlerwinkels

Wird ein Geschützrohr unter einem bestimmten Winkel (Visierwinkel h) gegen die Waagerechte eingerichtet, so zeigt sich im allgemeinen, daß das Geschoß die Mündung unter einem anderen Winkel (Abgangswinkel ϑ_0) gegen die Waagerechte verläßt (Bild 7). Dieser Winkelunterschied (sogenannter Abgangsfehlerwinkel a) kommt dadurch zustande, daß das Geschützrohr während des Durchgangs des Geschosses Schwingungen ausführt.

Die Mündung erhält so im Moment des Geschoßaustritts im allgemeinen eine andere Stellung und eine bestimmte Geschwindigkeit nach irgendeiner Richtung senkrecht zur Rohrachse.

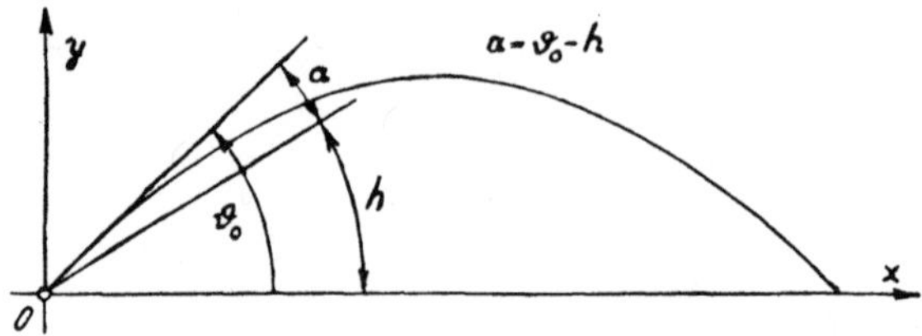

Bild 7. Zur Erläuterung von ϑ_0, h, a

Da der Abgangsfehlerwinkel in der Größenordnung von etlichen Minuten liegen kann (z. B. beim M.G. 34 4′), ist bei der Aufstellung von Schußtafeln seine Ermittlung notwendig, die folgendermaßen vor sich gehen kann:

a) Schießen gegen eine Anschußscheibe. Man schießt gegen eine Anschußscheibe, die sich 30 bis 50 m vor der Mündung der Waffe befindet. Bei Gewehren kann man in üblicher Weise den Anschuß vom Anschußtisch von der Schulter durchführen, wobei das Ziel über Kimme und Korn anvisiert wird. Bei Geschützen wird man mittels eines Quadranten dem Rohr eine bestimmte Erhöhung h geben; außerdem wird der Durchstoßpunkt der Seelenachse bei der Erhöhung Null auf der Anschußscheibe ermittelt.

Die Visierlinie VK trifft die Anschußscheibe bei Z (Bild 8); die Parallele durch die Mündung gehe durch den Punkt H, wobei man mit genügender Genauigkeit

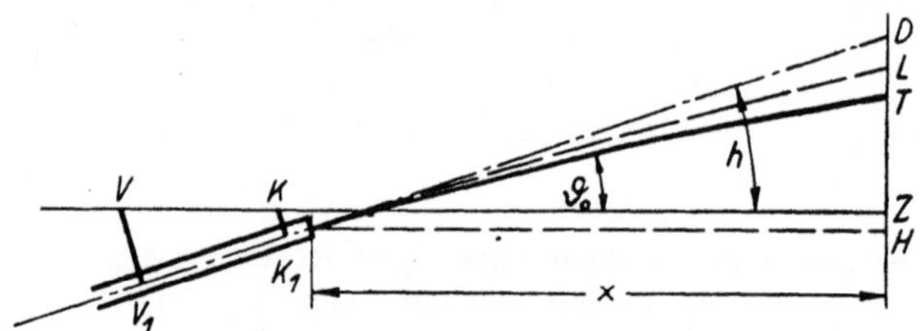

Bild 8. Bestimmung des Abgangsfehlerwinkels a

ZH gleich der Kornhöhe KK_1 (Abstand zwischen Kornspitze und Seelenachse) setzen kann. Die Seelenachse sei auf den Punkt D gerichtet und schließe den Winkel h mit der Visierlinie ein. Dann ist $\tan h = DH/x$, wenn x der Abstand zwischen der Mündung und der Anschußscheibe ist. Ersetzt man nun die wahre Flugbahn durch einen Parabelbogen (Flugbahn im luftleeren Raum) und setzt damit angenähert für die Fallstrecke des Geschosses

8

$s = g\,t^2/2$, wobei man die Flugzeit t aus $t = x/(v_0 \cos h)$ erhält, so wird

$$s = DL = \frac{1}{2}\,g\,\frac{x^2}{v_0^2 \cos^2 h} \approx \frac{1}{2}\,g\,\frac{x^2}{v_0^2}\,,$$

da bei den praktisch auftretenden kleinen Erhöhungen $\cos h \approx 1$. Das Geschoß würde die Anschußscheibe bei L treffen, wobei L um das Maß $LZ = DH - DL - ZH = x \tan h - ZH - g\,x^2/(2\,v_0^2)$ über dem Zielpunkt liegt.

Liegt der erschossene Treffpunkt bei T, so ergibt sich der Abgangsfehlerwinkel aus

$$\tan a = (LH - TH)/x = (LZ - TZ)/x,$$

da man bei den kleinen Erhöhungen LH bzw. TH angenähert senkrecht zur Seelenachse annehmen kann. Wir haben also schließlich:

$$\tan a = \frac{x \tan h - ZH - g\,x^2/(2\,v_0^2) - TZ}{x}\,.$$

Bei Geschützen können bei der eben beschriebenen Methode dadurch Fehler in der Bestimmung des Abgangsfehlerwinkels auftreten, daß das Geschütz sich bereits vor Austritt des Geschosses aus der Mündung gehoben hat (Bucken der Waffe). Dieser Fehler läßt sich nach *Siacci* dadurch ausschalten, daß man durch zwei hintereinanderstehende Anschußscheiben schießt, auf denen jedesmal der Durchstoßpunkt der Seelenachse sowie der erschossene Treffpunkt vermerkt werden.

b) Verfahren von O. v. Eberhard [1]. Die zu den Visierwinkeln h_1, h_2, ... gefundenen Schußweiten X_1, X_2, ... trägt man in ein Koordinatensystem ein (Bild 9). Da zur Entfernung $x = 0$ der Winkel $\vartheta_0 = 0$ gehört, muß die Visierwinkelkurve $h = h\,(x)$ infolge des Abgangsfehlerwinkels a (der in obigem Falle als positiv angenommen wird, da $\vartheta_0 < h$) die Ordinatenachse in der zunächst noch unbekannten Entfernung b vom Koordinatenanfangspunkt schneiden. Aus der Gleichung $x = (v_0^2/g) \sin 2\,\vartheta_0$ ergibt sich für die Ableitung $d\vartheta_0/dx$ für $x = 0$:

$$(d\vartheta_0/dx)_{x=0} = g/(2\,v_0^2).$$

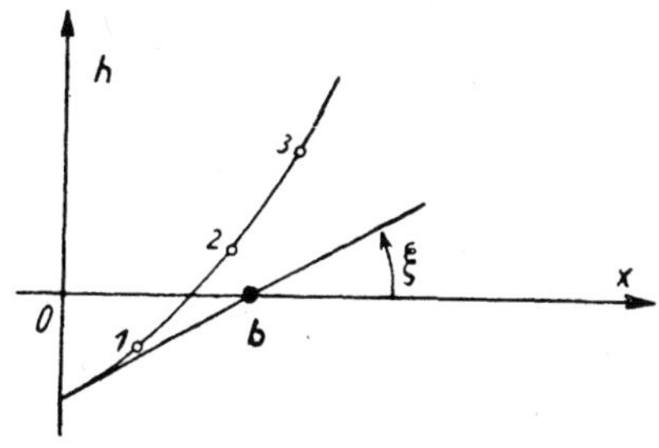

Bild 9. Zur Bestimmung des Abgangsfehlerwinkels a

Es läßt sich zeigen, daß diese Beziehung unabhängig vom Luftwiderstand ist und damit streng für den lufterfüllten Raum gilt. Bedeutet m_h den in der Zeichnung gewählten Maßstab für h, und m_x den Maßstab für x ($h = m_h\,l_h$,

$x = m_x\, l_x$), wo l_h und l_x die Längen in der Zeichnung sind, so ergibt sich als Anfangsneigung ξ für die aufgezeichnete Kurve:

$$\tan \xi = d\, l_h/d\, l_x = m_x\, g/(m_h\, 2\, v_0{}^2).$$

Durch die beim scharfen Schuß ermittelten Punkte 1, 2, 3 ist daher die Visierwinkelkurve derart zu legen, daß sie für $x = 0$ den Tangentenwert $\tan \xi = (m_x/m_h)\, g/(2\, v_0{}^2)$ hat.

Bei rasanten Bahnen kann der Abgangsfehlerwinkel unter Umständen ein Vielfaches des Abgangswinkels des Geschosses für nahe Entfernungen betragen. So beträgt z. B. bei einer Selbstladewaffe (Kal. 7,9 mm) der Abgangswinkel des sS-Geschosses bei $v_0 = 755$ m/s für eine Schußentfernung von 100 m 3′, der Abgangsfehlerwinkel 12′. Es kann unter Umständen die zunächst merkwürdig erscheinende Tatsache auftreten, daß bei einer Verringerung der Anfangsgeschwindigkeit des Geschosses nicht, wie zunächst zu vermuten ist, die Treffpunktlage tiefer liegt, sondern höher. Das kommt daher, daß die Geschoßdurchlaufzeit durch das Rohr sich ändert und das Geschoß die Mündung zu einem Zeitpunkt verläßt, in dem die Mündung infolge der Laufschwingungen eine andere Stellung und Geschwindigkeit (in diesem Fall also einen größeren positiven Abgangsfehlerwinkel) hat als bei der größeren Geschoßgeschwindigkeit. Der Abgangsfehlerwinkel einer Handfeuerwaffe hängt sehr von der Lagerung der Waffe beim Abschuß ab. Wird z. B. beim Anschuß die Waffe nicht von der Schulter geschossen, sondern von einem Gestell aus, so ist größte Aufmerksamkeit auf eine evtl. Änderung des Abgangsfehlerwinkels zu richten. Es können Treffpunktlagenunterschiede auf 100 m bis zu 30 cm der Höhe nach auftreten.

B. Das Schwenken einer Flugbahn

Das oben beschriebene Verfahren des Schwenkens einer Flugbahn kann für kleine Änderungen des Geländewinkels auf den lufterfüllten Raum übertragen werden. Um den Fehler beim Schwenken möglichst klein zu halten, verwenden *Burgsdorffs* und *Gouin* folgendes Verfahren: Gegeben sei die Bahn OZ_1 mit dem Abgangswinkel ϑ_1 (Bild 10). Die Erreichung von Z_1 kann man sich so vorstellen, als ob das Geschoß zuerst unter dem Abgangswinkel ϑ_1 geradlinig nach A_1 geflogen und von A_1 unter der alleinigen Wirkung der Schwere nach Z_1 gefallen wäre. Denkt man sich jetzt die Flugbahn von O nach Z_1 als Kette an einzelnen Punkten der Strecke OA_1 aufgehängt und dreht die Strecke OA_1 um O, so erhält man, wenn z. B. der Punkt Z_1 der aufgehängten Kette nach Z gelangt, den Aufsatzwinkel ϑ, um bei dem Geländewinkel E das Ziel Z zu treffen.

Auch dieses Verfahren ist nur ein Näherungsverfahren, da die gedachte Unabhängigkeit der Geschoßbewegung längs OA_1 bzw. A_1Z_1 nur im luftleeren Raum

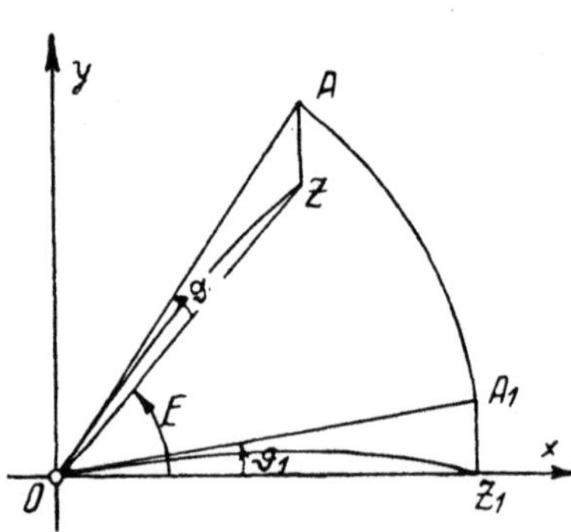

Bild 10. Schwenken von Flugbahnen

bzw. für den lufterfüllten Raum nur bei dem linearen Luftwiderstandsgesetz (vgl. S. 43) erfüllt ist.

C. Die Berücksichtigung der Veränderlichkeit der Luftdichte mit der Höhe beim Schießen im lufterfüllten Raum

Beim Schießen im lufterfüllten Raum erfährt das Geschoß, wie später ausführlich gezeigt wird, einen Widerstand entgegen seiner Bewegungsrichtung,
der u. a. von der Luftdichte ϱ abhängt. Die Abhängigkeit der Luftdichte ϱ
von der Höhe y ist bei der rechnerischen Ermittlung der Flugbahn im
allgemeinen zu berücksichtigen. Bei rohen Näherungsrechnungen kann
man jedoch, worauf $C.$ $Cranz$ hinwies, mit einer konstanten Luftdichte
$\varrho = \varrho\left(\dfrac{2}{3}\, y_G\right)$ rechnen. Man nimmt dabei an, daß, wie im luftleeren Raum,
auch im lufterfüllten Raum das Geschoß sich durchschnittlich in $^2/_3$ der
Gipfelhöhe y_G befindet.

D. Angenäherte Flugbahndarstellung nach R. Schmidt

Die Praxis hat gezeigt, daß die Zahlenwertgleichung $y_G = 1{,}23\ T^2$ auch für
das Schießen im lufterfüllten Raum mit guter Annäherung gilt. So beträgt
z. B. bei einem 2-cm-Geschoß bei $X = 1000$ m die Flugzeit $T = 1{,}72$ s, die
schußtafelmäßige Gipfelhöhe $y_G = 3{,}53$ m. Nach der Beziehung $y_G = 1{,}23\ T^2$
ergibt sich die Gipfelhöhe zu $y_G = 3{,}64$ m.

Bei größeren Kalibern liegt der Fehler durchschnittlich nur innerhalb der
Größenordnung von $1\,^0/_0$.

$R.$ $Schmidt$ $[2]$ verwendet als Näherungskurve für die Geschoßflugbahn eine
Parabel, die durch die Abgangsrichtung ϑ_0 des Geschosses, die Gipfelhöhe
$y_G = 1{,}23\ T^2$ und die Schußweite X bestimmt ist. Es werden also nur meßbare Größen ϑ_0, T und X zugrunde gelegt. Die Näherungsparabel kann
leicht punktweise folgen-
dermaßen konstruiert wer-
den.

Man trägt in B_1 den Abgangswinkel ϑ_0 auf und
erhält damit die Anfangs-
tangente t_A an die Flugbahnparabel in B_1 (Bild 11).
B_1B_2 ist gleich der Schußweite X. Im Abstand
$y_G = 1{,}23\ T^2$ zeichnet man
eine Parallele zur Mün-
dungswaagerechten (Gip-

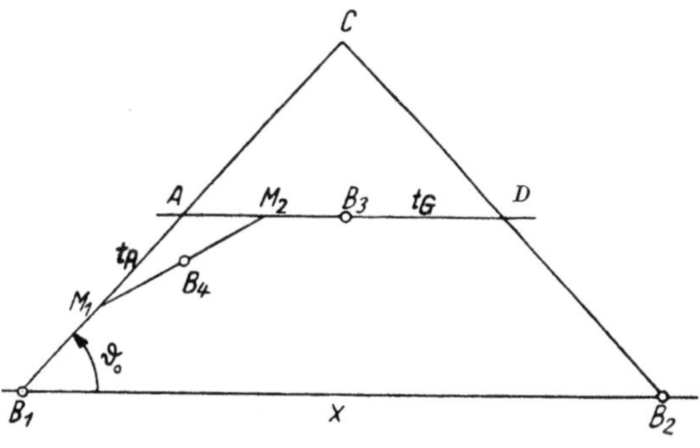

Bild 11. Flugbahnkonstruktion nach $R.$ $Schmidt$

feltangente t_G), die die Anfangstangente in A schneidet. Nun trägt man $B_1 A$ auf t_A nochmals ab ($B_1 A = AC$), verbindet C mit B_2. CB_2 ist die Tangente an die Parabel im Fallpunkt B_2 (Parabeleigenschaft). CB_2 schneidet t_G in D. AD wird durch B_3 halbiert. Jetzt halbiert man $B_1 A$ und $A B_3$, verbindet die Mitten M_1 und M_2, erhält damit eine neue Tangente $M_1 M_2$, deren Mitte B_4 Berührungspunkt der Parabel ist, usw. Die Punkte $B_1, B_2, \ldots$ sind Punkte der Näherungsbahn, die Geraden t die Tangenten an die Bahn in diesen Punkten.

Das Verfahren von *R. Schmidt* gibt eine gute und schnell zu erhaltende Näherung für die Gestalt der wirklichen Flugbahn. Die aus der Zeichnung entnommenen Fallwinkel stimmen gut mit den schußtafelmäßigen Werten überein. Schlüsse auf den zeitlichen Verlauf der Geschoßbewegung lassen sich jedoch bei diesem Verfahren nicht ziehen *[3]*.

E. Näherungsformeln für den bestrichenen Raum Δx, der zu einer vorgegebenen Zielhöhe Δy gehört

Die Näherungsformeln für den bestrichenen Raum Δx, der zu einer Zielhöhe Δy gehört, lassen sich durch die Beantwortung der Frage gewinnen, welche Ordinate Δy zu dem Flugpunkt mit der Abszisse $X - \Delta x$ gehört *(W. Kraus [3])*, vgl. Bild 12.

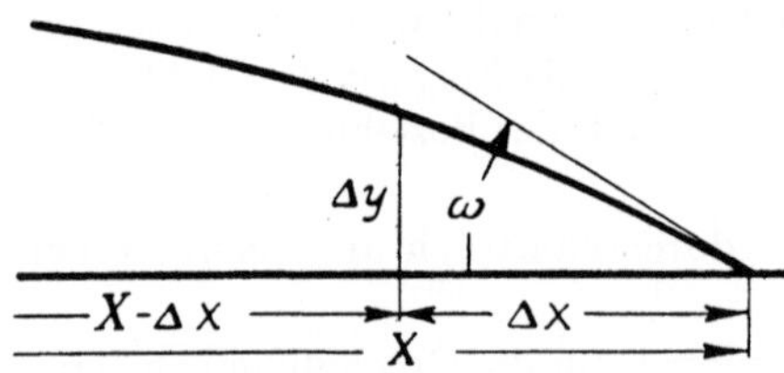

Bild 12. Zur Berechnung des bestrichenen Raumes

Aus der Flugbahngleichung [Gl. (3), S. 2]
$$y = x \tan \vartheta_0 - g x^2/(2 v_0^2 \cos^2 \vartheta_0)$$
und aus der Gleichung für die Gesamtschußweite

$$0 = X \tan \vartheta_0 - g X^2/(2 v_0^2 \cos^2 \vartheta_0)$$ folgt für den Punkt $(X - \Delta x, \Delta y)$

$$\Delta y = \Delta x \tan \vartheta_0 - \frac{g (\Delta x)^2}{2 v_0^2 \cos^2 \vartheta_0} = \Delta x \tan \vartheta_0 - \frac{(\Delta x \tan \vartheta_0)^2}{(4 v_0^2 \sin^2 \vartheta_0)/2 g} \, . \tag{1}$$

Je nachdem, ob man $v_0^2 \sin^2 \vartheta_0/2 g$ durch y_G oder durch $(X/4) \tan \vartheta_0$ ersetzt, erhält man mit der Abkürzung $u = \Delta x \tan \vartheta_0$:

$$\Delta y = u - u^2/(4 y_G) \quad (2a) \quad \text{bzw.} \quad \Delta y = u - u^2/(X \tan \vartheta_0). \quad (2b)$$

Weiter folgt:

$$u = 2 y_G \left(1 - \sqrt{1 - \Delta y/y_G}\right) \tag{3a}$$

bzw.

$$u = X/2 \cdot \tan \vartheta_0 \cdot \left(1 - \sqrt{1 - 4 \, \Delta y/(X \tan \vartheta_0)}\right). \tag{3b}$$

Setzt man $\Delta y/y_G$ bzw. $4 \, \Delta y/(X \tan \vartheta_0)$ als kleine Größen ($\ll 1$) an, entwickelt die Wurzelausdrücke nach Potenzen und vernachlässigt die Glieder

12

von der dritten Potenz an, so erhält man:

$$\Delta x \tan \vartheta_0 = \Delta y \left(1 + \Delta y / (4\, y_G)\right) \tag{4a}$$

bzw.

$$\Delta x \tan \vartheta_0 = \Delta y \left(1 + \Delta y / (X \tan \vartheta_0)\right). \tag{4b}$$

Mit $\omega = \vartheta_0$ wird schließlich:

$$\Delta x = \Delta y \cot \omega \left(1 + \Delta y / (4\, y_G)\right) \tag{5a}$$

bzw.

$$\Delta y = \Delta y \cot \omega \left(1 + \Delta y / (X \tan \omega)\right). \tag{5b}$$

Gehören nun Δy, y_G bzw. X einer Bahn im lufterfüllten Raum an, so lassen sich die abgeleiteten Formeln mit sehr guter Näherung verwenden. Das mit ihnen errechnete Δx muß aber zu klein sein, da der absteigende Ast im lufterfüllten Raum stets unterhalb der Parabel durch den Endpunkt mit demselben Fallwinkel verläuft. Dieser Tatsache trägt *Dufrenois* dadurch Rechnung, daß er den Faktor 4 im Nenner des zweiten Gliedes in der Gl. (4a)

Tabelle 1

Beispiel Nr.	Gegeben	Gesucht Δx (m)				
		berechnet nach Formel				Genauer Wert
		(5a)	(5b)	(6a)	(6b)	
1	$v_0 = 540$ m/s $\vartheta_0 = 15°$ $X = 7739$ m $y_G = 660$ m $\cot \omega = 2{,}4505$ $\Delta y = 104{,}4$ m	264,3	267,1	269,3	268,7	276
2	$v_0 = 540$ m/s $\vartheta_0 = 44°$ $X = 12342$ m $y_G = 3693$ m $\cot \omega = 0{,}7043$ $\Delta y = 1471$ m	1139	1123	1174	1152	1196
3	$v_0 = 870$ m/s $\vartheta_0 = 11{,}7^-$ $X = 1200$ m $y_G = 4{,}12$ m $\cot \omega = 59{,}8$ $\Delta y = 1{,}48$ m	95	97,2	99,1	98,0	100

durch den Faktor 3 ersetzt. Macht man das Entsprechende mit Gl. (4b), so hat man

$$\Delta x = \Delta y \tan \omega \left(1 + \Delta y /(3 \, y_G)\right) \quad \text{(Formel von } \textit{Dufrenois}\text{)} \qquad (6\,\text{a})$$

und

$$\Delta x = \Delta y \cot \omega \left(1 + 4 \, \Delta y /(3 \, X \tan \omega)\right) \quad \text{(Formel von } \textit{Kraus}\text{)}. \qquad (6\,\text{b})$$

Gl. (6b) hat den Vorteil gegenüber Gl. (6a), daß X benutzt werden kann und y_G nicht bekannt sein muß.

Zahlenbeispiele:

W. Kraus hat Zahlenbeispiele angegeben, die die Brauchbarkeit obiger Formeln zeigen (Tabelle 1, S. 13).

Es sei darauf hingewiesen, daß mit den obigen Formeln das Überschießen von Deckungen berechnet sowie die Reduktion einer auf unebenem Gelände erschossenen Schußweite auf den Mündungshorizont durchgeführt werden kann.

5. Kosmische Ballistik

A. Der Kegelschnitt als Flugbahn

Bei sehr großen Flugbahnen, wie sie heute von den Großraketen zurückgelegt werden, können die in der klassischen Ballistik im allgemeinen gemachten vereinfachenden Annahmen, daß man die Anziehungskraft der Erde als konstant und senkrecht zu der als eben angenommenen Erdoberfläche wirkend ansetzt und von der Erddrehung absieht, nicht mehr aufrechterhalten werden. Man muß die Bewegung des Flugkörpers exakt wie bei der Untersuchung der Planetenbewegung unter dem Einfluß der als Zentralkraft wirkenden Gravitationkraft der Erde betrachten. Die Gravitationskraft liegt stets in der Verbindungslinie zwischen dem Schwerpunkt des Flugkörpers und dem der Erde als Zentrum. Die Größe der Gravitationskraft K hängt außer von der Masse der Erde und von der Masse des Flugkörpers nur von der Entfernung r vom Erdmittelpunkt ab und ist durch $K = m \, g_0 \, r_0^2/r^2$ gegeben (m Geschoßmasse, g_0 Beschleunigung an der Erdoberfläche, also im Abstande $r_0 = 6370$ km vom Erdmittelpunkt). Unter dem Einfluß dieser Zentralkraft beschreibt der Flugkörper eine Flugbahn, die einen Kegelschnitt um den Erdmittelpunkt als einen (und zwar festen) Brennpunkt darstellt. Je nach den Anfangsbedingungen ist dieser Kegelschnitt eine Ellipse, ein Kreis, eine Parabel oder eine Hyperbel *[1, 4, 5]*.

Oberhalb einer Höhe von etwa 100 km kann der Luftwiderstand bei einem ballistischen Flugkörper, der eine nichtperiodische Bahn beschreibt (z. B. Interkontinentale Rakete) vernachlässigt werden. Denn in dieser Höhe beträgt die Luftdichte nur etwa das $5 \cdot 10^{-7}$-fache der Luftdichte am Erdboden (vgl. Bild 176).

Mit den heutigen technischen Mitteln kann ein unteilbar als Ganzes verschossener Flugkörper nur eine Ellipse als Flugbahn beschreiben (vgl. jedoch S. 269 ff.).

14

Wir wollen im folgenden die Erde als ruhend ansehen. Die Gleichung für die Flugbahn eines Flugkörpers unter dem alleinigen Einfluß der Anziehungskraft der Erde (Zweikörperproblem) läßt sich darstellen durch

$$r = p/(1 + \varepsilon \cos \alpha). \tag{1}$$

r ist dabei der jeweilige Abstand des Geschosses vom Erdmittelpunkt M, der als Pol eines Polarkoordinatensystems gewählt ist (Bild 13). Als Polarachse

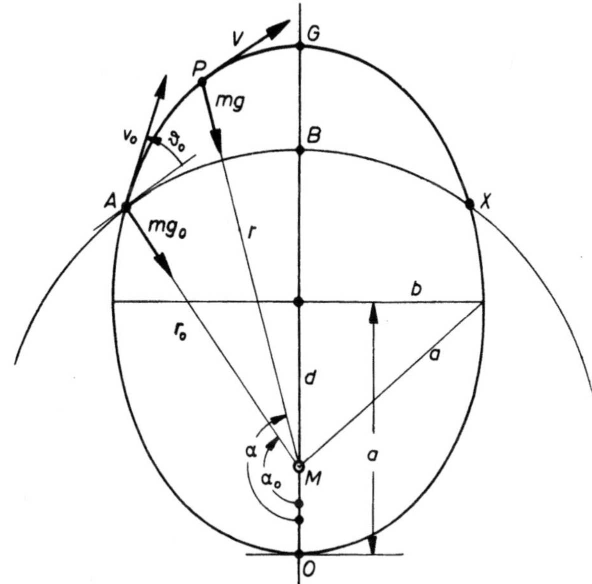

Bild 13. Die Ellipsenbahn

ist die große Achse der Ellipse gewählt (Richtung OM). α ist der Winkel zwischen dem Radiusvektor $\mathfrak{r}$ ($|\mathfrak{r}| = r$) und der Polarachse und wird in der gezeichneten Weise gezählt. p ist eine Abkürzung für $p = C^2/\mu$ mit $C = r_0 v_0 \cos \vartheta_0$ (r_0, v_0, ϑ_0 sind die Anfangswerte für $t = 0$; r_0 ist der Erdradius, v_0 die Anfangsgeschwindigkeit, ϑ_0 der Abgangswinkel) und mit $\mu = g_0 r_0^2$. Weiter stellt $\varepsilon = \sqrt{1 + q\, C^2/\mu^2}$ mit $q = v_0^2 - 2\,\mu/r_0$ die numerische Exzentrizität dar; es ist $\varepsilon = d/a = \sqrt{a^2 - b^2}/a$ (Bild 13). Für die Geschwindigkeit v in einem beliebigen Punkt der Bahn gilt

$$v^2 = v_0^2 - 2\,\mu/r_0 + 2\,\mu/r. \tag{2}$$

r_0, ϑ_0, v_0 sind vorgegeben. Man kann damit die Bahnkoordinaten r und α

15

sowie die Geschwindigkeit v in einem Bahnpunkt ermitteln. Die Flugzeit t findet man aus

$$t = \int_0^\alpha \frac{r^2\, d\alpha}{C} \quad \text{bzw.} \quad t = \int_{r_0}^r \frac{dr}{\sqrt{q + 2\,\mu/r_0 - C^2/r^2}}\,. \tag{3}$$

Die Flugbahn ist für $\varepsilon = 0$ ein Kreis, $\varepsilon < 1$ eine Ellipse, $\varepsilon = 1$ eine Parabel, $\varepsilon > 1$ eine Hyperbel. Für $\varepsilon = 0$ wird $\vartheta_0 = 0$ oder $= \pi$. Man erhält für die *Kreisbahngeschwindigkeit* an der Erdoberfläche

$$v_{Kr} = v_0 = \sqrt{\mu/r_0} = \sqrt{g_0 r_0} = \sqrt{9{,}81 \cdot 6{,}37 \cdot 10^6} = 7900 \text{ m/s}.$$

Solange $\varepsilon < 1$ erhält man als Flugbahn eine Ellipse, d. h. solange $1 + (C^2/\mu^2)\,(v_0{}^2 - 2\,\mu/r_0) < 1$, woraus $v_0 < \sqrt{2\,\mu/r_0} = \sqrt{2\,g_0\,r_0}$ folgt.

Für die *Ellipsenflugbahn* muß also $v_0 < \sqrt{2\,g_0\,r_0} = 11180$ m/s sein. Für $\varepsilon = 1$, also für $v_0 = 11180$ m/s wird die Flugbahn eine Parabel und für $v_0 > 11180$ m/s eine Hyperbel.

Die Konstruktion der Ellipsenflugbahn bei vorgegebenen Werten v_0, ϑ_0 und r_0 führt man wie folgt durch: Aus $r_0 = p/(1 + \varepsilon \cos \alpha_0)$ berechnet man α_0 und hat damit die Polarachse OM der durch den Punkt A gehenden Ellipse. Aus Symmetriegründen sind damit der Punkt X und die Schußweite $X_E = AX$ gegeben. Die Gipfelkoordinate BG findet man aus $r = r_{max}$, d. h. also für $\cos \alpha = -1$, somit ist $r_{max} = p/(1 - \varepsilon)$ und $BG = MG - BM = p/(1 - \varepsilon) - r_0$. Entsprechend findet man MO aus der Bedingung $r = r_{min}$ zu $MO = r_{min} = p/(1 + \varepsilon)$. Die große Halbachse a der Ellipse ist $a = {}^1/_2\,(r_{max} + r_{min})$; die kleine Halbachse b findet man aus $b^2 = a\,p$. Der Abstand d eines Brennpunktes vom Mittelpunkt der Ellipse ist durch $d^2 = a^2 - b^2$ gegeben; übrigens ist $\varepsilon = d/a$.

Beispiel: $v_0 = 3000$ m/s; $\vartheta_0 = 45°$; $r_0 = 6{,}37 \cdot 10^6$ m; $C = 13{,}513 \cdot 10^9$ m^2/s; $\mu = 398{,}06 \cdot 10^{12}$ m^3/s^2; $2\,\mu/r_0 = 124{,}98 \cdot 10^6$ m^2/s^2; $q = -115{,}98$ m^2/s^2; $p = 0{,}45872 \cdot 10^6$ m; $\varepsilon = 0{,}93076$; $\alpha = 175°35'$.

Ellipsenschußweite: $X_E = AX = 982{,}06$ km; Ellipsengipfelhöhe: $y_{GE} = 255{,}00$ km; Parabelschußweite: $X_P = 917{,}42$ km; Parabelgipfelhöhe: $y_{GP} = 229{,}35$ km.

Für die Periodendauer T eines Satelliten auf seiner Ellipsenbahn hat man $T = 2\,\pi\,a^{3/2}/(r_0 \cdot \sqrt{g_0})$.

Den Umfang der Ellipse findet man aus: $U \approx 2\,\pi\,a\,(1 - \varepsilon^2/4)$. Bei der Ellipsenbahn schwankt die Geschwindigkeit des Flugkörpers dauernd zwischen einem Größtwert v_p im erdnächsten Punkt (Perigäum) und einem Kleinstwert v_a im erdfernsten Punkt (Apogäum). Speziell für Perigäum ($\alpha_p = 0°$) und Apogäum ($\alpha_a = 180°$) gelten die folgenden Werte:

$$r_p = p/(1 + \varepsilon) = v_0{}^2 \cos^2 \vartheta_0/(g_0\,(1 + \varepsilon))\,, \tag{4a}$$

$$r_a = p/(1 - \varepsilon) = v_0{}^2 \cos^2 \vartheta_0/(g_0\,(1 - \varepsilon))\,, \tag{4b}$$

$$v_p{}^2 = g_0{}^2 r_0{}^2\,(1 + \varepsilon)^2/(v_0{}^2 \cos^2 \vartheta_0)\,, \tag{5a}$$

$$v_a{}^2 = g_0{}^2 r_0{}^2\,(1 - \varepsilon)^2/(v_0{}^2 \cos^2 \vartheta_0)\,. \tag{5b}$$

Weiter gilt:

$$p = v_0^2/g_0 \cdot \cos^2 \vartheta_0; \quad v_p/v_a = r_a/r_p = (1 + \varepsilon)/(1 - \varepsilon); \quad \varepsilon = (r_a - r_p)/(r_a + r_p).$$

Beispiele:

1. Mondbahn

   $\varepsilon = 0{,}0549; \quad r_p = 363\,000 \text{ km}; \quad r_a = 405\,000 \text{ km}; \quad v_p = 1{,}09 \text{ km/s};$
   $v_a = 0{,}97 \text{ km/s}; \quad v_m = 1{,}02 \text{ km/s}; \quad T = 28 \text{ Tage}.$

2. Satellit 1957 α 2

   $\varepsilon = 0{,}048; \quad r_p = 6598 \text{ km}; \quad r_a = 7267 \text{ km}; \quad r_m = a = 6932 \text{ km};$
   $v_p = 7{,}970 \text{ km/s}; \quad v_a = 7{,}210 \text{ km/s}; \quad T = 95 \text{ min } 48{,}5 \text{ s}.$

3. Satellit 1958 β 2

   $\varepsilon = 0{,}193; \quad r_p = 7020 \text{ km}; \quad r_a = 10\,370 \text{ km}; \quad r_m = 8695 \text{ km};$
   $v_p = 8{,}210 \text{ km/s}; \quad v_a = 5{,}550 \text{ km/s}; \quad T = 135 \text{ min}.$

Der wenn auch äußerst kleine Luftwiderstand auf der Bahn eines Satelliten bedingt eine bestimmte Lebensdauer desselben. Besonders die Luftdichte (Bild 176) in der Höhe des Perigäums ist von großem Einfluß und wirkt bestimmend auf den Geschwindigkeitsabfall des Satelliten. Dadurch werden aber die Größen ε, p, a, b und r_a kleiner, während v_a größer wird und r_p praktisch konstant bleibt. Die mittlere Geschwindigkeit des Satelliten auf seiner Bahn wächst, und die Umlaufzeit nimmt laufend ab. Beispiel: Satellit 1957 α 2. $\Delta T = 2{,}28$ s/Tag; Lebensdauer ~ 90 Tage.

Durch die ellipsoide Gestalt der Erde und deren nichthomogene Massenverteilung treten Kräfte auf, die eine Drehung der Ebene der Ellipsenbahn um die Polachse bewirken. Man spricht auch von der Präzession der Knotenlinie, die durch die Schnittgerade der Ebene der Satellitenbahn mit der Ebene des Erdäquators gegeben ist. Die Präzession hängt ab vom Neigungswinkel i der Ellipsenbahn zur Äquatorebene und läßt sich aus

$$\Delta \Phi = \frac{10{,}1}{(1 - \varepsilon^2)^2} \cdot \left(\frac{r_0}{a}\right)^{7/2} \cos i \quad [°/\text{d}]$$

berechnen, wo i der Neigungswinkel ist, r_0 der Erdradius, a die große Halbachse und ε die Exzentrizität sind.

Beispiele: Satellit 1957 α 2. $i = 64°; \quad \Delta \Phi = 3{,}29 \,°/\text{d}.$
Satellit 1958 β 2. $i = 34{,}2°; \quad \Delta \Phi = 3{,}03 \,°/\text{d}.$

Außer der Präzessionsbewegung tritt eine Drehung der Ellipse in ihrer Ebene auf (Bewegung der Apsidenlinie, d.i. die Verbindungslinie von Perigäum zu Apogäum), die durch

$$\Delta \psi = \frac{5{,}05}{(1 - \varepsilon^2)^2} \cdot \left(\frac{r_0}{a}\right)^{7/2} (5 \cos^2 i - 1) \quad [°/\text{d}]$$

gegeben ist. Man sieht, daß für $5 \cos^2 i - 1 = 0$ ($i = 63{,}4°$) $\Delta \psi = 0$ wird.

Beispiele:

Satellit 1957 α 2: $\Delta\psi = -\,0{,}13\ [°/\mathrm{d}]$.

Satellit 1958 α: $a = 7794$ km; $\varepsilon = 0{,}1363$; $i = 33{,}2°$; $\Delta\psi = +\,6{,}47\ [°/\mathrm{d}]$.

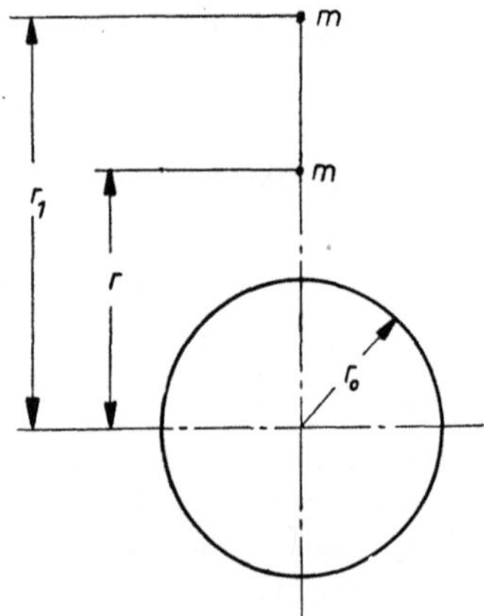

Bild 14. Flugkörper im Schwerefeld der Erde

B. Fluchtgeschwindigkeit und Kreisbahngeschwindigkeit.
Einige kleine Bemerkungen

Fluchtgeschwindigkeit und Kreisbahngeschwindigkeit. Will man einen Flugkörper im Schwerefeld der Erde von einem Punkt, der sich im Abstand $r = r_0 + y$ vom Erdmittelpunkt befindet, zu einem Punkt im Abstand r_1 bringen (Bild 14), so beträgt die aufzuwendende Arbeit (die unabhängig vom Wege ist):

$$A = \int_r^{r_1} mg\,dr = mg_0 r_0^2 \int_r^{r_1} \frac{dr}{r^2} = mg_0 r_0^2 \left(\frac{1}{r} - \frac{1}{r_1}\right).$$

Insbesondere für den Fall, daß der Körper von der Erdoberfläche aus dem Schwerefeld der Erde heraus gebracht werden soll, also von $r = r_0$ bis $r = \infty$, wird: $A = m\,g_0\,r_0$. Man kann dem Körper zu diesem Zweck eine Anfangsgeschwindigkeit v_0 erteilen, die sich aus $m\,v_0^2/2 = m\,g_0\,r_0$ zu $v = v_{Fl} = \sqrt{2\,g_0\,r_0}$ ergibt. Das ist die sogenannte *Fluchtgeschwindigkeit*, sie beträgt für die Erde $v_{Fl} = 11180$ m/s. Wir hatten S. 16 gefunden, daß bei dieser Geschwindigkeit die Flugbahn eines Körpers in eine Parabel übergeht. Soll der Körper aus der Entfernung r aus dem Schwerefeld der Erde gebracht werden, so gilt $v_{r,\,\infty} = \sqrt{2\,g_0\,r_0^2/r}$.

Beispiel: Die amerikanische Rakete Far Side, eine 4-Stufenrakete, wurde von 30 km Höhe aus abgefeuert und brachte die letzte Stufe auf etwa 6400 km Höhe. Die Geschwindigkeit der 4. Stufe würde daher bei Vernachlässigung des Luftwiderstandes und der endlichen Abbranddauer mindestens

$$v_0 = 6{,}370 \cdot 10^6 \cdot \sqrt{2 \cdot 9{,}81\,(1/6{,}400 - 1/12{,}770) \cdot 10^{-6}} = 7890\ \mathrm{m/s}$$

betragen.

Damit ein Körper sich auf einer Kreisbahn um die Erde bewegt, muß er eine solche Geschwindigkeit besitzen, daß die Zentrifugalkraft gerade gleich der Anziehungskraft der Erde ist, d. h. daß

$$m\,v^2/r = m\,g_0\,r_0^2/r^2, \qquad v = v_{Kr} = \sqrt{g_0 r_0^2/r}.$$

Die Kreisbahngeschwindigkeit ist also eine Funktion der Bahnhöhe über dem

Erdboden. An der Erdoberfläche ist mit $r = r_0$ dann $v_{Kr} = \sqrt{g_0\, r_0} = 7900\ \text{m/s}$. In der folgenden Tabelle 2 sind einige Werte von v_{Fl} und v_{Kr} für einige Himmelskörper angegeben.

Tabelle 2

Himmelskörper	Radius	Beschleunigung an der Oberfläche	Fluchtge- schwindigkeit v_{Fl}	Kreisbahnge- schwindigkeit v_{Kr}
	km	m/s²	m/s	m/s
Erde	6 370	9,81	11 180	7 900
Mond	1 740	1,61	2 370	1 678
Mars	3 385	3,62	5 030	3 554
Sonne	695 300	273,0	618 200	436 400

Einige kurze Bemerkungen:

Die potentielle Energie eines Körpers in der Höhe y über der Erde beträgt

$$E_{\text{pot}} = m\, g_0\, r_0{}^2\, (1/r_0 - 1/r) = m\, g_0\, r_0\, (r - r_0)\, r = m\, g_0\, r_0\, y/(r_0 + y).$$

Die kinetische Energie der Kreisbahngeschwindigkeit in der Höhe y hat man aus

$$E_{\text{kin}} = m\, v_{Kr}^2/2 = m\, g_0\, r_0{}^2/2\, r.$$

Die Gesamtenergie eines um die Erde in der Höhe y kreisenden Satelliten ist also

$$E = E_{\text{pot}} + E_{\text{kin}} = m\, g\, r_0\, (2\, r - r_0)/2\, r = m\, g_0\, r_0\, (2\, y + r_0)/2\, (y + r_0).$$

Man hat für das Verhältnis der kinetischen Energie E_{kin} eines Satelliten in der Höhe y zu der Energie, die nötig ist, ihn aus der Höhe y aus dem Schwerefeld der Erde zu bringen (wir bezeichnen sie mit $E_{y,\,\infty}$)

$$E_{\text{kin}}/E_{y,\,\infty} = (m\, g_0\, r_0{}^2/2\, r)/(m\, g_0\, r_0{}^2/r) = {}^1\!/_2.$$

Eine überraschend einfache Beziehung!

Das Verhältnis der Gesamtenergie eines Satelliten in der Höhe y zur Energie $E_{y,\,\infty}$ ist

$$\frac{E}{E_{y,\,\infty}} = \frac{m\, g_0\, r_0\, (2\, r - r_0)/2\, r}{m\, g_0\, r_0{}^2/r} = \frac{r}{r_0} - \frac{1}{2}.$$

Das Verhältnis der kinetischen Energie eines Satelliten in der Höhe y zu seiner potentiellen Energie beträgt:

$$\frac{E_{\text{kin}}}{E_{\text{pot}}} = \frac{m\, g_0\, r_0{}^2/2\, r}{m\, g_0\, r_0\, (r - r_0)/r} = \frac{1}{2} \cdot \frac{r_0}{r - r_0} = \frac{r_0}{2\, y}.$$

Die Umlaufszeit T eines Satelliten in der Höhe y über den Erdboden beträgt

$$T = \frac{2\pi r}{v} = \frac{2\pi\sqrt{r^3}}{r_0\sqrt{g_0}} \quad \text{in Sekunden, wobei} \quad r = r_0 + y\,.$$

Zahlenbeispiel: Ein Satellit von 10 kg bewege sich auf einer Kreisbahn in 400 km Höhe über dem Erdboden. Dann gelten folgende Werte:

$v_{Kr} = 7640$ m/s; $E_{pot} = 3760$ mkp; $E_{kin} = 30000$ mkp; $E_{kin}/E_{pot} = 7{,}96$; $T = 1{,}54$ h.

Zweiter Abschnitt: Die Geschoßbahn im lufterfüllten Raum

6. Allgemeines über den Luftwiderstand

Das Geschoß erfährt auf seinem Flug durch den lufterfüllten Raum einen Widerstand. Maßgeblich für die Größe dieses Widerstandes ist die Gesamtheit der am Geschoßumfang auftretenden Kräfte, die der Bewegung des Geschosses entgegenwirken.

In den folgenden Betrachtungen über das Wesen des Luftwiderstandes sei angenommen, daß beim Geschoßflug die Geschoßachse mit der Bahntangente zusammenfällt und der Luftwiderstand in Richtung der Geschoßachse am Geschoß angreife. Dabei ist es gleichgültig, ob man sich das Geschoß in ruhender Luft fliegend vorstellt oder die Luft mit Geschoßgeschwindigkeit am ruhenden Geschoß vorbeiströmend denkt. Beide Male ist die Kraftwirkung auf das Geschoß dieselbe. Wir wollen zwei Fälle unterscheiden, die prinzipiell voneinander verschieden sind:

1. Die Geschoßgeschwindigkeit v ist kleiner als die Schallgeschwindigkeit a der umgebenden Luft ($a = 331{,}8$ m/s bei $T = 273\,°\mathrm{K} = 0\,°\mathrm{C}$).

2. Die Geschoßgeschwindigkeit ist größer als die Schallgeschwindigkeit.

1. Fall: Das Geschoß fliegt mit Unterschallgeschwindigkeit ($v < a$). Durch die Bewegung des Geschosses in der Luft werden die Luftteilchen der nächsten Umgebung in eine ungleichförmige Bewegung versetzt, wodurch Druckunterschiede am Geschoßumfang auftreten. Das Geschoß erfährt hierdurch einen Luftwiderstand. Dieser setzt sich zusammen aus dem vorderseitigen Überdruck der Luft, dem *Druckwiderstand*[1]), dem rückseitigen Unterdruck am Boden, dem sogenannten *Sog*, und schließlich aus der *Reibung* der Luft am gesamten Geschoßmantel. Innerhalb einer sehr dünnen Schicht, der sogenannten *Prandtl*schen Grenzschicht, werden die Luftteil-

---

[1]) Manche Autoren sprechen auch vom Formwiderstand.

chen mitgenommen, sie erhalten eine größere Geschwindigkeit als diejenigen Luftteilchen, die vom Geschoß weiter entfernt sind. Infolge der inneren Reibung der Luft bilden sich innerhalb der Grenzschicht Wirbel aus, die sich am Geschoßboden wieder ablösen und hinter dem Geschoß eine Wirbelstraße bilden.

Durch geeignete Formgebung des mit Unterschallgeschwindigkeit fliegenden Geschosses (Zeppelinform) lassen sich die Wirbelbildungen so weitgehend herabsetzen, daß der Luftwiderstand etwa zu gleichen Teilen durch Druckunterschied zwischen Geschoßspitze und Geschoßboden und durch die Reibung zwischen Geschoßmantel und Luft hervorgerufen wird. Bei den üblichen Geschoßformen (vorn Spitze, hinten senkrecht abgeschnittener Boden) ist die Wirbelbildung sehr stark — die Wirbelstraße hat dann fast die Breite des Geschosses —, und damit tritt ein großer Druckunterschied zwischen Geschoßspitze und Geschoßboden auf. Der Widerstand, den das Geschoß dadurch erfährt, übertrifft in diesem Falle den Reibungswiderstand bei weitem. Der durch den Überdruck an der Geschoßspitze bewirkte Luftwiderstandsanteil ist erheblich kleiner als der durch den Sog bedingte Anteil. Die Luftstörungen, die durch das fliegende Geschoß bewirkt werden, eilen dem Geschoß voraus und kündigen sein Kommen durch Sausen an.

Der Einfluß der Geschoßrotation auf den Luftwiderstand ist im allgemeinen vernachlässigbar. Er wird sich praktisch nur bemerkbar machen, wenn die Umfangsgeschwindigkeit des Geschosses in der Größenordnung der Fluggeschwindigkeit des Geschosses selbst liegt.

Zusammenfassend läßt sich über den Luftwiderstand des mit Unterschallgeschwindigkeit fliegenden Geschosses sagen: Der Gesamtwiderstand besteht aus dem Druckwiderstand (Überdruck an der Geschoßspitze), dem Sog am Geschoßboden und dem Reibungswiderstand. Der Einfluß der Rotation ist im allgemeinen vernachlässigbar. Bei der üblichen Geschoßform überwiegen Druckwiderstand und vor allem der Sog bei weitem. Die Ausgestaltung der Spitze ist also bezüglich des Luftwiderstandes des Geschosses nicht von so ausschlaggebender Bedeutung, wie die des hinteren Teiles des Geschoßkörpers. Aerodynamisch am günstigsten ist die Zeppelinform, die am besten das Ablösen von Wirbeln vermeidet. Aber ihrer praktischen Verwendung als Geschoßform stehen andere Schwierigkeiten entgegen, wie weiter unten noch beschrieben wird (vgl. S. 24).

Unmittelbar nach Beginn der Bewegung eines Körpers macht sich die Reibung der Luft nicht bemerkbar. So ist z. B. bei der Anfangsbewegung einer Kugel der Strömungszustand vor und hinter der Kugel der gleiche (Potentialströmung). Erst nach einer gewissen Zeit häuft sich an der hinteren Seite Grenzschichtmaterial an, das zur Bildung und Ablösung von Wirbeln führt (Bild 15 und 16).
Deutlich erkennt man dies, wenn man einen Kinderluftballon mit der Hand waagerecht von sich stößt. Der Ballon bewegt sich 1 bis 2 m mit gleichmäßiger Geschwindigkeit, um dann plötzlich anzuhalten. Die Ablösung der Wirbel bewirkt einen Widerstand,

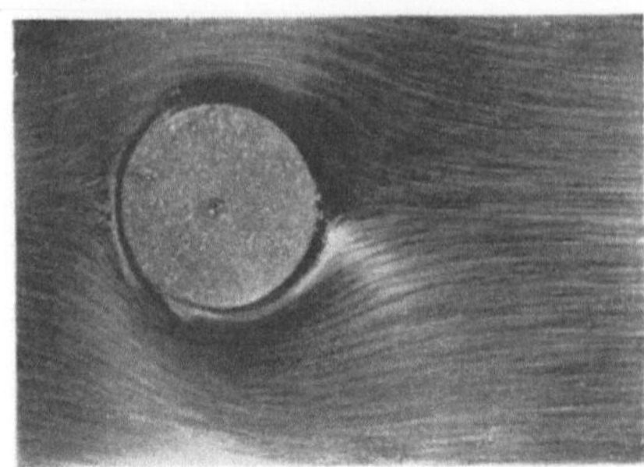

Bild 15. Strömungszustand um einen in Wasser bewegten Zylinder zu Beginn der Bewegung (Potentialströmung)

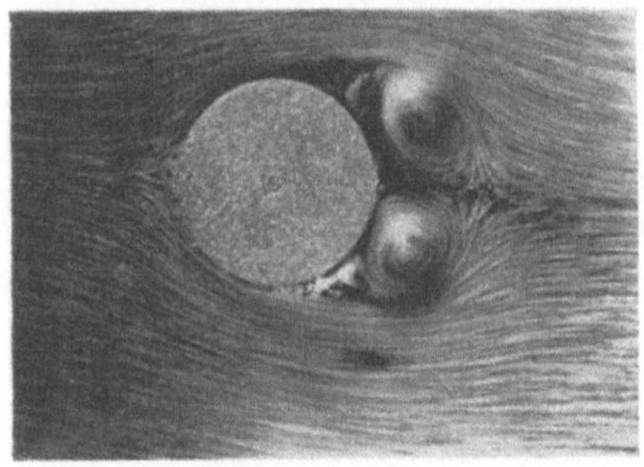

Bild 16. Strömungszustand um einen in Wasser bewegten Zylinder (Wirbelbildung)

der bei der im Verhältnis zum Ballonvolumen geringen Ballonmasse zum plötzlichen Anhalten führt.

2. Fall: Das Geschoß fliegt mit Überschallgeschwindigkeit. Bewegt sich das Geschoß mit Überschallgeschwindigkeit, so eilen die von der Geschoßbewegung herrührenden Luftstörungen nicht mehr vor dem Geschoß her. Sie begleiten vielmehr das Geschoß als eine konische Welle, die als *Kopfwelle* des Geschosses bezeichnet wird. Das Auftreten dieser Kopfwelle erklärt sich folgendermaßen:

Das vorerst punktförmig gedachte Geschoß befinde sich in A (Bild 17). t Sekunden vorher sei es in B gewesen. Von B aus hat sich die durch die Geschoßspitze erzeugte Luftstörung mit der Schallgeschwindigkeit a kugelförmig ausgebreitet und befindet sich im Abstand $a\,t$ von B. $2t$ Sekunden vorher war das Geschoß in C. Die in C erzeugte Luftstörung hat sich, wenn die Geschoßspitze sich in A befindet, um $2\,at$ ausgebreitet. Sämtliche Luftstörungen liegen daher innerhalb eines Kegels, dessen Spitze in A ist. Der halbe Kegelwinkel α ergibt sich dann aus $\sin \alpha = a/v$ und wird als *Mach*scher Winkel bezeichnet. Der reziproke Wert v/a ist die sogenannte *Mach*sche Zahl M.

In Wirklichkeit liegen die Verhältnisse nicht ganz so wie eben geschildert. Die Kopfwelle befindet sich im allgemeinen etwas vor der Geschoßspitze (vgl. Bild 18 und 19) und läuft nicht in eine Spitze aus, sondern sie ist in der Nähe der Geschoßspitze gekrümmt.

Der Grund ist der folgende: Da die Geschoßspitze von endlicher Breite ist, staut sich vor der Spitze Luft an. Dabei nimmt der Druck vor der Geschoß-

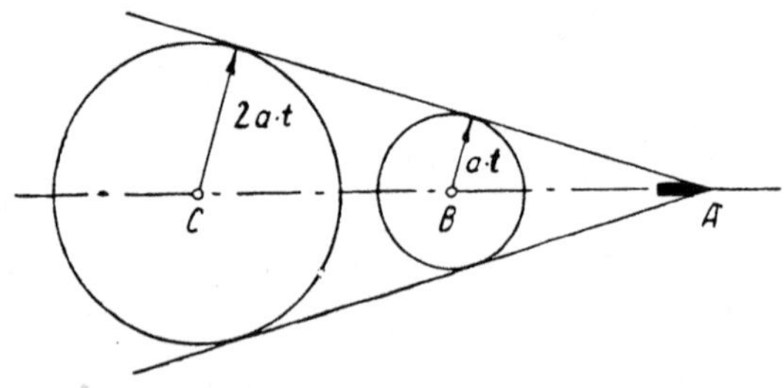

Bild 17. Entstehung der Kopfwelle

22

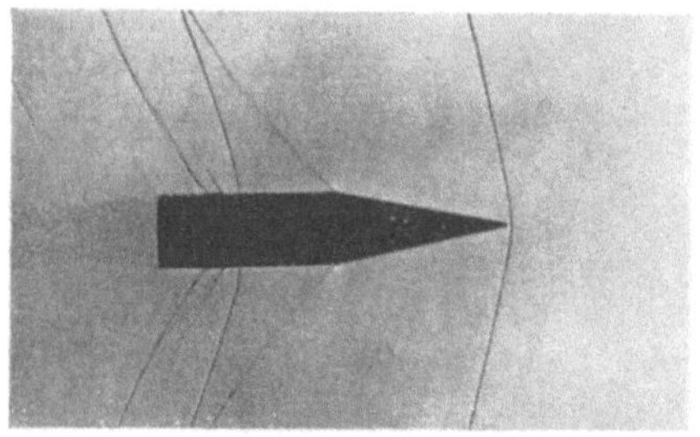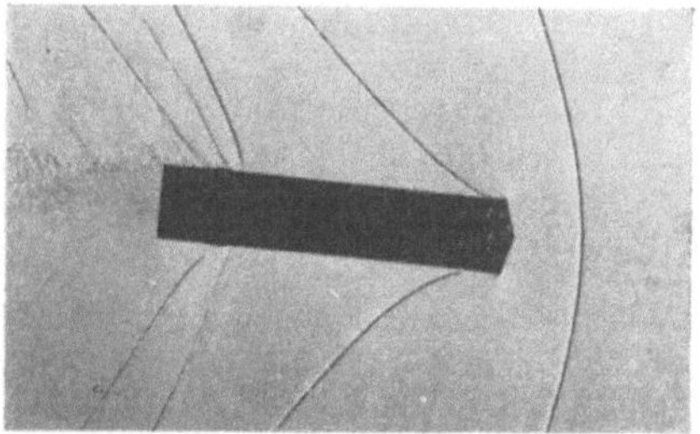

Bild 18. Spitzgeschoß und stumpfes Geschoß bei einer Geschwindigkeit von ~ 380 m/s

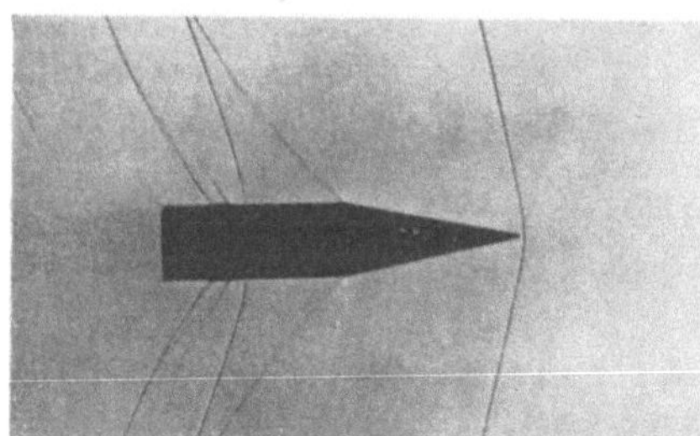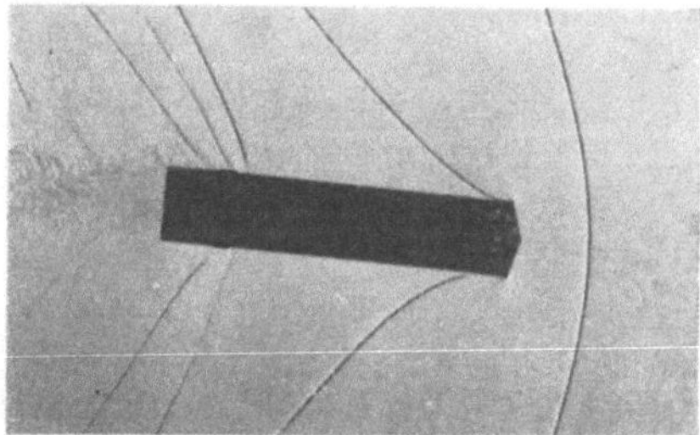

Bild 19. Spitzgeschoß und stumpfes Geschoß bei einer Geschwindigkeit von ~ 590 m/s

spitze stetig ab bis zu einer Stelle, an der die heranströmende Luft bezüglich des Geschosses Überschallgeschwindigkeit hat. An dieser Stelle bildet sich nun ein sogenannter *Verdichtungsstoß* aus, in dem der Druck plötzlich auf den normalen Luftdruck herabsinkt. Der Scheitel dieser Verdichtung ist um so näher am Geschoß, je größer die Geschoßgeschwindigkeit ist (Bild 18). Die Krümmung der Kopfwelle in der Nähe der Geschoßspitze kommt daher, daß die Fortpflanzungsgeschwindigkeit der von der Geschoßspitze ausgehenden Luftstörung größer ist als die Schallgeschwindigkeit. Dies erklärt sich dadurch, daß Luftstörungen sehr starker Intensität sich mit wesentlich größerer Geschwindigkeit fortpflanzen als die Schallgeschwindigkeit (vgl. S. 155).

Erst in weiterer Entfernung vom Erregungszentrum sinkt die Fortpflanzungsgeschwindigkeit der Störung auf die normale Schallgeschwindigkeit a herab. Das Auftreten des Verdichtungsstoßes (der Kopfwelle) ist ein besonderes Kriterium des mit Überschallgeschwindigkeit fliegenden Geschosses. Man spricht in diesem Falle auch von einem *Wellenwiderstand* des Geschosses.

Die an der Geschoßspitze verdichtete Luft strömt teilweise am Geschoß ab, wird durch Reibung am Geschoßmantel erhitzt (Grenzschicht) und strömt als Wirbel in den luftverdünnten Raum am Geschoßboden. Die Luftteilchen stoßen hier zusammen, es entsteht eine starke Druckerhöhung, die eine neue Druckwelle, die sogenannte *Schwanzwelle* des Geschosses bewirkt. Hinter dem Geschoßboden bildet sich dann wie bei dem mit Unterschallgeschwindigkeit fliegenden Geschoß eine Wirbelstraße. Der am Geschoßboden auftretende Sogwiderstand wächst mit steigender Überschallgeschwindigkeit des Geschosses, und bei etwa $v = 5a$ hat man praktisch Vakuum am Geschoßboden, d. h. bei weiterer Steigerung der Geschoßgeschwindigkeit tritt eine Vergrößerung des Druckwiderstandes nur infolge des wachsenden Überdruckes an der Geschoßspitze auf. Daher ist die Ausbildung der Geschoßspitze bei Werten $v \gg a$ ausschlaggebend.

Bei Geschoßgeschwindigkeiten in der Größenordnung der Schallgeschwindigkeit spielt der Sogwiderstand eine (früher vielfach übersehene) beachtliche Rolle (vgl. S. 31).

Der Reibungswiderstand ist auch bei dem mit Überschallgeschwindigkeit fliegendem Geschoß im allgemeinen von untergeordneter Bedeutung gegenüber dem Druckwiderstand. Bei sehr schlanken Spitzen kann er aber vergleichbare Werte annehmen. Der Einfluß der Rotation darf im allgemeinen vernachlässigt werden.

Wie oben gezeigt wurde, werden Kopf- und Schwanzwelle dauernd während des Fluges des mit Überschallgeschwindigkeit fliegenden Geschosses neu erzeugt. Es kann daher durch einen auf die Mündung der Waffe aufgesetzten Schalldämpfer nur der Mündungsknall vermindert werden. Der Geschoßknall wird in keiner Weise beeinflußt.

Zusammenfassend läßt sich über den Luftwiderstand des mit Überschallgeschwindigkeit fliegenden Geschosses sagen: Der Gesamtwiderstand wird bewirkt durch den Druckwiderstand (Aufstau der Luft an der Geschoßspitze und Ausbildung der Kopfwelle), durch den Sogwiderstand und durch den Reibungswiderstand der Luft am gesamten Geschoßmantel. Auch die Rotation des Geschosses sowie die Bildung von Verdichtungswellen an allen Unebenheiten des Mantels kann u. U. einen wenn auch kleinen Einfluß haben. Von den eben genannten Faktoren ist bei den in der Ballistik üblichen Geschoßgeschwindigkeiten in erster Linie der Druckwiderstand maßgeblich.

Folgerungen: Die oben aufgestellten Überlegungen zeigen, wie ein Geschoß geformt sein muß, um geringe Luftwiderstandswerte zu ergeben. Die äußere Form des Geschosses hängt vom aerodynamischen Standpunkt aus nur von dem Geschwindigkeitsbereich ab, in dem das Geschoß verwendet wird. Mathematisch gesehen ist die Bestimmung der optimalen Geschoßform ein Problem der Variationsrechnung. Liegt der Geschwindigkeitsbereich weit über der Schallgeschwindigkeit ($v > 1000$ m/s), so ist besonders auf eine schlanke Spitze zu achten, der Ausführung des Bodens braucht keine besondere Aufmerksamkeit geschenkt zu werden. In dem Bereich zwischen der Schallgeschwindigkeit bis zu 1000 m/s ist außer auf die schlanke Spitze auf ein schlankes Geschoßende zu achten, da der Sog in diesem Bereich einen hohen Bruchteil des Gesamtwiderstandes darstellt. Für Geschosse unter Schallgeschwindigkeit ist am günstigsten die Zeppelinform, das Geschoß vorn abgerundet und hinten zu einer Spitze ausgezogen.

Eine praktische Anwendung der schlanken Geschoßspitze haben wir z. B. bei dem früheren sS-Geschoß[1]) der Infanterie, das einen Abrundungsradius der Spitze von 12 Kalibern hat, sowie u. a. bei den Haubengeschossen der Artillerie. Mit großem Erfolg wurde 1918 die Ferngranate, bei der eine hohle, schlanke Stahlhaube aufgesetzt war, mit einer $v_0 = 1600$ m/s verschossen.

Oft stehen jedoch der praktischen Ausführung einer schlanken Geschoßspitze technische Schwierigkeiten entgegen. So war z. B. bei unserer 2-cm-Sprenggranate eine ballistisch äußerst ungünstige Abplattung der Spitze erforderlich, um eine genügend große Empfindlichkeit des Zünders zu erhalten. Für den Panzerdurchschlag ist ein langes, spitzes Geschoß wegen der großen Winkelempfindlichkeit beim Durchschuß unerwünscht.

Ein spitzes Geschoßende bereitet praktische Schwierigkeiten beim Abschuß. Die am Geschoß während des Geschoßaustritts aus der Mündung unsymmetrisch vorbeipfeifenden Pulvergase bewirken starke Nutationspendelungen. Man setzt daher an den Geschoßkörper in der Praxis nur einen kurzen Konus an.

Zum stabilen Geschoßflug ist es notwendig, dem Geschoß eine Drehung um seine Längsachse zu erteilen; die Führung des Geschosses im Rohr bedingt daher einen mittleren zylindrischen Teil, der im allgemeinen $2/5$ bis $3/5$ der gesamten Geschoßlänge beträgt. Die Praxis hat ergeben, daß die günstigste Geschoßlänge bei verträglichen Streuungen bei 3,5 bis etwa 5,5 Kalibern liegt.

Im allgemeinen bewirkt eine Schußweitensteigerung durch Verlängerung des Geschosses (und damit Vergrößerung der Querschnittsbelastung, z. B. beim sogenannten Charbonnier-Geschoß mit eingefrästen Zügen) eine Vergrößerung der Streuung. Die zulässige Heraufsetzung der Schußweite hängt nun davon ab, wieweit eine Vergrößerung der Streuung mit den militärischen Forderungen verträglich ist.

7. Das Luftwiderstandsgesetz

Für die genaue Berechnung einer Flugbahn ist die Kenntnis des Luftwiderstandsgesetzes des betreffenden Geschosses erforderlich. Der Luftwiderstand wird, soweit möglich, durch praktische Messungen am fliegenden Geschoß selbst ermittelt (vgl. S. 140). Es ist bisher noch nicht gelungen, eine vollständige exakte analytische Herleitung des Luftwiderstandsgesetzes zu geben.

---

[1]) sS-Geschoß bedeutet: schweres Spitzgeschoß.

Wie im vorigen Kapitel sei auch in den folgenden Betrachtungen angenommen, daß der Luftwiderstand in Richtung der Geschoßachse angreife.

a) Als *allgemeines Luftwiderstandsgesetz* für ein mit der Geschwindigkeit v fliegendes Geschoß läßt sich aus aerodynamischen Betrachtungen folgender Ausdruck ableiten:

$$W = \frac{1}{2}\, c_w\, \varrho\, v^2\, F\,. \tag{1}$$

Hierbei ist c_w ein dimensionsloser Beiwert, der sich zwischen 0,1 und 1,5 bewegt; er hängt von folgenden Größen ab: Von der Form des Geschosses, vom Geschoßkaliber, von der Zähigkeit der Luft (dies speziell, wenn die Geschoßgeschwindigkeit $v <$ Schallgeschwindigkeit), von der Geschwindigkeit des Geschosses sowie von der *Mach*schen Zahl $M = v/a$ (dies speziell für $v > a$); $F = {}^1/_4\,\pi\; D^2$ ist der Geschoßquerschnitt in m^2 (strenggenommen ist unter F der größte Querschnitt des Geschosses zu verstehen, wie er nach dem Einschneiden des Führungsbandes bzw. des Geschoßmantels in die Züge vorhanden ist), $\varrho = \gamma/g$ die Luftdichte in $kp\,s^2/m^4$ und die Geschoßgeschwindigkeit in m/s. Daraus ergibt sich der Widerstand W in der Einheit kp.

L. Prandtl [1] schreibt den Beiwert in der Form

$$c_w = c_w\,(v/a,\; \varrho\, v\, l/\eta) = c_w\,(M,\; Re), \tag{2}$$

wo $M = v/a$ die *Mach*sche Zahl und $Re = \varrho\, v\, l/\eta$ die *Reynolds*sche Zahl ist; η ist der Koeffizient der inneren Reibung der Luft (Zähigkeit), l eine Längendimension des Geschosses. Das Glied mit η spielt nur bei kleinen Geschwindigkeiten eine Rolle; für die ballistischen Verhältnisse kann es im allgemeinen vernachlässigt werden. Der Beiwert c_w hängt aber auch vom Anstellwinkel δ des Geschosses, d. i. der Winkel zwischen der Geschoßachse und der Bahntangente, ab. Hierüber wird im dritten Abschnitt (S. 58 ff.) gesprochen.

Das Luftwiderstandsgesetz ist seiner äußeren Form nach entsprechend dem von *Newton* angegebenen Luftwiderstandsgesetz aufgebaut. *Newton* nahm an, daß der Luftwiderstand bei konstantem c_w proportional dem Quadrat der Geschwindigkeit sei. Da c_w von v abhängt, erhält man durch die obige Darstellung für W in c_w die Abweichung des wirklichen Luftwiderstandsgesetzes vom *Newton*schen quadratischen Gesetz. Über das Luftwiderstandsgesetz in sehr großen Höhen vergleiche S. 281.

Praktisch hat jedes einzelne Geschoß sein eigenes Luftwiderstandsgesetz. Bild 20 zeigt den c_w-Verlauf für ein zylindrisches und ein Spitzgeschoß in Abhängigkeit von M. Bild 20 a gibt den Querschnitt durch das sS-Geschoß wieder. Die Ballistik ist erst in den letzten Jahrzehnten zu dieser Erkenntnis gelangt und, soweit irgend möglich, wird zu jedem Geschoß das zu diesem gehörige Luftwiderstandsgesetz besonders erschossen. Dieser Weg ist recht mühevoll. Daher ermittelt man das Luftwiderstandsgesetz für eine projektierte Geschoßform meist an Modellen durch Windkanalversuche oder durch Beschuß im freien Flug in einer Freifluganlage und überprüft die endgültige Form im scharfen Beschuß mit dem Original.

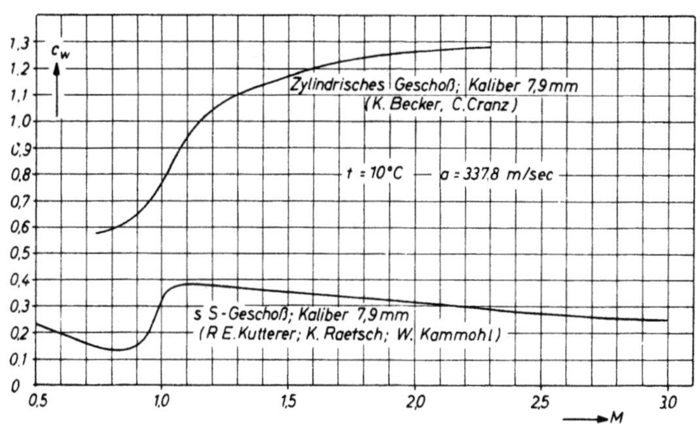

Bild 20. c_w-Verlauf für ein zylindrisches Geschoß und das sS-Geschoß

b) Der *Gesamtluftwiderstand W* setzt sich aus dem Druck- oder Wellenwiderstand, dem Reibungswiderstand und dem Bodensog zusammen. Entsprechend kann man ansetzen:

$$c_w = c_{ww} + c_{wr} + c_{wb}.$$

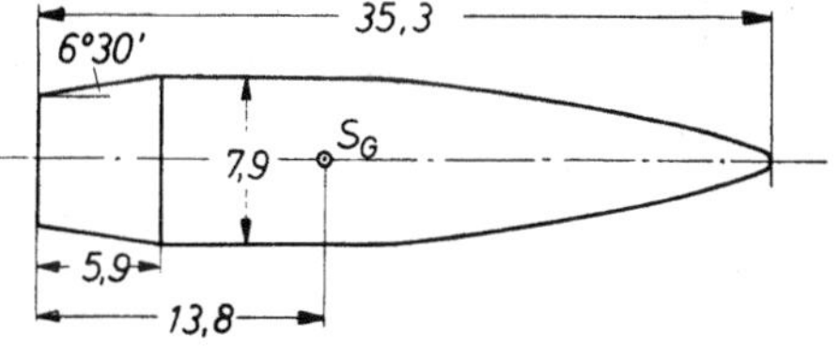

Bild 20a. Querschnitt des sS-Geschosses. Angaben in mm

α) Der Druck- oder Wellenwiderstand läßt sich für schlanke Profile bei kleinen Anstellwinkeln theoretisch mit befriedigender Genauigkeit ermitteln. Für Kegelspitzen kann man nach *Taylor* und *Maccoll* [2] setzen: $c_{ww} = (0,0016 + 0,002/M^2) \cdot (\eta)^{1,7}$, wobei η der halbe Kegelwinkel in ° und $M > 1$ ist. Für $\eta = 11,3°$ und $M = 2$ hat man $c_{ww} = 0,124$. Bei ogivalen Spitzen ist c_{ww} für Geschwindigkeiten $v > a$ etwa proportional mit D/h, wobei h die Höhe des Ogivals ist. Beträgt der Abrundungsradius des n-fache des Kalibers D, so ist $D/h = 2/\sqrt{n-1}$ und $\cos \eta = (2n-1)/2n$, wobei η der halbe Winkel der Ogivalspitze ist.

Für $n = 0,5$ bzw. 1, 2, 3, 4, 6, 8, 10 erhält man $D/h = 2$ bzw. 1,155, 0,756, 0,603, 0,517, 0,417, 0,359, 0,320. Der Druckverlauf längs eines Meridians

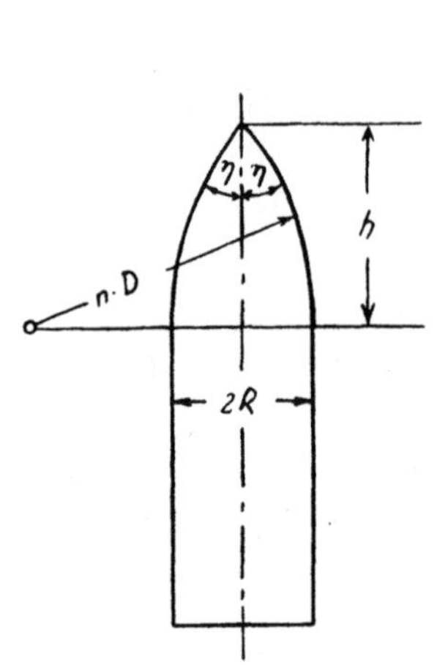

Bild 21
Bezeichnungen des Geschoßogivals

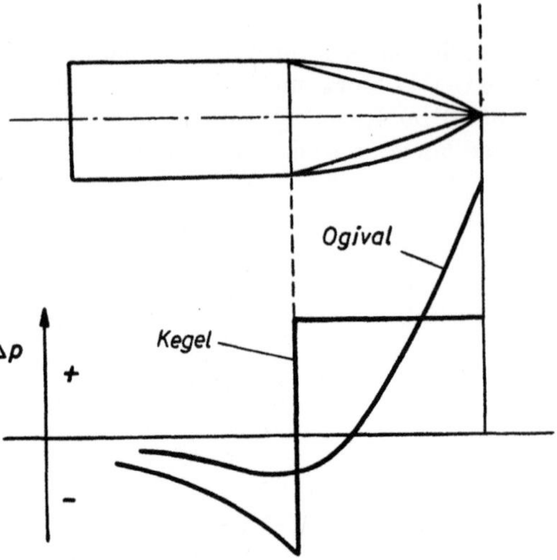

Bild 22
Druckverlauf bei kegeliger und ogivaler Geschoßspitze

einer kegeligen und einer ogivalen Spitze eines mit Überschall fliegenden Geschosses ist aus Bild 22 ersichtlich.

A. Busemann löste 1939 als Erster das Problem der Strömung gegen kegelförmige Spitzen.

β) Der Reibungswiderstand läßt sich theoretisch für laminare und turbulente Strömung gut berechnen. *(A. Walz)*. Im allgemeinen übernimmt man den Reibungswiderstand aus den experimentell gefundenen Messungen an dünnen Platten *[3]*. Bei *laminarer* Strömung gilt $c'_{wr} = 1{,}328/\sqrt{Re}$; dabei ist Re die *Reynolds*-Zahl (vgl. S. 77.). Man kann laminare Strömung bis zu *Reynolds*-Zahlen von etwa $Re = v\,l/\nu \approx 3\cdot 10^6$ erreichen ($\nu = \mu/\varrho$, kinematische Zähigkeit). Für *turbulente* Strömung hat man $c'_{wr} = 0{,}074/\sqrt[5]{Re}$. Der Beiwert c'_{wr} bezieht sich auf die gesamte Oberfläche $O = 2\,b\,l$ der Platte, wobei b die Breite und l die Tiefe derselben ist.

Für das Geschoß ist die gesamte Oberfläche O (ohne Boden) zu nehmen, so daß man in der üblichen Schreibweise $W = {}^1/_2\,c_w\,\varrho\,v^2\,F$, wo F der Geschoßquerschnitt ist, zu setzen hat:

$$c_{wr} = c'_{wr}\,O/F.$$

Beispiel: Ein Geschoß (Kaliber $D = 2$ cm, Gesamtlänge $5\,D = 10$ cm, kegelige Spitze $2{,}5\,D = 5$ cm, zylindrischer Körper $2{,}5\,D = 5$ cm [vgl. auch Bild 51]), werde in Luft von $t = 20\,°$C mit $v = 500$ m/s verschossen. Mit

28

$\nu = 15{,}0 \cdot 10^{-6}$ wird $Re = 3{,}33 \cdot 10^{-6}$. Es ist $O/F = 14{,}1$. Bei laminarer Grenzschicht erhält man $c_{wr} = 0{,}010$ und bei turbulenter Grenzschicht $c_{wr} = 0{,}052$.

Bei aerodynamisch besonders günstigen Geschossen hat man einen Widerstandsbeiwert von $c_w = 0{,}2$ bis $0{,}3$. Der Reibungswiderstand kann daher einen beachtlichen Anteil des Gesamtwiderstandes betragen.

Bemerkung zu α) und β): Für Geschosse mit schlanker Spitze lassen sich mit sehr guter Annäherung der Druckwiderstand und der Reibungswiderstand auch für schiefe Anströmung (Anstellwinkel $\leq 10°$) berechnen *(R. Sauer [10], C. Heinz, P. Carrière)*. Weiter läßt sich dabei auch die Lage des Angriffspunktes P der resultierenden Luftkraft theoretisch ermitteln.

γ) Der Bodensog kann bis weit in den Überschall $^1/_3$ bis $^2/_3$ des Gesamtwiderstands verursachen. Die theoretische Behandlung ist schwierig, da der Bodendruck nicht nur eine Funktion der Machzahl und der Geschoßform ist, sondern auch von den Eigenschaften der Grenzschicht (ob laminar oder turbulent) abhängt, wodurch auch eine Drallabhängigkeit auftreten kann.

Der Bodendruck [4] ist von vielen Seiten theoretisch (z. B. von *v. Kárman, Taylor* und *Maccoll*) und experimentell untersucht worden. Außer Windkanalmessungen (u. a. *Bach, Kurzweg [5]*) wurden Messungen am fliegenden Geschoß durchgeführt *(u. a. Hill* und *Alpher [20], Charters, Schardin)*. *Charters* ermittelte aber nicht unmittelbar den Bodendruck, sondern maß den gesamten Widerstand und zog die theoretisch ermittelten Anteile von Reibung und Druckwiderstand ab. *H. Schardin [6]* ermittelte den Bodendruck mittels Schlieraufnahmen. Um die Ecke des Geschoßbodens erfolgt eine Expansion vom Druck am zylindrischen Teil bis auf den Druck am Geschoßboden. Entsprechend der Höhe des Bodendrucks stellt sich dann der Abströmwinkel ein. Die bisherigen Untersuchungen sind noch nicht abgeschlossen. Wir setzen $W_b = c_{wb} \varrho\, v^2\, F/2$ unter der Annahme eines zylindrischen Bodens. Hat das Geschoß einen konischen Boden, so muß man anstelle von c_{wb} den Wert $c_{wb}\, F_b/F$ nehmen. Andererseits ist $W_b = F\,(p_a - p_b)$, wenn p_a der ungestörte Außendruck und p_b der Druck am Geschoßboden ist. Wir wollen annehmen, daß der Druck am Geschoßboden überall der gleiche sei. Mit $v = a\, M$ wird

$$p_a - p_b = \frac{1}{2}\, c_{wb} \cdot \varkappa\, p_a\, M^2 \ \text{(vgl. S. 145)} \quad \text{bzw.} \quad p_b/p_a = 1 - \frac{1}{2}\, c_{wb} \cdot \varkappa\, M^2.$$

Daraus erhält man $c_{wb} = 2\,(1 - p_b/p_a)/(\varkappa\, M^2)$, und für vollkommenes Vakuum, d. h. $p_b = 0$ ist $c_{wb} = 2/(\varkappa\, M^2)$.

Bild 23 zeigt den Verlauf von c_{wb} in Abhängigkeit von der *Mach*schen Zahl für zylindrische Körper mit turbulenter Grenzschicht. Die Kurve für c_{wb} gibt die Mittelwerte aus Windkanalmessungen *(H. Kurzweg)* und Freiflugmessungen *(A. C. Charters)* wieder. *H. Kurzweg [5]* gibt dabei eine Genauigkeit von $\pm\ 5^0/_0$ an.

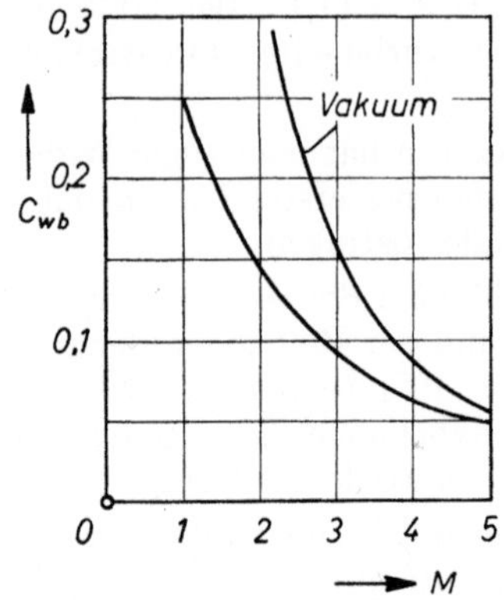

Bild 23. Bodenwiderstandsbeiwert c_{wb} in Abhängigkeit von M nach H. Kurzweg

c) *Widerstandsgesetze.* In der praktischen Ballistik wird noch vielfach folgende Form des Luftwiderstandsgesetzes verwendet:

$$W = \pi\,R^2\,\frac{\gamma}{\gamma_0}\,i\,f(v) = \pi R^2\,\frac{\gamma}{\gamma_0}\,i\,v^2\,K(v) \qquad (3)$$

mit
$$K(v) = f(v)/v^2.$$

$f(v)$ bezeichnet man als *Widerstandsfunktion* und $K(v) = f(v)/v^2$ als *Beiwertfunktion.* Die Funktion $K(v)$ entspricht dabei im Prinzip der oben behandelten Funktion c_w; doch wird die Abhängigkeit von der Schallgeschwindigkeit a nicht berücksichtigt. $2R$ ist das Geschoßkaliber D, γ das jeweils vorliegende spezifische Gewicht (Wichte) der Luft (auch als Tagesluftgewicht bezeichnet), γ_0 ein Normalluftgewicht[1]), i ein von der Geschoßform abhängiger, als konstant angesehener Faktor, der sogenannte *Formwert* des Geschosses.

Das Luftwiderstandsgesetz wurde in dieser Form aufgestellt, da man annahm, daß man mit einer einzigen, allgemeingültigen Widerstandsfunktion $f(v)$ das Luftwiderstandsgesetz für jedes Geschoß aufstellen könnte, indem man die Geschoßform nur durch einen konstanten Faktor i berücksichtigt.

Da nun $W = (G/g)\cdot(dv/dt)$, wo G das Geschoßgewicht, G/g die Geschoßmasse und dv/dt die durch W bewirkte Verzögerung des Geschosses, so wird

$$\frac{dv}{dt} = -\,g\frac{\pi\,R^2}{G}\cdot\frac{\gamma}{\gamma_0}\,i\,f(v)\,. \qquad (4)$$

Abkürzungshalber setzt man

$$c = g\,\pi\,R^2\,\gamma\,i/(G\,\gamma_0) \qquad (5)$$

womit

$$W = m\,c\,f(v)\,; \qquad (6)$$

hier ist m die Geschoßmasse.

Die Verzögerung des Geschosses ist demnach umgekehrt proportional dem Verhältnis $G/\pi\,r^2$, das als *Querschnittsbelastung* bezeichnet wird. Für das 12,8 p schwere sS-Geschoß vom Kaliber 7,9 mm beträgt diese 26,4 p/cm², für ein 750 kp schweres Geschoß vom Kaliber 38 cm 661 p/cm². Für ein Unterkaliber-Flügelgeschoß von $D = 120$ mm erhielt man 1061 p/cm² (vgl. S. 241).

---

[1]) Es wird allgemein an Stelle von ϱ/ϱ_0 gesetzt $\varrho/\varrho_0 = \varrho\,g/(\varrho_0\,g_0) = \gamma/\gamma_0$; das ist aber nur richtig, wenn g als konstant angenommen werden kann.

30

Der Formwert i ist streng nur konstant (und zwar $i = 1$) für das Geschoß, für das das Luftwiderstandsgesetz erschossen wurde. In Wirklichkeit ist bei der Übertragung des Luftwiderstandsgesetzes von einem Geschoß auf ein anderes der i-Wert eine Funktion der Geschwindigkeit.

Daß das Luftwiderstandsgesetz in der obigen Form [Gl. (6)] bezüglich der Verwendung für verschiedene Geschoßtypen nicht exakt ist, haben vor allem die Untersuchungen von *K. Becker* und *C. Cranz [7]*, sowie von *O. v. Eberhard* ergeben. *K. Becker* und *C. Cranz* haben die Luftwiderstandsgesetze für Infanteriegeschosse Kaliber 7,9 mm, *O. v. Eberhard* für Artilleriegeschosse Kaliber 10 cm erschossen.

Bild 24 zeigt die $K(v)$-Kurven für diese Geschosse. Den Widerstand W erhält man aus

$$W = \frac{\pi R^2 \gamma}{1,22} v^2 K(v), \quad \text{wobei } R$$

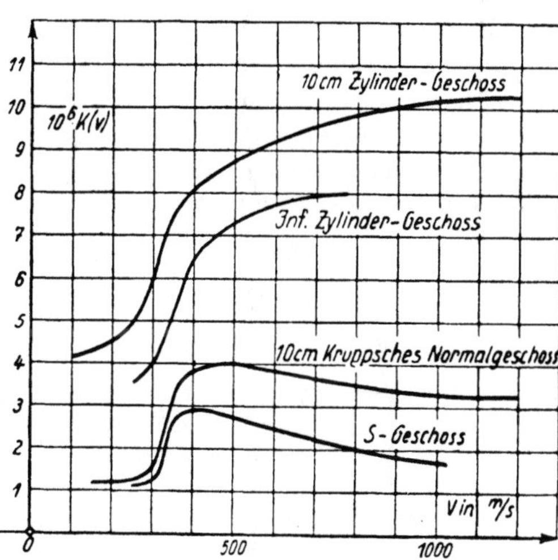

Bild 24. $K(v)$-Kurven für Infanterie- und Artilleriegeschosse

in cm, γ in kp/m³ gemessen wird. Man sieht, daß diese Kurven keineswegs allein durch Änderung der Größen i bzw. c zur Deckung gebracht werden können.

Bild 25 zeigt die Widerstandskurve für das S-Geschoß. Besonders lehrreich ist es, wenn man den ungefähren Verlauf des Sogwiderstandes einzeichnet *[8]*. Vom Reibungswiderstand sei abgesehen. Bei 1000 m/s beträgt der Sogwiderstand immer noch über 40 % des Gesamtwiderstandes; für die ballistisch hauptsächlich in Frage kommenden Geschwindigkeiten bis zu 800 m/s liegt bei Geschossen, die eine ähnliche Spitzenform wie das S-Geschoß haben, der Hauptanteil des Luftwiderstandes im

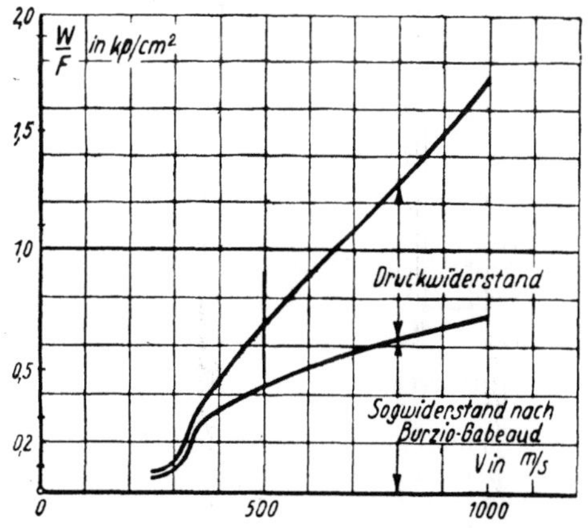

Bild 25. Widerstand und Sog beim S-Geschoß

31

Sog. Man muß daher der Form des Geschoßendes, speziell bei Geschossen mit schlanker Spitze, besondere Aufmerksamkeit schenken. Bei modernen Geschossen wird das Geschoßende konisch gestaltet[1]).

Man sieht, daß bei etwa $v = 650$ m/s der Gesamtwiderstand erst 1 kp/cm^2 beträgt. Die vielfach vertretene Ansicht, daß praktisch bei Geschoßgeschwindigkeiten über Schallgeschwindigkeit am Geschoßboden bereits vollkommenes Vakuum herrschte, ist nicht zutreffend.

Siacci hat 1896 auf Grund aller bis dahin durchgeführten Luftwiderstandsversuche mit den verschiedensten Geschossen ein sogenanntes einheitliches Luftwiderstandsgesetz für den Bereich von $v = 0$ bis 1200 m/s aufgestellt (Bild 26). Dieses Gesetz lautet:

$$W = m\,c\,f(v) = m\,\frac{1000\,i\,\gamma\,(2\,R)^2\,g}{1{,}206\,G}\,f(v)$$

wo

$$c = \frac{1000\,i\,\gamma\,(2\,R)^2\,g}{1{,}206\,G} \tag{7}$$

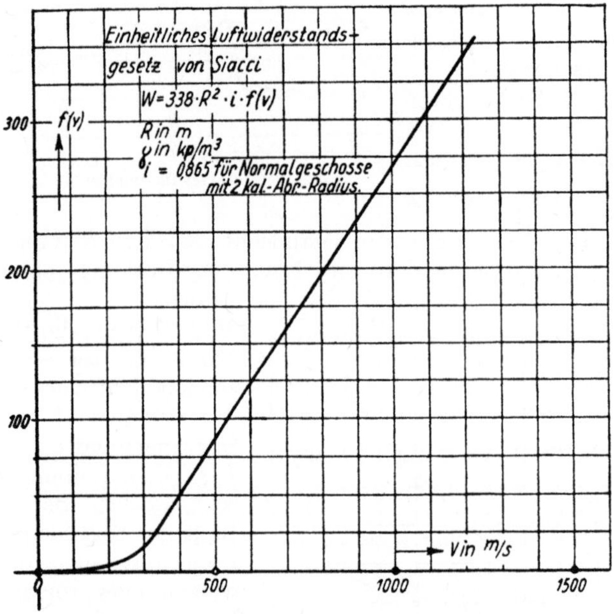

Bild 26. Einheitliches Luftwiderstandsgesetz von *Siacci*

---

[1]) Das l. S-Geschoß, ein Leichtgeschoß (Kal.7,9 mm) aus Aluminium mit Stahlmantel (Form wie das sS-Geschoß) vom Gewicht 5,6 p, das mit einer Anfangsgeschwindigkeit von 950 m/s verschossen wurde, erreichte seine maximale Schußweite von 2400 m bei etwa 25° Erhöhung. Eine Verringerung des Konuswinkels, der $\sim$ 6° betrug, brachte je 1° eine Verkürzung der maximalen Schußweite um 100 m!

32

und

$$f(v) = 0{,}2002\,v - 48{,}05 + \sqrt{(0{,}1648\,v - 47{,}95)^2 + 9{,}6} + \frac{0{,}0442\,v\,(v-300)}{371 + (v/200)^{10}}.$$

Für Geschosse von 1,2 Kaliber Abrundungsradius ist nach *C. Cranz* $i = 0{,}865$ zu nehmen.

Diese Widerstandsformel ist deswegen erwähnenswert, da sie die Grundlage für die primären und sekundären Funktionen von *Siacci* sowie die Tabellen von *Fasella* und von *Bruno [15]* bildet, die noch heute für die praktische Ballistik von Bedeutung sind.

Tabelle 3 gibt einige Werte der Funktionen $f(v)$ und $10^6 \cdot K(v)$ wieder.

Tabelle 3

v in m/s	$f(v)$	$10^6\,K(v)$	v in m/s	$f(v)$	$10^6\,K(v)$
0	0	0	450	69,24	342
50	0,301	121	500	87,08	348
100	1,210	121	600	123,24	342
150	2,730	121	700	159,62	326
200	4,920	123	800	196,07	306
250	7,964	128	900	232,55	287
300	15,45	172	1000	269,04	269
350	33,44	273	1100	305,54	252
400	51,53	323	1200	342,03	238

In Frankreich verwendet man als Luftwiderstandsgesetz das Gesetz von *Dupuis-Garnier [9]*, das mit $c_w = i\,[f_1(M) - j\,f_2(M)]$ durch Wahl von i und j den verschiedenen Geschoßformen Rechnung trägt (*L. Besse [19]*).

Für rechnerische Zwecke ist es manchmal vorteilhaft, die Formfunktion $f(v)$ stückweise durch Ausdrücke von der Form $m\,v^n$ darzustellen mit jeweils festen Werten m und n.

Es läßt sich dann eine Funktion $n(v) = v\,f'(v)/f(v)$ aufstellen, wobei $f'(v) = d\,f(v)/dv$ ist. Man bezeichnet n als den *ballistischen Widerstandsgrad*. Diese Funktion zeigt ganz besonders deutlich die Abweichungen des Luftwiderstandsgesetzes vom quadratischen Luftwiderstandsgesetz.

d) In der exakteren Form lautet das Widerstandsgesetz:

$$W(v) = \pi\,R^2\,\frac{\gamma}{\gamma_n}\,v^2\,K\!\left(\frac{v}{a}\right), \tag{8}$$

oder mit der Abkürzung $c = \dfrac{g}{G}\,\pi\,R^2\,\dfrac{\gamma}{\gamma_n}$

$$W(v) = m\,c\,v^2\,K\!\left(\frac{v}{a}\right) \tag{9}$$

Dabei stellt $W(v)$ den Widerstand dar, den das Geschoß bei seinem Durchgang durch die Luft bei der Temperatur $T\,°\mathrm{K}$ erfährt; a ist die zu der Temperatur T gehörige Schallgeschwindigkeit (a ist proportional $\sqrt{T}$, vgl. S. 145). Das Luftwiderstandsgesetz pflegt man auf sogenannte *Normalverhältnisse* bezüglich γ, T und g zu beziehen. Bei der deutschen Artillerie setzte man als Normalwerte am Boden an: $\gamma_n = 1,22$ kp/m³, gemessen bei der Temperatur $T_n = (273 + 10) = 283\,°\mathrm{K}$, einem Barometerstand von $B = 745$ mm Hg, einer Feuchtigkeit von $70\,^0/_0$ und einer Fallbeschleunigung von $g = 9,81$ m/s². Heute verwendet man die I. C. A. O.-Atmosphäre (vgl. Tabelle 21 im Nachtrag) mit den Boden-Normalwerten:

$$T = (273 + 15) = 288\,°\mathrm{K}, \quad p = 10332\,\text{kp/m}^2 \text{ und } \gamma = 1,2250\,\text{kp/m}^3.$$

Um nun den Widerstand eines Geschosses zu berechnen, wenn es in der Höhe y über dem Erdboden mit der Geschwindigkeit v fliegt, müssen die an der betreffenden Stelle herrschenden Werte von γ, T und g bekannt sein, die man folgenden Beziehungen entnimmt:

Für das spezifische Gewicht der Luft kann man angenähert $\gamma_y = \gamma_{y=0} \cdot e^{-\alpha y}$ mit $\alpha = 0,00010882$ (y in m) setzen; dabei berechnet man das spezifische Gewicht der Luft am Boden $\gamma_{y=0}$ aus $\gamma_{y=0} = 0,465\,B/T$, wenn B der abgelesene Barometerstand in mm und T die absolute Temperatur ist. (Der Einfluß der Feuchtigkeit ist dabei vernachlässigt, ebenso die Reduktion des abgelesenen Barometerstandes auf 288°K, was für die meisten praktischen Fälle belanglos ist.) Die Abhängigkeit der Temperatur von der Höhe erhält man aus $T_y = T_{y=0} - \lambda y$ mit $\lambda = 0,0065$ (y in m) für die Troposphäre ($y = 0$ bis 11000 m) und $T_y = 216,5\,°\mathrm{K}$ für die Stratosphäre ($y > 11000$ m). Die Abhängigkeit der Schallgeschwindigkeit a_y von der Temperatur bzw. der Höhe erhält man aus: $a_y/a_{y=0} = \sqrt{T_y/T_{y=0}}$. In speziellen Fällen (sehr hohe Steilbahnen sowie Fernbahnen) kann die Änderung der Fallbeschleunigung mit der Höhe durch $g_y = g_{y=0}\,(1 - 0,00314\,y)$ (y in km) berücksichtigt werden. In der Tabelle 21 im Nachtrag sind T, p, ϱ, und γ in Abhängigkeit von der Höhe y von 0 bis 20000 m angegeben.

Der Luftwiderstand ist sowohl durch γ als auch durch $K(v/a)$ temperaturabhängig. Ist der Widerstand $W(v)$ bei der Temperatur T gemessen, so reduziert man ihn wie folgt bezüglich $K(v/a)$ auf Normalverhältnisse: Es sei

$$W_n(v_n) = m\,c\,v_n^2\,K(v_n/a_n), \tag{10}$$

wo der Index n die Messung der entsprechenden Größen bei Normalverhältnissen bedeutet. (c sei jetzt als konstant angenommen; eine Reduktion bezüglich $\gamma = \gamma\,(T)$ wird gesondert vorgenommen.)

Der Beiwert $K(v/a)$ ist gleich dem Wert $K(v_n/a_n)$ für $v/a = v_n/a_n$; setzt man den Wert $v = v_n\,a/a_n$ in Gl. (9) ein, so wird

$$W(v) = W(v_n\,a/a_n) = m\,c\,v_n^2\,(a/a_n)^2\,K(v_n/a_n)$$

bzw.

$$W(v) = (a/a_n)^2\,W_n(v_n) = (a/a_n)^2\,W_n(v\,a_n/a).$$

Mit $a/a_n = \sqrt{T}/\sqrt{T_n}$ wird schließlich

$$W\,(v) = \frac{T}{T_n}\,W_n\!\left(v\,\sqrt{\frac{T_n}{T}}\right). \tag{11}$$

d. h. in Worten: Wird der Geschoßwiderstand $W\,(v)$ bei der Geschwindigkeit v und der Temperatur T gemessen, so stellt der Wert $W\,(v) \cdot T_n/T$ den für die Geschwindigkeit $v\,\sqrt{T_n/T}$ unter Normalbedingungen geltenden Widerstandswert $W_n\!\left(v\,\sqrt{T_n/T}\right)$ dar.

Von praktischer Bedeutung ist die folgende Frage: Wie groß ist die durch die Temperaturänderung ΔT bei konstant bleibender Luftdichte bewirkte Änderung des Luftwiderstandes W?

Aus $W\,(v) = (T/T_n) \cdot W_n\!\left(v\,\sqrt{T_n/T}\right)$ folgt nach logarithmischer Differentiation und geeigneter Umformung:

$$\frac{dW}{W} = \frac{dT}{T}\left(1 - \frac{1}{2}\,n\,(v_n)\right), \tag{12}$$

wo $n(v_n)$ den ballistischen Widerstandsgrad darstellt. Geht man von den Normalwerten W_n und T_n aus, so bewirkt eine endliche Temperaturänderung ΔT die Widerstandsänderung

$$\Delta W = \frac{\Delta T}{T_n}\,W_n \cdot \left(1 - \frac{1}{2}\,n\,(v_n)\right). \tag{13}$$

O. v. Eberhard gibt für das einheitliche Luftwiderstandsgesetz von *Siacci* folgende Werte für n an:

$$n_{\max} = 5{,}8 \quad \text{bei } v_n = 330 \text{ m/s},$$
$$n = 2{,}0 \quad \text{bei } v_n = 125 \text{ m/s} \quad \text{und} \quad v_n = 490 \text{ m/s}.$$

Die größte relative Widerstandsänderung $\Delta W/W$ hat man also für $n = 5{,}8$. Beträgt z. B. $\Delta T = 20\,°\text{C}$, so ist

$$\frac{\Delta W}{W} = \frac{20}{283}\left(1 - \frac{5{,}8}{2}\right) = -\,0{,}139 = -\,\frac{1}{7{,}2}\,,$$

d. h. also, der Widerstandswert bei Normalbedingungen W_n, der bei $v_n = 330$ m/s gemessen wird, ändert sich bei konstantem c bei der Temperatur $T = (283 + 20)\,°\text{K}$ um nahezu $-14\,°/_0$[1]). Bei $n = 2$ ($v_n = 125$ m/s bzw. 490 m/s) ist $\Delta W = 0$.

Damit ist bei positivem ΔT für $n > 2$ eine Widerstandsabnahme, für $n < 2$ eine Widerstandszunahme und entsprechend bei negativem ΔT ($T < T_0$) für $n > 2$ eine Widerstandszunahme und für $n < 2$ eine Widerstandsabnahme zu erwarten.

---

[1]) Der Einfluß der Temperatur macht sich daher bei einer Flugbahn, bei der das Geschoß sich gerade im Schallgeschwindigkeitsbereich befindet, besonders geltend.

8. Ableitung der Flugbahngleichungen.
Die Hauptgleichung der äußeren Ballistik. Der Hodograph

Es werden jetzt die Bewegungsgleichungen des Geschosses unter der Annahme abgeleitet, daß
auf das Geschoß nach Verlassen
der Mündung als äußere Kräfte
die Schwerkraft und der Luftwiderstand wirken. Den Luftwiderstand W schreiben wir in
der Form $W = m\,c\,f(v)$ und
setzen voraus, daß er in der
Tangentenrichtung wirkt (Bild
27). Wir wollen weiter annehmen, daß c konstant ist.

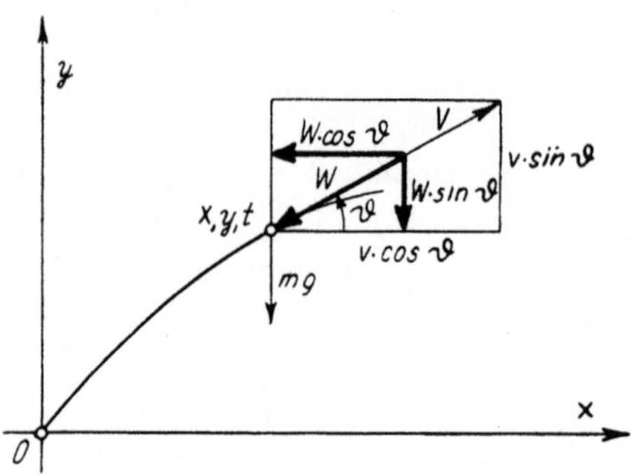

Bild 27. Zur Erläuterung der Flugbahnelemente

Die *Newton*sche Bewegungsgleichung liefert in Richtung der x-Achse:

$$m\,dv_x/dt = -\,W \cos \vartheta = -\,m\,c\,f(v) \cos \vartheta \tag{14}$$

in Richtung der y-Achse:

$$m\,dv_y/dt = -\,W \cos \vartheta - m\,g = -\,m\,c\,f(v) \sin \vartheta - m\,g, \tag{15}$$

wobei

$$v_x = v \cos \vartheta; \quad v_y = v \sin \vartheta. \tag{16}$$

Aus Gl. (14) und (15) folgt:

$$d(v \cos \vartheta) = -\,c\,f(v) \cos \vartheta\,dt, \tag{17}$$

$$d(v \sin \vartheta) = -\,c\,f(v) \sin \vartheta\,dt - g\,dt. \tag{18}$$

Diese Gleichungen stellen Beziehungen zwischen v, ϑ und t dar. Auf folgende
Weise läßt sich nun eine Differentialgleichung ableiten, die nur die Variablen
v und ϑ enthält. Längs der Normalen zur Bahntangente gilt: $v^2/\varrho = -\,g \cos \vartheta$,
wo ϱ der Krümmungsradius in dem betrachteten Bahnpunkt ist. Da nun
$\varrho = ds/d\vartheta$, wo ds das Bogenelement der Bahn darstellt, $ds = \sqrt{dx^2 + dy^2}$,
wird $v^2\,d\vartheta/ds = -\,g \cos \vartheta$.
Mit $v = ds/dt$ erhält man

$$v\,d\vartheta = -\,g \cos \vartheta\,dt; \tag{19}$$

aus Gl. (17) ergibt sich somit

$$g\,d(v \cos \vartheta) = c\,f(v)\,v\,d\vartheta. \tag{20}$$

Diese Gleichung wird als die *Hauptgleichung der äußeren Ballistik* bezeichnet,
sie enthält bei konstantem c nur die Variablen v und ϑ. Aus dieser Differen-

36

tialgleichung läßt sich v als Funktion von ϑ bestimmen. Man erhält dann die Bahnkoordinaten x, y durch Integration der folgenden Gleichungen, die sich aus den Gl. (16) und (19) ergeben:

$$dx = -\frac{v^2}{g}\,d\vartheta, \qquad \text{da} \quad \frac{dx}{dt} = v_x = v\cos\vartheta;$$

$$dy = -\frac{v^2}{g}\tan\vartheta\,d\vartheta, \quad \text{da} \quad \frac{dy}{dt} = v_y = v\sin\vartheta; \qquad (21)$$

$$dt = -\frac{v}{g\cos\vartheta}\,d\vartheta.$$

Die ballistische Hauptgleichung (20) stellt die Differentialgleichung des *Hodographen* der Flugbahn dar. Den Hodographen erhält man folgendermaßen:

Trägt man vom Anfangspunkt O eines Polarkoordinatensystems aus die Geschwindigkeiten v des Geschosses unter den Winkeln ϑ auf, die die Flugbahntangenten mit der Horizontalen an den betreffenden Stellen bilden, so stellt die Verbindungslinie der Endpunkte dieser Geschwindigkeitsvektoren den Hodographen dar. v und ϑ sind die Polarkoordinaten des Hodographen. In Bild 28 ist der Hodograph für einige Fälle bei gleicher v_0 aufgezeichnet.

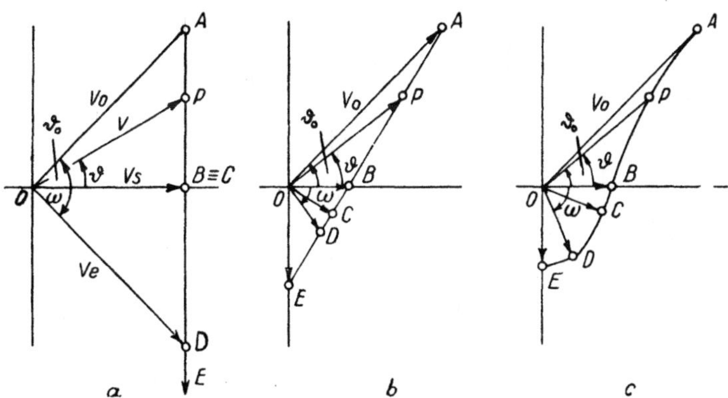

Bild 28. Der Hodograph im luftleeren und lufterfüllten Raum

Im luftleeren Raum ist der Hodograph die senkrechte Gerade $A\,D$ $(cf(v)=0)$, Bild 28 a; im Falle $cf(v) = cv$ eine schiefe Gerade $A\,D$, Bild 28 b; im allgemeinen Falle eine gekrümmte Linie, Bild 28 c.

Dabei ist $OA = v_0$ die Anfangsgeschwindigkeit, OP die Geschwindigkeit in einem beliebigen Punkt P der Bahn, in dem die Neigung der Bahn gegen die Horizontale ϑ ist; OB die Gipfelgeschwindigkeit; OC die Minimalgeschwindigkeit des Geschosses auf seiner Bahn, die im luftleeren Raum identisch mit der Gipfelgeschwindigkeit ist; $OD = v_e$ die Auftreffgeschwindigkeit; OE die *Fallschirmgeschwindigkeit*, unter der man die Geschwindigkeit versteht, die das Geschoß beim freien Fall schließlich annimmt.

Der Verlauf des Hodographen zeigt sofort das ballistische Verhalten eines Geschosses. Der Hodograph einer Gewehrgranate (kleine v_0) oder eines schweren Mörsergeschosses (große Querschnittsbelastung) wird daher vom Typ Bild 28a sein, der Hodograph eines Geschosses mittlerer Querschnittsbelastung mit großer v_0 dagegen vom Typ Bild 28c. Bei Ferngeschützen (vgl. Bild 29) zeigt sich, daß in der Nähe des Gipfels das Geschoß sich so verhält, als ob es im luftleeren Raum fliege; der Hodograph Bild 29 [11] hat daher bei seinem Durchgang durch die x-Achse eine senkrechte Tangente.

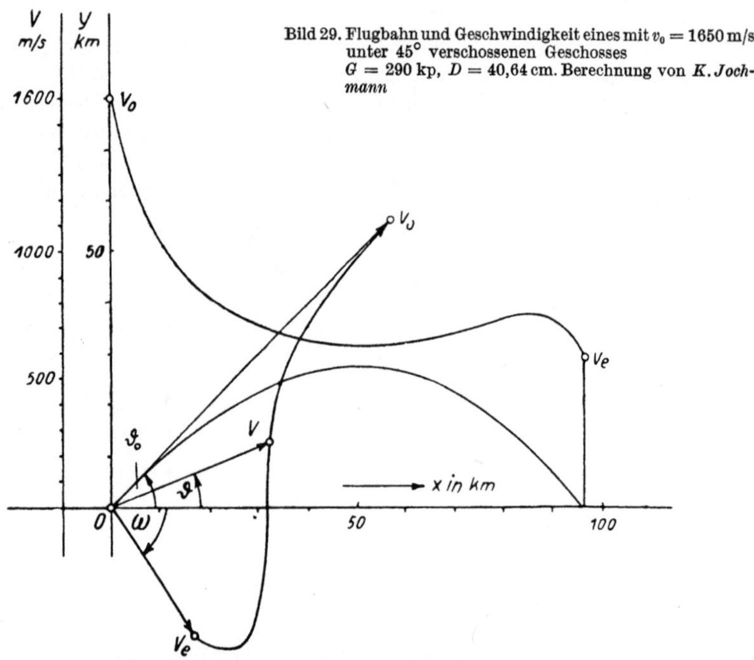

Bild 29. Flugbahn und Geschwindigkeit eines mit $v_0 = 1650$ m/s unter 45° verschossenen Geschosses $G = 290$ kp, $D = 40{,}64$ cm. Berechnung von *K. Jochmann*

Im allgemeinen ist die Abhängigkeit des Luftwiderstandes von der Dichte $\varrho = \varrho(y)$ und die Abhängigkeit der Schallgeschwindigkeit von der Temperatur, die man auch in Abhängigkeit von der Höhe ausdrücken kann, zu berücksichtigen. Dann stellt die Hauptgleichung eine Beziehung zwischen den drei Variablen v, ϑ und y dar. Sie läßt sich daher nicht mehr für sich integrieren, sondern nur gleichzeitig mit der Differentialgleichung

$$dy/d\vartheta = - (v^2/g)\tan\vartheta.$$

38

Die beiden Gleichungen stellen dann ein simultanes System von Differentialgleichungen dar; man müßte also von zwei Hauptgleichungen der äußeren
Ballistik sprechen.

**9. Über die Integration der Hauptgleichung und der anderen Flugbahn-
gleichungen. Verfahren von Siacci-Fasella, J. de Jong, E. Schwarz,
Runge-Kutta und Cranz-Rothe**

A. Allgemeines

Die Hauptgleichung läßt eine einfache Integration in geschlossener Form
nur unter besonderen Annahmen zu, und zwar dann, wenn entweder 1. die
Hauptgleichung durch eine angenäherte ersetzt wird oder 2. das Luftwiderstandsgesetz für das betreffende Geschoß durch spezielle mathematische
Ausdrücke, z. B. durch Gesetze von der Form $W = m\,c\,v^n$, dargestellt wird.

Ein dritter Weg der Integration der Hauptgleichung besteht darin, die
Flugbahn in Teilbögen zu zerlegen. Innerhalb dieser Teilbögen können dann
für gewisse Größen z. B. W bzw. $c = c(y)$ vereinfachende Annahmen gemacht werden. Dieses Verfahren wird speziell bei Fernbahnen ($v_0 > 600\,\text{m/s}$)
sowie bei Steilbahnen ($\vartheta_0 > 45°$) verwendet.

Das graphische Verfahren von *C. Cranz* und *R. Rothe* liefert eine mathematisch exakte Lösung für ein beliebiges Luftwiderstandsgesetz und bie
beliebig veränderlichem c-Wert, ohne daß vereinfachende Annahmen gemacht werden müssen.

Im folgenden wird zunächst auf die Methode 1 eingegangen und das Verfahren von *Siacci* behandelt. Von den Verfahren unter 2 wird das Verfahren
von *J. de Jong* besprochen, das unter der zonenweisen Annahme eines linearen Luftwiderstandsgesetzes eine besonders übersichtlich und einfache
geschlossene Integration der Flugbahn bzw. der Teilbögen zuläßt. Schließlich werden die Verfahren von *E. Schwarz, Runge-Kutta* und *Cranz-Rothe*
behandelt. In Frankreich wird fast ausschließlich das G.-H.-M.-Verfahren
(ein Stufenverfahren) verwendet, dem das *Dupuis*sche Luftwiderstandsgesetz zugrunde liegt *(Garnier [9, 13])*.

Es sei noch erwähnt, daß immer mehr elektronische Rechenmaschinen zur
Flugbahnberechnung herangezogen werden[1]).

B. Integration der angenäherten Hauptgleichung nach Siacci, die Fasella-Tafeln und die Abaken

Die genaue Hauptgleichung lautet:

$$g\,d\,(v \cos \vartheta) = c\,f(v)\,v\,d\vartheta$$

---

[1]) Eine ausführliche Behandlung der Methoden zur Berechnung von Flugbahnen findet
man bei *C. Cranz [7]* sowie bei *H. Molitz [12]*.

oder

$$\frac{d\vartheta}{\cos^2\vartheta} = \frac{g\,d(v\cos\vartheta)}{v\cos\vartheta\cdot cf(v)\cos\vartheta}.\qquad(22)$$

Durch Erweitern der rechten Seite mit $1/\cos\vartheta_0$, wo ϑ_0 der Abgangswinkel ist, erhält man

$$\frac{d\vartheta}{\cos^2\vartheta} = \frac{g}{c}\cdot\frac{1}{\cos\vartheta_0}\cdot\frac{d\left(\dfrac{v\cos\vartheta}{\cos\vartheta_0}\right)}{\dfrac{v\cos\vartheta}{\cos\vartheta_0}\,f(v)\,\dfrac{\cos\vartheta}{\cos\vartheta_0}}.$$

Die Integration dieser Differentialgleichung ermöglicht *Siacci* dadurch, daß er an Stelle von $f(v)\cos\vartheta/\cos\vartheta_0$ den Ausdruck $f(v\cos\vartheta/\cos\vartheta_0)\,\beta\cos\vartheta_0$ setzt; dabei soll β einen Ausgleichsfaktor darstellen, der von ϑ_0 und X abhängt und der den bei der Integration begangenen Fehler ausgleichen soll. Führt man als neue Variable $u = v\cos\vartheta/\cos\vartheta_0$ (auch als „Pseudogeschwindigkeit" bezeichnet) ein, so erhält man

$$\frac{d\vartheta}{\cos^2\vartheta} = \frac{g}{c}\cdot\frac{1}{\beta\cos^2\vartheta_0}\cdot\frac{du}{u\,f(u)}.$$

Damit ist eine Trennung der Variablen ϑ und u erreicht, und die Integration liefert

$$[\tan\vartheta]_{\vartheta=\vartheta_0}^{\vartheta} = \frac{g}{c}\cdot\frac{1}{\beta\cos^2\vartheta_0}\int\limits_{u=u_0=v_0}^{u}\frac{du}{u\,f(u)}$$

oder

$$\tan\vartheta = \tan\vartheta_0 - \frac{1}{2\,c\beta\cos^2\vartheta_0}\,[I(u) - I(v_0)]$$

mit

$$I(u) = -2\,g\int\limits_{V}^{u}\frac{du}{u\,f(u)}.$$

Die untere Integrationsgrenze V kann willkürlich festgelegt werden. *Siacci* wählte für sie in seinen Tabellen den Wert 1500 m/s. Die Differentialgleichungen für x, t und y [vgl. S. 37, Gl. (21)] lassen sich jetzt ebenfalls integrieren und man erhält:

$$x = \frac{1}{c\beta}\,[D(u) - D(v_0)] \qquad \text{mit der Abkürzung}\quad D(u) = -\int\limits_{V}^{u}\frac{u}{f(u)}\,du,\qquad(23)$$

$$t = \frac{1}{c\beta\cos\vartheta_0}\,[T(u) - T(v_0)] \quad \text{mit der Abkürzung}\quad T(u) = -\int\limits_{V}^{u}\frac{du}{f(u)},\qquad(24)$$

$$y = x\tan\vartheta_0 - \frac{1}{2c^2\beta^2\cos^2\vartheta_0}\,\{A(u) - A(v_0) - I(u_0)\,[D(u) - D(v_0)]\}\qquad(25)$$

mit der Abkürzung $A(u) = -\int\limits_{V}^{u}\dfrac{u\,I(u)}{f(u)}\,du.$

40

Die Integralwerte $I(u)$, $D(u)$, $T(u)$, und $A(u)$ bezeichnet man als die primären *Siacci*schen Funktionen, die sich für ein gegebenes Luftwiderstandsgesetz analytisch oder graphisch auswerten und in Tabellenform darstellen lassen. Für $f(v)$ wählte *Siacci* sein „einheitliches" Luftwiderstandsgesetz.

Aus Gl. (23) läßt sich für einen Wert x u berechnen und mit diesem u die Größen ϑ, t und y.

Zur weiteren Vereinfachung setzen wir: $c' = 1/c\beta$ und $\xi = x/c'$; dann zeigt Gl. (23), daß u eine Funktion von ξ und v_0 ist, damit aber auch die Ausdrücke

$$T(u) - T(v_0); \quad I(u) - I(v_0) \quad \text{und} \quad \frac{A(u) - A(v_0)}{D(u) - D(v_0)} - I(v_0).$$

Führt man jetzt die sogenannten sekundären Funktionen E, H und L, die durch folgende Gleichungen definiert sind:

$$\left.\begin{aligned}
T(u) - T(v_0) &= H(v, \xi), \\
I(u) - I(v_0) &= L(v_0, \xi), \\
\frac{A(u) - A(v_0)}{D(u) - D(v_0)} - I(v_0) &= E(v_0, \xi)
\end{aligned}\right\} \tag{26}$$

in die Gl. (23) bis (25) ein, so erhält man das folgende Gleichungssystem für die Elemente eines beliebigen Flugbahnpunktes:

$$\xi = D(u) - D(v_0), \tag{27}$$

$$t = \frac{c'}{\cos \vartheta_0} H(v_0, \xi) \tag{28}$$

mit $c' = 1/c\beta$, $\xi = x/c'$, $v = u \cos \vartheta_0/\cos \vartheta$, $v_0 = u_0$.

$$\tan \vartheta = \tan \vartheta_0 - \frac{c'}{2 \cos^2 \vartheta_0} L(v_0, \xi), \tag{29}$$

$$y = x \tan \vartheta_0 - \frac{c' x}{2 \cos^2 \vartheta_0} E(v_0, \xi). \tag{30}$$

Die Berechnung der sekundären Funktionen erfolgt aus den primären Tabellen; mit einem vorgegebenen Zahlenwert von v_0 und ξ berechnet man aus Gl. (23) den zugehörigen Wert u, mit diesem aus Gl. (24) $T(u)$ und daraus $H(v_0, \xi)$ usf.

Aus den Gl. (27) bis (30) lassen sich nun spezielle Gleichungen für den Auffallpunkt im Mündungshorizont und für den Gipfelpunkt ableiten. So erhält man z. B. die für Schußtafelberechnungen wichtige, für den Auffallpunkt gültige Beziehung

$$\frac{\sin 2\vartheta_0}{X} = N(v_0, \xi_e), \tag{31}$$

wo $N(v_0, \xi_e) = E(v_0, \xi_e)/\xi_e$ eine weitere sekundäre Funktion ist, aus der Gleichung (30) unter den speziellen Bedingungen für $x = X$; $y = 0$; $\vartheta = -\omega$; $v = v_e$; $u = u_e$; $\xi = \xi_e = X/c'$; denn aus Gl. (30) folgt

$$\tan \vartheta_0 = c'/(2 \cos^2 \vartheta_0) \, E(v_0, \xi_e) \qquad \text{oder} \qquad \sin 2 \vartheta_0 = c' \, E(v_0, \xi_e).$$

Da nun andererseits $c' = X/\xi_e$, wird $(\sin 2 \vartheta_0)/X = E(v_0, \xi_e)/\xi_e$, was wir abkürzungshalber gleich $N(v_0, \xi_e)$ setzen. Der ballistische Koeffizient c ist gegeben durch $c = \dfrac{(2\,R)^2 \, \gamma \, i \, 865}{1{,}206\,G}$, wobei $2\,R$ das Kaliber in m, γ das Luftgewicht in kp/m³, G das Geschoßgewicht in kp, i der Formkoeffizient des Geschosses, der für 2 Kaliber Abrundungsradius gleich 1 ist. Der Faktor β soll den durch die Integration der angenäherten Hauptgleichung begangenen Fehler ausgleichen. Auf die Ableitung sei hier verzichtet; der zu einem Abgangswinkel ϑ_0 und einer Schußweite X gehörige Ausgleichsfaktor β kann aus einer Tafel entnommen werden. Unter Umständen ist daher eine erste Näherungsrechnung zur Ermittlung von X vorzunehmen. β schwankt etwa zwischen 0,75 und 1,17; zwischen $\vartheta_0 = 0°$ bis $\vartheta_0 = 10°$ liegt β zwischen 1,00 und 0,98.

Die Zahlenwerte der sekundären Funktionen hat *E. Fasella* unter der Zugrundelegung des einheitlichen *Siacci*schen Luftwiderstandsgesetzes in einem Tabellenwerk zusammengestellt. Es sei auch auf das brauchbare handliche Tabellenwerk von *G. Bruno [15]* hingewiesen, der einen Auszug aus den Fasella-Tafeln gibt und sie für kleine Geschwindigkeiten erweitert hat. *C. Cranz* hat die Fasella-Tafeln nach einigen Umformungen graphisch in seinen *Abaken* (d. s. graphische Darstellungen) für v_0-Werte von 200 bis 900 m/s dargestellt. In diesen Abaken sind Funktionswerte, die den sekundären Funktionen entsprechen, in Funktionen von v_0 und ξ aufgetragen. *C. Cranz* hatte 1936 eine Erweiterung der Abaken bis $v_0 = 2000$ m/s vorgenommen.

Die einfachen und bequemen Tafeln von *Fasella* bzw. die *Abaken* gestatten die Berechnung von Flugbahnen in einem einzigen Bogen mit für die Praxis hinreichender Genauigkeit für Winkel bis zu etwa 45° und für Anfangsgeschwindigkeiten bis zu etwa $v_0 = 600$ m/s. Wie *O. v. Eberhard* (1. Abschn. *[1]*) zeigte, können die Fasella-Tafeln auch für die stückweise Berechnung von Fernbahnen und Steilbahnen (bei variablem c-Wert) verwendet werden. Mit den Tafeln und Abaken lassen sich so u. a. Aufgaben der folgenden Art lösen.

Gegeben: v_0, ϑ_0, X oder v_0, ϑ_0, x, y oder v_0, X, T oder v_0, ϑ_0, c.
Gesucht: Sämtliche Flugbahnelemente.

Es sei noch darauf hingewiesen, daß *H. H. Kritzinger [16]* 1943 entsprechend den Primärfunktionen von *Siacci* neue Primärfunktionen aufgestellt hat, denen eine Luftwiderstandsfunktion ähnlich der des S-Geschosses (vgl. S. 31) für ein Geschoß mit schlanker Spitze zugrunde gelegt ist.

J. de Jong [17] ersetzt die allgemeine Widerstandsfunktion $f(v)$ stückweise durch die spezielle Funktion $f(v) = v$. Der Bogen ABC wird durch den Treppenzug $AA'B'B''C'C$ ersetzt (Bild 30).

Dabei ist c von Stufe zu Stufe verschieden. Diese Annäherung wird um so befriedigender ausfallen, je mehr Stufen gewählt werden. Die Differentialgleichungen der Geschoßbewegung längs der x- und y-Achse werden jetzt unabhängig voneinander und lassen innerhalb jeder Stufe eine geschlossene Integration zu. Die Integration der ballistischen Differentialgleichungen (S. 36) ergibt für die Flugbahnelemente x, y, $v_x = v \cos \vartheta$, $v_y = v \sin \vartheta$ in Abhängigkeit von der Flugzeit t folgende Ausdrücke:

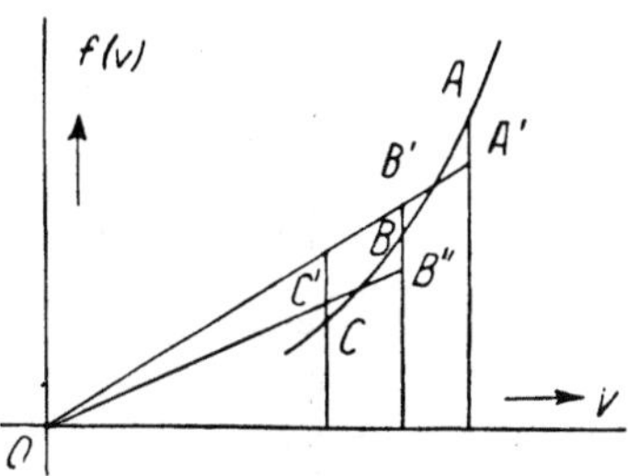

Bild 30
Lineare Widerstandsfunktion nach *de Jong*

$$x = v_{x0} \, (1 - e^{-ct})/c, \quad y = v_{y0} \, (1 - e^{-ct})/c - (g/c) \cdot [t - (1 - e^{-ct})/c],$$

$$v_x = v_{x0} \cdot e^{-ct}, \; v_y = v_{y0} \cdot e^{-ct} - g \, (1 - e^{-ct})/c, \; v_{x0} = v_0 \cdot \cos \vartheta_0, \; v_{y0} = v_0 \cdot \sin \vartheta_0.$$

J. de Jong schreibt diese Gleichungen in der Form:

$$c \, x = v_{x0} - v_x,$$

$$c \, t = \ln \left(\frac{v_{x0}}{v_x} \right) = \ln \frac{g/c + v_{y0}}{g/c + v_y},$$

$$c \, y = v_{y0} - v_y - g \, t = \frac{g/c + v_{y0}}{v_{x0}} \, c \, x - g \, t.$$

Der Hodograph ist in diesem Falle eine schiefe Gerade, die für $\vartheta = 0$ die Abszisse im Punkt $v_{\vartheta = 0} = v_0 \cos \vartheta_0 \dfrac{g}{g + c v_0 \sin \vartheta_0}$ und für $\vartheta = -90°$ die Ordinate im Punkt g/c schneidet.

Ist eine Flugbahn bei gegebenem Anfangswinkel ϑ_0, Anfangsgeschwindigkeit v_0 und bekanntem Widerstandsgesetz $W = W(v)$ zu berechnen, so schlägt *J. de Jong* folgenden Weg ein:

Man nimmt einen Geschwindigkeitswert $v_1 = v_0 - \Delta v$ an (z.B. $\Delta v = 20 \, \text{m/s}$), entnimmt aus der Luftwiderstandskurve den Widerstandswert W für $v_m = {}^1/_2 \, (v_0 + v_1)$, berechnet aus $W = {}^1/_2 \, m \, c \, (v_0 + v_1)$ den Wert c, der für das Intervall v_0 bis v_1 gilt. Um die Komponenten v_{x1} und v_{y1} von v_1 zu finden, wird der Hodograph für den eben bestimmten Wert von c gezeichnet. Der Schnittpunkt eines mit dem Radius v_1 um den Ursprung geschlagenen

Kreises mit dem Hodographen liefert ϑ_1, v_{x1} und v_{y1}. Damit kann man x_1, t_1 und y_1 berechnen. Das gleiche wiederholt sich für einen zweiten Wert v_2 usf. Eine Nachrechnung der *Cranz*schen Normalbahn Nr. 5 von *Erika Bartz* mit der dort angegebenen Widerstandskurve ergab folgende Ergebnisse, wobei die Intervalle zu $\Delta v = 50$ m/s bzw. 20 m/s genommen wurden:

Verfahren	Schußweite X in m	Flugzeit T in s
Normalbahn	9068	50,43
Verfahren von *de Jong*	8970	50,22

Für sehr flache Bahnen kann man $\cos \vartheta_0 \approx 1$ setzen (für $\vartheta_0 < 2°$ ist der Fehler $< 1^0/_{00}$); man hat dann c sofort aus $c = (v_0 - v)\, x$. Oder, falls v_0, T und X gemessen sind, läßt sich c aus $X/(Tv_0) = (1 - e^{-cT})/(cT) = f(cT)$ berechnen. Ist außer v_0, T und X der Abgangswinkel ϑ_0 bekannt, so ergibt sich c in einfacher Weise aus

$$c = \frac{g}{\sin \vartheta_0} \left(\frac{T}{X} - \frac{1}{v_0} \right).$$

Mit ähnlichen Näherungen wie *J. de Jong* arbeitet *A. Jachino*. Auch bei der amerikanischen Artillerie *[14]* wird eine solche Methode verwendet. Dabei werden u. a. treppenförmige Näherungen $A B'$ an Stelle der wahren Luftwiderstandskurve $A B$, wie sie Bild 31 zeigt, durchgeführt.

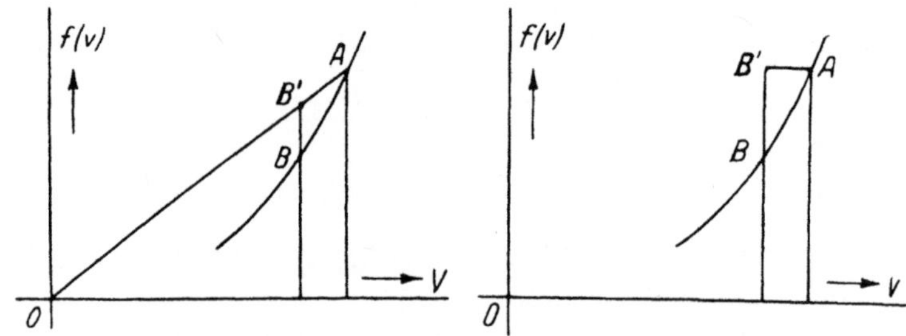

Bild 31. Ersatz der Widerstandsfunktion durch lineare Funktionen

D. Das Teilbogenverfahren von *Eleonore Schwarz* unter Benutzung der Funktion $E = \dfrac{1}{g} \cdot \dfrac{\Delta v}{\Delta x}$

Von *G. Bruno [15, 18]* wurde 1937 und unabhängig davon von *Eleonore Schwarz* die Funktion $E = (1/g) \cdot (\Delta v/\Delta x)$ zur Integration der Flugbahngleichung eingeführt. Während aber *Bruno* ein einheitliches Luftwiderstandsgesetz für ein Normalgeschoß benutzt, das für ein jeweils vorliegendes Geschoß von anderer Form durch eine Konstante modifiziert wird, verwendet *E. Schwarz* die zu jedem Geschoß erschossene Luftwiderstandskurve und rechnet in Teilbögen. Dabei wird ϑ als unabhängige Variable genommen. Die Hauptgleichung $g\,d(v\cos\vartheta) = c\,f(v)\,v\,d\vartheta$ bzw.

$$\frac{d(v\cos\vartheta)}{v^2\cos^2\vartheta} = \frac{c}{g}\cdot\frac{f(v)}{v}\cdot\frac{d\vartheta}{\cos^2\vartheta}$$

wird in einem kleinen Intervall mit den Grenzen ϑ_0 und ϑ_e (v_0 und v_e) integriert. In dem Ausdruck $f(v)/v$ ersetzt man v durch den Mittelwert $v_m = {}^1\!/_2\,(v_0 + v_e)$ und erhält

$$\frac{1}{v_e\cos\vartheta_e} - \frac{1}{v_0\cos\vartheta_0} = \frac{c\,f(v_m)}{g\,v_m}(\tan\vartheta_0 - \tan\vartheta_e)$$

oder

$$v_e = \frac{v_0\cos\vartheta_0}{\cos\vartheta_e}\cdot\frac{1}{1 + \dfrac{v_0\cos\vartheta_0\,c\,f(v_m)}{g\,v_m}(\tan\vartheta_0 - \tan\vartheta_e)}\cdot$$

Die Verzögerung durch den Luftwiderstand $c\,f(v_m)$ wird dargestellt durch $c\,f(v) = \lambda\,dv/dt = \lambda\,v\,dv/dx = {}^1\!/_2\,\lambda\,d(v^2)/dx$, wobei $\lambda = \varrho_y/\varrho_0$ (ϱ_y ist die Dichte der Luft in der betrachteten Höhe y, ϱ_0 die Dichte am Boden). Bei genügend kleinem $\varDelta x$ kann man praktisch setzen

$$c\,f(v_m) = \frac{1}{2}\,\lambda\,\frac{v_0^2 - v_e^2}{\varDelta x} = \lambda\,\frac{v_0 + v_e}{2}\cdot\frac{v_0 - v_e}{\varDelta x} = \lambda\,v_m\,\frac{\varDelta v}{\varDelta x},$$

wobei v_0 und v_e die zu den Endpunkten des Intervalls gehörigen Geschwindigkeiten darstellen.

Es werde nun vorausgesetzt — und das ist heute im allgemeinen der Fall —, daß die Luftwiderstandskurve des Geschosses vorliege. Damit hat man auch $\varDelta v/\varDelta x$ als Funktion von v ($= v_m$) und somit die Funktion

$$E(v) = \frac{1}{\lambda}\cdot\frac{c}{g}\cdot\frac{f(v)}{v} = \frac{1}{g}\cdot\frac{\varDelta v}{\varDelta x} = c_x\,\frac{\varrho}{2}\,v\,\frac{F}{G}\cdot$$

Mit dieser neu definierten Funktion $E(v)$ hat man schließlich

$$v_e = \frac{v_0\cos\vartheta_0}{\cos\vartheta_e}\cdot\frac{1}{1 + v_0\cos\vartheta_0\,\lambda\,E(v_m)(\tan\vartheta_0 - \tan\vartheta_e)}\cdot \tag{1}$$

Mit ϑ als unabhängiger Variablen ermittelt man die Änderung der Flugbahnkoordinaten und der Zeit in dem betrachteten Teilbogen aus:

$$\xi = dx = -\,(v^2/g)\,d\vartheta; \qquad \eta = dy = -\,(v^2/g)\tan\vartheta\,d\vartheta;$$
$$\tau = dt = -\,(v/g)\sec\vartheta\,d\vartheta = -\,(v/g\cos\vartheta)\,d\vartheta.$$

Ist nun $d\vartheta$ in der Größenordnung von $\le 1°$, so kann man $d\vartheta = \sin(d\vartheta)$ $= \sin(\vartheta_e - \vartheta_0)$ setzen. *E. Schwarz* ersetzt nun v, ϑ und $\tan\vartheta$ durch Mittelwerte (v durch das geometrische Mittel, da v im Quadrat auftritt, ϑ und $\tan \vartheta$ durch die arithmetischen Mittel).

Damit erhält man

$$\xi = \frac{v_0 v_e}{g} \sin (\vartheta_0 - \vartheta_e), \tag{2}$$

$$\eta = \frac{v_0 v_e}{g} \sin (\vartheta_0 - \vartheta_e) \frac{\tan \vartheta_0 + \tan \vartheta_e}{2} = \frac{\xi}{2} (\tan \vartheta_0 + \tan \vartheta_e), \tag{3}$$

$$\tau = \frac{\sqrt{v_0 v_e}}{g} \sec \left(\frac{\vartheta_0 + \vartheta_e}{2}\right) \sin (\vartheta_0 - \vartheta_e). \tag{4}$$

Die Gl. (1) bis (4) liefern die gesuchten Endelemente eines Teilbogens mit dem Abgangswinkel ϑ_0 und dem Endwinkel ϑ_e. Der Wert λ wird für die mittlere Höhe des Bogens $y_m = n + \eta/2$ gewählt.

Praktische Anwendung des Verfahrens von *E. Schwarz:* Aus der vorliegenden Luftwiderstandskurve ermittelt man den Verlauf von E und stellt tabellarisch $E = (1/g) \cdot \Delta v / \Delta x = f(v)$ auf. Bei der Berechnung eines Teilbogens benutzt *E. Schwarz* das folgende Schema:

I	II
v_0 (gegeben) ϑ_0 (gegeben) ϑ_e (angenommen) $\frac{1}{2} (\vartheta_0 + \vartheta_e)$ $\vartheta_0 - \vartheta_e$	v_e (geschätzt) $v_m = \frac{1}{2} (v_0 + v_e)$ $E (v_m)$
$\cos \vartheta_0$ $\sec \vartheta_e$ $a = \cos \vartheta_0 \cdot \sec \vartheta_e$ $\tan \vartheta_0$ $\tan \vartheta_e$ $b = \frac{1}{2} (\tan \vartheta_0 + \tan \vartheta_e)$ $d = \tan \vartheta_0 - \tan \vartheta_e$ $\sec \frac{1}{2} (\vartheta_0 + \vartheta_e)$ $\sec (\vartheta_0 - \vartheta_e)$	$c = v_0 \cdot \cos \vartheta_0 \cdot \lambda \cdot d$ $f = c E (v_m)$ $e = \frac{1}{1+f}$ $v_e = v_0 \, a e$ (berechnet)
	$\xi = \frac{v_0 v_e}{g} \sin (\vartheta_0 - \vartheta_e)$ $x + \xi$
	$\eta = b \xi$ $y + \eta$
$y + \eta$ (geschätzt) $y + \frac{1}{2} \eta$ λ für $y + \frac{1}{2} \eta$	$\frac{1}{g} \sqrt{v_0 v_e}$ $\tau = \frac{1}{g} \sqrt{v_0 v_e} \sec \frac{1}{2} (\vartheta_0 + \vartheta_e) \sin (\vartheta_0 - \vartheta_e)$ $t + \tau$

Hat man in dem berechneten Wert v_e eine Abweichung gegenüber dem geschätzten Wert v_e festgestellt, so führt man die Rechnungen der Spalte II nochmals durch. Das Verfahren von *E. Schwarz* hat sich in zahlreichen Schußtafelberechnungen für Flachbahnen wie für Steilbahnen gut bewährt.

E. Das Verfahren von C. Veithen nach C. Runge und W. Kutta

C. Veithen wendet das mathematische Verfahren der rechnerischen Integration von Differentialgleichungen von *C. Runge'* und *W. Kutta* auf die stückweise Flugbahnberechnung an. Das Prinzip des Verfahrens wird im folgenden kurz angegeben:

Es liege eine Differentialgleichung $dy/dx = y' = f(x, y)$ mit den Anfangswerten x_0 und y_0 vor. Bei ihrer numerischen Integration handelt es sich darum, ausgehend von den Anfangswerten x_0, y_0 einer partikulären Lösung weitere Punkte dieses Integrales zu berechnen, es „stückweise" aufzubauen. Dabei hat man zunächst, um einen weiteren Punkt zu finden, die Änderung k zu berechnen, die y erfährt, wenn sich x um einen Wert h ändert. Man könnte zu dieser Berechnung die *Taylor*sche Reihe

$$k = y_0' h + y_0'' \frac{h^2}{2!} + y_0''' \frac{h^3}{3!} + y_0'''' \frac{h^4}{4!} + \cdots$$

anwenden.

Runge-Kutta setzen für eine Änderung h die folgende Änderung k von y an:

$$k = \frac{1}{6}(k_1 + 2k_2 + 2k_3 + k_4),$$

wobei

$$k_1 = f(x_0, y_0) \cdot h; \quad k_2 = f(x_0 + h/2, y_0 + k_1/2) \cdot h;$$
$$k_3 = f(x_0 + h/2, y_0 + k_2/2) \cdot h; \quad k_4 = f(x_0 + h, y_0 + k_3) \cdot h.$$

Damit hat man den Punkt $(x_0 + h, y_0 + k)$ der Integralkurve. Von diesem Punkt als Ausgangspunkt sucht man nun einen nächsten Punkt usf. Durch diese Darstellung von *Runge-Kutta* werden noch Glieder mit dem Faktor h^4 exakt dargestellt.

Ballistische Anwendung: C. Veithen schreibt die ballistischen Differentialgleichungen:

$$dx = v \cos \vartheta \, dt, \quad dy = v \sin \vartheta \, dt,$$

$$d(v \cos \vartheta) = -cf(v) \cos \vartheta \, dt = -\frac{cf(v)}{v} v \cos \vartheta \, dt,$$

$$d(v \sin \vartheta) = -cf(v) \sin \vartheta \, dt - g dt = -\frac{cf(v)}{v} v \sin \vartheta \, dt - g dt$$

in folgender Form:

$$dx = \xi dt, \quad dy = \eta dt, \quad d\xi/dt = -c \, \Phi(v) \, \xi, \quad d\eta/dt = -c \, \Phi(v) \, \eta - g,$$

wobei $\xi = v \cos \vartheta$, $\eta = v \sin \vartheta$, $v^2 = \xi^2 + \eta^2$, $\Phi(v) = f(v)/v$.

Zur Zeit $t = 0$ haben wir die Anfangsbedingungen: $x_0 = 0$; $y_0 = 0$; $v = v_0$; $\vartheta = \vartheta_0$, somit $\xi_0 = v_0 \cos \vartheta_0$, $\eta_0 = v_0 \sin \vartheta_0$.

Rechenvorschrift: Nach einer willkürlich gewählten kleinen Zeiteinheit Δt (z. B. $\Delta t = 1\,s$) haben x, y, ξ und η die (zu berechnenden) Änderungen Δx, Δy, $\Delta \xi$ und $\Delta \eta$ erfahren, so daß nach der ersten Stufe die Werte $x_1 = x_0 + \Delta x$, $y_1 = y_0 + \Delta y$, $\xi_1 = \xi_0 + \Delta \xi$, $\eta_1 = \eta_0 + \Delta \eta$ vorliegen. Die durch die Änderung der unabhängigen Variablen t um Δt auftretenden Werte Δx, Δy, $\Delta \xi$ und $\Delta \eta$ erhält man aus:

$$\Delta x = \frac{1}{6}\,(k_1 + 2\,k_2 + 2\,k_3 + k_4); \qquad \Delta y = \frac{1}{6}\,(l_1 + 2\,l_2 + 2\,l_3 + l_4);$$

$$\Delta \xi = \frac{1}{6}\,(m_1 + 2\,m_2 + 2\,m_3 + m_4); \qquad \Delta \eta = \frac{1}{6}\,(n_1 + 2\,n_2 + 2\,n_3 + n_4).$$

Die Werte k_1, k_2, . . . , l_1, l_2, . . . usw. werden in folgender Reihenfolge berechnet:

a) ξ_0; η_0; $v_0 = \sqrt{\xi_0{}^2 + \eta_0{}^2}$; $k_1 = \xi_0 \Delta t$; $l_1 = \eta_0 \Delta t$; $m_1 = - c\,\Phi(v_0)\,\xi_0 \Delta t$; $n_1 = - c\,\Phi(v_0)\,\eta_0 \Delta t - g\,\Delta t$.

b) $\xi' = \xi_0 + m_1/2$; $\eta' = \eta_0 + n_1/2$; $v' = \sqrt{\xi'^2 + \eta'^2}$; $k_2 = \xi' \Delta t$; $l_2 = \eta' \Delta t$; $m_2 = - c\,\Phi(v')\,\xi' \Delta t$; $n_2 = - c\,\Phi(v')\,\eta' \Delta t - g\,\Delta t$.

c) $\xi'' = \xi_0 + m_2/2$; $\eta'' = \eta_0 + n_2/2$; $v'' = \sqrt{\xi^2 + \eta''^2}$; $k_3 = \xi'' \Delta t$; $l_3 = \eta'' \Delta t$; $m_3 = - c\,\Phi(v'')\,\xi'' \Delta t$; $n_3 = - c\,\Phi(v'')\,\eta'' \Delta t - g\,\Delta t$.

d) $\xi''' = \xi_0 + m_3/2$, $\eta''' = \eta_0 + n_3/2$; $v''' = \sqrt{\xi'''^2 + \eta'''^2}$; $k_4 = \xi''' \Delta t$; $l_4 = \eta''' \Delta t$; $m_4 = - c\,\Phi(v''')\,\xi''' \Delta t$; $n_4 = - c\,\Phi(v''')\,\eta''' \Delta t - g\,\Delta t$.

F. Das graphische Verfahren von C. Cranz und R. Rothe

C. Cranz und *R. Rothe [7]* verwenden das Verfahren der wiederholten Annäherungen (Quadraturen) zur graphischen Integration des ballistischen Hauptproblems. Das Verfahren gestattet, bei beliebig vorgegebenem Luftwiderstandsgesetz — wobei die Abhängigkeit von der Schallgeschwindigkeit berücksichtigt werden kann — und bei veränderlichem c-Wert die Hauptgleichungen mit beliebiger Genauigkeit zu lösen. Das Verfahren sei an einem einfachen Fall, und zwar bei konstantem c-Wert, erklärt.

In die ballistische Hauptgleichung

$$g\,d\,(v \cos \vartheta) = g\,(\cos \vartheta\,dv - v \sin \vartheta\,d\vartheta) = c f(v)\,v\,dv$$

werden die Veränderlichen

$$u = \ln v \quad \text{und} \quad z = \ln \tan (\pi/4 + \vartheta/2) \quad [\text{bzw. } \tanh z = \sin \vartheta]$$

eingeführt.

Da weiter $du = dv/v$ und $dz = d\vartheta/\cos\vartheta$, erhält man mit der Abkürzung $F(u) = (c/g)\,f(e^u)$

$$du/dz = \tanh z + F(u).$$

Die Anfangsbedingungen $v = v_0$, $\vartheta = \vartheta_0$ ergeben dabei $u_0 = \ln v_0$, $z_0 = \ln\tan(\pi/4 + \vartheta_0/2)$. Die ballistische Hauptgleichung gestattet in dieser Form eine zeichnerische Integration, die wie folgt durchgeführt wird (Bild 32).

In ein Koordinatensystem u, z zeichnet man eine Schar von Isoklinen (Neigungslinien) $\tanh z + F(u) = C_0$ bzw. $= C_1$ bzw. $= C_2 \ldots$ ein. An jeder dieser Kurven hat der Anstieg der Tangente der Integralkurve den festen Wert C_0, C_1, C_2, $\ldots$ Es seien nun Isoklinen für genügend viele Werte C in hinreichender Dichte gezeichnet. Zeichnet man dann durch den Anfangspunkt $A_0 = A(v_0, \vartheta_0)$ angenähert ein Tangentenpolygon, so erhält man in erster Näherung die gesuchte Integralkurve selbst. Man zieht durch

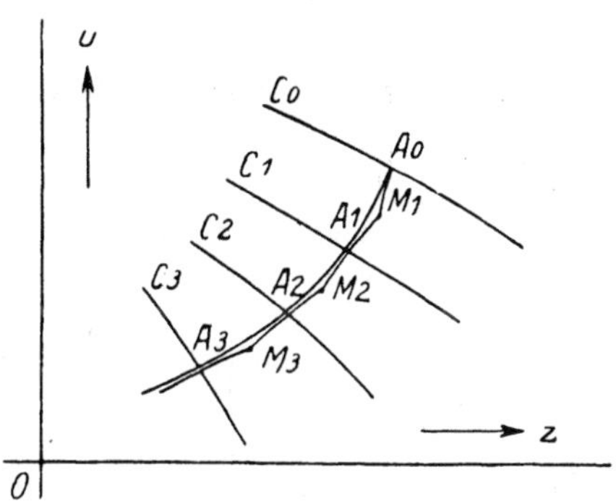

Bild 32
Zur Integration der ballistischen Hauptgleichung

A_0 einen Strahl in der durch $du/dz = C_0$ gegebenen Tangentenanfangsrichtung; etwa in der Mitte M_1 zwischen den Isoklinen C_0 und C_1 setzt man einen neuen Strahl in der durch die Isokline du/dz gegebenen neuen Richtung $du/dz = C_1$ an usf. Die Schnittpunkte A_0, A_1, A_2, $\ldots$ der Tangenten mit den zugehörigen Isoklinen sind die Berührungspunkte der gesuchten Integralkurve. In erster Näherung stellt meistens die so gewonnene Kurve eine brauchbare Lösung der Differentialgleichung dar. Zur Verbesserung der ersten Näherung wird das Verfahren der wiederholten Quadraturen von *C. Runge* angewendet. Die aus der Zeichnung erhaltenen Werte A_0, A_1, A_2, $\ldots$ setzt man in die rechte Seite der Differentialgleichung ein und erhält somit die entsprechenden Werte du/dz. Diese trägt man in ein Koordinatensystem als Ordinaten in Funktion von z auf. Die Integration des so erhaltenen Kurvenzuges (der durch den Punkt A_0 geht) ergibt eine zweite, bessere Lösung der Differentialgleichung. Man wiederholt nun diese Näherungen für die sich nicht deckenden Kurventeile, bis sich die aufeinanderfolgenden Kurvenzüge vollständig decken. Hat man endlich die wahren Werte $u = u(z)$ gewonnen, so ist damit v in Abhängigkeit von ϑ gegeben. Zweckmäßigerweise legt man sich in den Koordinatenachsen der Abb. 32 gleich zusätzliche Teilungen für v und ϑ an. Die weitere Behandlung der nun integrierbaren Differentialgleichungen $dx = -(v^2/g)\,d\vartheta$, $dy = -(v^2\tan\vartheta/g)\,dt$, $dt = -(v/g\cos\vartheta)\,d\vartheta$ erfolgt ebenfalls graphisch.

Ist der allgemeinste Fall mit

$$c\,f(v) = c\,\frac{a^2}{a_0{}^2}\,F(v, \frac{a_0}{a}\,),\ \ c = c\,(y),\ \ g = g\,(y)$$

zu behandeln, so tritt zu der Hauptgleichung $g\,d\,(v\cos\vartheta) = -\,c\,f(v)\,v\,d\vartheta$
die Differentialgleichung $g\,dy = -\,v^2\tan\vartheta\,d\vartheta$ hinzu. Diese beiden Gleichungen bilden ein System von simultanen Differentialgleichungen und
werden nach Einführung der Variablen $u = \ln v$ und $z = \ln\tan(\pi/4 + \vartheta/2)$
entsprechend dem obigen Verfahren gleichzeitig behandelt.

10. Die Geschoßstreuung und ihre Bewertung. Die Treffwahrscheinlichkeit

Gibt man aus einer Waffe unter möglichst gleichen Umständen eine größere
Anzahl von Schüssen ab, so treffen die Geschosse nicht ein und denselben
Punkt, sondern sie verteilen sich über eine mehr oder weniger große Fläche.
Diese Streuung ist bedingt: 1. durch Lafette, Waffe und Munition (Laufschwingungen, kleine Unterschiede in der Munition wie verschiedenes Geschoßgewicht, Geschoßdurchmesser und Geschoßschwerpunktlage, Pulvergewicht, Unterschiede in der Pulververbrennung und damit v_0-Schwan-
kungen und Schwankungen in der Geschoßdurchlaufzeit durch das Rohr);
2. durch den Schützen (Zielfehler) und schließlich 3. durch außenballistische
Einflüsse (Unterschied in der Luftdichte und der Lufttemperatur).

Die Treffer scheinen zunächst vollkommen regellos um den mittleren Treffpunkt verteilt zu sein. Bei zahlreichen Schüssen zeigt aber das Trefferbild
eine gewisse Regelmäßigkeit in der Verteilung der Treffer. Sie sind am dich-
testen in der Nähe des mittleren Treffpunktes. Zur waagerechten bzw. senkrechten Achse (Trefferachse) durch den mittleren Treffpunkt läßt sich im
allgemeinen eine Symmetrie erkennen. Bild 33 sei ein Trefferbild auf einer
senkrechten Scheibe. Die Entfernung vom obersten bis zum untersten Treffer
ist die 100 %ige *Höhenstreuung H*, die Entfernung vom Treffer am weitesten
links zu dem am weitesten rechts die 100 %ige *Breitenstreuung* oder *Seitenstreuung B*. Beim Trefferbild auf horizontalem Gelände (Bodentreffbild) tritt
an die Stelle der Höhenstreuung die *Tiefen-* oder *Längenstreuung L*. Dabei
ist $L = H/\tan\omega$, wenn ω den Einfallswinkel der Geschoßflugbahn darstellt.

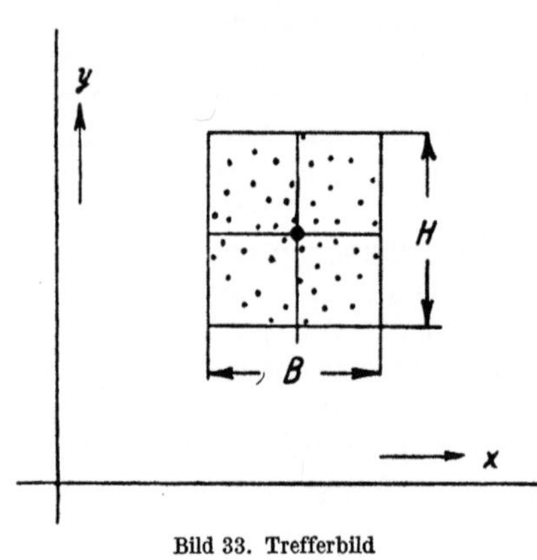

Bild 33. Trefferbild

Teilt man die Scheibe in Streifen auf und trägt über der Waagerechten bzw.
der Senkrechten die Zahl der Schüsse auf, die in einem solchen Streifen

50

liegen, so erhält man treppenförmige Linienzüge. Je mehr Schüsse abgefeuert werden und je enger man die Streifen wählt, um so gleichmäßiger werden diese Linienzüge, die schließlich in gleichmäßig gekrümmte Linienzüge übergehen, für die *Gauß* die Beziehung $\xi(x) = c \cdot \exp(-h^2 x^2)$ aufgestellt hat. Definitionsgemäß umhüllt diese Kurve sämtliche Treffer, es muß daher $\int\limits_{-\infty}^{+\infty} \xi(x)\, dx = n$ sein, wenn n die Gesamtzahl der Treffer ist. Daraus folgt $c = n\,h/\sqrt{\pi}$ und somit $\xi(x) = (n\,h/\sqrt{\pi})\exp(-h^2 x^2)$. Die Funktion $\varphi(x) = \xi(x)/n = (h/\sqrt{\pi})\exp(-h^2 x^2)$ bezeichnet man als das *Gauß*sche Fehlerverteilungsgesetz (Bild 34). Die Größe h ist ein Maß für die Genauigkeit des Schießens und wird daher als das *Genauigkeitsmaß* bezeichnet. h ergibt sich für $x = 0$ zu $h = \sqrt{\pi} \cdot \varphi(0)$.

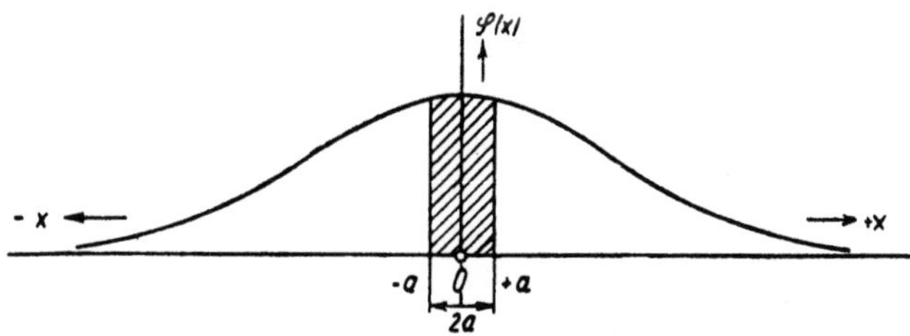

Bild 34. *Gauß*sches Fehlerverteilungsgesetz

Je größer h, um so enger liegen die Treffer um den mittleren Treffpunkt. Je nach der Betrachtung der Abweichungen der Treffer vom mittleren Treffpunkt der Höhe oder Seite nach, spricht man vom Genauigkeitsmaß für die Höhe bzw. für die Seite.

Es läßt sich nun leicht die Frage beantworten, mit welcher Wahrscheinlichkeit ein senkrechter Zielstreifen von sehr großer Länge und der Breite $2\,a$ getroffen wird, der symmetrisch zum mittleren Treffpunkt liegt, wenn Schüsse abgefeuert werden, deren Breitenstreuung das Genauigkeitsmaß h_1 hat.

Die Zahl der Treffer in dem Streifen beträgt $n\dfrac{h_1}{\sqrt{\pi}}\int\limits_{-a}^{+a}\exp(-h_1^2 x^2)\, dx$, die

Gesamtzahl der abgegebenen Schüsse beträgt $n\dfrac{h_1}{\sqrt{\pi}}\int\limits_{-\infty}^{+\infty}\exp(-h_1^2 x^2)\, dx = n$.

Die Wahrscheinlichkeit W, den Streifen zu treffen, ist daher (vgl. Bild 34 und Bild 35)

$$W = \frac{n\dfrac{h_1}{\sqrt{\pi}}\int\limits_{-a}^{+a}\exp(-h_1^2 x^2)\, dx}{n} = \int\limits_{-a}^{+a}\varphi(x)\, dx\,.$$

Die Wahrscheinlichkeit, einen entsprechenden waagerechten Streifen von der Breite $2b$ zu treffen, ist:

$$W = \int\limits_{-b}^{+b} \varphi\,(y)\,dy = \frac{h_2}{\sqrt{\pi}} \int\limits_{-b}^{+b} \exp\,(-h_2{}^2 y^2)\,dy\,,$$

wobei jetzt h_2 das Genauigkeitsmaß bezüglich der Höhenstreuung ist.

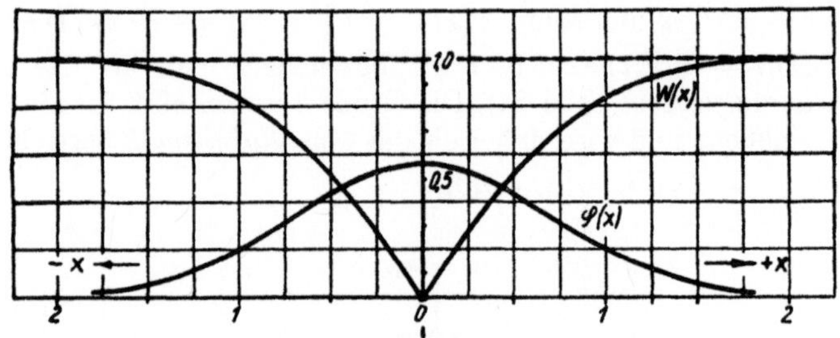

Bild 35. Fehler- und Wahrscheinlichkeitsfunktion

Ganz allgemein gilt nun, daß die Wahrscheinlichkeit, eine beliebig geformte und bezüglich des Trefferbildes beliebig gelegene Fläche zu treffen, gegeben ist durch

$$W = \frac{h_1 h_2}{\pi} \int\!\int \exp\,(-h_1{}^2 x^2 - h_2{}^2 y^2)\,dx\,dy\,,$$

wobei das Doppelintegral über die zu treffende Scheibe zu erstrecken ist. Dieses Integral läßt sich, wie *R. Rothe* zeigte, stets graphisch lösen. Eine numerische Lösung ist nur in einigen Sonderfällen möglich, so z. B. wenn das Ziel die Form einer (an einer beliebigen Stelle gelegenen) Kreisscheibe hat.

Für diesen Fall läßt sich das Doppelintegral in das Produkt zweier einfacher Integrale aufspalten.

Die Ermittlung von Treffwahrscheinlichkeiten nach den obigen Gleichungen bzw. die Beurteilung eines Trefferbildes setzt die Kenntnis der Genauigkeitsmaße h_1 und h_2 voraus. An Stelle von h werden jedoch Genauigkeitsmaße verwendet, die leicht aus den Trefferbildern zu entnehmen sind und in zahlenmäßigem Zusammenhang mit h stehen. Am gebräuchlichsten ist die mittlere quadratische Abweichung μ sowie die wahrscheinliche oder 50 %ige Abweichung w. Hat man aus n Treffern den mittleren Treffpunkt ermittelt, und sind die Abweichungen der einzelnen Treffer vom mittleren Treffpunkt $\lambda_1, \lambda_2, \ldots$, so ist

$$\mu = \sqrt{\frac{\lambda_1{}^2 + \lambda_2{}^2 + \lambda_3{}^2 + \cdots}{n-1}}\,.$$

Auf Grund des *Gauß*schen Fehlergesetzes ist $h = 1/(\mu\sqrt{2})$. Die wahrscheinliche oder 50%ige Abweichung w ist dadurch definiert, daß ein Zielstreifen von der Breite $2w$, der symmetrisch zum mittleren Treffpunkt liegt und nach oben und unten beliebig ausgedehnt ist, genau 50% aller Schüsse enthält, d. h. es muß sein

$$\frac{h}{\sqrt{\pi}} \int\limits_{x=-w}^{+w} \exp\left(-h^2 x^2\right) dx = \frac{1}{2} \; ;$$

daraus ergibt sich $w = 0{,}477/h$ und da $1/h = \mu\sqrt{2}$

$$w = 0{,}477\,\sqrt{2}\,\mu = 0{,}674\,\mu.$$

In der Schießpraxis verwendet man bei der Beurteilung eines Trefferbildes bzw. bei der Berechnung von Trefferprozenten den doppelten Betrag der 50%igen Abweichung:

$$s_{50} = 2\,w = 1{,}349\,u,$$

der als *50%ige Streuung* der Höhe bzw. Seite bzw. Länge bezeichnet wird. Die Schußtafeln geben zu jeder Erhöhung die 50%ige Streuung an, d. h. den Bereich, in dem 50% aller Schüsse liegen.

Eine besonders einfache Berechnung der Trefferprozente, die beim Beschuß eines sehr langen, senkrechten, zum mittleren Treffpunkt symmetrischen Streifens von der Breite $2\,l$ zu erwarten sind, erhält man mittels der Wahrscheinlichkeitsfaktoren f. Darunter versteht man das Verhältnis:

$$\frac{\textit{Zielbreite (-höhe, -länge)}}{\textit{50%ige Breiten- (Höhen-, Längen-) Streuung}}$$

Zu jedem Wert f gehört eine bestimmte Anzahl von Trefferprozenten. Ist die Zielbreite gleich der 50%igen Breitenstreuung, also $f = 1$, so sind 50%, bei $f = 2$ sind 82%, bei $f = 4$ sind $99{,}3\%$ Treffer zu erwarten.

Bei der Berechnung von Trefferwahrscheinlichkeiten ist Voraussetzung, daß es sich um Treffbilder großer Schußzahlen handelt. Wir sahen, daß bei $f = 4$ $99{,}3\%$ Treffer zu erwarten sind, bei großen Schußzahlen kann man also mit für die Praxis hinreichender Genauigkeit die 100%ige Streuung gleich der vierfachen 50%igen Streuung setzen.

Bei kleinen Schußzahlen können sich die Verhältnisse erheblich ändern. Aus der Erfahrung heraus setzt man z. B. bei $n = 50$ Schuß die 100%ige Streuung gleich der 2,9fachen 50%igen Streuung.

Beim Erschießen eines Trefferbildes treten gelegentlich vereinzelte Schüsse sehr großer Abweichungen auf. Es fragt sich dabei, ob solche „Ausreißer" in der Auswertung mit zu berücksichtigen sind oder nicht. Von den dazu auf-

f	Trefferprozente	f	Trefferprozente	f	Trefferprozente
0,1	5	1,1	54	2,2	84
0,2	11	1,2	58	2,4	89
0,3	16	1,3	62	2,6	92
0,4	21	1,4	65	2,8	94
0,5	26	1,5	69	3,0	96
0,6	31	1,6	72	3,2	97
0,7	36	1,7	75	3,4	98
0,8	41	1,8	78	3,6	98
0,9	46	1,9	80	3,8	99
1,0	50	2,0	82	4,0	99,3

gestellten Regeln wird diejenige von *Chauvenet* am meisten benutzt, nach der die folgende Tabelle von Ausreißerfaktoren $\varkappa$ aufgestellt ist:

n	$\varkappa$	n	$\varkappa$	n	$\varkappa$	n	$\varkappa$
6	2,57	11	2,97	16	3,19	21	3,35
7	2,67	12	3,02	17	3,23	22	3,38
8	2,76	13	3,07	18	3,26	23	3,40
9	2,84	14	3,11	19	3,29	24	3,41
10	2,91	15	3,15	20	3,32	25	3,42

Hat man bei einer Schußzahl n die wahrscheinliche Abweichung w gefunden, so ist die Abweichung λ dann auszuschalten, wenn $|\lambda| > \varkappa w$, wo $\varkappa$ der in d er Tabelle zu der Zahl n gehörige Ausreißerfaktor ist. Die Rechnung muß s odann neu durchgeführt werden.

Die oben angeführten Berechnungen lassen sich selbstverständlich bei jeder ballistischen Meßreihe durchführen, bei der einzelne Meßwerte zu erwarten sind, die mit zufälligen Fehlern behaftet sind, so z. B. bei Geschoßgeschwindigkeitsmessungen, Gasdruckmessungen od. dgl.

Dritter Abschnitt: Die Pendelgleichung des fliegenden, drallstabilisierten Geschosses auf seiner Flugbahn [1]. Die Bestimmung der aerodynamischen Beiwerte

11. Der Geschoßdrall. Qualitatives über die Kreiselbewegung des Geschosses

Verschießt man ein Geschoß von der üblichen Form aus einem glatten Lauf, so zeigt es sich, daß das Geschoß sich kurz nach Verlassen der Mündung überschlägt und als Querschläger weiterfliegt. Der Grund liegt darin, daß die Resultierende der Luftwiderstandskräfte vor dem Geschoßschwerpunkt angreift. Damit nun das Geschoß sich ähnlich wie ein Pfeil verhält, und die Geschoßachse sich immer wieder in die Richtung der Bahntangente legt, erteilt man dem Geschoß bei seinem Durchgang durch das Rohr einen Drehimpuls um seine Längsachse *(Drall)*.

Praktisch verwendet man Drehzahlen, die etwa zwischen 50 und 3500 s^{-1} (Infanteriegeschoß) liegen.

Die Umfangsgeschwindigkeit der Geschosse am äußersten Umfang beim Verlassen der Mündung liegt dabei im allgemeinen in der Größenordnung von 80 m/s; nur in Sonderfällen ist sie geringer.

Die Geschoßdrehung wird folgendermaßen erzeugt: In das Rohr sind wendelförmige *Züge* eingeschnitten; die stehengebliebenen Teile des Rohres *(Felder)* geben das Kaliber $D = 2R$ an. Das Geschoß erhält nun seinen Drall dadurch, daß es der Richtung der Züge folgen muß, nachdem es sich mit seinem Führungsband bzw. bei den meisten Infanteriegeschossen mit seinem Geschoßmantel in die Züge eingepreßt hat. Bei manchen Hochleistungsgeschossen sind Züge und Felder von vornherein in den Geschoßkörper eingeschnitten.

Der Winkel zwischen der Tangente an die Züge und der Richtung der Seelenachse, der *Drallwinkel*, sei ε. Ist dieser Winkel konstant, so spricht man von konstantem Drall, ist er von einem Anfangswert auf einen Endwert ansteigend, so spricht man von progressivem Drall. Im folgenden sei nur von konstantem Drall die Rede.

Bezeichnet man die Ganghöhe des Zuges, die *Drallänge*, auf der das Geschoß sich gerade einmal um seine Längesachse dreht, mit Dr, so wird $2\pi R = Dr \cdot \tan\varepsilon$ (Bild 36). Bewegt sich das Geschoß mit der Geschwindigkeit v in bezug auf das feststehend gedachte Rohr, so legt es Dr Meter in Dr/v Sekunden zurück. In dieser Zeit dreht es sich einmal um seine Längsachse; die sekundliche Drehzahl n beträgt somit

$$n = v/Dr = v \tan\varepsilon/(2\pi R). \qquad (1)$$

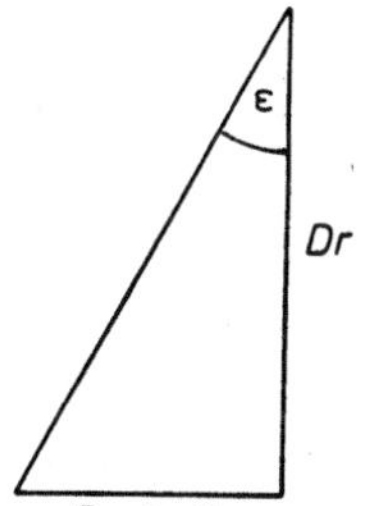

In Wirklichkeit läuft jedoch das Geschützrohr während des Abschusses zurück; seine Geschwindigkeit bezüglich des Raumes sei V. Die sekundliche Drehzahl des Geschosses beträgt daher $n = (v + V) \tan\varepsilon/(2\pi R)$. Für den Geschoßbodenaustritt aus der Mündung hat man

$$n_0 = (v_0 + V_0) \tan\varepsilon/(2\pi R) = (v_0 + V_0)/Dr.$$

Die Umdrehungsgeschwindigkeit des Geschoßmantels beträgt $(v_0 + V_0) \tan\varepsilon$; dabei ist vorausgesetzt, daß eine Drehung des Rohres ausgeschlossen ist.

Bild 36
Zur Berechnung des
Drallwinkels ε

Die Winkelgeschwindigkeit des Geschosses beträgt dann

$$\omega = 2\,\pi\,n = 2\,\pi\,(v_0 + V_0)/Dr,$$

somit die Energie der Geschoßdrehung $C\,\omega^2/2$, wo C das Trägheitsmoment um die Längsachse ist.

Während des Geschoßfluges treten infolge der Reibung zwischen dem Geschoß und der umströmenden Luft am Geschoßumfang Kräfte auf, die Momente entgegen der Drehrichtung hervorrufen, wodurch eine ständige Abnahme der Geschoßdrehzahl bewirkt wird. Die Kenntnis dieser Abnahme ist notwendig für die Beantwortung von Fragen, die mit der Stabilität des Geschosses zusammenhängen. Weiter treten am Geschoß Kräfte senkrecht zur Flugebene auf, die durch den *Magnuseffekt* und den *Kreiseleffekt* bewirkt werden, wodurch eine Seitenabweichung (vgl. S. 76) hervorgerufen wird.

Für die Drallänge Dr kann man nach Gl. (1) auch

$$Dr = 2\,\pi\,v_0/\omega_0 = Dr_0 \tag{2}$$

schreiben, wobei Dr_0 die Drallänge des Geschosses im Augenblick des Verlassens der Mündung sei. Auf der Flugbahn gilt für die jeweilige Drallänge Dr_x des Geschosses in der Entfernung x von der Mündung

$$Dr_x = 2\,\pi\,v_x/\omega_x. \tag{3}$$

Für die Abnahme der Geschwindigkeit kann in der Nähe der Mündung $v = v_0 \exp(-\beta x)$ [dabei ist $\beta = -(dv/dx)/v$] und für die Abnahme der Drehzahl $\omega = \omega_0 \exp(-\gamma x)$ gesetzt werden. Damit wird

$$Dr_x = \frac{2\,\pi\,v_0 \cdot \exp(-\beta x)}{\omega_0 \cdot \exp(-\gamma x)} = Dr_0 \exp[-(\beta - \gamma)\,x]. \tag{4}$$

Da im allgemeinen $\beta > \gamma$, wird $\exp[-(\beta - \gamma)x] < 1$, d. h. $Dr_x < Dr_0$, die Drallänge des Geschosses wird also in der Nähe der Mündung auf der Flugbahn kleiner.

Zur Erleichterung des Verständnisses der folgenden Kapitel sei kurz qualitativ das Verhalten des fliegenden, pendelnden und zugleich rotierenden Geschosses beschrieben.

Das fliegende Geschoß erhält durch seine Rotation die Eigenschaften eines Kreisels, dessen besondere Eigentümlichkeit das Richtungsbeharren ist. Es zeigt in erster Näherung ein ähnliches Verhalten wie ein schwerer symmetrischer Kreisel.

Der in Bild 37a dargestellte Kreisel möge sich mit großer Winkelgeschwindigkeit ω um seine Figurenachse (identisch mit der Symmetrieachse) drehen. Er folgt dann nicht der Einwirkung der Schwere, sondern weicht mit konstanter Winkelgeschwindigkeit $d\psi/dt$ senkrecht zur Kraftrichtung aus. Das obere Ende der Figurenachse beschreibt eine Kreisbahn. Diese Bewegung des Kreisels bezeichnet man als *reguläre Präzession* oder *langsame Schwingung*. $S\,C$ ist die Achse der Präzessionsbewegung. $d\psi/dt$ ist um so kleiner, je größer die Kreisfrequenz ω des Kreisels ist.

In Wirklichkeit überlagert sich der regulären Präzession eine Störbewegung des Kreisels, die man als *Nutation* oder *schnelle Schwingung* bezeichnet. Die Figurenachse $S\,B$ beschreibt nicht den Kreiskegel in Bild 37a, sondern bewegt sich zwischen zwei benachbarten Kreiskegeln mit den Öffnungswinkeln $\delta_{\max}$ und $\delta_{\min}$ (Bild 37 b).

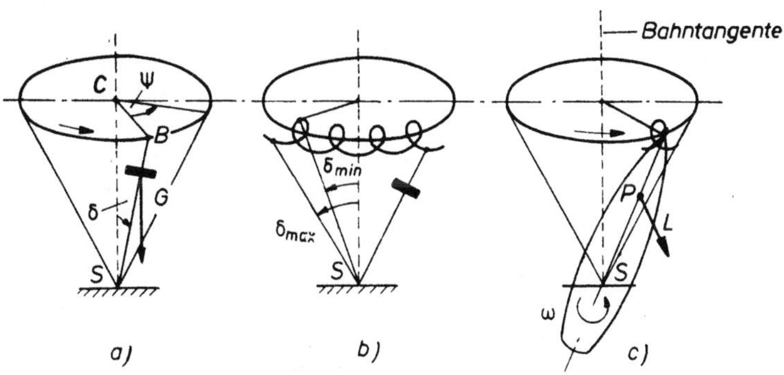

Bild 37. Zur Kreiselbewegung

Man bezeichnet diese aus Präzession und Nutation resultierende Bewegung auch als *pseudoreguläre Präzession*.

Wir wollen jetzt das eben Dargelegte auf das rotierende Geschoß übertragen. Der fest gelagert gedachte Schwerpunkt S des Geschosses entspricht dem Unterstützungspunkt S des Kreisels (Bild 37 c). Als äußere Kraft haben wir die Luftwiderstandsresultierende L, die im Abstand l vom Schwerpunkt S im Druckpunkt P angreift. Die Bewegung der Geschoßspitze wird nun etwa wie in Bild 37 c dargestellt verlaufen. Die Geschwindigkeit des Geschosses wird aber auf der Flugbahn im allgemeinen laufend verringert; damit wird auch die Luftwiderstandsresultierende kleiner, ebenso ändert sich durch Luftreibung die Drehzahl. Das Geschoß beschreibt daher eine zykloidische Kurve und wird sich im stabilen Fall immer mehr aufrichten. Da aber nun die Flugbahntangente sich laufend ändert, verlagert sich die zykloidische Kurve der Geschoßspitze bei einem Geschoß mit Rechtsdrall auf die rechte Seite der Flugbahn, wodurch laufend eine Rechtsabweichung des Geschosses von seiner ehemaligen Schußrichtung auftritt.

Während der Kreiseleffekt eine Rechtsabweichung bewirkt, ruft der *Magnuseffekt* (vgl. S. 60) eine Linksabweichung hervor, die bei sehr großen Abgangswinkeln (über 80°) die Rechtsabweichung sogar überkompensieren kann.

12. Die Kräfte am pendelnden Geschoß auf seiner Bahn

Fliegt ein Geschoß mit dem Anstellwinkel δ zur Flugbahntangente, so wirkt auf das Geschoß eine resultierende *Luftkraft L*, die im sogenannten *Druckpunkt P* angreift. Die durch die Flugbahntangente und die Angriffslinie der Luftkraft L definierte Ebene bezeichnet man als *Widerstandsebene*. Zerlegen wird die Luftkraft (Bild 38) in Komponenten parallel und senkrecht zur Bahntangente, so erhalten wir den *Widerstand W* und den *Auftrieb A*. Eine Zerlegung in Komponenten parallel und senkrecht zur Geschoßachse ergibt die *Tangentialkraft T* und die *Normalkraft N*.

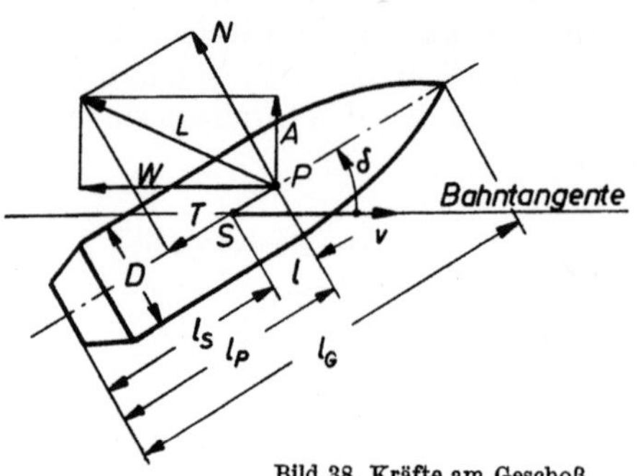

Bild 38. Kräfte am Geschoß

Zwischen diesen Komponenten bestehen die Beziehungen

$$N = A \cos \delta + W \sin \delta \quad \text{und} \quad T = -A \sin \delta + W \cos \delta.$$

Wir schreiben diese Kräfte in der gleichen Form, in der wir früher W (vgl. S. 25) dargestellt haben:

$$W = c_w \varrho \, v^2 \, F/2, \quad A = c_a \varrho \, v^2 \, F/2, \quad N = c_n \varrho \, v^2 \, F/2, \quad T = c_t \varrho \, v^2 \, F/2,$$

wobei $F = \pi \, D^2/4$ der größte Geschoßquerschnitt ist und c_w, c_a, c_n und c_t dimensionslose *Beiwerte* darstellen, die wir als *Widerstandsbeiwert* c_w, *Auftriebsbeiwert* c_a, *Normalkraftbeiwert* c_n und *Tangentialkraftbeiwert* c_t bezeichnen. Da die resultierende Luftkraft L nicht im Schwerpunkt sondern vor demselben angreift, so entsteht ein destabilisierendes Moment M vom Betrage $M = N \cdot l = N \, (l_p - l_s)$. Wir führen auch hier einen Beiwert, den *Momentenbeiwert* c_m ein, den wir durch

$$M = c_m \varrho \, v^2 \, F \, D/2$$

definieren. Damit folgt $c_m \, D = c_n \, l$. Die Beiwerte hängen von der Geschoßform, von der *Mach*schen Zahl $M = v/a$, der *Reynolds*schen Zahl $Re = \varrho v l/\mu$ sowie vom Anstellwinkel δ ab. Ein Beispiel gibt Bild 39, in der die Beiwerte in Abhängigkeit vom Anstellwinkel δ für ein vier Kaliber langes Geschoß (zylindrischer Teil 1,5 Kaliber lang, ogivale Spitzenhöhe 2,5 Kaliber mit einem Abrundungsradius von 3,25 Kalibern) dargestellt sind. Diese Beiwerte wurden von *O. Walchner* im Windkanal bei $M = 1,99$ gemessen.

Zu den Beiwerten sei noch folgendes bemerkt: c_w und c_t sind gerade Funktionen, c_a, c_n und c_m sind ungerade Funktionen von δ. Wir können daher diese Werte in Abhängigkeit von δ darstellen durch

$$c_w = c_{w_0} + c''_{w_0}\,\delta^2/2 + \cdots,\quad c_t = c_{t_0} + c''_{t_0}\,\delta^2/2 + \cdots,\quad c_a = c'_{a_0}\,\delta + c'''_{a}\,\delta^3/3 + \cdots,$$

$$c_n = c'_{n_0}\,\delta + c'''_{n_0}\,\delta^3/3 + \cdots,\quad c_m = c'_{m_0}\,\delta + c'''_{m_0}\,\delta^3/3 + \cdots,$$

wobei der Index „Strich" die erste Ableitung nach δ (also $d/d\,\delta$) bedeutet

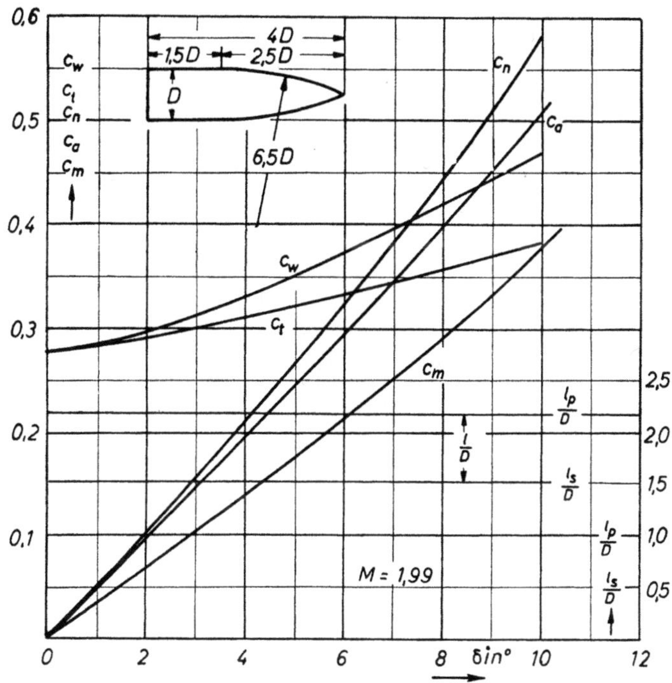

Bild 39. Beiwerte für ein Spitzgeschoß *(O. Walchner)*

usw. Im folgenden beschränken wir uns auf die linearen Glieder mit δ (auch in den Entwicklungen von cos δ und sin δ), setzen also:

$$c_w = c_{w_0};\quad c_t = c_{t_0};\quad c_a = c'_{a_0}\,\delta;\quad c_n = c'_{n_0}\,\delta;\quad c_m = c'_{m_0}\,\delta.$$

Dann gilt $\qquad c_n' = c_a' + c_w;\quad c_t = c_w;\quad c_m'\,D = c_n'\cdot l.$

Über die Bestimmung dieser Beiwerte vgl. S. 84 ff.

Größenordnung der Beiwerte für ogivale drallstabilisierte Geschosse:

$$c_w = 0{,}2 \text{ bis } 0{,}6;\quad c_a' = 1{,}5 \text{ bis } 3{,}0;\quad c_m' = 1{,}0 \text{ bis } 5{,}0.$$

Liegt der Schwerpunkt eines drallstabilisierten Geschosses sehr weit vorn, so machen sich schon geringfügige Verlagerungen des Angriffspunktes P der Luftwiderstandsresultierenden stark bemerkbar. Aus $c_m\, D = c_n\, l$ folgt $\Delta c_m = (l\,\Delta c_n + c_n\,\Delta l)/D$.

Mit wachsendem Anstellwinkel δ ist eine Vergrößerung von c_n (also Δc_n positiv) und eine Abnahme von l (Δl negativ), d. h. eine Druckpunktverlagerung nach hinten zu beobachten. Ist der Schwerpunkt weit vorn in der Nähe des Druckpunktes, also l klein, so macht sich die Druckpunktverlagerung in einer Verkleinerung von c_m bzw. von c_m' bemerkbar.

Rotiert das Geschoß um seine Längsachse mit der Winkelgeschwindigkeit ω, so treten weitere Kräfte auf.

a) Reibungskräfte entgegengesetzt der Drehrichtung. Die Reibungskräfte an der Geschoßoberfläche haben jetzt eine Komponente entgegengesetzt zur Drehrichtung des Geschosses. Dadurch entsteht ein Reibungsmoment, das die Drehbewegung abbremst. Für dieses Reibungsmoment I macht man den Ansatz

$$I = c_i\,\varrho\,v\,\omega\,D^4$$

mit c_i als dimensionslosem Beiwert in der Größenordnung von $1 \cdot 10^{-3}$ bis $3 \cdot 10^{-3}$. Da nun $I = -\,C\,d\omega/dt = -\,C\,v\,d\omega/dx$, wobei C das Trägheitsmoment des Geschosses um die Längsachse ist, folgt durch Integration

$$\omega = \omega_0 \exp\left(-\gamma\,x\right) \quad \text{mit} \quad \gamma = c_i\,\varrho\,D^4/C$$

ω_0 ist die Winkelgeschwindigkeit des Geschosses beim Verlassen des Rohres. γ hat Werte zwischen $5 \cdot 10^{-5}$ bis $8 \cdot 10^{-5}$ m^{-1}.

b) Der Magnuseffekt. Die Geschoßoberfläche reißt infolge der Reibung Luftteilchen mit sich, daher wird auf der Seite A des Geschosses die Geschwindigkeit der anströmenden Luftteilchen verkleinert und auf der Seite B vergrößert (Bild 40).

Der kleineren Luftgeschwindigkeit entspricht jedoch nach der *Bernoulli*schen Gleichung (vgl. S. 146) ein höherer Druck. Das Geschoß erfährt daher eine Kraft nach der Seite B, es entsteht eine Kraft senkrecht zur Flugbahnebene, damit eine Linksabweichung. Diesen Effekt bezeichnet man als *Magnuseffekt*.

C. Cranz zeigte in seinen Vorlesungen den Magnuseffekt sehr anschaulich in folgender Weise: Eine kleine Kugel (Murmel) rollt eine Rinne, die etwa unter 20° geneigt ist, herab und fällt in ein mit Wasser gefülltes Gefäß (Bild 41). Statt des erwarteten

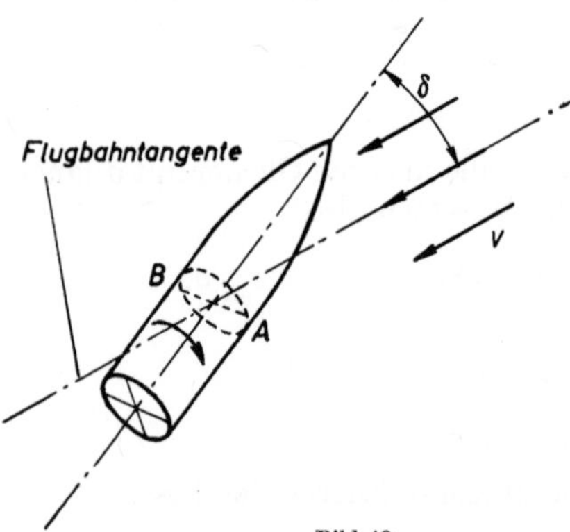

Bild 40
Zur Erläuterung des Magnuseffektes

Weges 1 (Parabel) schlägt die Kugel infolge des durch die Rotation bedingten Magnuseffektes den Weg 2 ein.

Für die *Magnuskraft K* und deren *Moment J* macht man die Ansätze

$$K = c_k \, \varrho \, v \, \omega \, D^3 \quad \text{und} \quad J = c_j \, \varrho \, v \, \omega \, D^4.$$

Die Beiwerte c_k und c_j sind ungerade Funktionen von δ und lassen sich durch $c_k = c_k' \, \delta$ und $c_j = c_j' \, \delta$ darstellen; sie sind in erster Linie von der *Reynolds*schen Zahl abhängig. Die Oberflächenbeschaffenheit, weiter die Lage des Führungsbandes werden daher die Magnuskraft bzw. deren Moment beeinflussen. Die Größenordnungen von c_k' und c_j' sind $c_k' = 0{,}6$; $c_j' = -0{,}2$. Der Angriffspunkt der Magnuskraft liegt im allgemeinen zwischen Geschoßboden und Geschoßschwerpunkt und fällt bei glatten Geschossen etwa mit dem Volumenschwerpunkt zusammen. c_j' ist daher negativ. Ist l_k der Abstand des Angriffspunktes der Magnuskraft vom Geschoßboden (vgl. Bild 42), so ist $J = K \, (l_k - l_s)$.

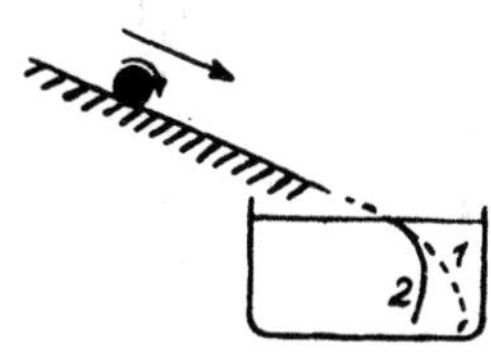

Bild 41. Vorlesungsversuch zum Magnuseffekt

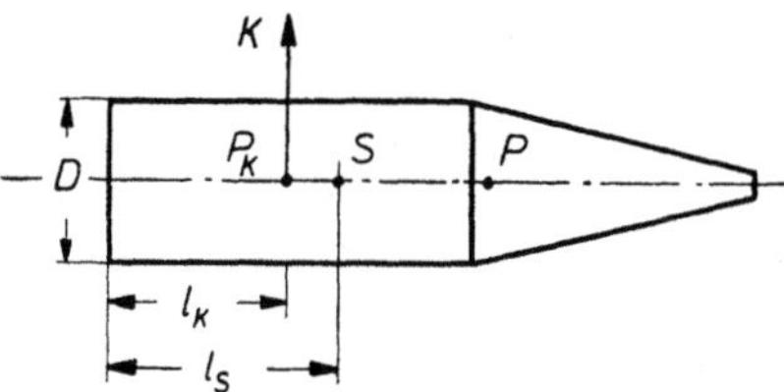

Bild 42. Zur Magnuskraft K

Aus den obigen Werten für K und J folgt $c_j = c_k \, (l_k - l_s)/D$ bzw. angenähert $c_j = c_k \, (l_v - l_s)/D$, wenn l_v der Abstand des Volumenschwerpunktes vom Boden ist.

c) Die Dämpfungskräfte. Bei der Pendelbewegung des Geschosses führt dieses ständig Drehungen um eine Querachse aus. Es treten dadurch Luftdämpfungskräfte und deren Momente auf, die der jeweiligen Winkelgeschwindigkeit Ω proportional sind. Man setzt für die Luftdämpfungskraft E und für deren Moment H an: $E = c_e \, \varrho \, v \, D^3 \, \Omega$; $H = c_h \, \varrho \, v \, D^4 \, \Omega$. Größenordnungen von c_e und c_h sind $c_e = 2$; $c_h = 5$.

13. Die Differentialgleichung der Pendelbewegung und ihre Lösung

Die jeweilige Achslage eines auf seiner Flugbahn um die Tangente pendelnden Geschosses ist durch den Anstellwinkel δ des Geschosses sowie durch den Präzessionswinkel ψ gegeben, der die Neigung der Widerstandsebene gegenüber der Vertikalebene durch die Bahntangente darstellt. Wir definieren zur Kennzeichnung der jeweiligen Achslage gegenüber der Bahntangente den komplexen Anstellwinkel

$$\varepsilon = \delta \sin \psi + i \, \delta \cos \psi = \delta \exp \left[i \, (\pi/2 - \psi) \right], \tag{1}$$

wobei wir annehmen wollen, daß δ klein ist ($\delta \leq 10°$). Geometrisch ist ε veranschaulicht durch den Durchstoßpunkt der Geschoßachse durch eine im Abstand 1 vom Geschoßschwerpunkt S gelegte, zur Bahntangente senkrechte Ebene (Bild 43).

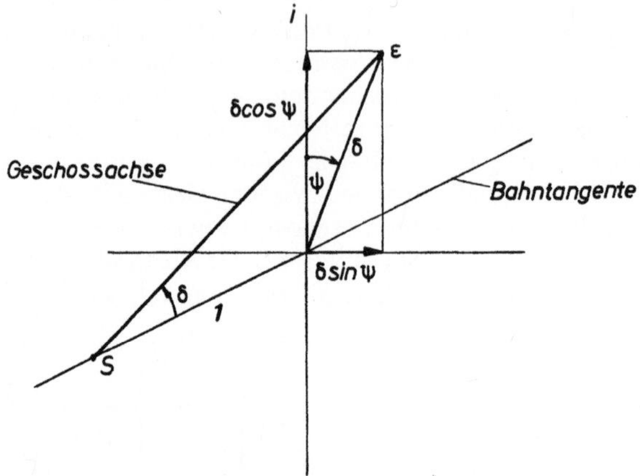

Bild 43. Der komplexe Anstellwinkel ε

Rechnet man linear (δ klein) und nimmt man an, daß auch der Bahnneigungswinkel gegen die Horziontale klein ist, wir also einen fast horizontalen Schuß vor uns haben, so kann man folgende Differentialgleichung für ε ableiten [1]:

$$\varepsilon'' + (A_1 + i\,B_1)\,\varepsilon' + (A_2 + i\,B_2)\,\varepsilon = 0, \tag{2}$$

wobei

$$\varepsilon' = d\varepsilon/dx \quad \text{und} \quad \varepsilon'' = d^2\varepsilon/dx^2.$$

Die Differentialgleichung mit x als unabhängiger Variablen anstelle von t hat den Vorteil, daß man in diesem Falle die Größen A_1, B_1, A_2 und B_2 als Konstante ansehen kann. In dieser Differentialgleichung ist

$$A_1 = \frac{A' - W}{mv^2} + \frac{H^*}{Bv}; \quad B_1 = \frac{C\omega}{Bv}; \quad A_2 = -\frac{M'}{Bv^2}; \quad B_2 = \frac{C\omega A'}{Bvmv^2} - \frac{J'}{Bv^2}$$

$$\text{mit} \quad A' = c_a'\,\frac{\varrho}{2}\,v^2 F; \quad W = c_w\,\frac{\varrho}{2}\,v^2 F; \quad H^* = c_h\,\varrho\,v\,D^4;$$

$$\omega = \frac{2v\tan\varepsilon}{D}; \quad M' = c_m'\,\frac{\varrho}{2}\,v^2 F D; \quad J' = c_j'\,\varrho\,v\,\omega\,D^4.$$

Dabei ist B das Trägheitsmoment um eine Querachse durch den Schwerpunkt und C das Trägheitsmoment um die Längsachse. M ist positiv im Sinne der Destabilisierung (Druckpunkt vor Schwerpunkt).

62

Setzt man diese Werte in die Gleichungen für A_1, B_1, A_2 und B_2 ein und setzt ferner $F = \pi\, D^2/4$, so hat man:

$$A_1 = (c_a{}' - c_w)\, \frac{\pi}{8} \cdot \frac{\varrho\, D^2}{m} + c_h \frac{\varrho\, D^4}{B}\,; \qquad B_1 = \frac{C}{B} \cdot \frac{2\tan\varepsilon}{D}\,,$$

$$A_2 = - c_m{}'\, \frac{\pi}{8} \cdot \frac{\varrho\, D^3}{B}\,; \qquad B_2 = c_a{}'\, \frac{C}{B} \cdot \frac{\pi}{4} \cdot \frac{\varrho\, D \tan\varepsilon}{m} - c_j{}'\, \frac{2\,\varrho\, D^3 \tan\varepsilon}{B}\,.$$

Die allgemeine Lösung der Differentialgleichung

$$\varepsilon'' + (A_1 + i B_1)\, \varepsilon' + (A_2 + i B_2)\, \varepsilon = 0$$

mit

$$\varepsilon = \delta \sin\psi + i\, \delta \cos\psi$$

lautet

$$\varepsilon = C_1\, e^{(\varkappa_1 + i \mu_1)\, x} + C_2\, e^{(\varkappa_2 + i \mu_2)\, x},$$

wobei C_1 und C_2 komplexe Konstante von der Form

$$C_1 = K_1\, e^{i \gamma_1} \quad \text{und} \quad C_2 = K_2\, e^{i \gamma_2}$$

sind. Für die Dämpfungskonstanten $\varkappa_1$ und $\varkappa_2$ erhält man

$$\varkappa_{1,2} = - \frac{1}{2}\, A_1 \pm \frac{1}{2} \cdot \frac{A_1 B_1 - 2\, B_2}{B_1 \sqrt{1 - 1/s}}$$

und für die Drehgeschwindigkeiten μ_1 und μ_2:

$$\mu_{1,2} = - \frac{1}{2}\, B_1\, (1 \mp \sqrt{1 - 1/s}),$$

wobei s die Abkürzung $s = B_1{}^2/(4\, A_2)$ bedeutet. Die $\mu_{1,2}$ sind stets negativ. Für sehr große Werte s (großes ω!) nimmt μ_1 die einfache Form $\mu_1 = -\, M'/(v\, C\, \omega)$ an. Die Konstanten K_1, K_2, γ_1 und γ_2 ergeben sich aus den Anfangsbedingungen. Zu Beginn der Pendelbewegung, also beim Verlassen der Mündung, ist $x = 0$, $\delta = \delta_0$, $\psi = \psi_0$, $\delta' = \delta_0{}'$, $\psi' = \psi_0{}'$ ($'$ bedeutet immer die Ableitung nach x!). Aus der Gleichung für ε ergibt sich

$$\varepsilon' = \frac{d\varepsilon}{dx} = K_1\, e^{i \gamma_1} (\varkappa_1 + i \mu_1)\, e^{(\varkappa_1 + i \mu_1)\, x} + K_2\, e^{i \gamma_2} (\varkappa_2 + i \mu_2)\, e^{(\varkappa_2 + i \mu_2)\, x}.$$

Für $x = 0$ hat man demnach

$$\varepsilon_0 = K_1\, e^{i \gamma_1} + K_2\, e^{i \gamma_2} = \delta_0 \sin\psi_0 + i\, \delta_0 \cos\psi_0$$

mit

$$e^{i \gamma_1} = \cos\gamma_1 + i \sin\gamma_1, \qquad e^{i \gamma_2} = \cos\gamma_2 + i \sin\gamma_2$$

und

$$\varepsilon_0{}' = K_1\, e^{i \gamma_1} (\varkappa_1 + i\, \mu_1) + K_2\, e^{i \gamma_2} (\varkappa_2 + i\, \mu_2)$$

bzw.

$$\varepsilon_0{}' = \delta_0{}' \sin\psi_0 + \delta_0\, \psi_0{}' \cos\psi_0 + i\, (\delta_0{}' \cos\psi_0 - \delta_0\, \psi_0{}' \sin\psi_0).$$

Die Bewegung von ε kann also durch zwei sich mit konstanter Winkelgeschwindigkeit μ_1 bzw. μ_2 drehende Vektoren dargestellt werden. Der eine Vektor

$$K_1 \exp(i\,\gamma_1) \cdot \exp[(\varkappa_1 + i\,\mu_1)x]$$

dreht sich mit der langsamen Geschwindigkeit μ_1 (auch als *Präzession* bezeichnet); seine Länge ändert sich mit dem Faktor $\exp(\varkappa_1 \cdot x)$; der andere Vektor

$$K_2 \exp(i\gamma_2) \cdot \exp[(\varkappa_2 + i\,\mu_2\,x]$$

dreht sich mit der schnellen Geschwindigkeit μ_2 (auch als *Nutation* bezeichnet), und ändert sich entsprechend $\exp(\varkappa_2 x)$ (Bild 44).

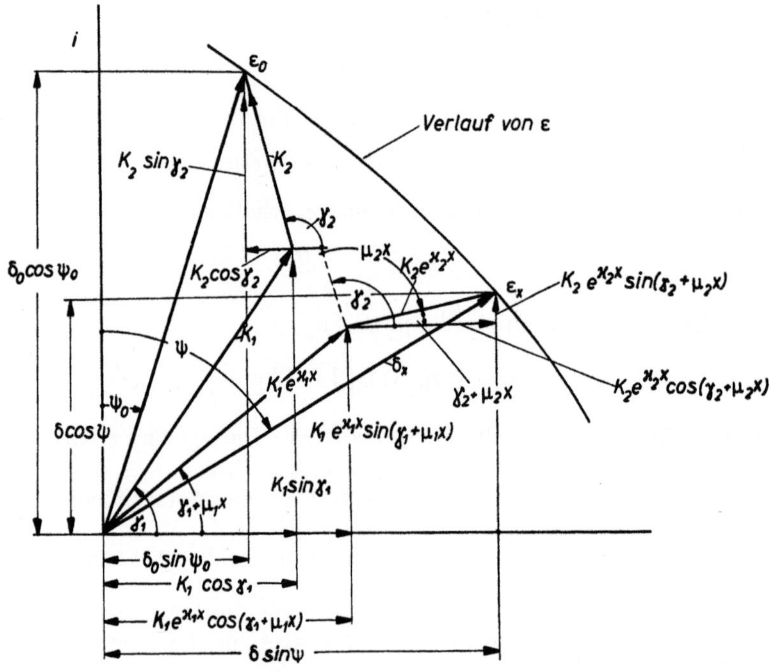

Bild 44. Die Vektoren der schnellen und der langsamen Schwingung

μ_1 und μ_2 stellen, wie schon erwähnt, die Winkeldrehungen pro Längeneinheit des langsamen und des schnellen Vektors dar (und zwar im Bogenmaß/m), insbesondere hat man eine volle Umdrehung dieser Vektoren, wenn das Geschoß sich um die Strecken L_1 bzw. L_2 bewegt hat, die sich aus

$$L_1 = 2\,\pi/\mu_1 \quad \text{und} \quad L_2 = 2\,\pi/\mu_2$$

ergeben. Zwischen den Größen A_1, B_1, A_2 und B_2 sowie $\varkappa_1$, $\varkappa_2$, μ_1 und μ_2 bestehen die folgenden Beziehungen, falls man μ_1 und μ_2 im Bogenmaß rechnet:

$$A_1 = -\,(\varkappa_1 + \varkappa_2);\quad B_1 = -\,(\mu_1 + \mu_2);\quad A_2 = -\,\mu_1\mu_2;\quad B_2 = \mu_1\varkappa_2 + \mu_2\varkappa_1$$

bzw. wenn man μ_1 und μ_2 in Neugrad/m rechnet:

$$A_1 = -\,(\varkappa_1 + \varkappa_2);\quad B_1 = -\,(\mu_1 + \mu_2)\,2\,\pi/400,$$

$$A_2 = -\,\mu_1\mu_2\,4\,\pi^2/400^2;\quad B_2 = (\mu_1\varkappa_2 + \mu_2\varkappa_1)\,2\,\pi/400.$$

14. Der Verlauf von $\delta = \delta\,(x)$ und von $\psi = \psi\,(x)$

a) Der allgemeine Fall. Über die Methoden, den Verlauf von $\delta\,(x)$ und von $\psi\,(x)$ experimentell zu ermitteln, wird S. 82ff. berichtet werden. Hier sei zunächst der theoretische Verlauf diskutiert. Bei normalen Schußbedingungen liegt im allgemeinen der einfache Fall vor, daß wir für die Ausgangsbedingungen für die Geschoßpendelungen einen reinen Stoß voraussetzen dürfen; d. h. für $x = 0$, haben wir $\delta = \delta_0 = 0$; $\psi = \psi_0$; $\delta' = \delta_0{}'$; $\psi' = \psi_0{}'$. Das Geschoß hat keinen Anfangsanstellwinkel, es enthält einen Anfangsstoß $\delta_0{}'$. Der allgemeine Fall ist aber für die experimentelle Ermittlung von δ und μ von Bedeutung. Häufig ist das Geschoßmaterial so gut stabilisiert, daß der Anstellwinkel zu klein ist, um insbesondere bei Papierblattdurchschüssen genügend genaue Auswertungen zu ermöglichen. *R. E. Kutterer* erteilte daher den Geschossen vor der Mündung (etwa 2 m vor der Mündung bei einem 2-cm-Modell) dadurch einen künstlichen Impuls, daß das Geschoß auf seiner Bahn einen gegen die Schußebene geneigten, senkrecht stehenden, festgespannten Gummilappen streifte. Da die Modelle im Augenblick des Anstreifens bereits einen Anstellwinkel haben, muß mit dem allgemeinen Fall gerechnet werden.

α) **Der Verlauf von** $\delta = \delta(x)$. Der Vektor ε soll nach S. 61 in der Form

$$\varepsilon = \delta \sin \psi + i\,\delta \cos \psi$$

dargestellt werden (Bild 45 a). Ersetzt man in

$$\varepsilon = K_1\,\mathrm{e}^{i\,\gamma_1} \cdot \mathrm{e}^{(\varkappa_1 + i\,\mu_1)\,x} + K_2\,\mathrm{e}^{i\,\gamma_2} \cdot \mathrm{e}^{(\varkappa_2 + i\,\mu_2)\,x}$$

die e-Funktionen entsprechend $\exp(i\,\varphi) = \cos\varphi + i\sin\varphi$ (Bild 45 b), so

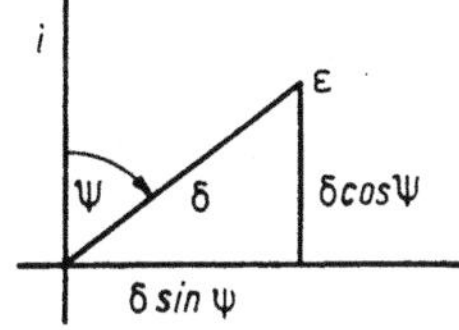

Bild 45 a. $\varepsilon = \delta \sin\psi + i\,\delta \cos\psi$

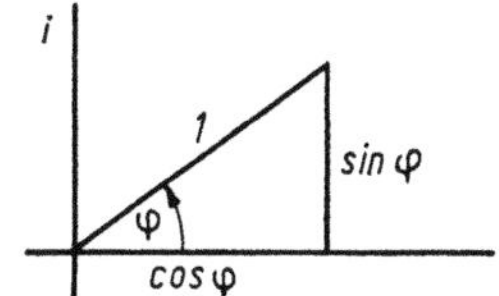

Bild 45 b. $\mathrm{e}^{i\,\varphi} = \cos\varphi + i\sin\varphi$

erhält man durch Koeffizientenvergleich für die Komponenten $\delta \sin \psi$ und $\delta \cos \psi$:

$$\delta \sin \psi = K_1 \, e^{\varkappa_1 x} \cos (\gamma_1 + \mu_1 x) + K_2 \, e^{\varkappa_2 x} \cos (\gamma_2 + \mu_2 x)$$

$$\delta \cos \psi = K_1 \, e^{\varkappa_1 x} \sin (\gamma_1 + \mu_1 x) + K_2 \, e^{\varkappa_2 x} \sin (\gamma_2 + \mu_2 x).$$

Daraus ergibt sich nach Quadrierung und Addition:

$$\delta^2 = K_1^2 \, e^{2 \varkappa_1 x} + K_2^2 \, e^{2 \varkappa_2 x} + 2 K_1 K_2 \, e^{(\varkappa_1 + \varkappa_2) x} \cos (\gamma_2 - \gamma_1 + \mu_N x)$$

mit

$$\mu_N = \mu_1 - \mu_2$$

(μ_N ist positiv, da μ_1 und μ_2 negativ sind und $|\mu_1| < |\mu_2|$). Wir haben also für die Funktion $\delta = \delta(x)$ einen periodisch mit der Frequenz μ_N schwankenden Verlauf zu erwarten. Die Schwingungslänge erhält man aus $\mu_N L_N = 2\pi$. Rechnet man in Neugrad, so wird

$$\mu_N L_N = 400; \quad \mu_N = 400/L_N.$$

$\delta^2(x)$ verläuft zwischen zwei Grenzkurven, die sich aus $\delta^2(x)$ für $\cos (\gamma_2 - \gamma_1 + \mu_N x) = \pm 1$ ergeben:

$$\delta^2_{\text{sup, inf}} = (K_1 \, e^{\varkappa_1 x} \pm K_2 \, e^{\varkappa_2 x})^2.$$

Es bedeuten: $\delta_{\text{sup}} = \delta_{\text{superior}}$ und $\delta_{\text{inf}} = \delta_{\text{inferior}}$.

Die Grenzkurven der $\delta(x)$-Kurve haben somit die Gleichungen

$$\delta_{\text{sup, inf}} = K_1 \, e^{\varkappa_1 x} \pm K_2 \, e^{\varkappa_2 x}.$$

Für $x = 0$ hat man

$$\delta_{\text{sup, inf}} = K_1 \pm K_2.$$

μ_1 und μ_2 erhält man sehr einfach aus folgender Überlegung. In den Maxima der $\delta(x)$-Kurve müssen die Vektoren der langsamen und der schnellen Schwingung gleichphasig sein (Bild 46). Hat der Winkel ψ im ersten Maximum von δ den Wert ψ_1, im zweiten Maximum den Wert ψ_2, so ergibt sich μ_1 unmittelbar aus $-\mu_1 = (\psi_2 - \psi_1)/(x_2 - x_1) = (\psi_2 - \psi_1)/L_N$.
Messen wir die μ-Werte in Neugrad, so hat sich, während sich der langsame Vektor um $\psi_2 - \psi_1$ gedreht hat, der schnelle Vektor zusätzlich um 400^{g} gedreht, d. h. es ist

$$-\mu_2 = \frac{\psi_2 - \psi_1 + 400}{x_2 - x_1} = \frac{\psi_2 - \psi_1}{L_N} + \frac{400}{L_N} = -\mu_1 + \mu_N$$

und damit

$$\mu_N = \mu_1 - \mu_2.$$

β) Der Verlauf von $\psi = \psi(x)$. Erweitert man die Gleichung

$$\varepsilon = K_1 e^{\varkappa_1 x} \cdot e^{i(\gamma_1 + \mu_1 x)} + K_2 e^{\varkappa_2 x} \cdot e^{i(\gamma_2 + \mu_2 x)} = i\,\delta\,e^{-i\,\psi}$$

mit
$$\exp\left[-i\,\frac{\gamma_1 + \gamma_2}{2} + \frac{\mu_1 + \mu_2}{2}\,x\right],$$

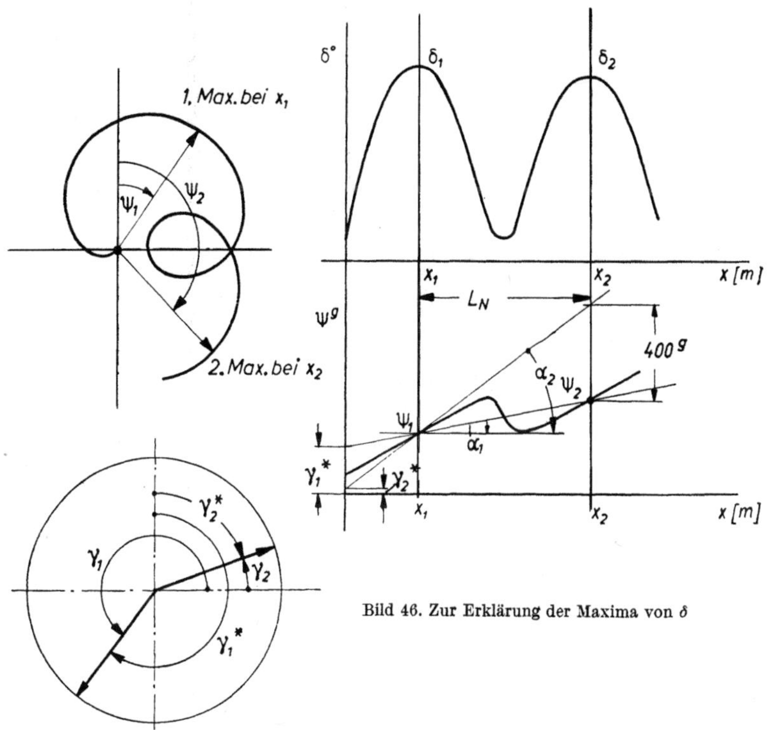

Bild 46. Zur Erklärung der Maxima von δ

so erhält man nach Koeffizientenvergleich mit $\varepsilon = \delta \sin \psi + i\,\delta \cos \psi$ die Koeffizientengleichungen

$$\delta \sin\left(\psi + \frac{\gamma_1 + \gamma_2}{2} + \frac{\mu_1 + \mu_2}{2}\,x\right) = \cos\left(\frac{\gamma_1 - \gamma_2}{2} + \frac{\mu_N}{2}\,x\right)\left(K_1 e^{\varkappa_1 x} + K_2 e^{\varkappa_2 x}\right)$$

$$\delta \cos\left(\psi + \frac{\gamma_1 + \gamma_2}{2} + \frac{\mu_1 + \mu_2}{2}\,x\right) = \sin\left(\frac{\gamma_1 - \gamma_2}{2} + \frac{\mu_N}{2}\,x\right)\left(K_1 e^{\varkappa_1 x} - K_2 e^{\varkappa_2 x}\right)$$

Division der beiden Gleichungen liefert

$$\tan\left(\psi + \frac{\gamma_1 + \gamma_2}{2} + \frac{\mu_1 + \mu_2}{2}x\right) = \frac{K_1 e^{\varkappa_1 x} + K_2 e^{\varkappa_2 x}}{K_1 e^{\varkappa_1 x} - K_2 e^{\varkappa_2 x}} \cot\left(\frac{\gamma_1 - \gamma_2}{2} + \frac{\mu_N}{2}x\right)$$

bzw.

$$\psi = \arctan\left[\frac{K_1 e^{\varkappa_1 x} + K_2 e^{\varkappa_2 x}}{K_1 e^{\varkappa_1 x} - K_2 e^{\varkappa_2 x}} \cot\left(\frac{\gamma_1 - \gamma_2}{2} + \frac{\mu_N}{2}x\right)\right] - \frac{\gamma_1 - \gamma_2}{2} - \frac{\mu_1 + \mu_2}{2}x \pm n\pi,$$

$$\text{wobei } n = 0, 1, 2, 3 \ldots$$

b) Der spezielle Fall des reinen Anfangsstoßes. In diesem Fall hat man für $x = 0$ die Anfangsbedingungen: $\delta = \delta_0 = 0$; $\psi = \psi_0$; $\delta' = \delta_0'$; $\psi' = \psi_0'$; $\varepsilon_0 = 0$; $\varepsilon' = \varepsilon_0'$. Hiermit wird $|K_1| = |K_2| = K$ und $\gamma_2 = \gamma_1 + \pi$. Die Gleichungen für ε, δ^2 und ψ vereinfachen sich zu

$$\varepsilon = K e^{i\gamma_1}\left(e^{(\varkappa_1 + i\mu_1)x} - e^{(\varkappa_2 + i\mu_2)x}\right),$$

$$\delta^2 = K^2\left(e^{2\varkappa_1 x} + e^{2\varkappa_2 x} - 2 e^{(\varkappa_1 + \varkappa_2)x}\cos\mu_N x\right),$$

$$\psi = \arctan\left[\frac{e^{\varkappa_1 x} - e^{\varkappa_2 x}}{e^{\varkappa_1 x} + e^{\varkappa_2 x}}\cot\frac{\mu_N}{2}x\right] - \gamma_1 - \frac{\mu_1 + \mu_2}{2}x \pm n\pi,$$

$$\text{wobei } n = 0, 1, 2, 3, \ldots$$

Die Grenzkurven von δ lauten

$$\delta_{\text{sup, inf}} = K\left[\exp(\varkappa_1 x) \pm \exp(\varkappa_2 x)\right].$$

Für $x = 0$ hat man

$$\delta_{\text{sup}} = 2K, \qquad \delta_{\text{inf}} = 0.$$

Für den reinen Stoß ist die Geschoßpendelung besonders einfach zu übersehen (Bild 47). Die beiden Vektoren der langsamen und der schnellen Schwingung haben den gleichen Anfangsbetrag $K = \frac{1}{2}\delta_{\text{sup}}$. Ist $\varkappa_1 = \varkappa_2$, so werden beide Vektoren in gleichem Maße ihre Länge verkürzen, δ geht daher bei den Werten $x = n\,L_N$ ($n = 1, 2\ldots$) durch Null, und ψ wird an diesen Stellen um $\pm 200^{\text{g}}$ unstetig springen; es ist $f = 0$ und $\hat{s} = \frac{1}{2}$ (bez. f und $\hat{s}$ vgl. S. 71 ff.). Je nachdem, ob $|\varkappa_1| \gtrless |\varkappa_2|$, wird ε den Koordinatenanfangspunkt auslassen oder umschlingen. Für $|\varkappa_1| < |\varkappa_2|$ bzw. $|\varkappa_1| > |\varkappa_2|$ biegt die ψ-Kurve an den Stellen $x_{1,2} = L_N, 2\,L_N$ nach unten bzw. nach oben ab, der Anstieg der Verbindungslinie der Werte ψ_1 und ψ_2 für die Strecken x_1 und x_2 ergibt $-\mu_1$ bzw. $-\mu_2$. Weiter ist für $|\varkappa_1| < |\varkappa_2|$ f positiv und $\hat{s} < \frac{1}{2}$, für $|\varkappa_1| > |\varkappa_2|$ ist f negativ und $\hat{s} > \frac{1}{2}$.

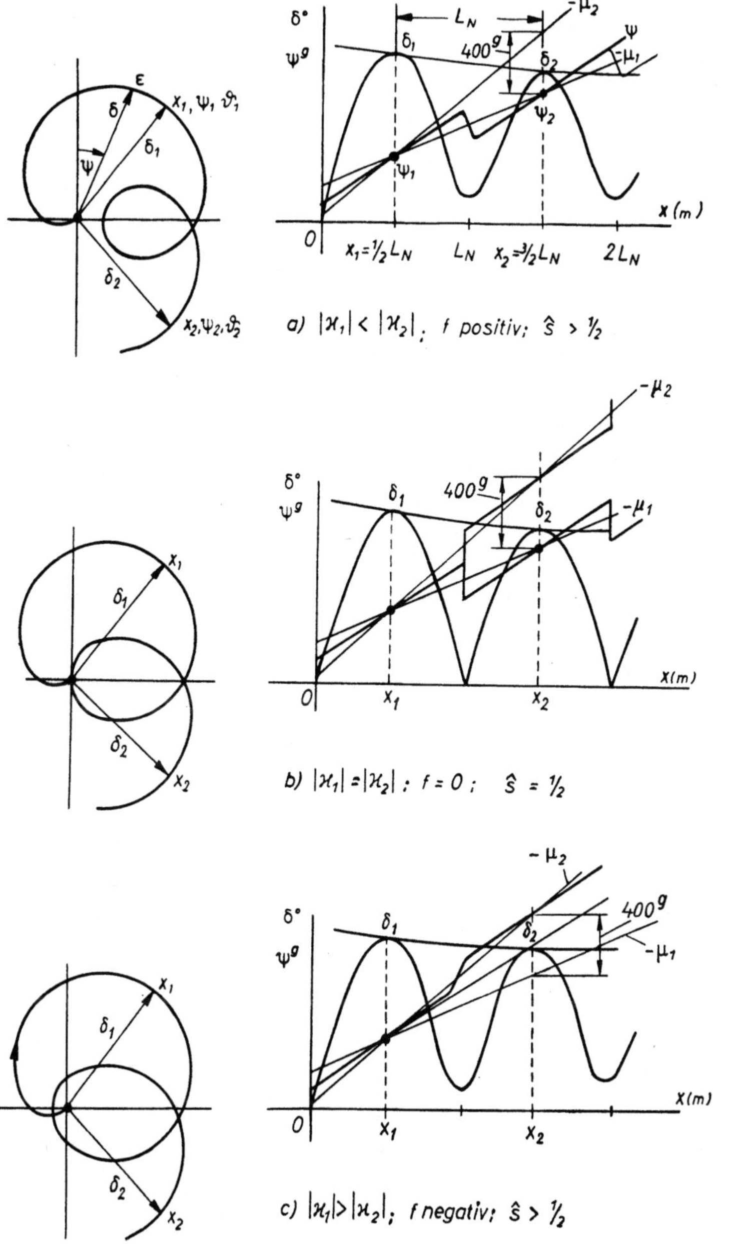

Bild 47. δ und ψ in Abhängigkeit von x

15. Die Bestimmung von $\varkappa_1$ und $\varkappa_2$

Erweitert man die Gleichung

$$\varepsilon = i\delta\mathrm{e}^{-i\psi} = K_1\mathrm{e}^{\varkappa_1 x}\cdot\mathrm{e}^{i(\gamma_1+\mu_1 x)} + K_2\mathrm{e}^{\varkappa_2 x}\cdot\mathrm{e}^{i(\gamma_2+\mu_2 x)} \tag{1}$$

mit $\exp[-i(\gamma_1+\mu_1 x)]$ bzw. mit $\exp[-i(\gamma_2+\mu_2 x)]$, so erhält man durch Koeffizientenvergleich

$$\delta\cos(\psi+\gamma_1+\mu_1 x) = K_2\mathrm{e}^{\varkappa_2 x}\sin(\gamma_2-\gamma_1-\mu_N x) \tag{2}$$

und

$$\delta\cos(\psi+\gamma_2+\mu_2 x) = -K_1\mathrm{e}^{\varkappa_1 x}\sin(\gamma_2-\gamma_1-\mu_N x). \tag{3}$$

In Gl. (2) kommt nur $\varkappa_2$, in Gl. (3) nur $\varkappa_1$ vor. Für das Quadrat von δ hatten wir abgeleitet (S. 66)

$$\delta^2 = K_1^2\mathrm{e}^{2\varkappa_1 x} + K_2^2\,\mathrm{e}^{2\varkappa_2 x} + 2\,K_1K_2\,\mathrm{e}^{(\varkappa_1+\varkappa_2)x}\cos(\gamma_2-\gamma_1-\mu_N x).$$

Die Koordinaten der Berührungsstellen der δ^2-Kurve mit der oberen Begrenzungskurve erhält man aus

$$\cos(\gamma_2-\gamma_1-\mu_N x_m) = +1 \tag{4}$$

damit aber auch die Koordinaten der oberen Berührungskurve für die δ-Kurve. Bei den im allgemeinen schwachen Dämpfungen fallen diese Koordinaten praktisch mit den Koordinaten der δ-Maxima zusammen. Aus Gl. (4) folgt $\gamma_2-\gamma_1-\mu_N x_m = \begin{cases} 0^\mathrm{g} \\ 200^\mathrm{g} \end{cases}$, wenn wir die Winkel in Neugrad rechnen. Für diese Werte folgt dann aus Gl. (2) bzw. (3)

$$\psi_{1,2,3..}+\gamma_1+\mu_1 x_{m\,1,2,3..} = \pm 100,$$

$$\psi_{1,2,3..}+\gamma_2+\mu_2 x_{m\,1,2,3..} = \pm 100.$$

Man entnimmt den Kurven $\delta(x)$ und $\psi(x)$ z. B. die Werte für das erste Maximum und hat damit

$$\gamma_1 = \pm 100-\psi_1-\mu_1 x_{m_1} \quad\text{und}\quad \gamma_2 = \pm 100-\psi_1-\mu_2 x_{m_1}.$$

Die richtigen Werte γ_1 und γ_2 erhält man aus der Forderung, daß $\cos(\psi+\gamma_1+\mu_1 x)$ und $\sin(\gamma_2-\gamma_1-\mu_N x)$ für beliebige Werte x das gleiche Vorzeichen ergeben müssen.

Man kann übrigens die richtigen Werte γ_1 bzw. γ_2 sofort aus der Kurve $\psi(x)$ ermitteln, indem man die zu den Maximalwerten $\delta_{1,2,3..}$ gehörigen ψ-Werte miteinander verbindet. Der Anstieg dieser Gerade ergibt $-\mu_1$, und für $x=0$ ergibt der Schnittpunkt dieser Geraden mit der Ordinaten den Wert γ_1^*. Denn wir zählen ja die ψ-Werte von der positiven i-Achse aus im Uhrzeigersinn, während wir γ von der positiven reellen Achse aus im entgegengesetzten Sinne rechnen. Findet man z. B. $\gamma_1^* = 130^\mathrm{g}$ und $\gamma_2^* = 390^\mathrm{g}$, so ist $\gamma_1 = 270^\mathrm{g}$ und $\gamma_2 = 110^\mathrm{g}$ (vgl. Bild 52).

70

Jetzt kann man $\varkappa_1$ und $\varkappa_2$ ermitteln, indem man in die Gl. (2) bzw. (3) zusammengehörige Werte δ, ψ und x einsetzt. Die oberen Grenzkurve ist dann durch

$$y_2 = K_2 \exp (\varkappa_2 x) \quad \text{bzw.} \quad y_1 = K_1 \exp (\varkappa_1 x)$$

gegeben. Trägt man in einfach logarithmischem Papier die Werte $\delta \cos (\psi + \gamma_1 + \mu_1 x)$ bzw. $\delta \cos (\psi + \gamma_2 + \mu_2 x)$ auf, so erhält man als Grenzkurven Geraden, deren Anstieg $\varkappa_1$ bzw. $\varkappa_2$ ergeben. Einfachheitshalber genügt es aber, aus der experimentell gewonnenen $\delta(x)$-Kurve nur die Werte δ und ψ für die Koordinaten der Berührungspunkte zu entnehmen, die durch $x = x_{m_{1\ldots n}} \pm L_N/4$ gegeben sind.

16. Über die Stabilitätsfaktoren s und $\hat{s}$

a) Das Stabilitätsdiagramm von H. Molitz. Wir hatten oben für die Winkelgeschwindigkeiten μ_1 und μ_2 die Gleichungen

$$\mu_{1,2} = -\frac{1}{2} B_1 \left(1 \mp \sqrt{1 - \frac{1}{s}} \right)$$

abgeleitet, wobei $s = - B_1^2/4 A_2$ war. Damit die $\mu_{1,2}$ reell sind, muß die Wurzel $\sqrt{1 - 1/s}$ reell sein, d. h. $s > 1$. Mit $B_1 = C \omega/B v$ und $A_2 = - M'/B v^2$ hat man $s = \dfrac{C^2 \omega^2}{4 B M'} > 1$, das ist aber der *klassische Stabilitätsfaktor*. Dieser ist zwar notwendig, aber nicht hinreichend für den stabilen Flug. Für einen solchen müssen $\varkappa_1$ und $\varkappa_2$ auf alle Fälle negativ sein. Diese Forderung führt zu der *Kent*schen Bedingung $A_1 B_1 B_2 + A_1^2 B_2 - B_2^2 > 0$, die von *H. Molitz* sehr anschaulich durch die Beziehung

$$s > \frac{1}{1 - (2 \hat{s} - 1)^2} = \frac{1}{4 \hat{s} (1 - \hat{s})}$$

dargestellt ist, wobei $\hat{s} = B_2/A_1 B_1$ als Abkürzung und neuer Stabilitätsfaktor eingeführt ist. Durch diese Beziehung hat *H. Molitz* ein Stabilitätsgebiet mit der Grenzkurve

$$s = \frac{1}{4 \hat{s} (1 - \hat{s})}$$

festgelegt. Nur wenn bei einem Geschoß (Bild 48) die diesem entsprechenden Faktoren s und $\hat{s}$ im Stabilitätsgebiet liegen, ist der Geschoßflug stabil. Man erkennt, daß trotz großen Stabilitätsfaktors s ein Geschoß instabil sein kann.

R. E. Kutterer stellte an 5 Kaliber langen 2-cm-Geschossen ein instabiles Verhalten fest, obwohl der Stabilitätsfaktor $s > 4$ war. Setzt man in $\hat{s}$ die

Werte von A_1, B_1 und B_2 ein, so erhält man die überaus einfache Form

$$\hat{s} = \frac{1}{2}\,(1 - \sigma f)$$

mit den Abkürzungen

$$\sigma = \sqrt{1 - \frac{1}{s}} \quad \text{und} \quad f = \frac{\varkappa_2 - \varkappa_1}{\varkappa_2 + \varkappa_1}.$$

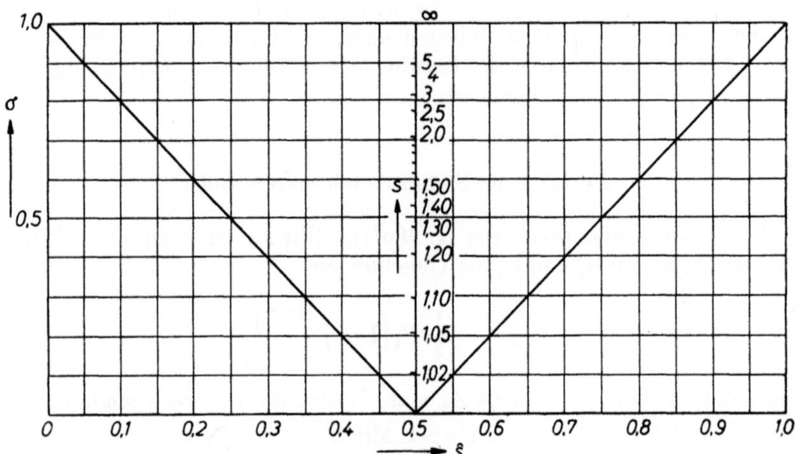

Bild 48. Das Stabilitätsdiagramm von *H. Molitz*

Die Bedingung $s = C^2\,\omega^2/4\,B\,M' > 1$ läßt sich leicht elementar ableiten *(J. Ackeret [2])*. Die Luftkräfte bewirken ein destabilisierendes Moment $M = L\,l\,\sin\delta$, wobei L die resultierende Widerstandskraft, l die Entfernung des Angriffspunktes der Luftwiderstandsresultierenden vom Schwerpunkt und δ der Anstellwinkel des Geschosses ist. Für kleine Winkel kann man $M = (d\,M/d\,\delta)\,\sin\delta = M'\,\sin\delta$ setzen. Dadurch wird eine zeitliche Änderung des Geschoßdralles bewirkt, und das Geschoß führt eine Präzes-

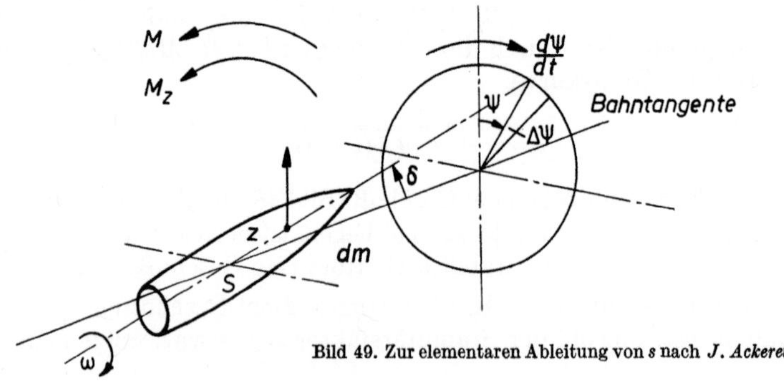

Bild 49. Zur elementaren Ableitung von *s* nach *J. Ackeret*

isonsbewegung durch. Die Geschoßspitze wird dabei aus der Flugbahn herausge-
schwenkt. Der Drallvektor $\mathfrak{B} = C\omega$ dreht sich mit der Winkelgeschwindigkeit $d\psi/dt$
um die Flugbahntangente (Bild 49).

Die zeitliche Änderung des Drallvektors ist dann

$$\left|\frac{d\mathfrak{B}}{dt}\right| = |\mathfrak{B}|\sin\delta\,\frac{d\psi}{dt}\quad\text{mit}\quad |\mathfrak{B}| = C\omega.$$

Diese Drehung erzeugt ein Zentrifugalmoment, das ebenfalls destabilisierend wirkt.
Dieses Moment ist durch $M_z = \int (d\psi/dt)^2\, z\sin\delta\, z\cos\delta\, dm$ gegeben. Es ist nun
$M_z = (d\psi/dt)^2 \sin\delta\cos\delta \int z^2\, dm \approx B\,(d\psi/dt)^2\sin\delta$, wobei $B \gg C$ das Trägheitsmoment
um die Querachse darstellt. Die sekundliche Dralländerung $|d\mathfrak{B}/dt|$ hält den Momenten
M und M_z das Gleichgewicht:

$$M + M_z = |d\mathfrak{B}/dt|;\quad M'\sin\delta + B\,(d\psi/dt)^2\sin\delta = C\omega\,(d\psi/dt)\sin\delta.$$

Daraus folgt
$$\frac{d\psi}{dt} = \frac{C\omega \pm \sqrt{C^2\omega^2 - 4\,BM'}}{2\,B}.$$

Da der Radikant positiv sein muß, so muß $C^2\omega^2 - 4\,BM' > 0$ sein. Daraus ergibt sich
endlich $s = C^2\omega^2/4\,BM' > 1$.

b) Bemerkungen zum Stabilitätsfaktor s [18]. Für den stabilen Flug muß
$s = C^2\omega^2/(4\,B\,M') > 1$ sein. Als untere Grenze wird man bei Normalverhältnissen etwa $s = 1,3$ bis $1,4$ ansetzen. Bei kleineren Werten von s können sich
Anfangsstöße durch die Pulvergase auf das Geschoß streuungsmäßig besonders ungünstig auswirken.

Im Falle des reinen Stoßes läßt sich bei einem dämpfungsfreien Geschoß ($\varkappa_1 = \varkappa_2 = 0$)
für das erste Maximum δ_{m1} des Anstellwinkels folgende Beziehung ableiten, die man in
erster Näherung auch für ein normal gedämpftes Geschoß verwenden kann:

$$\delta_{m1} = \frac{2v}{\omega}\cdot\frac{B}{C}\,\delta_0'\sqrt{\frac{s}{s-1}}.$$

Mit $\qquad M' = \dfrac{1}{2}\,c_n'\,l\varrho v^2 F\quad$ wird $\quad s = \dfrac{C^2}{2\,BF}\cdot\dfrac{1}{\varrho\,l c_n'}\cdot\dfrac{\omega^2}{v^2}.$

Speziell gilt wegen $\omega_0 = 2\,v_0\tan\varepsilon/D = 2\,\pi\,v_0/Dr_0$ beim Verlassen der
Mündung

$$s_{x=0} = \frac{8}{\pi\varrho c_n'}\cdot\frac{C^2}{Bl D^4}\cdot\tan^2\varepsilon,$$

d. h. also, solange c_n' und l als konstant angesehen werden können, ist der
Stabilitätsfaktor s unabhängig von der Anfangsgeschwindigkeit v_0.

Während des Fluges ändern sich nun v und ω. Mit

$$\omega = \omega_0\exp(-\gamma x) = \omega_0\exp(-c_i\varrho\,D^4/C)\quad\text{(vgl. S. 56)}$$

und $\quad v = v_0\exp(-\beta x) = v_0\exp(-c_w\varrho\,F\,x/2\,m)\quad$ hat man für den Stabilitätsfaktor s eines Geschosses in der Entfernung x vor der Mündung

$$s = \frac{C^2}{2\,BF}\cdot\frac{1}{lc_n'}\cdot\frac{1}{\varrho}\cdot\frac{\omega_0^2}{v_0^2}\,e^{-2(\gamma-\beta)x} = s_0\,e^{-2(\gamma-\beta)x},$$

wobei s_0 der an der Mündung gültige Stabilitätsfaktor ist.

Die Betrachtung der Gleichung für s ergibt folgende wichtige Erkenntnisse:

1. Der Stabilitätsfaktor eines Geschosses ändert sich laufend während des Geschoßfluges, und zwar wird er größer, wenn $\gamma < \beta$.

Beispiel: Für ein 2-cm-Geschoß mit $C = 4,9 \cdot 10^{-7}$ mkp s^2; $a = 2,0 \cdot 10^{-2}$ m; $c_t = 0,0075$; $c_w = 0,3$; $G = 0,14$ kp; $\varrho = 0,123$ kp s^2/m^4 ergibt sich

$$\gamma = D^4 \varrho\, c_t/C = 2,45 \cdot 10^{-3}\,\text{m}^{-1} \quad \text{und} \quad \beta = \pi\, D^2\, c_w\, \varrho/8\, m = 5,34 \cdot 10^{-3}\,\text{m}^{-1}.$$

Für den Stabilitätsfaktor s_{1000} in $x = 1000$ m Entfernung ergibt sich daher $s_{1000}/s_0 = \exp\left[2\,(\gamma - \beta)\,1000\right] = 2,03$.

2. Die Änderung von L_N, μ_1 und μ_2 während des Fluges. Nach obigem wird die momentane Drallänge $Dr_x = 2\,\pi\, v_x/w_x$ während des Fluges kleiner. Denn aus

$$L_{N_x} = 2\,\pi\,/\mu_{N_x} = 2\,\pi/(\mu_{1_x} - \mu_{2_x})$$

läßt sich

$$L_{N_x} = \cfrac{1}{\cfrac{C}{B} \cdot \sqrt{\cfrac{1}{Dr_x^2} - \cfrac{B}{C^2} \cdot \cfrac{\varrho}{2\,\pi^2}\, FD c_n'}}$$

ableiten. L_{N_x} wird also, solange c_m' konstant ist, kleiner und damit $\mu_{N_x} = \mu_{1_x} - \mu_{2_x}$ größer. Entsprechend findet man, daß mit wachsendem x $|\mu_1|$ kleiner und $|\mu_2|$ größer wird. Für $s \longrightarrow \infty$ nimmt L_N den Grenzwert $L_{N_\infty} = B\, Dr/C$ an.

3. Der Stabilitätsfaktor s hängt von der Dichte ab. Er wächst mit kleiner werdender Dichte. Schießt man z. B. in 5 km Höhe mit $\varrho = 0,58\,\varrho$, so wird der Stabilitätsfaktor das 1,72fache des Stabilitätsfaktors am Boden betragen; die Anfangsstöße der Pulvergase wirken sich weniger aus, man hat daher eine kleinere Streuung und einen kleineren mittleren Wert von c_w zu erwarten.

Schießt man dagegen in größerer Dichte, z. B. Modelle in einer Druckanlage zur Innehaltung einer bestimmten *Reynolds*-Zahl, so wird s kleiner, d. h. man muß u. U. die Drehzahl des Geschosses erhöhen.

c) Bemerkungen zum Molitzschen Stabilitätsfaktor $\hat{s}$ (H. Molitz [19]).
$\hat{s}$ läßt sich durch

$$\hat{s} = \frac{c_a' - \cfrac{2\,m D^4}{F} \cdot \cfrac{1}{C}\, c_j'}{c_a' + \cfrac{2\,m D^4}{F} \cdot \cfrac{1}{B}\, c_h}$$

ausdrücken. Die Ausdrücke $2\,m\,D^4/(F\,C)$ und $2\,m\,D^4/(F\,B)$ sind dimensionslos. Bei in Form und Masse ähnlichen Geschossen würde $\hat{s}$ unabhängig vom Kaliber sein, falls $c_j{'}$, $c_a{'}$ und c_h als vom Kaliber unabhängig angesehen werden könnten. Man muß aber berücksichtigen, daß $c_j{'}$ von der *Reynolds-*Zahl abhängt. (vgl. S. 87). Dadurch wird aber $c_j{'}$ für das Original kleiner. Da nun $c_j{'}$ im allgemeinen negativ ist, wird $\hat{s}$ kleiner.

Durch geeignete Veränderung der Trägheitsmomente B und C lassen sich die Faktoren von $c_j{'}$ und c_h verändern und damit $\hat{s}$, wodurch die Stabilität eines Geschosses günstig beeinflußt werden kann (vgl. hierzu *J. Pohl* in *[1]*).

17. Weiteres zur Stabilität des Geschosses auf seiner Bahn

a) Stoß an der Mündung. Der Mündungsfaktor. Beim Abschuß eines Geschosses treten an diesem durch Schwingungen und durch Bucken des Rohres, vor allem aber durch die aus der Mündung tretenden Pulvergase Kräfte auf, die einen seitlichen Drehstoß I auf das Geschoß ausüben und dadurch Stoßnutationen auslösen. Die Größe dieses Drehstoßes läßt sich nicht berechnen, man kann ihn aber experimentell bestimmen (vgl. S. 88). Er hängt ab von der Geschoßform, der Lage des Schwerpunktes und von der Art der Umströmung der Pulvergase (abhängig vom Mündungsdruck, Gasmenge, evtl. Einfluß der Mündungsbremse usw.). Der Drehstoß bewirkt den sofortigen Beginn der Pendelbewegung des Geschosses. Der erste Größtwert δ_{m_1} des Anstellwinkels δ hängt außer von der Größe des Drehstoßes im wesentlichen vom Trägheitsmoment B, der Ableitung des Momentes $M' = dM/d\delta$ und vom Stabilitätsfaktor s ab. Damit δ_{m_1} nicht unzulässig groß wird, vielmehr unter einem Wert von z. B. $\delta_{\max} < 10°$ (also $\delta_{\text{zulässig}} = 10°$) bleibt, ergibt sich ein Kleinstwert des Stabilitätsfaktors, der nicht unterschritten werden darf. Wir können in erster Näherung δ_{m_1} durch δ_{sup} für $x = 0$ ersetzen, da im allgemeinen die Dämpfung klein ist. Unter der Voraussetzung des reinen Stoßes an der Mündung ($\delta_0 = 0$) läßt sich für diese Bedingung ableiten:

$$s_{\min} \gtreqqless 1 + \frac{I^2}{BM'} \cdot \frac{1}{\delta^2_{\text{zulässig}}},$$

wobei $I = \int M\,dt = B\,d\delta_i/dt = B\delta_0{'}v$ und $\delta_{\text{zulässig}}$ der zugelassene Größtwert des ersten Maximums des Anstellwinkels ist.

R. E. Kutterer [18] schlägt vor, diesen Wert von $s_{\min}$ als *Mündungsfaktor* zu nehmen, der dem Einfluß der Pulvergase Rechnung trägt. Diese Bedingung enthält nur leicht meßbare Größen.

b) Der Folgsamkeitsfaktor. Damit das Geschoß, insbesondere bei Steilbahnen mit ihrer starken (größten) Krümmung in der Nähe des Gipfels, mit seiner Längsachse der Bahntangente folgt, also nicht überstabilisiert ist, soll nach *C. Cranz* ein als *Folgsamkeitsfaktor* bezeichneter Wert $\varepsilon > 1$ sein.

$$\varepsilon = \frac{M_G{'}\,v_G}{C\,\omega_G\,g} > 1,$$

wobei M_G, v_G und ω_G die Werte des Momentes, der Geschoßgeschwindigkeit und der Drehzahl im Gipfel der Bahn sind. Der Folgsamkeitsfaktor stellt das Verhältnis dar zwischen der Winkelgeschwindigkeit $d\psi/dt$, mit der die Präzessionsbewegung vor sich geht und der Winkelgeschwindigkeit $d\vartheta/dt$, mit der sich die Bahntangente neigt. Da in der Nähe des Gipfels bei Steilbahnen immer die Voraussetzung eines großen Wertes s erfüllt ist, somit $\dfrac{d\psi}{dt} = \dfrac{M_G'}{C\omega}$ und im Gipfelpunkt dem Absolutwert nach $\dfrac{d\vartheta}{dt} = \dfrac{g}{v_G}$, folgt die obige Gleichung für ε.

Die Bedingung $\varepsilon > 1$ spielt bei Flachbahnen eine geringere Rolle und ist nur bei Steilbahnen von Bedeutung. Bei einem überstabilisierten Geschoß wird die Auftriebskomponente der Luftwiderstandsresultierenden besonders groß. Es kann so unter Umständen die paradox erscheinende Tatsache auftreten, daß ein Geschoß im lufterfüllten Raum weiter fliegt als im luftleeren (Diskus!).

c) Der Einfluß der Geschoßrotation auf die Flugbahn. Rechts- oder Linksabweichung. Wir haben oben gesehen, daß durch die Geschoßrotation im lufterfüllten Raum Kräfte senkrecht zur Schußebene am Geschoß auftreten, die durch den Magnuseffekt und den Kreiseleffekt bewirkt werden. Im allgemeinen überwiegt der Kreiseleffekt, nur im obersten Winkelbereich der Magnuseffekt.

Die Praxis hat gezeigt, daß Geschosse mit Rechtsdrall bei Abgangswinkeln bis etwa zu 70° Rechtsabweichung, über 80° Linksabweichung haben. Die Flugbahn wird dadurch eine doppelt gekrümmte. In dem Bereich zwischen 70° und 80° ist ein unregelmäßiges Verhalten zu beobachten. Als brauchbare Näherung gibt *R. Schmidt* (1. Abschn. *[2]*) an, daß bis zu 60° Erhöhung die Seitenverschiebung in Strich durch Einwirken des Dralles ungefähr $^1/_{20}$ der Erhöhung in Strich beträgt.

18. Methoden zur experimentellen Bestimmung aerodynamischer Beiwerte

Heute pflegt man bei der Neuentwicklung von Flugkörpern die aerodynamischen Beiwerte von Widerstand, Auftrieb, Druckpunkt usw. im allgemeinen am Modell zu bestimmen und auf Grund der erhaltenen Werte Verbesserungen am Flugkörper vorzunehmen.

Man kann auch bereits für ein Geschoß eine vorläufige Schußtafel berechnen, die endgültige Schußtafel wird man allerdings mit dem Original ermitteln.

a) Über die Modellregeln. Bei Modellversuchen wird als Modell ein dem wirklichen Geschoß geometrisch ähnliches Modellgeschoß verwendet. Auch auf die relative Oberflächenbeschaffenheit ist dabei zu achten. Geometrische Ähnlichkeit von Körpern hat jedoch nicht ohne weiteres geometrische Ähnlichkeit der Strömungsvorgänge um das Geschoß zur Folge, d. h. mit anderen Worten, man kann nicht immer ohne weiteres die erhaltenen Beiwerte für Modell und Hauptkörper gleichsetzen. Es müssen u. U. gewisse Ähnlichkeitsregeln befolgt werden. Diese ergeben sich aus der Grundbedingung, daß die Differentialgleichungen von *Navier-Stokes*, die die Strömungsvorgänge um Haupt- und Modellkörper beschreiben, miteinander identisch sein müssen. Diese Bedingung, von deren Ableitung wir hier absehen wollen, liefert u. a. folgende Ähnlichkeitsgesetze:

1. Sind nur Trägheits- und Reibungskräfte maßgeblich, so muß im Haupt- und Modellversuch die Bedingung

$$Re = \frac{\varrho\,v\,l}{\eta} = \frac{\varrho'\,v'\,l'}{\eta'}$$

erfüllt sein, Re bezeichnet man als die *Reynolds*sche Zahl. Der Index ′ gelte für das Modell. ϱ ist die Dichte des das Geschoß umströmenden Mediums, η seine dynamische Zähigkeit, v die Geschwindigkeit des Geschosses (bzw. im Windkanal bei ruhendem Geschoß die Anströmungsgeschwindigkeit der Luft) und l eine charakteristische Länge des Geschosses, z. B. das Kaliber D. η/ϱ setzt man gleich ν und bezeichnet ν als kinematische Zähigkeit (vgl. Tabelle 4, Seite 78).

2. Sind nur Trägheits- und Massenkräfte (Schwerkraft) maßgeblich, so muß im Haupt- und Modellversuch die Bedingung $F = v^2/lg = v'^2/l'g'$ erfüllt sein. F ist die *Froude*sche Kennziffer, g die Fallbeschleunigung.

3. Bei Strömungen mit großen Geschwindigkeiten, bei denen bereits die Kompressibilität des umströmenden Mediums berücksichtigt werden muß, d. h. bei Strömungsgeschwindigkeiten in der Nähe der Schallgeschwindigkeit a der Luft und darüber, muß die *Mach*sche Kennziffer $M = v/a = v'/a'$ innegehalten werden.

Wird nun ein Modellversuch unter gleichzeitiger, möglichst weitgehender Innehaltung aller obigen Bedingungen durchgeführt, so berechnet sich z. B. der tatsächlich bei der Geschwindigkeit v auftretende Widerstand W des Hauptkörpers aus dem am Modell gemessenen Widerstand W' aus der Beziehung $N = W/\varrho\,l^2\,v^2 = W'/\varrho'\,l'^2\,v'^2$, wo N die *Newton*sche oder *Euler*sche Kennziffer ist, zu

$$W = W'\,\frac{\varrho\,l^2\,v^2}{\varrho'\,l'^2\,v'^2}.$$

Eine gleichzeitige Innehaltung der Ähnlichkeitsgesetze Re, F und M ist jedoch praktisch nicht möglich. Denn würde man z. B. den Modellversuch auch in Luft ausführen, so würde die Bedingung M, da $a = a'$ ist, $v = v'$ ergeben und damit die Bedingung F, da g praktisch konstant ist, $l = l'$, d. h. aber, wir können den Modellversuch, in dem doch $l' < l$ sein sollte, praktisch nicht durchführen.

Tabelle 4. *Zusammenstellung einiger physikalischer Werte für Luft, Xenon und Helium*

Größe / Gas	Molekulargewicht	Gas Konstante	$\varkappa = c_p/c_v$	Die folgenden Größen gelten für folgende Temperaturen	Spez. Gew. s bei 760 Torr	Dichte ϱ bei 760 Torr	Zähigkeit $10^6\,\eta$	Kinemat. Zähigkeit $10^6\,\gamma$	Schallgeschwindigkeit a
		kp m/grad kp			kp/m³	kps²/m⁴	kps/m²	m²/s	m/s
Luft	29	29,3	1,40	$t = 0°$ C:	1,29	0,132	1,75	13,3	331,8
				$t = 20°$ C	1,20	0,123	1,85	15,1	343,8
Xenon	131,3	6,42	1,66	$t = 0°$ C	5,89	0,602	2,14	3,56	161,8
Helium	4,0	211,9	1,66	$t = 0°$ C	0,178	0,0182	1,92	106,0	971,0

Nun spielt aber bei Modellversuchen im Windkanal die Schwere praktisch keine Rolle, ebenso nicht in Freifluganlagen auf kurzer Meßstrecke. Daher kann für ballistische Modelluntersuchungen die *Froude*sche Kennziffer unberücksichtigt bleiben, und es sind also nur die *Reynolds*sche und die *Mach*sche Kennziffer zu berücksichtigen.

Auf Grund der Überlegungen, daß der Luftwiderstand eines Körpers von den obigen Kennziffern abhängt, hat *L. Prandtl* das Luftwiderstandsgesetz in der allgemeinsten Form folgendermaßen ausgedrückt:

$$W = c_w \left(\frac{v\,l}{\nu}, \; \frac{v}{\sqrt{l g}}, \; \frac{v}{a} \right) \frac{\varrho \cdot v^2}{2}\, F$$

in dem c_w eine Funktion der Kennziffern Re, F und M ist. Da, wie oben ausgeführt, die *Froude*sche Kennziffer F in der Ballistik unberücksichtigt bleiben kann, wird

$$W = c_w \left(\frac{v\,l}{\nu}, \; \frac{v}{a} \right) \frac{\varrho \cdot v^2}{2}\, F \,.$$

Seit einigen Jahren wird in der Ballistik die praktisch ermittelte Beiwertfunktion K (die c_w proportional ist) als Funktion von v/a dargestellt. Die Beiwertfunktion ist jedoch in Wirklichkeit von der *Reynolds*schen Zahl vl/ν abhängig. Eine Darstellung der Beiwertfunktion mit diesen beiden Funktionen ist bisher nicht vorgenommen worden; bei Geschwindigkeiten v in der Größenordnung der Schallgeschwindigkeit ist Re u. U. von Einfluß, bei Geschwindigkeiten $v \gg a$ kann in vielen Fällen der Einfluß gegenüber demjenigen von M vernachlässigt werden.

Beispiele:

a) Beschuß mit dem Modellgeschoß. Es soll der Luftwiderstand für ein projektiertes Artilleriegeschoß bei der Geschwindigkeit v in Luft von Normaltemperatur mittels eines geometrisch ähnlichen Modells im Modellversuch ermittelt werden. Das Kaliber des Modells betrage $^1/_5$ von dem des projektierten Geschosses.

Das Modell werde in einer Freifluganlage in Luft von Normaltemperatur verschossen. Die *Mach*sche Zahl liefert dann $v = v'$ aus $M = v/a = v'/a'$, da $a = a'$, d. h. das Modellgeschoß muß mit der Geschwindigkeit v verschossen werden.

Die *Reynolds*sche Ähnlichkeitsregel $Re = \varrho\, l\, v/\eta = \varrho'\, l'\, v'/\eta'$ liefert, da $\eta = \eta'$, $v = v'$, $l' = l/5$ ist: $\varrho' = 5\,\varrho$, d. h. der Modellbeschuß muß in Luft von 5 atm Druck erfolgen. Das ist in einem geschlossenen Kanal grundsätzlich ohne weiteres möglich. Aber es ist dabei zu beachten, daß u. U. das Modellgeschoß bei Verschießen mit normalem Drall nicht mehr stabil ist (vgl. S. 74).

Liefert der Beschuß den Widerstandswert W' für das Modell bei der Geschwindigkeit v, so läßt sich mittels der *Newton*schen Regel der Widerstandswert W berechnen, den das Originalgeschoß bei der Geschwindigkeit v erfahren würde: $W = W' \varrho\, l^2\, v^2/\varrho'\, l'^2\, v'^2 = 5\,W'$.

b) **Ermittlung des Widerstandes des Modells im Windkanal.** Es soll der Luftwiderstand eines mit $v = 682$ m/s bei $T = 287\,°\mathrm{K}$ fliegenden Infanteriegeschosses (Kal. 7,9 mm) im Windkanal ermittelt werden.

Welche Modellgröße ist erforderlich?

Zur Erfüllung der *Mach*schen Bedingung muß

$$M = v/a = v'/a' = 682/341 = 2$$

sein. Die Reibungsvorgänge am Modellgeschoß werden denen am Originalgeschoß mechanisch ähnlich, wenn

$$Re = v\, l/\nu = v'\, l'/\nu' \,.$$

Der Modellmaßstab $\lambda = l'/l$ für das Modellgeschoß ergibt sich daher aus $\lambda = (v/v') \cdot (v'/v)$ bzw. bei Berücksichtigung der *Mach*schen Bedingung zu $\lambda = (a/a') \cdot (v'/v)$. Es ist nun a proportional $\sqrt{T}$, die kinematische Zähigkeit ν ist angenähert proportional $1/T$. Damit wird $\lambda = (T/T')^{3/2}$. Bei der Erzeugung der *Mach*schen Zahl 2 tritt im Windkanal eine adiabatische Abkühlung auf. Ist T_0 die Ausgangstemperatur der Luft, so wird (vgl. S. 150) $T_0/T' = 1 + [(\varkappa - 1)/2]\, M^2$.

Mit $\varkappa = 1,4$ und $M = 2$ erhält man $T_0/T' = 1,8$ und damit $\lambda = 2,42$. Das Modellgeschoß muß also zur Erfüllung der mechanischen Ähnlichkeitsbedingungen das Kaliber $7,9 \cdot 2,42 = 19,1$ mm haben. Es sei auch darauf aufmerksam gemacht, daß bei dem Modellversuch die Dichte ϱ' der Luft nur $\varrho/4,35$ beträgt, was aus $(\varrho/\varrho')^{\varkappa-1} = T/T'$ folgt. Die Übereinstimmung zwischen dem im Windkanal bzw. in der Freifluganlage und den im scharfen Schuß ermittelten Beiwerten ist bei sorgfältiger Durchführung der Messungen sehr gut.

b) Übersicht über die heute verwendeten Methoden [3, 20]. In der folgenden Zusammenstellung (Tabelle 5) sind die Methoden angegeben, die heute zur Bestimmung der ballistischen Größen mit Hilfe von Modellen oder mit dem Originalflugkörper selbst verwendet werden.

Tabelle 5

Methoden zur Bestimmung aeroballistischer Größen von Flugkörpern	
Windkanal	Feststehendes Modell *[4]*
	Modell wird im Windkanal verschossen *[5, 6]*
Freifluganlage	Beschuß unter normalen atmosphärischen Verhältnissen *[3, 7, 8, 9, 22]*
	Beschuß in abgeschlossener Anlage mit veränderlichem Druck und evtl. veränderlicher Temperatur *[10]*
Flugbahn- und Pendeluntersuchungen des freifliegenden Flugkörpers auf dem Versuchsplatz. Freier Fall	
Geführte Modelle	Führung des Modells mittels eines Schlittens *[11,12, 21]* oder eines bemannten Trägerflugzeuges *[15]*
	Führung des Modells in einer Rundlaufanlage oder als gefesseltes Modell *[15]*
Stoßwellenrohr *[13]*	
Molekularstrahlenmethode *[14]*	

Die wichtigsten Anlagen sind der *Windkanal* und die *Freifluganlage*. Im Windkanal *[4]* erzeugt man kurzzeitig oder kontinuierlich Luftströme mit verschiedenen *Mach*zahlen dadurch, daß man Luft aus der freien Atmosphäre durch eine Lavaldüse in einen luftleeren Kessel oder umgekehrt aus einem Kessel mit Überdruck in die freie Atmosphäre strömen läßt. Zur Erhöhung der *Mach*zahl verwendet man auch andere Medien, z. B. Freon oder Krypton, die eine kleine Schallgeschwindigkeit haben. Für jede *Mach*zahl ist eine besondere Düse erforderlich. Der Windkanal, zunächst für die Klärung von Ultraschallfragen der Flugzeugtechnik gedacht, wurde erst in den zwanziger Jahren für den Überschall im *Prandtl*schen Institut in Göttingen entwickelt. (*A. Busemann* 1926). *O. Walchner* führte die ersten systematischen Geschoßuntersuchungen bei Überschall durch. In diesem Windkanal erreichte man seinerzeit Überschallgeschwindigkeiten bis zu $M = 3{,}2$ in einem Querschnitt von etwa $6 \times 7\ cm^2$ für etwa 15 Sekunden. Heute liefert z. B.

ein Windkanal in Tullahoma, Tennessee, eine größte *Mach*zahl von $M = 10$ bei einem Querschnitt von $100 \times 100\,\text{cm}^2$ im kontinuierlichen Betrieb. Die höchste erreichte *Mach*zahl liegt bei etwa $M = 20$.

Zur Bestimmung der Beiwerte wird das Modell an einer Mehrkomponentenwaage befestigt. Man kann dann den Angriffspunkt der Luftwiderstandsresultierenden, ihre Größe und Richtung und damit die am Geschoß angreifenden Momente in Anhängigkeit von der *Mach*zahl und vom Anstellwinkel des Geschosses bestimmen.

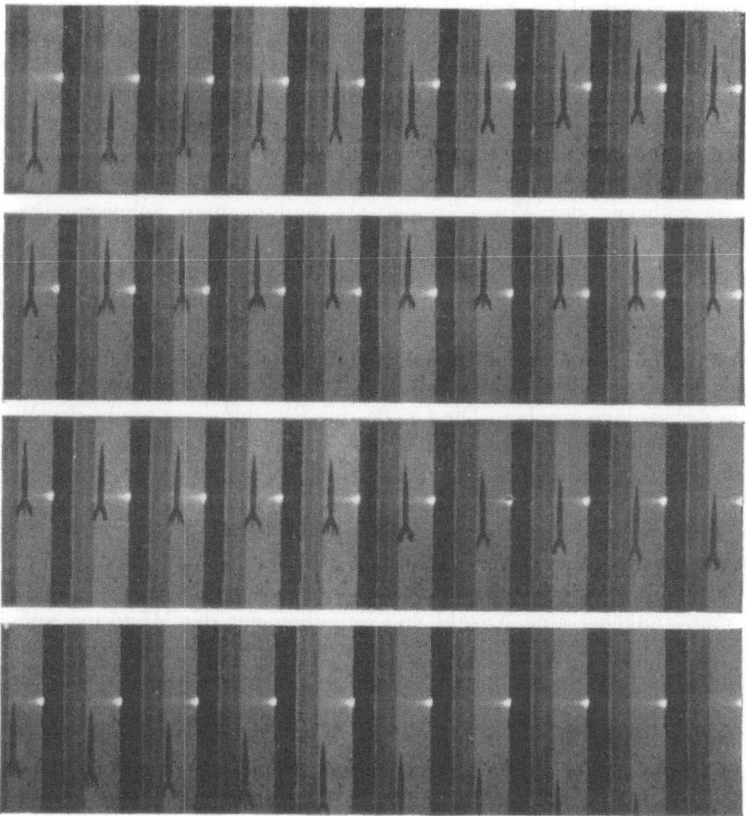

Bild 50. Kinematographische Aufnahme eines im Windkanal verschossenen Flügelgeschosses

Man verwendet übrigens immer häufiger Dehnungsmeßstreifen (hierzu vgl. 7. Abschnitt *[19]*).

Um das frei bewegte Modell zu untersuchen, verschießt man auch das Modell im Windkanal. So verschießt z. B. *A. Auriol [5]* das Modell mit einer Geschwindigkeit von etwa 20 m/s in einem senkrechten Kanal und untersucht das aerodynamische Verhalten des Geschosses kinematographisch. Bild 50 zeigt eine solche kinematographische Aufnahme eines im Windkanal verschossenen Flügelgeschosses.

Verschießt man das Geschoß mit großer Geschwindigkeit (z. B. 1000 m/s), so kann man bei gleichzeitiger Verwendung von Freon oder Krypton als Arbeitsmediun im Windkanal eine große *Mach*zahl bei großer *Reynolds*zahl erhalten *[6]*.

Die Freifluganlage [3, 7, 8, 9, 17, 22 — 26]. Von steigender Bedeutung insbesondere für die Ballistik sind die aeroballistischen Freifluganlagen, bei denen das Modell im freien Fluge unter normalen atmosphärischen Verhältnissen oder in einem Druckkanal untersucht wird. Als Vorteil dieser Methode ist anzusehen, daß das Modell im *freien* Flug untersucht wird und daß eine solche Freifluganlage erheblich billiger ist als eine Windkanalanlage hoher Leistung. Bei der Freifluganlage wird die Pendelbewegung des frei verschossenen Geschosses während des Fluges registriert, indem man Schwerpunkt- und Achsenlage des Geschosses im Raum optisch oder mittels Durchschießen von Papierscheiben bestimmt. Im letzteren Fall wird das Geschoß durch Papierscheiben geschossen, die man senkrecht zur Flugbahn in solcher Zahl aufbaut, daß man etwa 8 bis 12 Papierscheiben je Schwingungslänge des Geschosses hat. Aus den Durchschußspuren im Papier entnimmt man unmittelbar die Schwerpunktskoordinaten x, y, z sowie die Winkelwerte δ und ψ, die die Achsenlage ergeben. Die Größe des Blatteinrisses ergibt den Winkel δ; den Winkel ψ erhält man aus der Lage der Symmetrieachse des Blatteinrisses gegenüber der Vertikalen. Wesentlich ist, daß beim Blattdurchschuß der Winkel zwischen der Bahntangente und der Horizontalen nicht berücksichtigt zu werden braucht, da er nur mit seinem cos eingeht, der bei kleinen Winkeln gleich 1 gesetzt werden darf.

Zur Eliminierung eines etwaigen Papiereinflusses bei der Schwingungslänge baut man zunächst eine Anzahl von Scheiben vor der Mündung auf, läßt dann eine gewisse Strecke der Flugbahn frei, stellt dann wieder Scheiben auf und ermittelt die Schwingungslänge für die unbeeinflußte Flugstrecke des Geschosses.

Eine andere Möglichkeit zur Ermittlung der Schwerpunkts- und Achsenlage besteht darin, daß das Geschoß auf seinem Fluge in zwei zueinander senkrechten Richtungen an verschiedenen Stellen der Flugbahn photographiert wird. Seit einigen Jahren verwendet man auch auf Schienen gleitende, von Raketen angetriebene Schlitten, auf denen das Modell auf einer Waage befestigt ist. Man erreicht mit diesen Raketenschlitten Geschwindigkeiten bis zu etwa $M = 3$. Derartige Anlagen befinden sich in Amerika *[11, 21]* und in Frankreich (Bourges) *[12]*.

Es sei auch die *Rundlaufanlage* erwähnt, bei der das an einem Arm befestigte Modell im Kreise geführt wird (Methode von *F. Burzio*). Die Geschwindigkeiten gehen bis zu etwa $M = 1{,}7$. Durch den Umlauf in einem Medium, z. B. Freon 12 oder Krypton, läßt sich die *Mach*zahl erheblich heraufsetzen. Aber diese Methode hat den großen Nachteil, daß die Halterung die Strömung um das Modell beeinflußt und stört, und daß das Modell sich in seinem eigenen Totwasser bewegt.

Für die Untersuchung im Schallgeschwindigkeitsgebiet und darunter hat sich die Methode bewährt, einen Flugkörper, der von einem Flugzeug zunächst hochgetragen wird, im *freien Fall* zu untersuchen.

Für die Untersuchung der Entwicklung einer Strömung um einen Flugkörper ist auf das *Stoßwellenrohr [13]* hinzuweisen: Das ist ein zylindrisches Rohr AC, das bei B durch eine Membran (eine dünne Kunststoffolie) unterteilt ist (Bild 50a). Im Gebiet I zwischen A und B befindet sich ein Gas von höherem Gasdruck als in dem Gebiet II zwischen B und C (z. B. links Wasserstoff von 2 atm, rechts Freon von 0,1 atm). Wird die Membran zum Platzen gebracht, so läuft nach rechts eine Stoßwelle, nach links eine Verdünnungswelle. Zwischen der Stoßwelle und der Verdünnungswelle befindet sich nun ein Gleichdruckgebiet, das mit konstanter Geschwindigkeit nach rechts wandert. Dieses Druckgebiet muß man in zwei Gebiete unterteilen. Das Gebiet IV enthält nun das komprimierte Gas, das sich vorher rechts von der Membran befand, während Gebiet III das Gas enthält, das vorher links von der Membran war. Man verwendet nur das Druckgebiet IV, da das Druckgebiet III sich als sehr turbulent erweist.

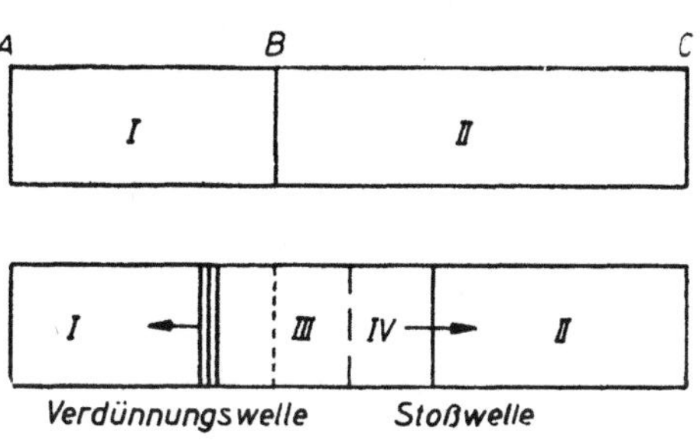

Bild 50a. Prinzip des Stoßwellenrohres

Die konstante Geschwindigkeit nach rechts hängt von den Gasen und den anfänglichen Drucken ab. Man erhält bei dieser einfachen Ausführung des Stoßwellenrohres leicht *Mach*zahlen bis zu etwa $M = 2$. Man hat also die Möglichkeit, kurzzeitig (Größenordnung 10 ms) die Umströmung um ein Modell zu beobachten. Der *wesentliche* Vorteil dieses Verfahrens ist darin zu sehen, daß man den Aufbau des Strömungszustandes um ein Modell und die Wirkung auf dieses studieren kann. In Spezialausführungen des Stoßwellenrohres lassen sich sehr hohe *Mach*zahlen erreichen.

Für die Untersuchung des Strömungsvorganges in sehr großer Höhe über dem Erdboden, bei dem die Luft nicht mehr als Kontinuum betrachtet

werden kann, da die mittlere freie Weglänge der Moleküle in die Dimension
der Abmessungen des Flugkörpers gelangt (in 150 km Höhe beträgt sie etwa
20 m gegenüber $1 \cdot 10^{-7}$ m am Erdboden) verwendet man u. a. Molekular-
strahlen. Mit dieser Methode können die Erscheinungen beim Auftreffen
und bei der Reflexion von Molekülen an festen Wänden und damit die Verhältnisse in den höchsten Schichten der Atmosphäre nachgeahmt werden [14].
Über weitere Vorschläge für Methoden der Modelluntersuchung vgl. [15].

19. Die Ermittlung der aerodynamisch-ballistischen Beiwerte in einer Freifluganlage [20]

a) Die Ermittlung der aerodynamischen Größen eines Geschosses.
Diese wird folgendermaßen vorgenommen: Der Schuß in der Freifluganlage durch Papierscheiben oder durch eine optische Anlage liefert die
Werte δ, ψ und x, y, z des Modells in verschiedenen Abständen von der
Mündung. Beim Papierblattdurchschuß wird man einen etwaigen Papier-
einfluß dadurch ausschalten, daß man in dem Aufbau der Papierscheiben
einen Raum von mehreren Schwingungslängen Tiefe frei läßt. Man erhält
die jeweilige Achslage des Modells durch δ und ψ, die Schwerpunktlage
durch x, y und z. Gleichzeitig wird bei jedem Schuß grundsätzlich die v_0 und
die Geschwindigkeitsabnahme zur Berechnung von c_w gemessen.

Man ermittelt aus $\delta(x)$ und $\psi(x)$ die Werte L_N, μ_N, μ_1, μ_2, $\varkappa_1$ und $\varkappa_2$. Wir
wollen annehmen, daß auch c_n' bekannt sei, auf dessen Ermittlung später
(S. 85) noch eingegangen wird. Weiter müssen selbstverständlich die genauen Geschoßabmessungen, die Trägheitsmomente um die Querachse B
und um die Längsachse C sowie die Lage des Schwerpunktes l_s bekannt
sein.

Dann findet man c_m' aus $c_m' = (2\,\pi/\varrho\,D^3) \cdot 10^{-4}\,B\,\mu_1\,\mu_2$. Diese Beziehung
ergibt sich aus $A_2 = -\,c_m'\,\pi\,\varrho\,D^3/8\,B = -\,\mu_1\,\mu_2$. Der Stabilitätsfaktor s
ergibt sich aus $s = (\mu_1 + \mu_2)^2/4\,\mu_1\,\mu_2$. (Man setze in $s = -\,B_1^2/4\,A_2$ die Werte
für B_1 und A_2 ein.) Für σ hat man: $\sigma = \mu_N/-(\mu_1 + \mu_2)$.

Den Wert von σ findet man auch aus $\sigma = \sqrt{1 - 1/s}$. Die Drallänge Dr_x des
Geschosses an der Stelle x findet man aus $Dr_x = \sigma\,C\,L_N/B$. Man erhält diese
Beziehung aus $B_1 = C\,\omega/B\,v = -(\mu_1 + \mu_2)\,2\,\pi/400$ mit $Dr_x = 2\,\pi\,v(x)/\omega(x)$. Mit den gemessenen Werten $\varkappa_1$ und $\varkappa_2$ findet man $f = (\varkappa_1 - \varkappa_2)/(\varkappa_1 + \varkappa_2)$
und mittels σ und f: $\quad \hat{s} = \dfrac{1}{2}\,(1 - \sigma f)$.

Mit s und $\hat{s}$ ist also aus dem Stabilitätsdiagramm zu entnehmen, ob das
Modell stabil ist. Es sind noch c_h und c_j' zu bestimmen. Mit c_n' und c_w erhält
man $c_a' = c_n' - c_w$. Für c_h findet man

$$c_h = \frac{B}{\varrho\,D^4}\left(A_1 - \frac{\varrho\,g\,\pi\,D^2}{8} \cdot \frac{c_a' - c_w}{G}\right).$$

Diese Beziehung ergibt sich aus

$$A_1 = (c_a' - c_w)\frac{\pi}{8} \cdot \frac{\varrho\,D^2}{m} + c_h\frac{\varrho\,D^4}{B}$$

(S. 63). Weiter hat man c_j' aus

$$B_2 = c_a'\frac{C}{B} \cdot \frac{\pi}{D} \cdot \frac{\varrho\,D\tan\varepsilon_x}{m} - c_j'\frac{2\,\varrho\,D^3\tan\varepsilon_x}{B}$$

mit

$$Dr_x = \frac{2\,\pi\,v(x)}{\omega_x} = \frac{\pi\,D}{\tan\varepsilon_x}$$

zu

$$c_j' = \frac{\pi\,g}{8\,D^2} \cdot \frac{C\,c_a'}{G} - \frac{B\,Dr_x\,B_2}{2\,\pi\,\varrho\,D^4}\,.$$

Zur Bestimmung von c_a', des Druckpunktes P, von c_k' und des Angriffspunktes der Magnuskraft verfährt man wie folgt.

Man verschießt unter möglichst gleichen äußeren Verhältnissen (ϱ, v_0, T) Modelle vom gleichen Kaliber und von genau gleicher äußerer Form, aber mit verschiedenem Schwerpunkt. Von jedem dieser Modelle ermittelt man die oben angegebenen aerodynamischen Beiwerte. Trägt man jetzt die gefundenen c_m'-Werte in Abhängigkeit von der Schwerpunktlage l_s (l_s vom Boden aus gemessen) auf, so ergibt sich eine Gerade, deren Schnittpunkt mit der Abszisse den Druckpunkt P liefert und deren Anstieg gegeben ist durch $\tan\alpha = c_m'/(l_p - l_s) = c_m'/l$.

Man hat dann $c_n' = c_m'\,D/l$. c_a' folgt dann aus $c_a' = c_n' - c_w$. Weiter trägt man die Beiwerte c_h und c_j' als Funktion der Schwerpunktslage l_s auf. Man findet, daß c_h sich mit der Schwerpunktslage ändert. Je größer l_s, d. h. je weiter zur Spitze hin der Schwerpunkt liegt, um so größer ist c_h. Die Verbindungsgerade der Werte c_j' ergibt als Schnittpunkt mit der Abszisse die Lage des Angriffspunktes P_k der Magnuskraft. Man hat für dessen Abstand vom Schwerpunkt den jeweiligen Hebelarm l_{Pk}, wobei also $l_{Pk} = l_k - l_s$. Im allgemeinen ist $l_k < l_s$, d. h. l_{Pk} ist negativ. Der Beiwert c_k' ergibt sich aus dem Anstieg $\tan\alpha = c_j'/l_k$, der die c_j'-Werte darstellenden Geraden zu $c_k' = c_j'\,D/l_{Pk}$ (vgl. Bild 42, S. 61).

Zahlenbeispiel: Von einem 2-cm-Geschoß nach Bild 51 sollten die aerodynamischen Beiwerte ermittelt werden. Hierzu wurden Modelle mit drei

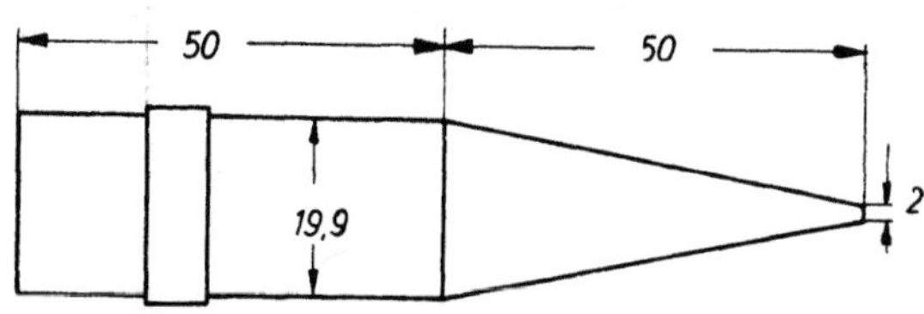

Bild 51. Das 2-cm-Modellgeschoß. Angaben in mm

verschiedenen Schwerpunktslagen hergestellt, eine Modelltype aus Stahl, eine
weitere mit Duralspitze und Stahlkörper und schließlich eine solche mit
Stahlspitze und Duralkörper. Die Modelle wurden aus einem Lauf mit einem
Drallwinkel von $\varepsilon = 6° 50'$ verschossen. Die Anfangsgeschwindigkeit betrug
im Mittel 525 m/s entsprechend einer *Machzahl* $M = 1,54$. Die Geschosse
erhielten einen künstlichen Drehimpuls 2 m vor der Mündung, indem
sie an einen Gummistreifen von 5 mm Dicke anstreiften, der je nach Bedarf
1 bis 7 mm in den vom Geschoß bestrichenen Raum hineinragte.

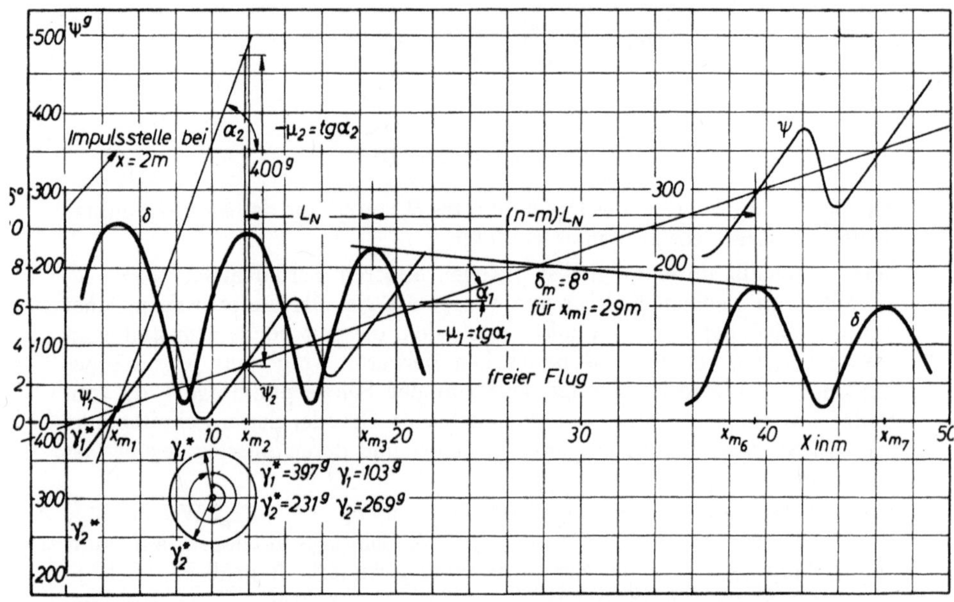

Bild 52. Der Verlauf von δ und ψ in Abhängigkeit von x für das 2-cm-Modellgeschoß nach Bild 51.
Beispiel der Auswertung eines Blattdurchschusses (tg = tan!)

In Bild 52 ist der Verlauf von $\delta = \delta(x)$ und von $\psi = \psi(x)$ wiedergegeben.
Die δ- und ψ-Werte wurden unmittelbar aus den Blattdurchschüssen entnommen. Die Blätter waren senkrecht zur Schußebene zwischen 3 und
21,6 m alle 0,6 m und zwischen 36,5 und 49 m alle 0,5 m aufgestellt. Die
Auswertung erfolgte nach den Formeln S. 84ff. Es wurden gefunden:

$D = 19,9$ mm; $\quad l_s = 43,5$ mm (Geschoß mit Stahlspitze); $\quad l_s/D = 2,19$;
$G = 0,1149$ kp; $B = 53,02 \cdot 10^{-7}$ mkps²; $C = 5,171 \cdot 10^{-7}$ mkps²; $B/C = 10,25$;
$C^2/B = 5,042 \cdot 10^{-8}$ mkps²; $\delta_{max\,4}$ etwa 8° auf $x = 29$ m; $v_{29} = 523,1$ m/s;
$\Delta v/100 = 34,1$ m/s auf 100 m; $c_w = 0,40$; $L_N = 6,89$ m; $\mu_N = 58,1^g$ m⁻¹;
$-\mu_1 = 8,05^g$ m⁻¹; $-\mu_2 = 66,15^g$ m⁻¹; $c_m' = 1,87$ 1/rad; $s = 2,58$; $\sigma = 0,783$;

86

$Dr_{29} = 0{,}527$ m; $\quad \varkappa_1 = -0{,}0161$ m^{-1}; $\quad \varkappa_2 = -0{,}0149$ m^{-1}; $\quad f = -0{,}039$;
$\hat{s} = 0{,}51$; $A_1 = 0{,}0310$ m^{-1}; $B_2 = 0{,}0186$; $c_n{}' = 2{,}75$; $c_a{}' = 2{,}35$; $c_h = 8{,}0$;
$c_j{}' = -0{,}33$; $l_p = 58$ mm; $8\,GD/\pi g = 11{,}83 \cdot 10^{-6}$; $8\,GD^2/\pi g\,B = 2{,}23$;
$8\,GD^2/\pi\,g\,C = 22{,}8$.

Die Werte $s = 2{,}58$ und $\hat{s} = 0{,}51$ ergeben einen charakteristischen stabilen Punkt im *Molitz*schen Stabilitätsbereich, d. h. das Geschoß ist stabil.

Die Amplitude des langsamen Vektors ist nach 289 m (etwa 14500 Kalibern) auf $^1/_{100}$ abgesunken, die Amplitude des schnellen Vektors nach 312 m. Die Geschoßspitze erreicht alle 6,89 m ihre größte Entfernung von der Flugbahntangente und alle $n \cdot (6{,}89 + 6{,}89/2)$ m ihre kleinste Entfernung. Der gefundene Verlauf von $c_m{}'$, c_h und $c_j{}'$ ist aus Bild 53 zu entnehmen.

b) Der Übergang vom Modell zum Original. Will man vom Modell auf das Original umrechnen, so genügt es, die *Mach*sche Kennzahl M und die *Reynolds*sche Kennzahl Re zu erfüllen, d. h. es muß sein $M = v_o/a_o = v_m/a_m$ und $Re = v_o D_o/\nu_o = v_m D_m/\nu_m$. Der Index o bezieht sich auf das Original, der Index m auf das Modell. Die Modelle wird man bei gleicher *Mach*zahl verschießen. Die *Reynolds*sche Zahl ist im allgemeinen bei den Erscheinungen die auf Reibungsvorgängen beruhen, z. B. im Magnuseffekt, zu berücksichtigen. Bei Messungen des Luftwiderstandes spielt die *Reynolds*sche Zahl insbesondere bei größerer *Mach*zahl nur eine untergeordnete Rolle. Den Beiwert c_{ko}' der Magnuskraft für das Original wird man daher aus

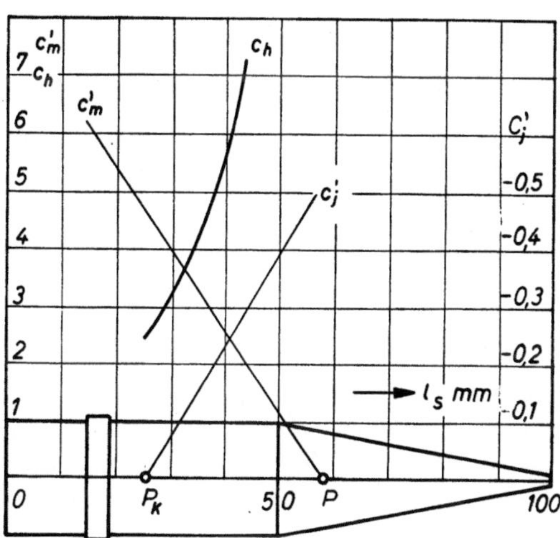

Bild 53. Beiwerte für das 2-cm-Modellgeschoß nach Bild 51

$$c_{ko}' = c_{km}' \, (D_o/D_m)^{-1/5}$$

berechnen und dementsprechend c_{jo}' zu $c_{jo}' = c_{ko}' \, l_{Pko}/D_o$ bestimmen. Dabei wurde die experimentell ermittelte Tatsache verwendet, daß bei Platten der Reibungswert sich mit $\sqrt[5]{Re}$ bei turbulenter Strömung ändert. Die Übertragungsregel setzt voraus, daß am Modell wie am Original ähnliche Grenzschichtverhältnisse, also hier turbulente, vorliegen. Man muß bei kleinen Modellen u. U. für den entsprechenden örtlichen Umschlag der laminaren in turbulente Strömung Sorge tragen.

Sind vom Original die Werte D_o, G_o, B_o, C_o, l_{so} bzw. l_{so}/D_o, ε_o bekannt, so kann man den Ausdruck $8\,G_o\,D_o^2/\pi\,g$ berechnen. Aus dem Modellbeschuß entnimmt man $c'_{am} = c'_{ao}$ sowie $c_{hm} = c_{ho}$ und c'_{jm} für den Wert l_{so}/D_o. Man hat dann

$$c'_{jo} = c'_{jm}\,\frac{l_{Pko}/D_o}{l_{Pkm}/D_m} \cdot \left(\frac{D_o}{D_m}\right)^{-1/5}.$$

Somit läßt sich

$$\hat{s}_o = \frac{c'_{ao} - c'_{jo}\,\dfrac{8}{\pi} \cdot \dfrac{G_o}{g}\,D_o^2\,\dfrac{1}{C_o}}{c'_{ao} + c_h\,\dfrac{8}{\pi} \cdot \dfrac{G_o}{g}\,D_o^2\,\dfrac{1}{B_o}}$$

finden. Sind insbesondere die Körper geometrisch ähnlich und von gleicher Massenverteilung, so wird

$$\hat{s}_o = \frac{c'_{am} - c'_{jo}\,\left(\dfrac{D_o}{D_m}\right)^{-1/5}\dfrac{8}{\pi} \cdot \dfrac{G_m}{g}\,D_m^2\,\dfrac{1}{C_m}}{c'_{am} + c_{hm}\,\dfrac{8}{\pi} \cdot \dfrac{G_m}{g}\,D_m^2\,\dfrac{1}{B_m}}.$$

c'_{mo} entnimmt man aus den Modellbeschüssen für $l_{sm}/D_m = l_{so}/D_o$ und berechnet

$$s_o = \frac{8}{\pi\varrho_o} \cdot \frac{C_o^2}{B_o} \cdot \frac{1}{c'_{mo}} \cdot \frac{1}{D_o^5}\,\tan^2\varepsilon_o.$$

Zahlenbeispiel: Mit Hilfe des 2-cm-Modells von S. 85 sollen die Werte L_{No}, s_o und $\hat{s}$ berechnet werden. Das Original habe den gleichen Wert l_s/D wie das Modell, also $l_{so}/D_o = l_{sm}/D_m$. Die sonstigen Werte seien: $D_o = 74{,}8\,\text{mm}$; $G_o = 6{,}23\,\text{kp}$; $l_{so} = 163{,}6\,\text{mm}$; $B_o = 4{,}029 \cdot 10^{-3}\,\text{mkps}^2$; $C_o = 3{,}894 \cdot 10^{-4}\,\text{mkps}^2$; $\varepsilon_o = 7°$; $Dr_o = \pi\,D_o/\tan\varepsilon_o = 1{,}981\,\text{m}$; $\dfrac{8}{\pi} \cdot \dfrac{G_o}{g}\,D_o^2 = 9{,}05 \cdot 10^{-3}\,\text{mkps}^2$; $\dfrac{8}{\pi} \cdot \dfrac{G_o}{g}\,D_o^2\,\dfrac{1}{B_o} = 2{,}25$; $\dfrac{8}{\pi} \cdot \dfrac{G_o}{g}\,D_o^2\,\dfrac{1}{C_o} = 23{,}2$.

$$c'_{jo} = c'_{jm}\,\frac{l_{ko}/D_o}{l_{km}/D_m} \cdot \left(\frac{D_o}{D_m}\right)^{-1/5} = c'_{jm} \cdot \left(\frac{D_o}{D_m}\right)^{-1/5} = -\,0{,}2.$$

Vom Modellbeschuß hat man $c_a' = 2{,}35$ und $c_h = 8{,}0$. Damit wird endlich $\hat{s} = 0{,}35$. Da $l_{so}/D_o = l_{sm}/D_m$, so ist $c'_{mo} = c'_{mm} = 1{,}87\,\text{1/rad}$ und man findet $s_o = s_m = 2{,}58$. Aus $L_{No} = \dfrac{B}{C}\,Dr\,\sqrt{s/(s-1)}$ hat man $L_{No} = 25{,}6\,\text{m}$.

c) Die drallose Methode. Nach einem Vorschlag von *R. E. Kutterer [16]* lassen sich in einfacher Weise die Beiwerte c_m', c_n' und c_a' sowie die Lage des Druckpunktes P und der Anfangsstoß δ_0' durch die Pulvergase eines Drallgeschosses mit sehr guter Annäherung dadurch bestimmen, daß das Geschoß ohne Drall, also aus einem glatten Rohr, verschossen wird. Da in diesem Fall $\omega = 0$ und damit die Konstanten B_1 und B_2 gleich Null werden, vereinfacht sich die Differentialgleichung für ε zu $\varepsilon'' + A_1 \varepsilon' + A_2 \varepsilon = 0$ und man erhält die beiden folgenden voneinander unabhängigen Differentialgleichungen:

$$(\delta \sin \psi)'' + A_1 (\delta \sin \psi)' + A_2 (\delta \sin \psi) = 0$$

und

$$(\delta \cos \psi)'' + A_1 (\delta \cos \psi)' + A_2 (\delta \cos \psi) = 0 .$$

Nehmen wir den Fall eines reinen Anfangsstoßes an, d. h. für $x = 0$ ist $\delta_0 = 0$ und $\delta' = \delta'_0$. In diesem Fall wird ψ konstant; die Umschlagbewegung des Geschosses findet in einer Ebene statt. Wir können somit unmittelbar schreiben $\delta'' + A_1 \delta' + A_2 \delta = 0$ mit $A_1 = (A' - W)/(m v^2) + H^*/(B v)$ und $A_2 = - M'/(B v^2)$. Die Lösung dieser Differentialgleichung für den reinen Anfangsstoß lautet dann

$$\delta = \frac{\delta_0'}{\sqrt{A_1{}^2/4 - A_2}} \cdot e^{- A_1 x/2} \cdot \sinh \sqrt{A_1{}^2/4 - A_2}\, x .$$

Zur Ermittlung von A_2 und damit von M' bildet man für 2 Winkelwerte δ_1 und δ_2 das Verhältnis

$$\frac{\delta_2}{\delta_1} = e^{- 1/2 A_1 (x_2 - x_1)} \frac{\sinh \sqrt{A_1{}^2/4 - A_2}\, x_2}{\sinh \sqrt{A_1{}^2/4 - A_2}\, x_1} .$$

Dann wird, da $A_1{}^2/4 \ll - A_2$

$$\frac{\delta_2}{\delta_1} = e^{- 1/2 A_1 (x_2 - x_1)} \frac{\sinh \sqrt{- A_2}\, x_2}{\sinh \sqrt{- A_2}\, x_1} .$$

Wir setzen weiter $e^{1/2 A_1 (x_2 - x_2)} \approx 1$, damit $\delta_2/\delta_1 = \sinh \sqrt{- A_2}\, x_2 / \sinh \sqrt{- A_2}\, x_1$. Zur Bestimmung von $\sqrt{- A_2}$ werden an mehreren Stellen x_1, x_2, $\ldots$ vor der Mündung die Anstellwinkel δ_1, $\delta_2 \ldots$ ermittelt.

Man bildet δ_2/δ_1 und berechnet für einige angenommene Werte $\sqrt{- A_2}$; $\sinh \sqrt{- A_2}\, x_2 / \sinh \sqrt{- A_2}\, x_1$ und findet durch Interpolation sehr schnell den richtigen Wert.

Schema:

$$x_2; \quad x_1; \quad \delta_2/\delta_1$$

$$\sqrt{- A_2}\; ; \; \sqrt{- A_2}\, x_2 \; ; \; \sqrt{- A_2}\, x_1 \; ; \; \sinh \sqrt{- A_2}\, x_2 \; ; \; \sinh \sqrt{- A_2}\, x_1$$

$$\frac{\sinh \sqrt{- A_2}\, x_2}{\sinh \sqrt{- A_2}\, x_1}$$

Zur Kontrolle und Erhöhung der Genauigkeit werden mehrere derartige Wertepaare δ_{n+1} und δ_n zur Auswertung genommen.

Diese Methode hat den Vorteil, daß die Beiwerte schnell und auf kurzer Basis (Basislänge etwa 100 bis 500 Kaliber) bestimmt werden können. Sie eignet sich sehr gut im Vorlesungsversuch. *R. E. Kutterer* ermittelte die Anstellwinkel mittels Papierblattdurchschuß und auf optischem Wege.

H. Molitz und *G. Schöner [16a]* haben Methoden zum Auswerten der Bahn drallos verschossener instabiler und kreisstabiler Geschosse entwickelt.

Zur Auslösung der Funken wurde eine von *A. Stenzel [17]* entwickelte geschwindigkeitsunabhängige Mehrfach-Funkenauslösung für 6 bis 10 Funken verwendet. Bei dieser Methode wird durch eine einzige Geschwindigkeitsmessung die Auslösung von 6 bis 10 Funken derart bewirkt, daß die Funken alle um ein Vielfaches des Zeitintervalles später springen, welches das Geschoß zum Durchflug der für die Geschwindigkeitsmessung verwendeten Strecke benötigt. Diese Methode basiert auf dem Vergleich der Spannungen von Kondensatoren, die nacheinander entladen werden. Die Auslösung ist genauer als auf $1\,^0/_0$. Die Geschoßgeschwindigkeit kann um $\pm\,50\,^0/_0$ schwanken.

Vierter Abschnitt: Meßtechnische Probleme der äußeren Ballistik

20. Geschwindigkeitsmessungen

a) Allgemeines (P. Fayolle und *P. Naslin [1]).* Die Messung der Anfangsgeschwindigkeit v_0 eines Geschosses wird im allgemeinen auf eine Weg- und eine Zeitmessung zurückgeführt. Im praktischen Schießbetrieb verwendet man stets zwei Meßgeräte mit voneinander unabhängigen Basen, die derart aufgebaut sind, daß sich bei beiden Geräten der gleiche Mittelwert der Geschwindigkeit ergeben sollte.

Die eigentliche Schwierigkeit bei Geschoßgeschwindigkeitsmessungen liegt dabei nicht in der Zeitmessung, sondern in der genauen Wegmessung speziell bei der feldmäßigen Ermittlung der v_0 *(H. Lukanow [2a]).* Das Geschoß durchfliegt eine möglichst genau abgemessene Wegstrecke (die Meßstrecke oder Basis), an deren Anfang und Ende es einen Zeitmesser auslöst. Diese Auslösung kann folgendermaßen erfolgen; Mechanisch (Durchschuß von Drähten, Kurzschluß von Folien, Unterbrechung von Kontakten), optisch (Lichtschranke, Lichtspur des Geschosses), magnetisch (das Geschoß fliegt durch zwei stromführende Spulen, oder das vorher magnetisierte Geschoß erzeugt in Spulen beim Durchflug einen Impuls), elektrostatisch (das beim Abschuß durch die ionisierten Pulvergase mit elektrischer Ladung behaftete oder besser künstlich aufgeladene Geschoß fliegt an Antennen vorbei) oder akustisch (die Kopfwelle des Geschosses wirkt auf ein Mikrophon ein).

Bild 54 zeigt Geschoßaufnahmen, bei
denen die Auslösung durch eine Lichtschranke erfolgte (Aufnahme des LCA
Paris, *P. Fayolle* und *P. Devaux*). Die
Einsatzgenauigkeit des Gerätes beträgt
etwa $3 \cdot 10^{-7}$ s.

Die Geschoßgeschwindigkeit läßt sich
auch in *einem* Punkt messen. Zwei Methoden haben sich dazu bewährt: Das
ballistische Pendel durch Ausnutzung
des Geschoßimpulses und die Schlieren-
photographie mittels des elektrischen
Funkens durch Sichtbarmachung der
Kopfwelle des Geschosses. Es sei auch
auf den Rücklaufmesser hingewiesen
(vgl. S. 209), bei dem aus dem Rücklauf
einer reibungsfrei gelagerten Waffe beim
Abschuß eines Geschosses unter Zuhilfenahme des Schwerpunktsatzes die Anfangsgeschwindigkeit des Geschosses bestimmt wird. Bei Schußtafelschießen
wird die Geschoßgeschwindigkeit und
deren Verlauf auf der Flugbahn mittels
Theodoliten ermittelt, deren Verschlüsse
synchron und mit genau bekannter

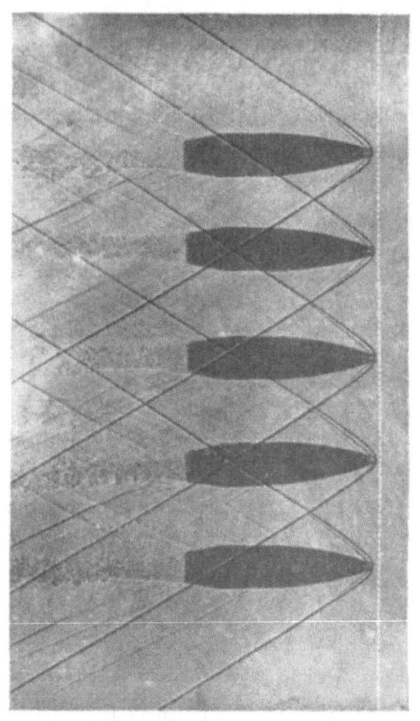

Bild 54. Geschoßaufnahmen mittels Licht-
schrankenauslösung

Frequenz (gegeben durch einen Stimmgabel- oder einen Quarzgenerator)
gesteuert werden.

Im Laboratorium wird vielfach die Geschoßgeschwindigkeit durch Photographieren des Geschosses in verschiedenen Punkten seiner Flugbahn mittels elektrischer Funken gemessen, deren zeitlicher Einsatz exakt (z. B. durch
ein Wellenzählgerät) gesteuert wird. Die Geschoßlage wird aus den Geschoß-
bildern ermittelt, die auf genau justierten photographischen Platten
vermessen werden. Schließlich ist noch die sehr wertvolle Methode der
Messung der Geschoßgeschwindigkeit mittels Reflexion kurzer elektrischer
Wellen zu erwähnen. Auch Methoden zur Messung der Geschoßgeschwindigkeit im Rohr wurden entwickelt *[2a]*. Bei den zu Geschoßgeschwindigkeitsmessungen verwendeten Zeitmessern werden stets elektrische Vorgänge
ausgelöst. Je nach dem Zeitmeßgerät können Zeiten von einigen 10^{-1} s bis
zu $1 \cdot 10^{-6}$ s gemessen werden. Für eine v_0-Messung ist im allgemeinen eine
Genauigkeit von 0,1 bis 0,2 % zu verlangen, bei Luftwiderstandsmessungen
(vgl. S. 140) noch größer als 0,1 %.

Mißt man auf der Wegstrecke s die Geschoßflugzeit t, so erhält man die

Geschoßgeschwindigkeit $v = s/t$ für die Mitte der Meßstrecke, falls auf dieser die Abnahme der Geschoßgeschwindigkeit als linear angesehen werden kann. Liegt die Mitte der Meßstrecke z. B. 50 m von der Mündung entfernt, so wird die erhaltene Geschwindigkeit mit v_{50} bezeichnet. Mit dem Zuschlag des v-Abfalles des Geschosses von der Mündung bis zur Mitte der Meßstrecke erhält man die Anfangsgeschwindigkeit v.

Die von einem Geschütz gelieferte Anfangsgeschwindigkeit eines Geschosses hängt unter sonst gleichen Umständen vom Rohrzustand ab, der durch die *Grundstufe* gekennzeichnet ist. Der Grundstufe „0" entspricht die schußtafelmäßige v_0. In den BWE (Abkürzung für „Besondere Witterungseinflüsse"), die einen besonderen Teil der Schußtafeln bilden, werden die v_0-Änderungen in Stufeneinheiten ausgedrückt, wobei 1 Stufeneinheit $1/3\,^0/_0$ der schußtafelmäßigen v_0 entspricht. Die v_0 muß daher mindestens mit einer Genauigkeit von etwa $0{,}1\,^0/_0$ bis $0{,}2\,^0/_0$ gemessen werden, um die Stufeneinheit genau zu erhalten.

Von der großen Zahl der Zeitmeßgeräte seien einige beschrieben, die sich im praktischen Schießbetrieb besonders bewährt haben.

b) Der Apparat von Le Boulengé. Der Apparat von *Le Boulengé* war bis vor kurzem infolge seiner großen Einfachheit und Zuverlässigkeit das auf dem Schießplatz wie in der Fabrik verbreiteste Zeitmeßgerät. Es sei daher kurz erwähnt. Mit dem Boulengé mißt man Zeiten von etwa $^1/_{10}$ s. Dementsprechend wählt man die Meßstrecken in m etwa zu $^1/_{10}$ des Betrages der Geschwindigkeit des Geschosses in m/s. Je nach der Art der Auslösung des Boulengé wird er als Gitter-Boulengé oder Spulen-Boulengé bezeichnet.

Das Prinzip des Boulengé-Apparates ist das folgende (Bild 55): In den Stromkreisen I und II befinden sich die Elektromagnete E_1 und E_2. 1 und 2

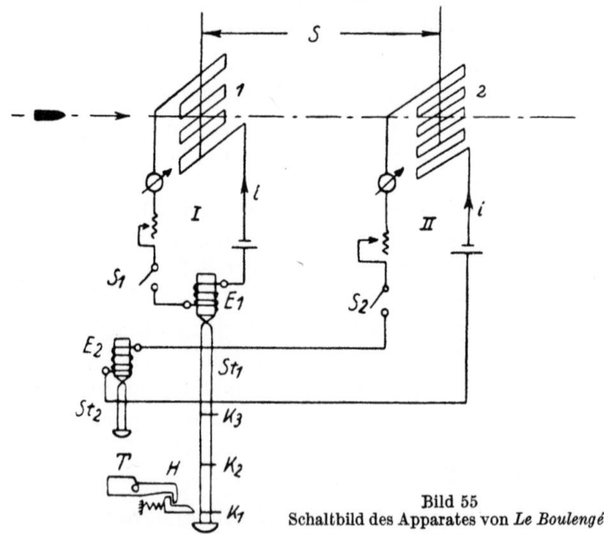

Bild 55
Schaltbild des Apparates von *Le Boulengé*

sind Drahtgitter, die von dem Geschoß zerrissen werden. Vielfach wird an Stelle des ersten Gitters ein Luftstoßanzeiger, an Stelle des zweiten Gitters eine Kontaktscheibe verwendet. Vor dem Schuß werden die Stäbe St_1 und St_2 an die Elektromagnete gehängt. Über den Stab St_1 ist eine Zinkhülse geschoben. Zerreißt das Geschoß zur Zeit $t = 0$ das Gitter, so fällt der Stab St_1 vom Elektromagneten E_1 ab. Nach der Zeit t zerreißt das Geschoß das Gitter 2, der Stab St_2 fällt und trifft den Teller T des Hebels H, der dadurch ein unter Federspannung stehendes Messer freigibt. Das Messer schnellt horizontal nach rechts und erzeugt eine Kerbe K_1 auf der Zinkhülse des Stabes St_1. Vor Beginn der Zeitmessung schlägt man als Nullmarke eine Kerbe K_1 in die Zinkhülse, indem man bei angehängten Stäben mit der Hand den Stromkreis II unterbricht. Zwischen der Auslösung des Stabes St_2 und dem Einschlagen des Messers in die Zinkhülse verstreicht eine gewisse Zeit, die eine Apparatkonstante darstellt und durch einen Vorversuch bestimmt wird, indem man die beiden Stromkreise mechanisch gleichzeitig unterbricht. Man erhält so die Kerbe K_1 (Disjunktionsmarke). Zu den Fallstrecken K_1K_3 bzw. K_1K_2 gehören die Fallzeiten $\sqrt{2\,K_1K_3/g}$ bzw. $\sqrt{2\,K_1K_2/g}$, somit ergibt sich die Flugzeit t des Geschosses längs der Meßstrecke s zu $t = \sqrt{2\,K_1K_3/g} - \sqrt{2\,K_1K_2/g}$. Der Wert $\sqrt{2\,K_1K_2/g}$ wird im allgemeinen zu 0,150 s gewählt, was einer Strecke K_1K_2 von 110,37 mm entspricht. Der Kerbenabstand K_1K_2 bzw. K_1K_3 wird mit Hilfe eines besonderen Ablesemaßstabes auf $^1/_{10}$ mm genau abgelesen.

c) Der Spulen-Boulengé und der Spulenoszillograph. Beim *Spulen - Boulengé (G. Thilo, 1930)* wird die Meßstrecke durch elektrisch in Serie geschaltete Flachspulen begrenzt (Bild 56), die je nach Größe bis zum Kaliber 2 cm herab Verwendung finden. Die Innenmaße für Kaliber von 2 cm bis 5 cm betrugen 80 × 80 cm, über 5 cm 90 × 130 cm.

Vor dem Abschuß wird das Geschoß magnetisiert; beim Durchgang durch die Spulen werden Spannungsstöße in-

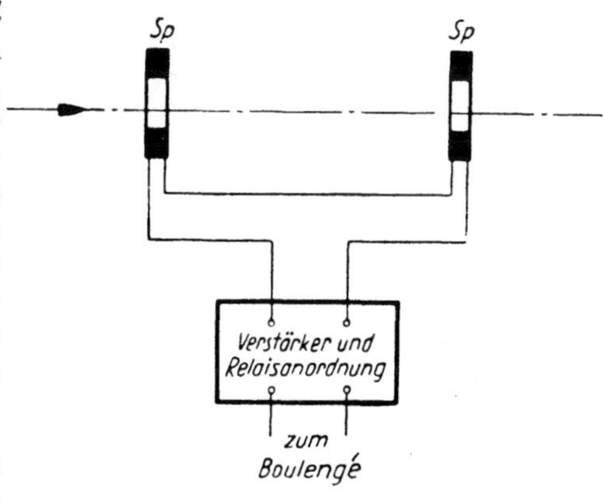

Bild 56. Prinzip des Spulen-Boulengé

duziert, die über eine Verstärker- und eine Relaisanordnung den Boulengé-Apparat betätigen. Der Spulen-Boulengé wurde im praktischen Schießbetrieb der deutschen Artillerie früher viel verwendet.

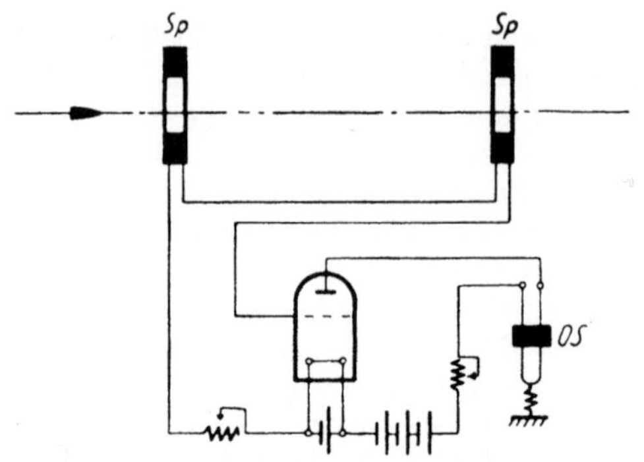

Bild 57. Prinzip des Spulenoszillographen

Bei *Spulenoszillographen* (Bild 57) wird wie beim Spulen-Boulengé das vormagnetisierte Geschoß durch Spulen geschossen. Die Spannungsstöße werden jedoch mittels einer Oszillographenschleife auf einen Film aufgezeichnet, der sich mit einer Geschwindigkeit bis zu 15 m/s bewegt.

d) Die v_0-Meßkamera. Dieses Gerät, das *G. Thilo* und *J. Hänsler* (vgl. *[2a]*) entwickelt haben, diente in Deutschland für feldmäßige v_0-Messungen an artilleristischen Kalibern. Die Meßstrecke wird durch zwei Ebenen begrenzt, die durch je ein Objektiv und eine Spaltblende festgelegt werden (Bild 58).

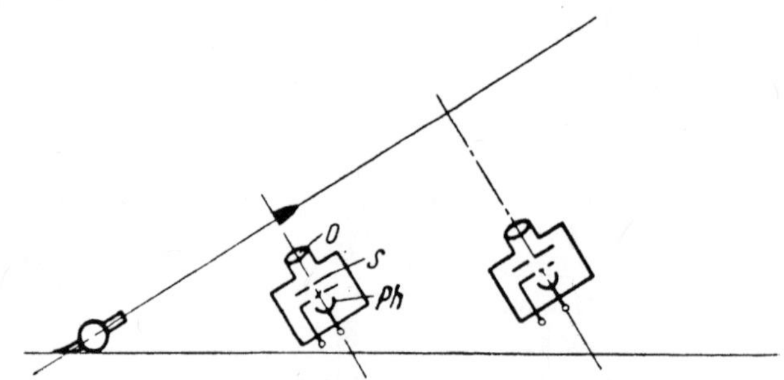

Bild 58. Prinzip der v_0-Meßkamera

Das Geschoß ist am Boden mit einer Lichtspur versehen, deren Licht durch das Objektiv O und den Spalt S auf eine Photozelle *Ph* fällt. Je ein Objektiv mit Spalt, Photozelle und Verstärker sind in eine Kamera eingebaut, die mit Richtmitteln der Höhe und Seite nach versehen ist. Die Einstellfehler der Höhe und Seite nach betragen 1 Strich. An jede Photozelle ist über einen Kippverstärker eine Oszillographenmeßschleife angeschlossen, die ausschlägt, sobald die Photozelle einen Lichtimpuls bekommt, d. h. sobald das Geschoß mit seiner Lichtspur durch die vom Objektiv und Spaltblende definierte Ebene fliegt. Auf einem mit einer Stimmgabel-Zeitmarkierung versehenen Oszillographenfilm kann dann der zeitliche Unterschied zwischen dem Durchfliegen der ersten und der zweiten Ebene bestimmt werden.

94

Das Objektiv besitzt eine Brennweite von 10 cm; die Spaltblende beträgt $^1/_{10}$ mm. Es wird somit ein Raumkegel von nur 1 Strich Öffnung gebildet, innerhalb dessen die Lichtspur auf die Photozelle einwirken kann. Die Meßstrecke wird aus der am Boden abgemessenen Entfernung der Kameras und der Erhöhung des Geschützes bestimmt. Die v_0-Messung konnte bis zu Rohrerhöhungen von 50° durchgeführt werden. Es ließ sich eine Genauigkeit von $0,1\,^0/_0$ gut erreichen.

e) Funkenchronographen. Von den zahlreichen Typen der Funkenchronographen seien der Papierfunkenchronograph, der sich bei Messungen des Verfassers auf dem Schießplatz sehr bewährt hat, sowie der Funkenchronograph von *Bötz* erwähnt. Mit ihnen lassen sich Zeiten bis herab zu $^1/_{1000}$ s messen.

Der Papierfunkenchronograph. W. Woehl [3] untersuchte die bei der Erzeugung der Funken auftretenden Fehler in der Zeitmessung , die bedingt sind durch die Auslösungsart, durch die elektrische Anordnung und durch den Durchschlag der Funken durch den Papierstreifen. Dabei zeigte sich, daß man den mittleren quadratischen Fehler der einzelnen Messung bei Stromöffnung und Stromschluß auf $1 \cdot 10^{-5}$ s herabdrücken kann. Eine Zeit von etwa $^1/_{100}$ s wird daher mit einer Genauigkeit von etwa $1\,^0/_{00}$ und von $^1/_{1000}$ s mit einer solchen von etwa $1\,^0/_0$ erhalten.

Die von dem Geschoß zu zerreißenden Gitter liegen in den Primärkreisen von Transformatoren (Bild 59). Beim Durchschuß werden sekundär hohe

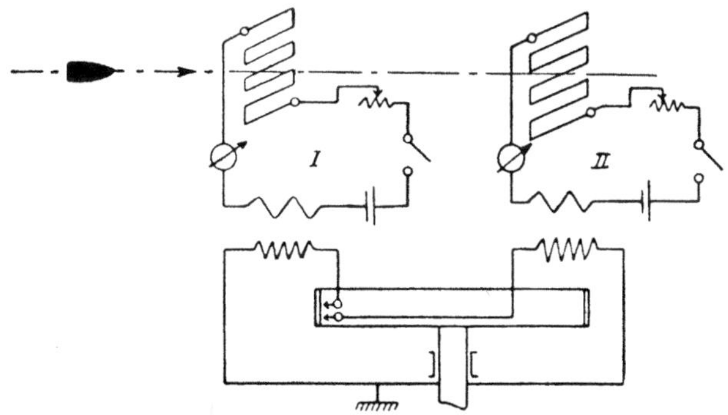

Bild 59. Schaltbild des Papierfunkenchronographen für Stromöffnung

Spannungsstöße induziert, die das Springen von Funken bewirken. Zwischen den Elektroden der Funkenstrecke befindet sich ein Papierstreifen (belichtetes photographisches Papier), der im Innern einer horizontal angeordneten Trommel liegt und von den Funken durchschlagen wird. Bei bekannter Drehzahl des Motors und damit bekannter Papiergeschwindigkeit läßt sich der zeitliche Abstand der Funkenmarkierungen leicht bestimmen. Der Trommelumfang beträgt 1 m; die Trommel, die durch einen senkrecht stehenden Schnellaufmotor angetrieben wird, macht bis zu 6000 Umdrehungen/min, d. h. der Papierstreifen erreicht eine Geschwindigkeit von 100 m/s. Der Antrieb des Motors erfolgt durch eine 36 Volt-Batterie; dadurch ist man von Netzspannungen unabhängig und kann überall auf dem Schießplatz seine Messungen vornehmen. Die Drehzahl des Motors wird durch einen *Frahm*schen Frequenzmesser bestimmt oder stroboskopisch mittels einer elektrisch besteuerten Röhrenstimmgabel. Die Zahl der Funkenstrecken beträgt 4 bis 6.

R. E. Kutterer und *E. Raetsch* erhielten bei Geschwindigkeitsmessungen mit dem Funkenchronographen (Meßstrecke 6 m, Abstand des ersten Gitters vor der Mündung 3 m) für das sS-Geschoß, verschossen aus dem K 98 k, folgende Werte in m/s: 747,7; 750,0; 745,1; 743,1; 744,0; 741,7; 749,1; 742,6; 742,2; 744,5; 745,6; Mittel: $745,1^{+4,9}_{-3,4}$ m/s.

Umfangsgeschwindigkeit der Trommel 51 m/s; Drehzahlmessung mit dem *Frahm*schen Frequenzmesser.

In einer anderen Ausführung ist der Funkenchronograph für Stromschluß eingerichtet (Bild 60). Die Kondensatoren C_1 und C_2 werden mittels eines

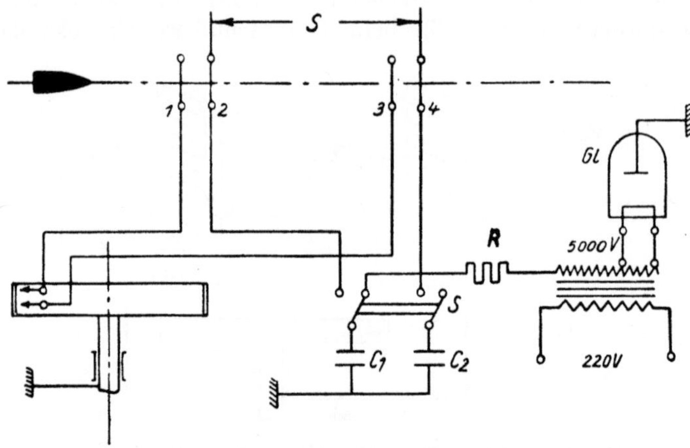

Bild 60. Schaltbild des Papierfunkenchronographen für Stromschluß. $C_1 = C_2 = 0,1\ \mu\text{F}$; $R = 1\ \text{M}\Omega$

Transformators und einer Gleichrichterröhre auf 5000 V aufgeladen. Kurz vor dem Schuß wird der Schalter *S* umgelegt, so daß bei einem Stromschluß der Stanniolfolien 1,2 bzw. 3,4 ein Durchschlag an den Elektroden der Funkenstrecken erfolgt. Durch den Stromschluß ist bei dieser Anordnung die Meßstrecke des Geschosses besonders genau bestimmt.

Der Funkenchronograph von K. Bötz. Das von *K. Bötz [4]* angegebene Meßverfahren ist in Bild 61 schematisch dargestellt.

Beim Durchgang des Geschosses durch die Begrenzungen (Gitter oder Spule) der Meßstrecke s werden auf das Röhrenschaltgerät RS Stromstöße gegeben, wodurch Hochspannungskondensatoren über die Beleuchtungsfunkenstrecken F_1 bzw F_2 zur Entladung gebracht werden. Mittels geeigneter Optiken wird durch den Funken F_1 der obere Teil einer auf einer horizontalen Trommel sich befindlichen Skala S belichtet und auf dem Film der Kamera K festgehalten; entsprechend belichtet der Funke F_2 den unteren Teil der Skala, die inzwischen weiter rotiert ist. Man erhält so auf dem Film zwei übereinanderliegende, gegeneinander verschobene Skalenabschnitte. Aus der Differenz der übereinanderliegenden Zahlen ergibt sich bei bekannter Drehzahl unmittelbar die gesuchte Zeit, was sehr vorteilhaft ist; denn dadurch wird die Bestimmung der Zeit durch Ausmessen des Längenabstandes zweier Meßwerte vermieden und so die Meßgenauigkeit erhöht.

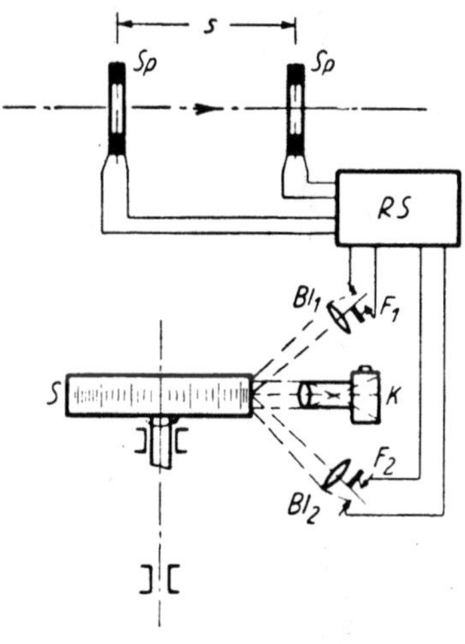

Bild 61. Funkenchronograph von *Bötz*

Für Messungen von Zeiten, die länger als die Dauer einer Trommelumdrehung sind (10^{-2} s bei 100 m/s Umfangsgeschwindigkeit und 1 m Trommellänge) wird die Zahl einer zweiten drehzahluntersetzten Trommel mit photographiert. Die Registriergeschwindigkeit braucht deshalb nicht herabgesetzt zu werden. Es ist so die Messung beliebig langer Zeiten (z. B. Geschoßflugzeiten) von hoher Meßgenauigkeit möglich. Das ist besonders wichtig, falls man, wie häufig üblich, die Flugzeiten ballistischen Berechnungen zugrunde legt.

Durch geeignete Anordnung der Optik ist es möglich, mit dem Apparat bei Tageslicht zu arbeiten.

f) Kerreffekt-Chronograph. Unter dem Kerreffekt versteht man die physikalische Erscheinung, daß eine homogene isotrope Substanz (z. B. Nitrobenzol) unter dem Einfluß eines elektrischen Feldes doppelbrechend wird, eine Erscheinung, die praktisch trägheitslos verläuft (weit unterhalb von 10^{-9} s). Der Effekt ist dem Kerreffekt-Chronographen von *C. Cranz, R. E. Kutterer* und *H. Schardin [5]* zugrunde gelegt. Die Anordnung ist in Bild 62 dargestellt.

Das von einer Bogenlampe B ausgehende Licht wird durch den Kondensator L_1 auf den Spalt des Kondensators C einer Kerrzelle (ein mit Nitrobenzol

gefülltes Gefäß, in dem sich ein Plattenkondensator befindet) vereinigt.
Dieser Spalt wird durch die Linse L_2 auf den Umfang der mit einem Film-
streifen bespannten Trommel Tr abgebildet. Die Nicols N_1 und N_2 sind zunächst gekreuzt, so daß kein Licht auf die Trommel fällt; das ist erst möglich, wenn die elektrische Spannung U an den Kondensator gelegt wird,

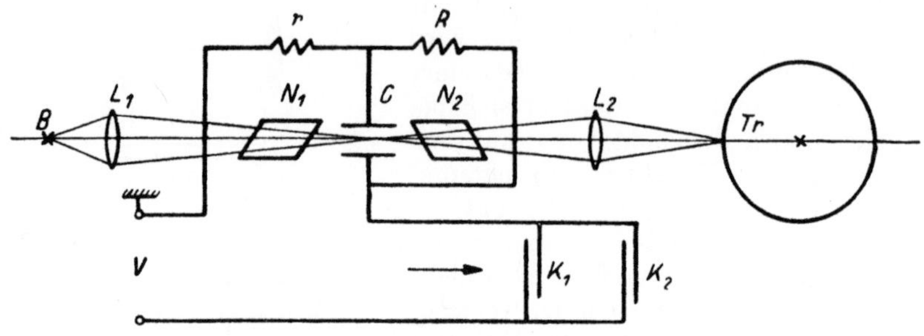

Bild 62. Schaltbild des Kerreffekt-Chronographen

wodurch das Dielektrikum des Kondensators (hier Nitrobenzol) doppelbrechend wird. Das Anlegen der Spannung wird durch das Geschoß selbst
bewirkt. Die Kontakte K_1 und K_2 bestehen je aus einem Paar Stanniol- oder
Kupferstreifen, die zueinander parallel in kleinem Abstande (etwa 1,2 cm
bei Kaliber 7,9 mm; 2 cm bei Kaliber 2 cm) sich gegenüberstehen. Beim
Durchgang des Geschosses durch den Kontakt werden dessen beide Streifen
kurz geschlossen, und es läuft eine Wanderwelle mit nahezu Lichtgeschwindigkeit nach dem Kondensator C der Kerrzelle; der Film wird in diesem
Moment belichtet. Nach dem Durchgang des Geschosses durch das Streifenpaar verschwindet die an die Kerrzelle gelegte Spannung U nach kurzer
Zeit wieder, da zu C ein Widerstand R von etwa $10^6\ \Omega$ parallelgeschaltet ist;
die Belichtung des Films wird dann wieder unterbrochen. Kommt das Geschoß dann zum Kontakt K_2, so wiederholt sich dieser Vorgang. Der Widerstand r dient als Schutzwiderstand für die Kerrzelle und wird vor der Aufnahme kurz geschlossen.

In einer praktischen Ausführung beträgt der Abstand der Kondensator-
platten $a = 0{,}04$ cm, die Länge der vom Licht durchsetzten Nitrobenzol-
schicht $l = 0{,}5$ cm. Aus der *Kerr*schen Beziehung für den Gangunterschied
(ausgedrückt in Wellenlängen) der das elektrische Feld durchlaufenden,
senkrecht und parallel dazu schwingenden Komponenten der Lichtstrahlen:
$D = B\,l\,E^2 = B\,l\,U^2/a^2$ ergibt sich die für die maximale Aufhellung notwendige Spannung für $D = {}^1/_2$. B ist eine Materialkonstante, deren Zahlenwert für Nitrobenzol bei einer Temperatur von $+ 20\ {}^\circ$C und einer Wellen-

98

länge von 5800 Å gleich $3{,}84 \cdot 10^{-10}$ ist, falls man l und a in cm, U in Volt mißt. Mit den obigen Werten von l und a erhält man somit $U = 2040$ V. Bild 63 gibt eine einzelne Aufnahme wieder. Aus der Entfernung zweier solcher Schwärzungbeginne sowie aus der Drehzahl der Trommel und aus der Geschoßflugstrecke $K_1 K_2$ erhält man die Geschoßgeschwindigkeit.

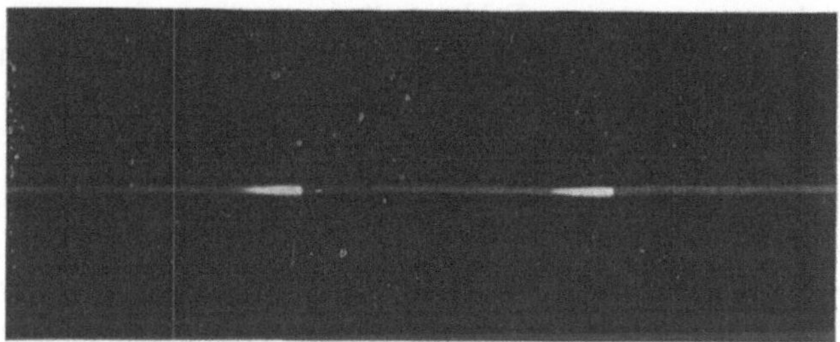

Bild 63. Geschwindigkeitsmessung mit dem Kerreffekt-Chronographen

Für die Genauigkeit der Meßmethode kommen als Fehlerquelle die Ausmessung, des Films und der Kontaktabstände $K_1 K_2$ sowie die Drehzahlmessung der Trommel in Frage. Es ist als Vorteil der Methode hervorzuheben, daß sie auf Stromschluß arbeitet, wodurch Anfangs- und Endzeitpunkt präziser gegeben sind als bei den sonst meistens angewendeten Verfahren der Stromöffnung durch Zerreißen eines Drahtes. Die Entfernung der Schwärzungsbeginne auf dem Film kann auf $^1/_{25}$ mm genau ermittelt werden; die Kontaktabstände $K_1 K_2$ werden mindestens auf 1 mm genau bestimmt. Die Bestimmung der Drehzahl als Fehlerquelle wurde dadurch vollkommen eliminiert, daß eine synchrone Steuerung von Motor und Filmtrommel durch einen Röhrenstimmgabelgenerator erfolgte.

Mit den obigen Zahlenangaben läßt sich daher die Geschoßgeschwindigkeit mit einem maximalen Fehler von $\pm\, 0{,}18\,^0/_0$ bestimmen. Diese Genauigkeit reicht aus, um die wahren Schwankungen der Geschoßgeschwindigkeit zu erhalten. Eine Meßreihe von 15 Meßwerten, die mit dem Gewehr M 98 und dem sS-Geschoß bei einer Flugstrecke von 1 m bei nicht nachgewogener Pulverladung (diese schwankt bei den normalen Patronen bis zu $1{,}5\,^0/_0$) durchgeführt wurde, ergab einen Mittelwert von 777,4 m/s, einen mittleren quadratischen Fehler der Einzelmessung $\mu = \pm\, 2{,}93$ m/s $= \pm\, 0{,}38\,^0/_0$ und einen mittleren quadratischen Fehler des Mittels $M = \pm\, 0{,}76$ m/s $\triangleq \pm\, 0{,}1\,^0/_0$. Über technische Ausführungen des Kerreffekt-Chronographen vgl. *W. Woehl* *[3]* und *R. Sartorius* *[6]*.

Der Kerreffektchronograph wurde oft für Widerstandsmessungen eingesetzt.

g) Der Kondensatorchronograph. Prinzip: Beim Kondensatorchronographen wird zu Anfang des zu messenden Zeitintervalls die Entladung eines auf eine Anfangsspannung U_a aufgeladenen Kondensators C über einen Widerstand R eingeleitet und zu Ende des Zeitintervalls unterbrochen. Aus C, R, U_a und der Endspannung U_e läßt sich die Zeitdifferenz ermitteln:

$$t = RC \ln U_a/U_e = RC \ln 1/(1 - f), \quad \text{wenn} \quad f = (U_a - U_e)/U_a$$

(t in s, wenn R in Ω und C in F).

Der Kondensatorchronograph, der an sich von hoher relativer Genauigkeit ist, aber leicht systematischen Fehlerquellen unterliegen kann, ist erst von

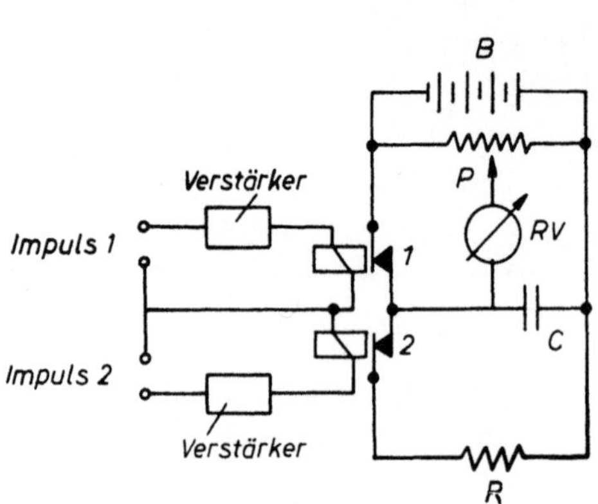

Bild 64
Schaltung des Kondensatorchronographen nach *M. P. Weibel*

M. P. Weibel [2a] zu einem auch im feldmäßigen Betrieb sehr brauchbaren Gerät entwickelt worden. Die Prinzipschaltung dieses Gerätes ist in Bild 64 aufgezeichnet.

Batteriespannung 6 V; $P \approx 400\,\Omega$; $C = 0{,}5\,\mu$F; R einstellbar zwischen 5 u. 3000 kΩ. Normalerweise ist $R = 10$ kΩ. Zeitkonstante RC beträgt für $R = 10$ kΩ: $5 \cdot 10^{-3}$ s.

Vor Beginn der Messung sind die Relais 1 und 2 geschlossen. Der erste elektrische Impuls bewirkt das Öffnen des Relais 1, der zweite Impuls das des Relais 2. Mittels des hochisolierten Röhrenvoltmeters RV und des Potentiometers P werden Anfangs- und Restspannung des Kondensators C gemessen. Aus Tabellen kann unmittelbar die Zeit bzw. bei vorgegebenen Basiswerten die Geschwindigkeit entnommen werden. Die Genauigkeit beträgt bei Zeiten bis zu 50 ms $0{,}1\,^0/_0 \pm 2\,\mu$s, über 50 ms $1\,^0/_0$. Die Verstärker sind für die Impulse von 1 bis $150 \cdot 10^{-3}$ V einregelbar, so daß die Impulse durch Photozellen, Solenoide oder Mikrophone direkt auf die Verstärker gegeben werden können. Die Relais arbeiten mit der bemerkenswerten Genauigkeit von 2μs.

P. Weibel verwendet für die Auslösung Spulen von je 1 Windung, die sich in einem Abstand von 1 m befinden, oder eine Photozellenbasis von 2 m Länge. Die Spulen sind auf einem Gestell angebracht, das unmittelbar auf dem Rohr der betr. Waffe befestigt ist.

P. Drewell [2b] entwickelte einen betriebssicheren Kondensatorchronographen zur Messung von Schußentwicklungszeiten, von Zündzeiten elektrischer Zündhütchen und Sprengkapseln sowie zu deren Fertigungsüberwachung und Abnahme.

h) Das Wellenzählgerät (Counter). In den letzten Jahren hat sich das Wellenzählgerät als zuverlässig arbeitendes Meßgerät immer mehr eingebürgert.

Bei diesem Gerät zählt man mittels einer Röhrenanordnung elektrisch die Zahl der Schwingungen, die ein Quarzgenerator während des zu messenden Zeitintervalls ausführt. Der Quarzgenerator arbeitet ständig auf ein Auslösegerät (Kippgerät). Dieses Gerät, das durch Meßimpulse zu Anfang und zu Ende zum Kippen gebracht wird (Bild 65), nimmt die Quarzschwingun-

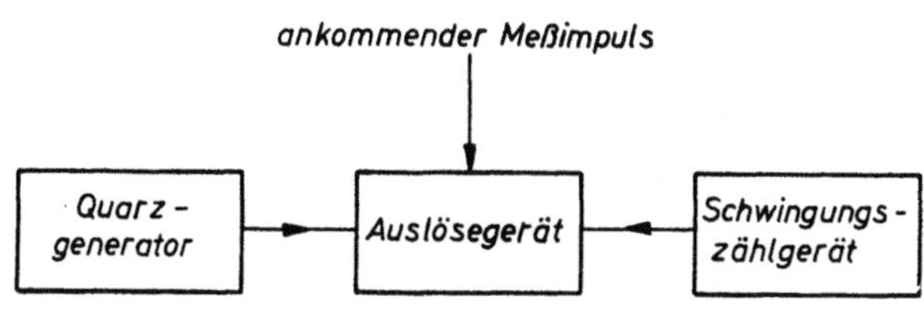

Bild 65. Prinzip des Wellenzählgerätes

gen nur während dieses Zeitintervalls auf. Das Schwingungs- oder Zeitzählgerät zählt die Quarzschwingungen im dekadischen System (Grundzahl 10) oder im Dualsystem (Grundzahl 2). Die Zahl der Schwingungen und damit die Zeit des Meßintervalls kann unmittelbar durch aufleuchtende Glimmlämpchen abgelesen werden. Man verwendet heute Quarze mit Frequenzen bis zu 10^7 Hz. Die Meßgenauigkeit ist dabei durch ± 1 bis 2 Schwingungen des Quarzes gegeben. Dabei lassen sich Zeiten bis zu mehreren Sekunden messen.

Es sei kurz eine von *F. Geisel* angegebene Schaltung einer Dekade eines Zählgeräts für eine Frequenz von 10^4 Hz beschrieben (Bild 66).

Die Dekade besteht aus 10 Thyratrons, die alle vor der Messung durch Öffnen des Schalters S_1 gelöscht werden. Dann bringt man durch kurzzeitiges Schließen des Schalters S_2 eine positive Spannung an das Gitter des Thyratrons a, das dadurch gezündet wird und auch nach Wiederöffnen des Schalters gezündet bleibt, da die Gitterspannung U_G zum Löschen nicht ausreicht. Für die übrigen Thyratrons genügt jedoch U_G als Sperrspannung.

Wird zu Anfang des zu messenden Zeitintervalls durch das Auslösegerät der erste negative Zählimpuls des Quarzes über den Übertrager auf das Gitter vom Thyratron a gebracht, so wird dieses gelöscht. Das gelingt mit einer geringen Steuerleistung am Gitter, da der Anodenstrom nur 3 mA beträgt. Ist Thyratron a gelöscht, so tritt eine Potentialerhöhung an der Anode des Thyratrons a (Punkt P) auf. Dadurch gelangt ein positiver Spannungsstoß auf das Gitter des Thyratrons b, dieses wird gezündet und eine im Anodenstromkreis befindliche Glimmlampe 1 leuchtet auf, während Glimmlampe 0 erlischt. Bei jedem weiteren Zählimpuls wiederholt sich das gleiche Spiel, das jeweils gezündete Thyratron erlischt, das folgende wird gezündet. Beim 10. Zählimpuls wird über den Kondensator C das Thyratron a wieder ge-

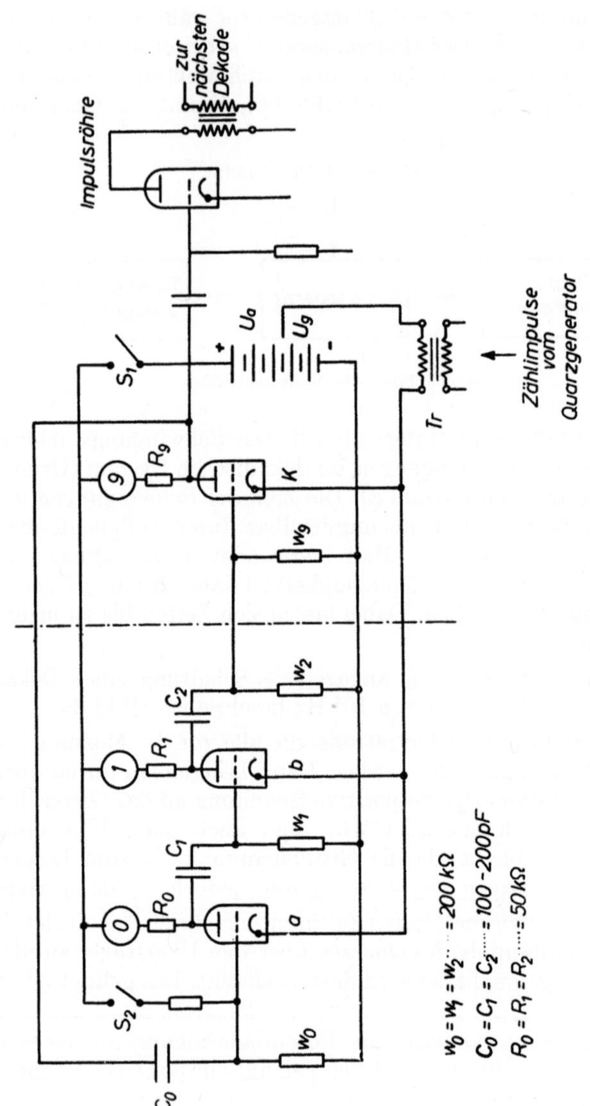

Bild 66. Schaltung einer Dekade nach *F. Geisel*

zündet, gleichzeitig über die Impulsröhre der Zählimpuls zur nächsten Dekade weitergeleitet, die jedesmal einen Schritt weiter zählt, wenn die vorhergehende Dekade ganz durchlaufen ist.

Das v_0-Meßgerät Oerlikon. Bei diesem v_0-Meßgerät *[2a]* zählt ein Wellenzählgerät die während der Meßzeit ankommenden Impulse eines 500 kH-Generators.

Bei einer Ausführung des Geräts zur feldmäßigen v_0-Messung unmittelbar vor der Mündung einer 7,5 cm Flak-Kanone besteht die Meßbasis aus zwei stromdurchflossenen Spulen von 16 cm Durchmesser in einem Abstand von 1 m, die mittels zweier Leisten unmittelbar auf der Mündungsbremse der Kanone befestigt sind, so daß bei jeder Erhöhung der Kanone die v_0 gemessen werden kann. Die vom Geschoß erzeugten Impulse dienen zur Steuerung des Wellenzählgerätes. Als Genauigkeit der Anordnung werden $\pm$ 2—3 $^0/_{00}$ angegeben. Zur Kompensierung des Rücklaufes des Rohres ist die Länge der Meßbasis um etwa 10 mm über den nominellen Wert vergrößert.

Bei einer weiteren v_0-Anlage, bei der Spulen von 30 cm mit einer festen Basislänge von 2 cm für verschiedene Kaliber verwendet werden, besteht die Möglichkeit der automatischen Registrierung des Anzeigeergebnisses des elektronischen Zählers auf stromempfindlichem Papier, so daß auch im Dauerfeuer bis zu 2000 Schuß/min gemessen werden kann. Eine auf dem Registrierstreifen fortlaufende Zeitmarke von 50 Hz gestattet gleichzeitig die Messung der zeitlichen Abstände von Schuß zu Schuß.

i) Geschwindigkeitsmessung mit kurzen elektrischen (cm-) Wellen (3. Abschn. *[25]* sowie 4. Abschn. *[34]*). Von steigender Bedeutung ist die Methode der Geschwindigkeitsmessung mit kurzen elektrischen Wellen nach dem Dopplereffekt, die bereits während des letzten Krieges für die Bahnsteuerung und Vermessung der A 4 verwendet und im letzten Jahrzehnt u. a. in Frankreich weiter ausgebaut wurde. Prinzip: Von einem Sender S wird eine elektrische Welle mit der Frequenz f_0 ausgesendet (Bild 67), die vom fliegenden Geschoß reflektiert wird. Die reflektierte Welle hat aber infolge der Geschoßgeschwindigkeit v eine Frequenz f, die sich aus $f = f_0 - (2\,v/\lambda)\cos\alpha$ ergibt. In einem Empfänger E empfängt man sowohl die Senderfrequenz f_0 als auch die reflektierte Frequenz f und erhält eine Schwebungsfrequenz f_D (Dopplerfrequenz) von der Größe $f_D = f - f_0 = (2\,v/\lambda)\cos\alpha$. Daraus erhält man die gesuchte Geschwindigkeit v zu

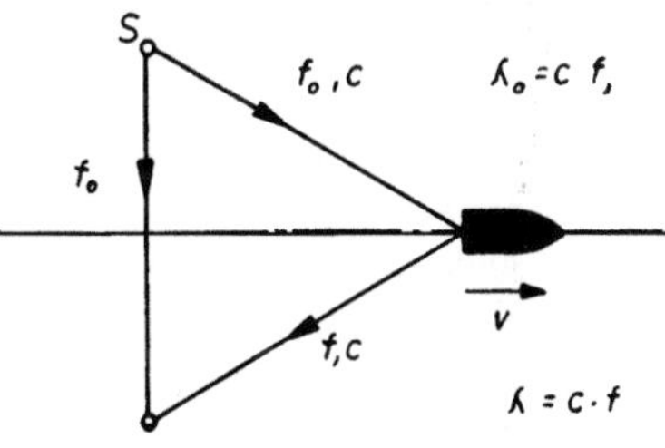

Bild 67. Prinzip der v_0-Messung mit kurzen elektrischen Wellen (Dopplereffekt)

$$v = \frac{\lambda\,f_D}{2\cos\alpha}.$$

B. Koch [7], 3. Abschn. *[25]*, entwickelte eine Apparatur unter Verwendung eines Klystrons, mit dem eine Wellenlänge von 23 cm abgestrahlt wurde. Die Reichweite betrug bei den Kalibern 7,5 bzw. 30 cm 200 bzw. 1500 m. Auch Wellenlängen von 14,0 cm, 8,6 cm und 3,2 cm wurden verwendet. Der grundlegende Vorteil dieses Verfahrens ist der, daß keine Geräte vor der Mündung zur Festlegung einer exakt definierten Meßstrecke einjustiert werden müssen. Die Geschwindigkeit kann laufend aufgezeichnet werden, was eine große Genauigkeit in der Geschwindigkeitsmessung und in der Messung von $\Delta v/\Delta x$ bzw. c_x ergibt. Bei einem andern Gerät (Vézérographe) beschränkt sich *B. Koch* auf die Messung eines diskreten Geschwindigkeitswertes vor der Mündung, aus dem die v_0 berechnet werden kann. Der Vézérograph hat sich im praktischen Schießbetrieb sehr bewährt und gestattet ein schnelles Arbeiten; so wurden die v_0-Messungen von 10 Schuß aus einer 9 cm Flak bei steiler Erhöhung innerhalb von 12 Minuten durchgeführt. *B. Koch* gibt an, daß die Geschwindigkeitswerte über Flugbahnabschnitte von jeweils 20 halben Wellenlängen eine mittlere Streuung von etwa $\pm 2\,^0/_{00}$ aufweisen. Die Ermittlung der v_0 mit dem Vézérographen ist mit einer Genauigkeit von $1\,^0/_{00}$ und besser möglich.

In einer anderen Anordnung wird zur Geschwindigkeitsmessung die Zeit für das Auftreten einer bestimmten Anzahl n_D der Interferenzmaxima, die eine Meßstrecke $d = n_D \lambda/2$ des Geschosses definieren, mit Hilfe eines Wellenzählgerätes gemessen. Auch die v-Messung im Dauerfeuer ist möglich.

B. Koch maß weiterhin mit der Dopplermethode die Geschwindigkeit des Geschosses im Rohr (vgl. S. 222).

Es sei noch erwähnt, daß *B. Koch* mit Hilfe einfacher dekadischer Untersetzerstufen jede 100. Dopplerschwingung auszählte und in phasengleiche Impulse transformierte. Diese bewirkten eine aufeinanderfolgende Auslösung von Beleuchtungsfunken mit einer jedesmaligen Einsatzgenauigkeit von etwa $1 \cdot 10^{-7}$ s. Es sei auf die Bedeutung für den Einsatz in Freifluganlagen hingewiesen (vgl. S. 122).

B. Koch [8] hat auch Detonationsgeschwindigkeiten mittels des oben beschriebenen Verfahrens gemessen. Dabei wird die Tatsache verwendet, daß eine Detonationswelle durch die Ionisation leitend wird und sich gegenüber kurzen elektrischen Wellen wie eine bewegte metallische Oberfläche verhält.

M. A. Cook, *R. L. Doran* und *G. J. Morris [9]* maßen die Detonationsgeschwindigkeit verschiedener Sprengstoffe in gleicher Weise mit einer Wellenlänge von 3 cm.

21. Flugzeitmessungen und Zünderlaufzeitmessungen

Für Flugzeit- und Zünderlaufzeitmessungen wird man heute das Wellenzählgerät (vgl. S. 100) verwenden. Der Startimpuls kann durch eines der üblichen Auslöseverfahren (vgl. S. 90), der Stromimpuls durch eine Kontaktscheibe (Flugzeitenscheibe) mittels Kontaktgabe oder Kontaktöffnung gegeben werden.

Um auf großen Entfernungen (bis etwa 2500 m) mit Kalibern bis einschließlich 2 cm die Flugzeitenscheibe zu treffen, wird eine größere Zahl solcher Scheiben hintereinander geschaltet, so daß eine Zielfläche von etwa $10 \times 10\,m^2$ entsteht. Bei noch größeren Entfernungen kann die Flugzeitmessung entweder photogrammetrisch oder durch Abstoppen mit einer Stoppuhr vorgenommen werden; bei der letzten Methode hört der Beobachter, der den Einschlag abstoppt, den Abschuß des Geschosses telephonisch.

Bei objektiven Zünderlaufzeitmessungen wird nach *C. Thilo* zu Anfang der Laufzeit entweder durch den Mündungsknall (Luftstoßanzeiger oder Mikrophon) oder durch das Mündungsfeuer (Photozelle) ein Stromimpuls erzeugt, der über eine Relaisanordnung den Zeitmesser einschaltet. Der Zeitpunkt, in dem die Granate detoniert, wird dadurch erfaßt, daß durch den Feuerschein der detonierenden Granate mittels einer im Brennpunkt eines Hohlspiegels befindlichen Photozelle ein zweiter Stromstoß erzeugt wird, der wieder über eine Relaisanordnung den Zeitmesser abschaltet. Die Firma *Oerlikon* ermittelt den Zeitpunkt der Detonation der Granate mittels eines Fernrohrs mit Photozelle.

Es sei erwähnt, daß man früher häufig die *Hipp*sche Uhr verwendete, mit der sich Zeiten von $^1/_{10}$ s bis zu etwa 65 s messen lassen. Prinzip der Uhr: Mit einem Räderwerk (das vor dem Schuß in Tätigkeit gesetzt wird) wird zu Anfang der zu messenden Zeit ein Zeigerwerk gekoppelt, das am Ende der Zeit wieder vom Räderwerk gelöst und arretiert wird. Zwei Zeiger geben die Zeit in $^1/_{10}$ bzw. $^1/_{1000}$ s an. Die Kopplung des Zeigerwerks mit dem Räderwerk wird durch zwei Elektromagnete bewerkstelligt, die zu Anfang und Ende des Zeitintervalls stromlos werden.

22. Messung der Geschoßdrehzahl

a) Ein Verfahren zur Messung der Geschoßdrehzahl und der Drehzahlabnahme beruht darauf, daß der Abbrand einer seitlich am Geschoß angebrachten Lichtspur photographisch aufgezeichnet wird. *Neesen* hat 1903 die Aufzeichnung so vorgenommen, daß längs der Flugbahn photographische Apparate mit fester photographischer Platte sowie ein photographischer Apparat mit sich bewegendem Film, dessen Geschwindigkeit bekannt ist, aufgestellt werden. Auf den Platten bzw. dem Film entsteht bei jeder Umdrehung des Geschosses ein Bild der Lichtspur als begrenzter Strich; die Flugbahn bzw. den zu untersuchenden Flugbahnteil erhält man somit als gestrichelte Kurve. Aus diesen Kurven ergeben sich bei bekannten Apparateabständen und bekannten Brennweiten sämtliche Bahnelemente wie Geschoßort, Geschoßgeschwindigkeit und Geschoßdrehzahl.

b) *G. Thilo* entwickelte 1936 ein Verfahren, bei dem er die Lichtspur mittels einer Photozelle, die seitlich der Flugbahn aufgestellt ist, aufzeichnet. Die Photozelle steuert über einen Verstärker einen Schleifenoszillographen aus. Die ersten systematischen Untersuchungen an verschiedenen Artilleriekalibern mit einer derartigen Apparatur hat *K. de Bouché* 1937 durchgeführt. *De Bouché* versah dabei das Geschoß mit einem Spezialzünder, der einen seitlich herausbrennenden Leuchtsatz von 7 bis 8 s Brenndauer besaß. Der Leuchtsatz konnte durch entsprechende Einstellung des Zeitzünders beliebig nach Flugzeiten zwischen 0 und 60 Sekunden gezündet werden. Dadurch wurde eine eventuelle Beeinflussung des Geschoßluftwiderstandes durch die Lichtspur ausgeschaltet. Gleichzeitig wurden photogrammetrisch (vgl. S. 108) die einzelnen Flugbahnelemente ermittelt. Bild 68 zeigt das Ergebnis einer Meßreihe von *de Bouché* an einer Granate vom Kaliber 7,5 cm, die mit $v_0 = 386{,}7$ m/s und einer sekundlichen Anfangsdrehzahl $n_0 = 266{,}5\,\mathrm{s}^{-1}$ verschossen wurde.

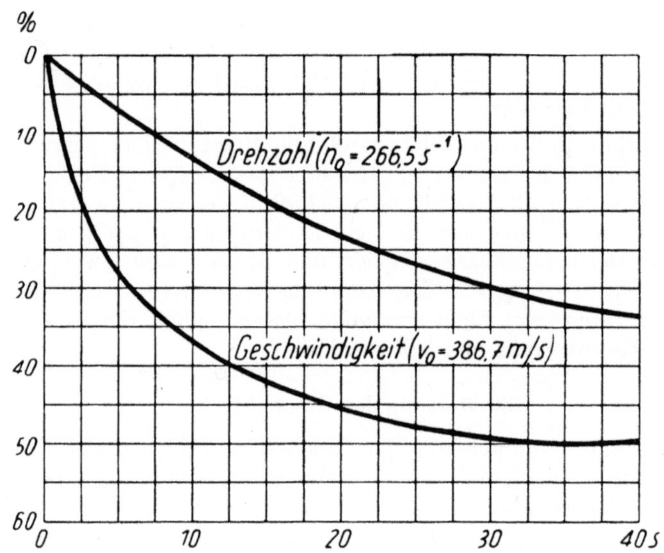

Bild 68. Drehzahl- und Geschwindigkeitsabnahme einer 7,5-cm-Granate

c) *Hill* führte 1911 Drehzahlmessungen mittels eines mechanischen Zeitzünders durch. Der Zünder enthält ein schweres Pendel, das die Geschoßdrehungen nicht mitmacht, sondern in seiner Anfangslage beharrt und dabei ein Räderwerk betätigt. Diese bewirkt nach einer bestimmten einstellbaren Zahl von Geschoßdrehungen die Detonation des Geschosses. Es wurden nun Geschosse mit verschiedenen Zündereinstellungen verfeuert, gleichzeitig Schußweiten- und Flugzeitmessungen durchgeführt und daraus die Drehzahl bzw. Drehzahlabnahme ermittelt.

d) *Einige weitere praktisch verwendete Verfahren.* *R. E. Kutterer* und *E. Raetsch* maßen die Drehzahl und die Drehzahlabnahme eines Geschosses in der Nähe der Mündung folgendermaßen: Am Geschoßboden wird ein federnder Draht derart befestigt, daß seine Enden etwas über das Geschoßkaliber hinausragen, z. B. beim Kaliber 2 cm um 5 mm (Drahtdicke 0,6 mm), bei Kaliber 10,5 cm um 10 bis 15 mm (Drahtdicke 1 mm). Schießt man das Geschoß durch senkrecht zur Flugbahn aufgestellte Papierscheiben, so erhält man aus den Einschnitten der Drahtenden unmittelbar deren Winkellage und bei bekannter Entfernung der Papierscheiben die Drallänge bzw. bei bekannter Geschwindigkeit die Drehzahl. Der Fehler beträgt bei einer Umdrehung etwa 1 $^0/_{00}$. Den Einfluß des Drahtes auf die Rotation kann man im allgemeinen vernachlässigen oder erforderlichenfalls abschätzen. Bei Drallabnahmemessungen läßt man zur Eliminierung des Papiereinflusses in dem Aufbau der Papierscheiben eine größere Strecke frei. *H. Gessner* verbesserte diese Methode noch dadurch, daß er die Drähte im Innern des Geschosses anordnete. Beim Abschuß wurden die Drähte nach Beseitigung einer Arretierung durch Federkraft nach außen geschnellt, so daß sie erst nach dem Verlassen des Rohres über das Geschoßkaliber hinausragten.

Bei einer weiteren Methode wird das zu untersuchende Geschoß zur Hälfte bräuniert, zur Hälfte glänzend poliert. Auf seiner Flugbahn wird es an mehreren Stellen mit Scheinwerfern beleuchtet. Das bei jeder Geschoßdrehung an der polierten Geschoßseite reflektierte Licht kann entweder auf feststehenden photographischen Platten oder mittels Photozellen aufgezeichnet werden. Auch die elektrische Funkenkinematographie (vgl. S. 120) kann mit Erfolg angewendet werden, indem an mehreren Stellen in bekanntem zeitlichem Abstand Aufnahmen des Geschosses gemacht werden.

Die Forschungsanstalt der DWM *(Matull)* sowie unabhängig davon *J. Kömnick* und *E. Wehnelt* [10a] haben ein Verfahren entwickelt zur Ermittlung des Anfangsdralles, bei der quer zur Längsachse magnetisierte Geschosse an Flachspulen vorbeifliegen, die mit ihrer Ebene parallel zur Flugbahn in engem Abstande von derselben aufgebaut sind. Die Geschosse induzieren bei ihrem Vorbeiflug in den Spulen eine sinusförmige Wechselspannung, deren Frequenz gleich der sekundlichen Drehzahl des Geschosses ist. Die Aufzeichnung erfolgt über einen Verstärker mit einer Braunschen Röhre. Diese Methode wurde mit Erfolg bei kleinkalibrigen Geschossen verwendet. *H. Bey* entwickelte 1957 dieses Verfahren weiter zur Messung der Drehzahl und deren Abnahme im Einzel- und Dauerfeuer. *J. A. van Allen* und *H. P. Hitchcock* [10b] maßen die zeitliche Drehzahlabnahme und damit die Oberflächenreibung von Geschossen (Kaliber 57 mm bis 240 mm), indem sie in die Geschoßspitze einen kleinen $^1/_{10}$ W-Sender einbauten, dessen Strahlung zur Geschoßachse unsymmetrisch war.

G. Schultze [32] baute in den Kopf eines 3,7 cm Geschosses einen 470 kHz-Transistorsender ein, der eine Abschußbeschleunigung von über 10000 g aushielt. Die von einer eingebauten Sendeantenne mit ausgeprägter Richtcharakteristik ausgehende Strahlung wurde mit Hilfe zweier längs der Flugbahn ausgespannter, etwa 70 m langer Antennendrähte aufgenommen. Aus der sich durch den Geschoßdrall ergebenden Modulation der Empfangsspannung konnte die Drehzahl und deren Abnahme bestimmt werden.

H. Kleinwächter [33] ermittelte die Drehzahl von Geschossen auf der Flugbahn mit Hilfe von linear polarisierten elektrischen Wellen. Die Polarisationsebene der vom Geschoßboden reflektierten Strahlung wird in Abhängigkeit von der Geschoßlage gedreht. Zu diesem Zweck ist der Geschoßboden geschlitzt. Bei 0,3 W Sendeleistung ergab sich mit einer Wellenlänge von 3,2 cm bei einem 10,5 cm Geschoß eine praktische Reichweite von etwa 700 m.

e) Es sei noch erwähnt, daß man beim Schießen in der Freifluganlage aus der Geschoßpendelung die Drehzahl mit sehr guter Genauigkeit erhält (vgl. S. 86).

Es sei noch auf folgendes aufmerksam gemacht: Aus einer Messung der Anfangsdrehzahl n_0 läßt sich, falls die Drallänge Dr_0 und die Rücklaufgeschwindigkeit V_0 der Waffe im Moment des Geschoßaustritts aus der Mündung bekannt ist, die Geschoßgeschwindigkeit aus $v_0 = Dr_0\,n_0 - V_0$ berechnen. Voraussetzung ist allerdings, daß das Geschoß einwandfrei den Zügen folgt.

23. Methoden zur Ermittlung der Flugbahnelemente

a) Photographische Methoden. Die Stereophotogrammetrie zur Untersuchung von Flugbahnen hat vor allem durch die Arbeiten von *K. Becker* und *G. Thilo* große Bedeutung erlangt *[11]*. Das Geschoß, dessen Flugbahn untersucht werden soll, wird am Boden mit einer Lichtspur versehen, die von zwei photographischen Apparaten (Photo- oder Kinotheodoliten) gleichzeitig photographiert wird. Der einfachste Fall der Flugbahnaufnahme eines Geschosses sei an Hand von Bild 69 beschrieben, die den schematischen Versuchsaufbau in der Aufsicht zeigt.

O_1 und O_2 sind die photographischen Objekte der beiden Phototheodolite. Die Verbindungslinie der Objektivmittelpunkte O_1O_2

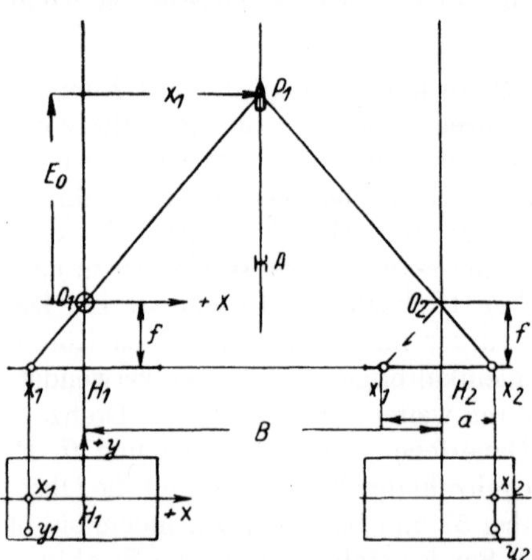

Bild 69. Stereophotogrammetrische Flugbahnaufnahme eines Geschosses

wird als die *Basis B* bezeichnet. Die Apparate werden so aufgebaut, daß ihre Aufnahmeachsen senkrecht zur Basis und die photographischen Platten *Pl* genau senkrecht stehen. Die Durchstoßpunkte der optischen Achsen durch die photographischen Platten seien H_1 und H_2. Das Geschütz befindet sich in A, wobei einfachheitshalber A in der Mitte von B liegt und senkrecht zu B gefeuert wird. O_1 wird als Nullpunkt eines räumlichen, rechtwinkligen Koordinatensystems angesehen, dessen eine waagerechte Achse die E_0-Achse, die Aufnahmeachse durch O_1 senkrecht zu B ist, die andere waagerechte Achse die X-Achse ist. Die dritte Achse (Y-Achse) steht senkrecht zur (E_0, X)-Ebene.

Die Lage des Geschosses in einem bestimmten Punkt P_1 ist dann bestimmt durch die Koordinaten E_0, X_1, Y_1. Die Theodolite bilden das Geschoß P_1 auf den Platten in x_1, y_1, bzw. x_2, y_2 ab. Aus den ähnlichen Dreiecken $O_1 O_2 P_1$ und $x_1 x_2 O_2$ ergibt sich $E_0/B = f/a$, wo $a = x_1 + x_2$ als „*stereoskopische Parallaxe*" bezeichnet wird, und damit

$$E_0 = B f/a.$$

Durch Ähnlichkeitsbetrachtungen erhält man weiter:

$$X_1 = E_0 \, x_1/f \quad \text{und} \quad Y_1 = E_0 \, y_1/f.$$

Die Werte x_1, y_1 werden mittels eines besonderen Apparates, eines Steroekomparators, aus den Platten ermittelt. Die Geschoßbahn läßt sich so punktweise auswerten. Im allgemeinen wird man infolge des beschränkten Gesichtsfeldes der Theodolite nur Flugbahnabschnitte erhalten. Die Theodolite sind daher um horizontale Achsen kippbar angeordnet (von 5° zu 5° von $-30°$ bis $+90°$), und die Flugbahnen können in mehreren Winkelgruppen aufgenommen werden.

Liegt nun die Geschoßbahn $y = f(x)$ vor, so lassen sich allein aus den Elementen x und y für jeden Punkt die zugehörigen Werte v, ϑ, t und $W = W(v) = m \, c \, f(v)$ bestimmen. Bildet man von der Funktion $y = f(x)$ die Ableitungen (y nach x) y', y'' und y''', so ist:

$$v = \sqrt{g} \, \frac{\sqrt{1 + y'^2}}{\sqrt{-y''}} \, , \qquad \tan \vartheta = y' \, ,$$

$$c \, f(v) = - \frac{g}{2} \cdot \frac{y''' \sqrt{1 + y'^2}}{y''^2} \, , \qquad d t = d x \sqrt{\frac{-y''}{g}} \, .$$

Die Gleichung für v enthält dabei die 1. und 2. Ableitung, die Gleichung für $c \, f(v)$ außerdem die 3. Ableitung. Daß diese hohe Ableitung notwendig ist, ist als großer Nachteil zu bewerten, da erfahrungsgemäß durch wiederholte Differentiationen große Fehler auftreten können. Durch einen Kunstgriff lassen sich nun $y = f(x)$ sowie $y = y(t)$ und $x = x(t)$ direkt erhalten, wodurch man bei der Bestimmung von v und $c\,f(v)$ die 2. bzw. 3. Ableitung nicht benötigt. Dieser Kunstgriff besteht darin, daß man vor die Objektive O_1 und O_2 der Theodolite Schlitzblenden setzt, die synchron und synphas rotieren *(G. Thilo 1933)*. Dadurch erhält man auf den photographischen Platten die Flugbahn in einzelne Punkte zerhackt, deren zeitlicher Abstand durch die synchron laufenden Blenden genau festgelegt ist. Da jetzt $y = f(x)$ und damit $\tan \vartheta = dy/dx$, ferner $y = y(t)$ und $x = x(t)$ bekannt sind, ist durch Differentiation $dx/dt = v_x = v \cos \vartheta$ der Wert v gegeben zu:

$$v = \frac{1}{\cos \vartheta} \cdot \frac{dx}{dt}$$

Durch die 2. Ableitung von x nach t erhält man dv_x/dt und da andererseits, wie sich aus der Flugbahngleichung ergibt, die Beziehung
$dv_x/dt = -\,c\,f(v) \cos \vartheta$ besteht:

$$c\,f(v) = -\frac{1}{\cos \vartheta} \cdot \frac{dv_x}{dt} = -\frac{1}{\cos \vartheta} \cdot \frac{d^2 x}{dt^2}\,.$$

Auf diese Weise kann man also durch photogrammetrische Aufnahmen von Flugbahnen alle interessierenden außenballistischen Größen gewinnen, die zu weiteren Schußtafelberechnungen verwendet werden.

Es könnte nun die Möglichkeit bestehen, daß das zum Zwecke der photogrammetrischen Aufnahme mit Lichtspur versehene Geschoß sich ballistisch anders verhält als ein Geschoß ohne Lichtspur. Man wird daher die Lichtspur möglichst klein halten und eventuell nur abschnittsweise auf der Flugbahn verwenden. Exakter ist es, die Flugbahn punktweise durch Sprengpunkte festzulegen. Auf diese Weise erhält man gleichzeitig für verschiedene Erhöhungen die Kurven gleicher Zünderstellung. Die photogrammetrische Flugbahnvermessung läßt sich auch bei Tage durchführen *(J. Hänsler, H. Lukanow)*, indem man geeignetes Plattenmaterial (infrarote Platten) sowie Lichtspur, die im roten ihr Maximum hat, verwendet. Durch Rotfilter und entsprechende Blendenstellung wird erreicht, daß der Kontrast zwischen Schwärzung der Platte durch Lichtspur oder Sprengpunkt und Hintergrund der mehrfach belichteten Platte genügend groß ist. Auch bei Sprengpunkten macht man mehrere Aufnahmen auf eine Platte.

Neben den Phototheodoliten verwendet man prinzipiell in der gleichen Weise Kinotheodolite zur Vermessung der Flugbahnelemente (x, y, z, t, v) und bei großen Flugkörpern zur Ermittlung des Verhaltens des Flugkörpers auf seiner Bahn. Das Ziel wird von 2 oder 3 Kinotheoliten, deren Basen genau vermessen sind, auf einem Film (i. allg. 35 mm-Normalfilm) mit einer Bildfrequenz bis zu etwa 30 Bildern/s (in Spezialfällen bis zu 100/s) aufgenommen; die Kinokameras werden von Hand oder über eine Weg-Geschwindigkeitssteuerung dem Ziel nachgeführt. Die Verschlüsse der Kameras werden in wählbarer Frequenz synchron auf dem Draht- oder Funkwege ausgelöst und die genauen Zeitpunkte der Aufnahmen auf $1 \cdot 10^{-3}$ s registriert. Außer dem Ziel wird im Augenblick der Belichtung ein Ausschnitt vom Höhen- und vom Seitenkreis nebst Nonius aufgenommen. Man verwendet lichtstarke Objektive mit Brennweiten bis zu etwa 5 m. Man ist so in der Lage, Flugbahnvermessungen von Großraketen bis zu Entfernungen von über 150 km durchzuführen. Gute Kinotheodolite arbeiten mit einer Genauigkeit von etwa 10 Bogensekunden.

L. A. Delsasso und Mitarbeiter *[34]* geben an, daß sie u. a. die Achslage einer A 4 in einer Entfernung von etwa 40 km mit einem Fernrohr von $f \approx 300$ cm mit einem wahrscheinlichen Fehler von 0,7° aufgenommen haben.

b) Elektronische Methoden

Die optischen Verfahren zur Bahnvermessung haben den prinzipiellen Nachteil, daß ihre Reichweite durch Sichtbedingungen begrenzt ist. Man hat daher insbesondere für weitfliegende große Flugkörper radioelektrische Verfahren entwickelt. Man verwendet den Dopplereffekt, die Interferenzmethode und die Radarmethode (Radioteleskopie). In Bild 69a ist das Prinzip dieser Methoden (speziell für die Satellitenvermessung) dargestellt.

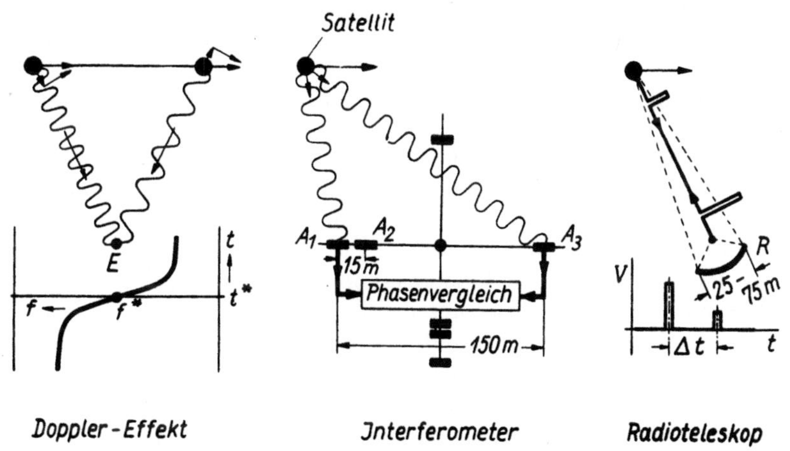

Bild 69a. Die elektrischen Verfahren der Satelliten-Vermessung

1. *Der Dopplereffekt.* Das Dopplerprinzip wurde bereits S. 103 beschrieben (vgl. auch 9. Abschn. *[22]*). Die Frequenz einer vom bewegten Flugkörper reflektierten und am Boden aufgenommenen Welle hat sich gegenüber der ausgesandten Welle von der Frequenz f_0 um den Betrag $\Delta f = f_0 - f = 2\,v\lambda = 2 f_0 v/c$ geändert, wenn v die Geschwindigkeit des Flugkörpers ist. Befindet sich der Sender im Flugkörper, so nimmt man am Boden eine Frequenz f

auf, die um den Betrag $\Delta f = v\lambda = f_0 v/c$ von der ausgesandten Frequenz f_0 verschieden ist. In Bild 69a ist $\Delta f = f_0 v \sin \alpha/c$, wenn α der Winkel zwischen Flugrichtung und der Verbindungslinie zwischen Flugkörper und Bodenstation ist. Den jeweiligen Abstand des Flugkörpers von der Bodenstation erhält man aus $e = \lambda \int_{t_0}^{t} \Delta f \, dt + e_0$. Der Ortsbestimmung des Flugkörpers legt man eine Triangulation zugrunde und verwendet 3 Bodenstationen. Die Basisentfernung der Bodenstationen wählt man entsprechend den vorliegenden Aufgaben, z.B. zu 20 km, die sich auf 10^{-5} bis 10^{-6} genau bestimmen läßt. Bezüglich der Genauigkeit in der Entfernungsmessung gibt *R. Mosch* (9. Abschn. *[2]*; hier Beitrag *R. Mosch*), daß die Brennschlußentfernung der A 4, die etwa 30 km betrug, unter Berücksichtigung aller Fehler auf 2 bis 3 m, also auf $1 \cdot 10^{-4}$ genau bestimmt werden konnte.

Hat man den Sender im Flugkörper, wie z.B. bei den Erdsatelliten, so erhält man beim Vorbeiflug des Satelliten an der Bodenstation einen Frequenzverlauf, wie ihn Bild 69 zeigt, aus dem man u.a. die Satellitengeschwindigkeit und den kürzesten Abstand von der Bodenstation entnehmen kann. Zur Bahnvermessung verwendet man mehrere Stationen.

2. *Das Interferometer.* Bei dieser Methode verwendet man zur Ortsbestimmung die Phasendifferenz, die beim Vergleich zweier Wellenzüge auftritt, die vom Flugkörper zu den Stationen A_1 und A_3 gelangen. Man mißt also den Richtungskosinus; mit Hilfe eines zweiten Stationspaares, rechtwinklig zum ersten angeordnet, berechnet man den Ort des Flugkörpers. In den USA ist eine größere Zahl von derartigen Stationen zur Vermessung der Satellitenbahnen aufgebaut; man bezeichnet dieses Verfahren als *Minitrackverfahren.* Der Sender des Satelliten besitzt eine Frequenz von rund 100 MHz ($\lambda = 3$ m). Man erreicht mit dem Interferometer eine Genauigkeit in der Winkelmessung von 1 Bogenminute.

3. *Das Radioteleskop.* Beim Radioteleskop· mißt man die Entfernung zwischen Sender und Flugkörper aus der Laufzeit sehr kurzzeitiger Impulse (einige μs). Aus der rückgestrahlten Intensität läßt sich angenähert die Größe der reflektierenden Oberfläche des Flugkörpers bestimmen.

Schließlich soll noch darauf aufmerksam gemacht werden, daß in große Flugkörper Meßgeräte (z.B. Kreisel- und Trägheitssysteme) eingebaut werden, welche die Bahnkoordinaten, Geschwindigkeits- und Beschleunigungswerte des Flugkörpers sowie dessen Achslage messen und zur Bodenstation senden (sogen. *Telemetrie*).

24. Methoden zur Sichtbarmachung von Dichteunterschieden

a) Der Machsche Interferenzrefraktor. Seine Wirkungsweise besteht in folgendem: In den Ecken eines Rechtecks stehen zwei vorderflächlich versilberte Spiegel S_1 und S_2 sowie zwei gleich dicke, halbdurchlässige planparallele

Glasplatten P_1 und P_2 (Bild 70). Die Halbdurchlässigkeit der Glasplatten wird durch eine Platinierung erreicht. Die Spiegel und Platten seien unter sich genau parallel justiert. Das auf die Glasplatte P_1 von einer punktförmigen, möglichst monochromatischen Lichtquelle L fallende Licht spaltet sich in zwei Bündel, von denen das eine nach Reflexion am Spiegel S_1 durch die Platte P_2 durchgeht, während das zweite Bündel an S_2 und P_2 reflektiert wird und sich mit dem ersten vereinigt. Die beiden Lichtbündel sind kohärent und können interferieren, Zunächst ist der Gangunterschied Null. Interferenzstreifensysteme treten erst auf, wenn die Einstellung eines der Teile geändert wird. Befindet sich nun in dem einen Strahlengang des Interferenzrefraktors

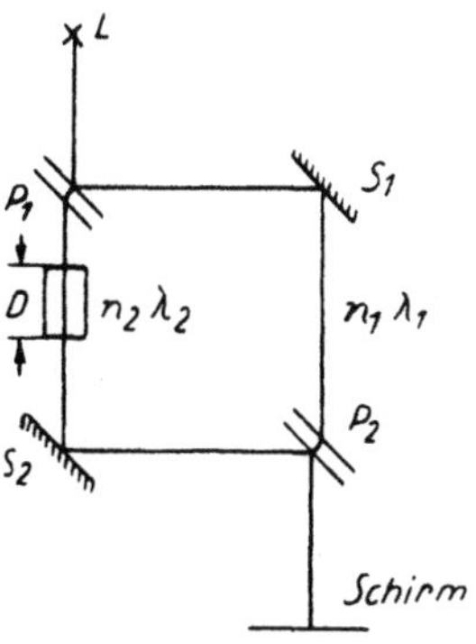

Bild 70
Der Interferenzrefraktor

eine Stelle anderer Brechzahl (Schliere) als die der Umgebung, so wird das zunächst aus einer Reihe von geraden, abwechselnd hellen und dunklen, einander parallelen Streifen bestehende Interferenzstreifensystem verformt. Interferenzstreifen, die durch Licht erzeugt werden, das durch die Schliere geht, verschieben sich. In vielen Fällen läßt sich nun aus der Streifenverschiebung die Brechzahl an den betreffenden Punkten der Schliere bestimmen, und man kann daraus Rückschlüsse auf Dichte-, Druck- und Temperaturänderungen ziehen. Für ballistische Zwecke läßt der Interferenzrefraktor Untersuchungen über das Dichtefeld, Druck und Temperatur bei Strömungen mit hoher Geschwindigkeit (z. B. um das fliegende Geschoß, Ausströmungen aus der Mündung) sowie über den Druckverlauf in Knallwellen und Explosionswellen zu *(H. Schardin [12])*.

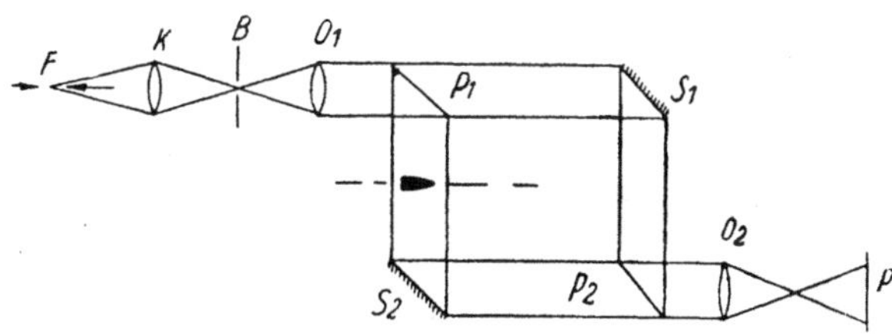

Bild 71. Ermittlung des Dichtefeldes um ein fliegendes Geschoß mit dem Interferenzrefraktor

Die Versuchsanordnung zur Ermittlung des Dichtefeldes um ein fliegendes Geschoß zeigt Bild 71. Das Geschoß löst einen elektrischen Funken F derart aus, daß sich das Geschoß im Moment des Funkendurchschlags im Gesichtsfeld des Interferenzfraktors befindet. Das Geschoß selbst wird durch das Objektiv O_2 auf die Platte P abgebildet. Bild 72 zeigt eine derartige Geschoßaufnahme von *G. Stamm*.

Über das Prinzip der rechnerischen Auswertung sei kurz folgendes gesagt: Das eine Lichtbündel gehe durch eine Luftschliere von der Länge D und der Brechzahl n_2, während die Brechzahl der umgebenden Luft n_1 sei. Dann liegen auf der Länge D in der Luftschliere D/λ_2 Wellen, in der Luft von normaler Dichte D/λ_1 Wellen, wenn λ_1 die Wellenlänge des von der Lichtquelle ausgesandten Lichtes ist. Der optische Gangunterschied ist dann $D/\lambda_2 - D/\lambda_1$; es werden sich daher bei Einbringen der Schliere die Interferenzstreifen um $N = D/\lambda_2 - D/\lambda_1$ Interferenzstreifen verschieben. Ist λ

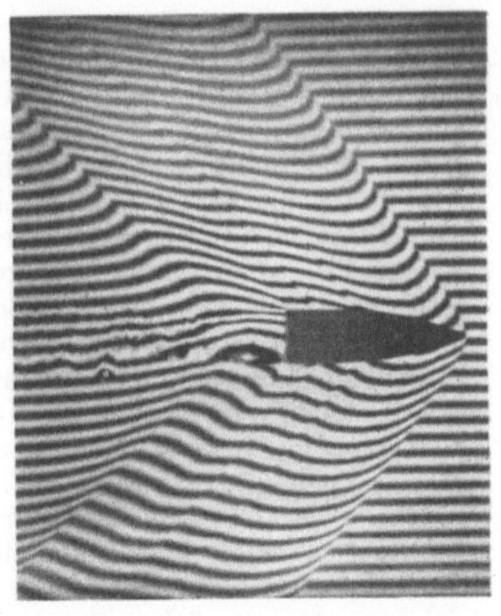

Bild 72. **Aufnahme des Strömungsfeldes um ein fliegendes S-Geschoß mit dem Interferenzrefraktor. Monochromatisches Licht**

die Wellenlänge des Lichtes im Vakuum, so ist $n_1 = \lambda/\lambda_1$ und $n_2 = \lambda/\lambda_2$ somit

$$n_2 - n_1 = N\,\lambda/D\,. \tag{1}$$

Nach *Biot* und *Aragot* gilt nun für ein bestimmtes Medium bei verschiedenen Dichten das Erfahrungsgesetz:

$$(n_1 - 1)/\varrho_1 = (n_2 - 1)/\varrho_2 = \cdots = \text{const}, \tag{2}$$

wobei $\varrho_1,\ \varrho_2,\ \ldots$ die Dichten der Medien und $n_1,\ n_2,\ \ldots$ die bezüglichen Brechzahlen darstellen. Mit $n_1 = 1 + \text{const}\ \varrho_1$ und $n_2 = 1 + \text{const}\ \varrho_2$ erhält man daher für die relative Dichteänderung in der Schliere gegenüber der normalen Luftdichte

$$\Delta\varrho/\varrho = (\varrho_2 - \varrho_1)/\varrho_1 = N\,\lambda/[D\,(n_1 - 1)]\,. \tag{3}$$

Setzen wir bei der Geschoßbewegung die Zustandsänderungen der Luft als adiabatisch an, so ist die relative Druckänderung durch

$$\Delta p/p_1 = (p_2 - p_1)/p_1 = \varkappa\,\Delta\varrho/\varrho_1 = \varkappa\,N\,\lambda/[D\,(n_1 - 1)] \tag{4}$$

gegeben. Hierin bedeuten: N die Zahl der beobachteten verschobenen Streifenbreiten, D die Schlierenlänge, n_1 die Brechzahl der Luft ($n_1 = 1{,}00082$ bei $t = 10\,°\text{C}$ und $H = 760$ Torr, $\varkappa = c_p/c_v = 1{,}41$, λ die Wellenlänge des verwendeten Lichts. Bei Magnesiumelektroden ist $\lambda = 0{,}000412$ mm).

114

Der Strömungsvorgang um das fliegende Geschoß ist radialsymmetrisch zur Geschoßachse. Bei der Auswertung der Interferenzstreifenverschiebungen ist jetzt zu beachten, daß jeder Lichtstrahl mehrere geänderte Dichten zu durchlaufen hat. Man kann aber für einen bestimmten Querschnitt senkrecht zur Geschoßachse Zonen konstanter Dichte, und zwar zur Geschoßachse konzentrische Ringe wählen. Aus der Streifenverschiebung eines Lichtstrahles, der die äußerste Ringzone durchläuft, läßt sich dessen mittlere Dichte ϱ_1 berechnen; aus der Streifenverschiebung eines zweiten Strahles, der die äußerste Ringzone und die nächste Ringzone durchläuft, läßt sich dann die Dichte in der zweiten Ringzone ermitteln usf. Man kann auf diese Weise die an den einzelnen Stellen am Geschoßumfang auftretenden Druckunterschiede und damit den Luftwiderstand des Geschosses ermitteln.

b) Die Schattenmethode und das Toeplersche Schlierenverfahren. Diese Methoden lassen eine Untersuchung von Vorgängen zu, die mit Dichteänderungen eines durchsichtigen Mediums verknüpft sind, in der Ballistik z. B. die Vorgänge um das fliegende Geschoß oder das Verhalten der Pulvergase an der Mündung.

Bei der *Schattenmethode (E. Schmidt [13])* wird eine punktförmige Lichtquelle (bei ballistischen, schnellverlaufenden Vorgängen ein Funke *F*) verwendet (Bild 73). Diese Lichtquelle wird eine photographische Platte gleichmäßig ausleuchten, wenn das zwischen der Lichtquelle und der Platte befindliche Medium schlierenfrei, also ohne Stellen verschiedener Dichte ist. Befindet sich nun an einer Stelle eine Schliere, z. B. das Störungsfeld um ein fliegendes Geschoß, so wird der normale geometrische Strahlengang gestört und

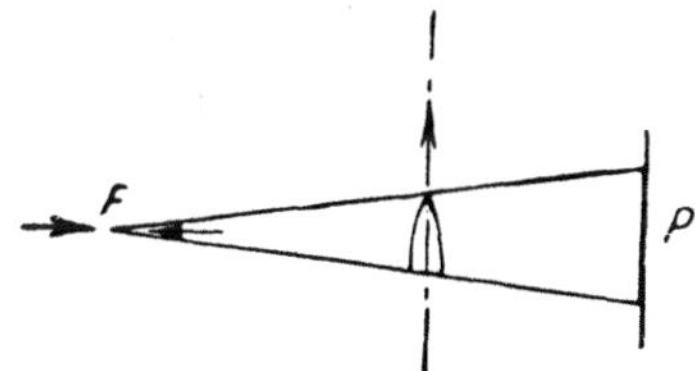

Bild 73. Prinzip der Schattenmethode

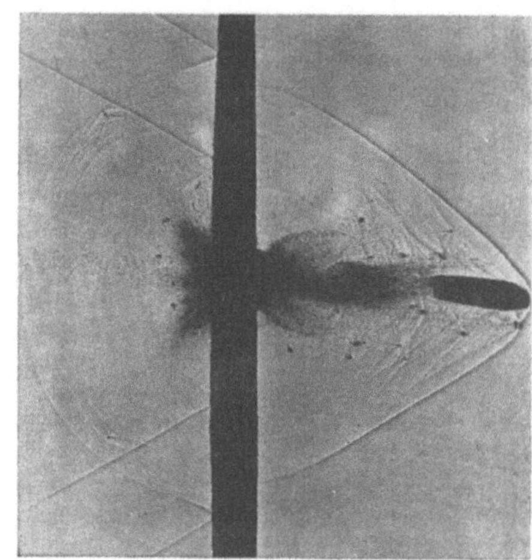

Bild 74. Schattenaufnahme eines Plattendurchschusses von *P. Libessart.* Plattendicke 3 mm. Geschoß verfeuert aus dem *Lebel*-Gewehr. $v = 680$ m/s

von der Schliere ein Schatten auf der Platte P entstehen. Bild 74 zeigt eine nach diesem Prinzip erhaltene Aufnahme eines Plattendurchschusses von *P. Libessart*, Bild 75 die Schattenaufnahme einer Selbstladepistole während

Bild 75. Schattenaufnahme einer Selbstladepistole. Entladung eines Kondensators von $C = 10^4$ pF bei $U = 15000$ V. Auslösegitter 304 cm vor der Mündung. Aufnahme auf Eisenberger Ultra-Rapid mit Zeiss-Objektiv $f = 12$ cm, 1 : 4,5

des Schußvorganges. Man kann das fliegende Geschoß auch direkt von vorn anleuchten und in normaler Weise photographieren (Bild 76). Dieses Verfahren bezeichnet man als *Vorderlichtmethode*. Bild 77 zeigt eine derartige Aufnahme eines Pistolengeschosses.

Das Prinzip des *Schlierenverfahrens* sei an Hand von Bild 78 erläutert; L sei eine Lichtquelle von überall gleicher Oberflächenhelligkeit, die durch die Blende begrenzt ist. An der Stelle, an der das Objektiv S (Schlierenkopf) das Bild der Lichtquelle erzeugt, wird eine Blende B (Schlierenblende) angebracht, deren scharfe Kante genau parallel zu der Blendenkante der Lichtquelle ist. Der Schlierenkopf S muß ein sphärisch und chromatisch gut korrigiertes Objektiv sein. Das Objektiv O bildet den zu untersuchenden Vorgang auf die photographische Platte ab. Solange keine Schliere vorhanden ist, wird die

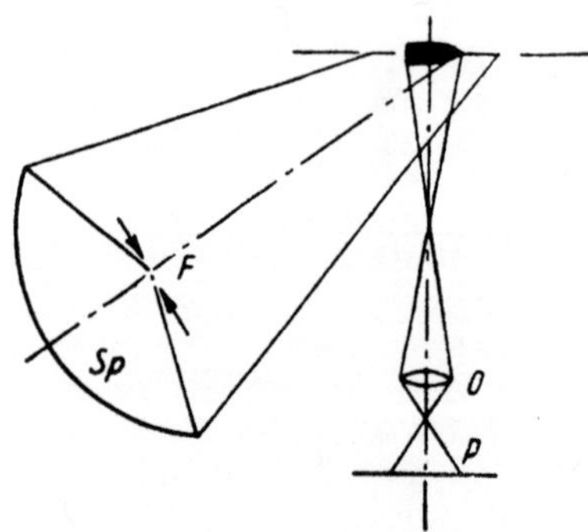

Bild 76. Prinzip der Vorderlichtmethode

116

Platte P gleichmäßig
ausgeleuchtet. Durch
die Schliere tritt da-
gegen eine Brechung
der durch die Schliere
gehendenLichtstrahlen
nach oben und unten
auf, und entsprechend
wird die Platte helle
und dunkle Stellen auf-
weisen. Das *Toepler*-
sche Schlierenverfah-
ren kann auch sehr ge-
ringeDichteunterschie-
de sichtbar machen.

Das Bild 79 zeigt eine
funkenphotographische

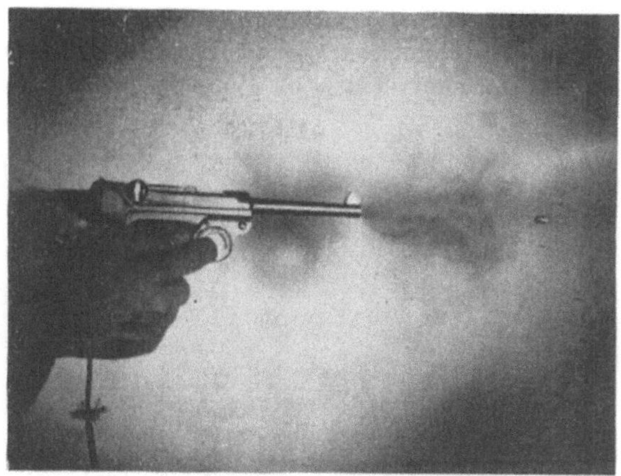

Bild 77. Vorderlichtaufnahme eines Pistolenschusses

Aufnahme eines fliegenden Geschosses mit dem Schlierenverfahren. Die
erste Schlierenaufnahme eines fliegenden Geschosses hat *E. Mach* hergestellt; nach ihm ist der Kopf-
wellenwinkel des Geschosses
benannt. Aus dem *Mach*schen
Winkel (sin $\alpha = a/v =$ Schallgeschwindigkeit / Geschoßgeschwindigkeit) läßt sich die
Geschoßgeschwindigkeit er-

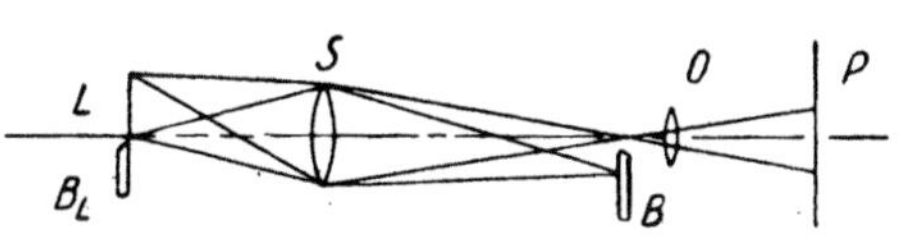

Bild 78. Prinzip des Schlierenverfahrens

mitteln. — Die Schlierenaufnahmen eines fliegenden Geschosses geben zunächst ein rein qualitatives Bild des Luftwiderstandes des Geschosses. Wie
H. Schardin [14] zeigte,
lassen sich die Schlierenbil-
der jedoch allgemein quan-
titativ auswerten.

25. Photographie und Kine-
matographie mit Hilfe des
elektrischen Funkens
[17,18]

*a) Die Herstellung des Fun-
kens.* Die Funkenphoto-
graphie benutzt die bei der
Entladung eines Kondensa-
tors über eine Funken-
strecke auftretende Licht-

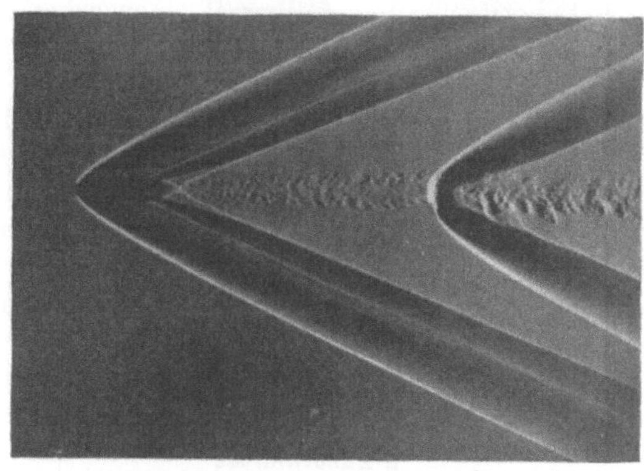

Bild 79. Düsengeschoß nach *v. Buttlar.* $v = 800$ m/s. Hinter dem
Geschoß fliegt der Treibspiegel

erscheinung zur Beleuchtung des zu untersuchenden Vorganges. Durch geeignete Wahl der elektrischen Elemente der Schaltung läßt sich die Dauer des Funkens auf weniger als $1 \cdot 10^{-7}$ s berabdrücken. Eine so kurze Funken-

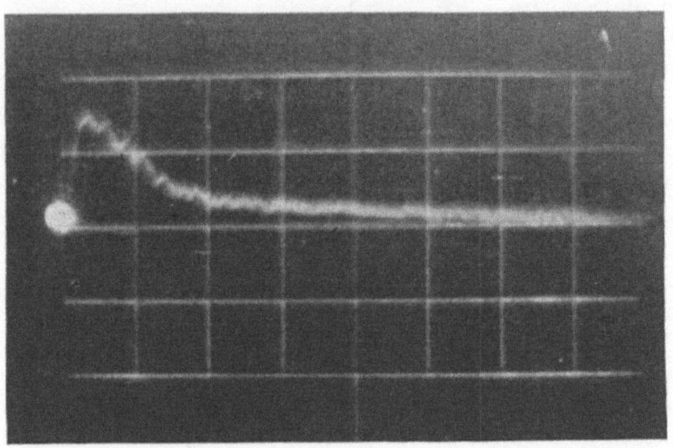

Bild 80. Helligkeitsverlauf eines Funkens. Rasterabstand $2 \cdot 10^{-7}$ s

dauer wird auch tatsächlich benötigt; denn soll z. B. ein mit 1000 m/s fliegendes Geschoß bei einer Abbildung im Maßstab 1 : 1 auf $^1/_{10}$ mm genau abgebildet werden, so darf die Funkendauer nur $1 \cdot 10^{-7}$ s betragen. Bild 80 zeigt den Verlauf der Lichtausstrahlung eines guten Funkens; man sieht, daß die wirksame Zeit nur etwa $1 \cdot 10^{-7}$ s beträgt. Die Energie des Funkens liegt zwischen 0,1 und 100 Ws, was davon abhängt, ob Schattenbilder oder Vorderlichbilder hergestellt werden. Bild 81 zeigt eine Dreielektrodenanordnung von *K. Vollrath* zur Erzeugung eines Punktfunkens für die Schattenmethode. Die Bohrung für die lichtemittierende Elektrode beträgt etwa 0,5 mm. Die Entladung eines Kondensators von 0,1 μF bei 9 kV, entsprechend 4 Ws, ergab eine ausreichende Durchbelichtung von Platten Guilleminot - Supervulgur, die in

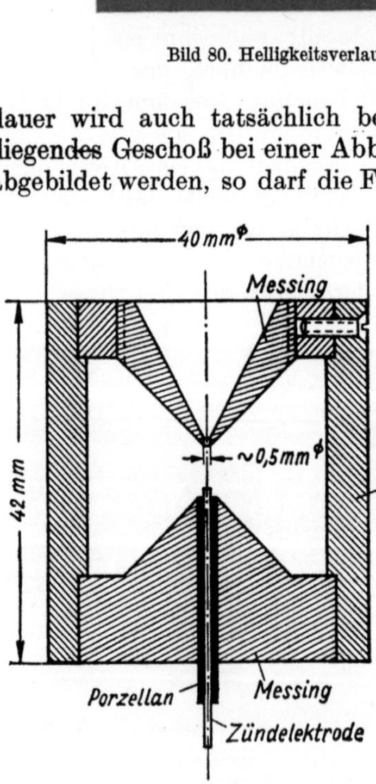

Bild 81. Dreielektrodenanordnung zur Erzielung eines Punktfunkens

118

einer Entfernung von 1,75 m von der Funkenstrecke eine Fläche von
72 × 90 cm² bedeckten. Bild 82 zeigt eine Aufnahme mit dieser Anordnung.

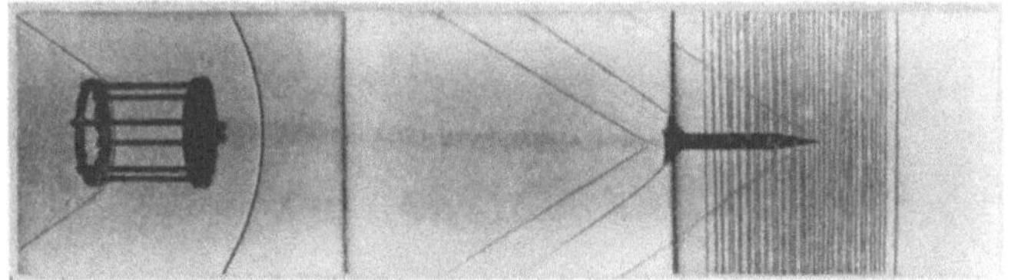

Bild 82. Schattenaufnahme eines Flügelgeschosses mit Treibspiegel

Eine Steigerung der Helligkeit einer Kondensatorentladung kann dadurch
erreicht werden, daß man die Entladung in einem anderen Gase als Luft
(z. B. Argon oder Xenon) vor sich gehen läßt *(F. Früngel [15])*. Die
Helligkeitssteigerung ist etwa 5fach. Eine weitere Helligkeitssteigerung ist
dadurch zu erhalten, daß man die Entladungslänge auf ein Maximum her-
aufsetzt (z. B. durch Herabsetzen des Gasdruckes oder durch Verwendung
eines Gleitfunkens *(E. Fünfer [16])*. Man muß aber hierbei eine Verlängerung der Dauer der Lichtemission in Kauf nehmen.

b) Die Auslösung des Funkens. Die Auslösung des Funkens wird durch das
Geschoß selber oder durch den aufzunehmenden Vorgang bewirkt. Das Geschoß fliegt z. B. durch eine Lichtschranke oder durch eine Antenne (das
Geschoß ist dabei auf etwa 8 kV elektrisch aufgeladen) oder durchfliegt ein
Paar von Aluminium-Folien und schließt diese dabei kurz. In allen drei
Fällen wird ein Spannungsstoß erzeugt, der über ein Verzögerungsgerät den
eigentlichen Funkenkreis steuert. Der Verzögerungskreis ist so abgestimmt,
daß der Funke in dem Augenblick springt, in dem das Geschoß sich im optischen Gesichtsfeld befindet. Bild 83 zeigt ein prinzipielles Schema zur Auslösung des Funkens.

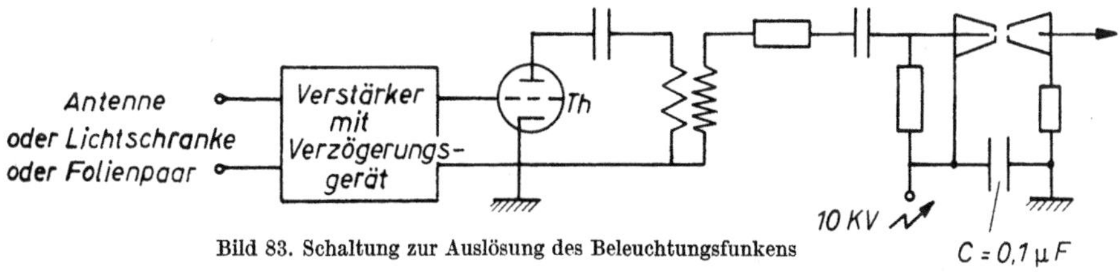

Bild 83. Schaltung zur Auslösung des Beleuchtungsfunkens

Benötigt man zwei gleichzeitig springende Funken, z. B. in einer Freifligan-
lage, um ein Geschoß an einer Stelle in zwei zueinander senkrechten Richtungen zu photographieren, so gibt man den gleichen Impuls auf zwei hinter-

einander *(P. Devaux)* oder parallelgeschaltete Funkenstrecken. Bild 84 zeigt den von *A. Stenzel* gemessenen Helligkeitsverlauf zweier derartig parallel-geschalteter gleichzeitig ausgelöster Funken.

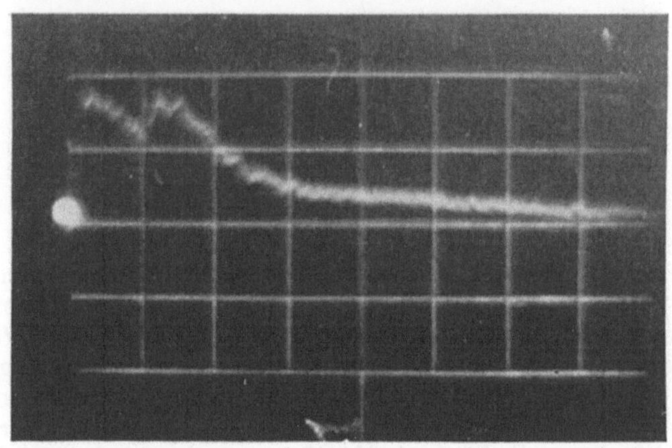

Bild 84. Helligkeitsverlauf zweier parallel geschalteter, gleichzeitig ausgelöster Funken. Rasterabstand $2 \cdot 10^{-7}$ s

Der zeitliche Unterschied im Einsatz der beiden Funken ist kleiner als $1 \cdot 10^{-7}$ s. Für Untersuchungen unmittelbar in der Nähe der Mündung hat sich auch ein von *C. Cranz* eingeführtes einfaches Verfahren sehr bewährt. Über die Mündung wird ein Rohr mit einem Seitenrohr geschoben. Das offene Ende des Seitenrohres ist die eine Elektrode einer Funkenstrecke, die mit der eigentlichen Beleuchtungsfunkenstrecke in Reihe liegt. Beim Abschuß strömen hochionisierte Pulvergase durch das Seitenrohr und bewirken einen elektrischen Kurzschluß der Hilfsfunkenstrecke, so daß der Durchschlag in der Hauptfunkenstrecke erfolgt.

c) Die Funkenkinematographie. Für die kinematographische Untersuchung schnell verlaufender Vorgänge sind heute zahlreiche Methoden entwickelt worden *[17, 18, 19, 20]*. Es sei hier nur der von *C. Cranz* und *H. Schardin* entwickelte Millionenbilder-Kinematograph mit optischer Trennung der Bilder und Aufnahmen auf ruhendem Film erwähnt, der sich ausge-

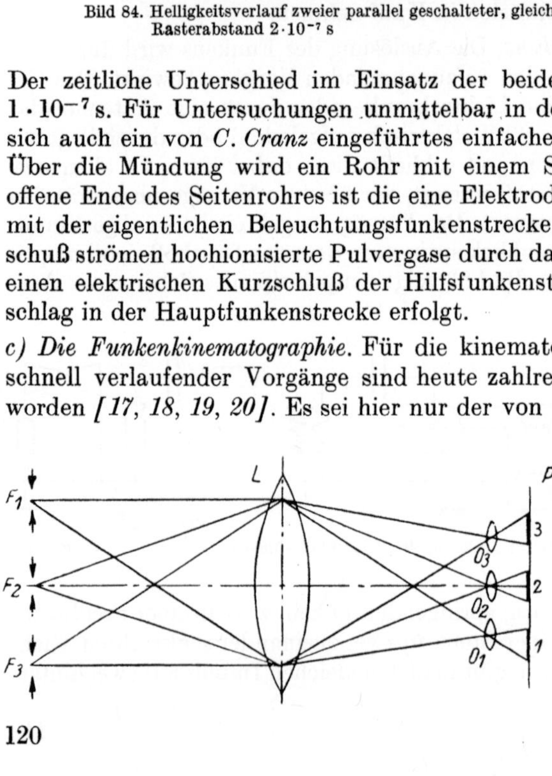

Bild 85. Optische Anordnung beim Millionenbilder-Kinematographen

120

zeichnet bewährt hat *[19a]*. Die optische Trennung der Bilder erfolgt folgendermaßen: In den Funkenstrecken $F_1, F_2 \ldots$ springen nacheinander Beleuchtungsfunken (Bild 85). Springt der Funke F_1, so wird die Linse L den Funken auf das Objektiv O_1 abbilden, das seinerseits den Vorgang (z. B. Geschoß an der Panzerplatte) auf der photographischen Platte als Bild 1 abbildet. Durch die anderen Objektive O_2, O_3, . . . gelangt kein Licht. Der gleiche Vorgang spielt sich beim Springen der anderen Beleuchtungsfunken ab. Damit ist eine Trennung der Bilder auf dem ruhenden Film erreicht. Die elektrische Schaltung zur Erzeugung der Beleuchtungsfunken ist in Bild 86

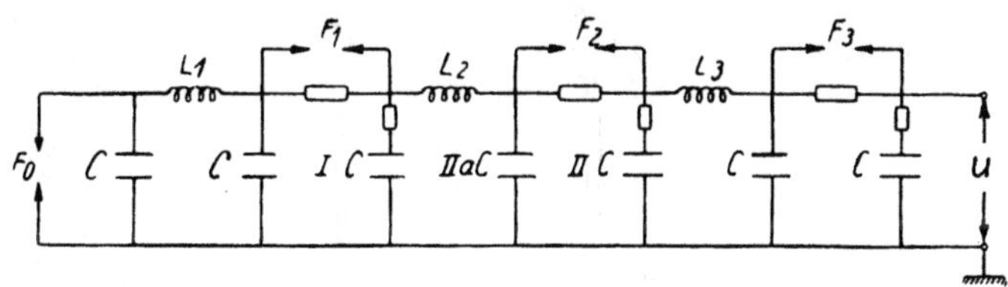

Bild 86. Schaltung nach *Cranz-Schardin*

dargestellt. Springt der Auslösefunken F_0, so wird der Beleuchtungsfunke F_1 eine bestimmte Zeit später springen. Der elektrische Schwingungsvorgang in Kreis I stößt den Kreis IIa an, an F_2 wird eine Spannung auftreten, F_2 springt, usf. Die mit Hilfe der Induktivitäten einstellbaren Verzögerungszeiten zwischen dem Springen der Funken, F_1, F_2, . . . bewegen sich zwischen $^1/_{5000}$ und $^1/_{3\,000\,000}$ s; d. h. man hat eine beschränkte Zahl von Funken F_1 . . . F_n, die mit einer Frequenz von 5000 bis 3 000 000 s^{-1} springen. Beim Panzerplattendurchschlag genügen zu einem genauen Studieren des Vorganges Funkenfrequenzen bis zu 100 000 s^{-1}, bei Untersuchungen von Detonationsvorgängen braucht man solche bis zu 3 000 000 s^{-1}.

Die bisher nach diesem Prinzip gebauten Anordnungen haben maximal 24 Beleuchtungsfunken und damit 24 Bilder, die in Frequenzen von 5000 bis 3 000 000 Hz aufgenommen werden können; die Bildzahl läßt sich aber noch weiter erhöhen.

Es ist zweckmäßig, den zeitlichen Abstand der Funken genau zu kennen. Man kann dann aus den Aufnahmen unter Zuhilfenahme von Festpunkten die Geschoßgeschwindigkeiten, Splittergeschwindigkeiten, Detonationsgeschwindigkeiten u. dgl. oder die auftretenden Verzögerungen und Kräfte ermitteln. Zu dem Zweck kann man die 24 Funken mit einem rotierenden Spiegel von bekannter Drehzahl auf einem Filmband abbilden.

Neuerdings steuert man getrennte Funkenkreise über elektronische Impulsgeräte, bei denen die Steuerung in das Gebiet der Niederspannung verlegt ist. Hierbei sind die zeitlichen Funkeneinsätze auf etwa $1 \cdot 10^{-7}$ s genau definiert *(A. Stenzel [19b])*.

Im allgemeinen wurde bisher in den optischen Freifluganlagen zu jedem Funkenstreckenpaar eine besondere Auslösevorrichtung (Antenne, Lichtschranke) verwendet. Einen besonderen Fortschritt stellt daher die geschwindigkeitsunabhängige Mehrfachfunkenauslösung mit innerer Zeitmessung dar. Hierbei kann durch eine einzige Lichtschranke prinzipiell eine beliebige Anzahl von Lichtblitzen mit einer Genauigkeit von $\pm\ 1\cdot10^{-7}$ s gesteuert werden. Derartige Anordnungen sind von *A. Stenzel* (3. Abschn. *[23]*) und *P. Devaux* (3. Abschn. *[24]*) entwickelt worden. *B. Koch* (3. Abschn. *[25]*) löst die Funkenblitze radioelektrisch unter Verwendung des Dopplereffektes (Sender von $\lambda = 3$ cm) mit etwa der gleichen Genauigkeit wie oben aus.

Von der Vielzahl der entwickelten Funkenzeitlupen sei noch kurz die elektronische Zeitlupe für große Bildzahl bei Schattenaufnahmen von *A. Stenzel* und *K. Vollrath [19c]* erwähnt. Diese Zeitlupe gestattet, bei Bildfrequenzen bis zu 60 kHz eine Gesamtzahl von 360 Bildern eines Vorganges aufzunehmen. Als Lichtquellen dienen 6 Xenonfunkenstrecken, die durch ein elektronisches Steuergerät wiederholt gezündet werden. Die Bildtrennung geschieht gleichzeitig mechanisch durch Filmtransport (Filmtrommel von 60 cm Umfang mit einer Umfangsgeschwindigkeit bis zu 80 m/s, dabei Bildbreite 1 cm) als auch optisch wie bei der *Cranz-Schardin*schen Zeitlupe. Die Energie eines einzelnen Funkens beträgt bei 5 kV und $C = 10^4$ pF nur $^1/_8$ Ws.

d) Anwendungen. In der Ballistik hat die Funkenphotographie und -kinematographie eine vielseitige Anwendung gefunden. Ballistische Probleme, die mit diesen Methoden untersucht werden können, sind u. a. folgende: Bewegungsvorgänge an der Waffe; Ausströmen der Pulvergase aus der Mündung und ihre Einwirkung auf das Geschoß; Untersuchungen am fliegenden Geschoß selbst (z. B. Verformung des Führungsbandes); Geschwindigkeits- und Luftwiderstandsmessungen; Wirkung im Ziel (Durchschußvorgänge, Detonationsvorgänge, Splittergeschwindigkeiten, Verhalten des Zünders).

Sprengstofftechnische Vorgänge: Ausbreitung von Detonationserscheinungen, Ermittlung der Schwaden- und der Detonationsgeschwindigkeit, Hohlladungsuntersuchungen, usf. Einige dieser Probleme, wie z. B. Detonationsvorgänge, können überhaupt nur durch die Funkenkinematographie mit ihrer beliebig hohen Bildzahl je Sekunde gelöst werden. Außerhalb der Ballistik liegen die Anwendungen der Funkenphotographie in der Untersuchung von Bruchvorgängen (insbesondere bei Gläsern *[H. Schardin]*), Motoruntersuchungen, Verbrennungsvorgängen, Einspritzvorgängen usf. *(H. Schardin [19a]).*

Von den obengenannten Anwendungsmöglichkeiten wollen wir noch einige Beispiele herausgreifen. Die Aufnahmen *87* und *88* wurden von *J. Gaebeler*, die *Aufnahmen 90, 92a, 92b* von *W. Struth* gemacht.

Ausströmen der Pulvergase aus der Mündung. Bild 87 zeigt eine kinematographische Aufnahme des Ausströmungsvorganges der Pulvergase aus der Mündung beim Abschuß einer 2-cm-Sprenggranate. Vor der Mündung befindet sich ein dünner Pappstreifen. Die Sprenggranate hat eine Anfangsgeschwindigkeit von 820 m/s. Das Geschoß dichtet im Lauf verhältnismäßig gut ab. Nachdem das Geschoß die Mündung verlassen hat, überholen die Pulvergase zunächst das Geschoß; sie erreichen dabei eine Geschwindigkeit von über 1400 m/s.

Bild 88 zeigt den Detonationsvorgang einer 2 cm-Sprenggranate. Dabei beträgt die Bildfrequenz $2400\,\mathrm{s}^{-1}$ bei den Bildern 1 bis 5 und $260\,000\,\mathrm{s}^{-1}$ bei den Bildern 5 bis 24.

Durchschuß einer Panzerplatte. Aus einem Beschuß einer Panzerplatte läßt sich nur die von dem Geschoß an der Panzerplatte hervorgerufene Wirkung feststellen, dagegen praktisch nichts über den eigentlichen Durchschlagsvorgang aussagen. Hierbei interessiert aber sehr das Verhalten des Geschosses während des Durchschlags und nach demselben (Zerspringen, Stauchen, Funktion des Zünders od. dgl.) sowie das Verhalten der Panzerplatte während des Geschoßdurchganges, da aus der Kenntnis dieser Vorgänge Anforderungen an Geschoß, Zünder und Panzerplatte gestellt werden können. Die Beantwortung dieser Fragen ist nur durch die elektrische Funkenphotographie und -kinematographie möglich.

Die Anordnungen zu funkenkinematographischen Aufnahmen eines Panzerplattendurchschusses sind in Bild 89 gezeigt. Zum Schutz der Optik vor Splittern wird die Panzerplatte in einen splittersicheren Kasten gebracht, der Ein- und Ausschußöffnungen sowie mit splittersicherem Sigla-Glas versehene Fenster zum Durchtritt der Lichtstrahlen besitzt. Der Kasten kann fortfallen, wenn man durch vier Spiegel die Lichtstrahlen so lenkt, daß die Optik bis auf zwei Spiegel außer Gefahrenbereich liegt, bzw. durch Blenden geschützt werden kann.

Bild 90 stellt den Durchschuß einer 2-cm-Panzergranate durch eine Panzerplatte von 27 mm Stärke dar. Aus den Aufnahmen ersieht man deutlich den mechanischen Ablauf des Durchschußvorganges, das Verhalten des Geschosses während des Durchschusses und danach; weiter kann die Geschwindigkeit des Geschosses vor dem Durchschuß berechnet werden.

Bild 91 zeigt den bei diesem Durchschuß (Bild 90) entstehenden Verlauf der Verzögerung des Geschosses *(W. Struth)*. Die größte Verzögerung beträgt rund das Einmillionfache der Fallbeschleunigung. Man sieht hieraus. was für eine außerordentlich große Beanspruchung einem Panzergeschoß zugemutet wird.

Bild 92 a und Bild 92 b zeigen den Schrägbeschuß einer Panzerplatte (Aufnahme von *W. Struth*).

Der Panzerplattendurchschuß ist ein wichtiges Problem der angewandten Ballistik, bisher jedoch experimentell systematisch wenig durchforscht. Die Funkenkinematographie kann viele der angedeuteten Fragen lösen. Dabei liegt, wie noch bemerkt sei, prinzipiell keine Begrenzung auf kleine Kaliber

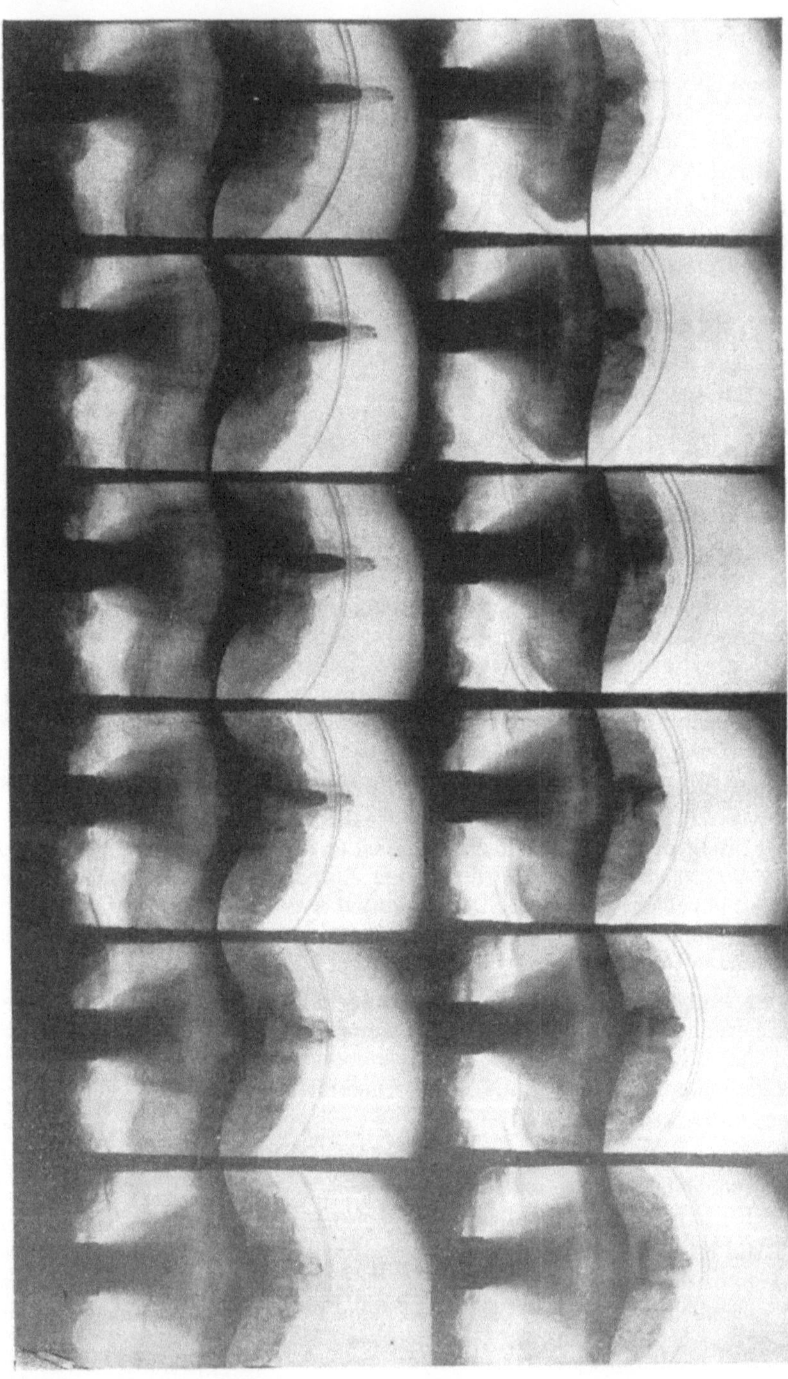

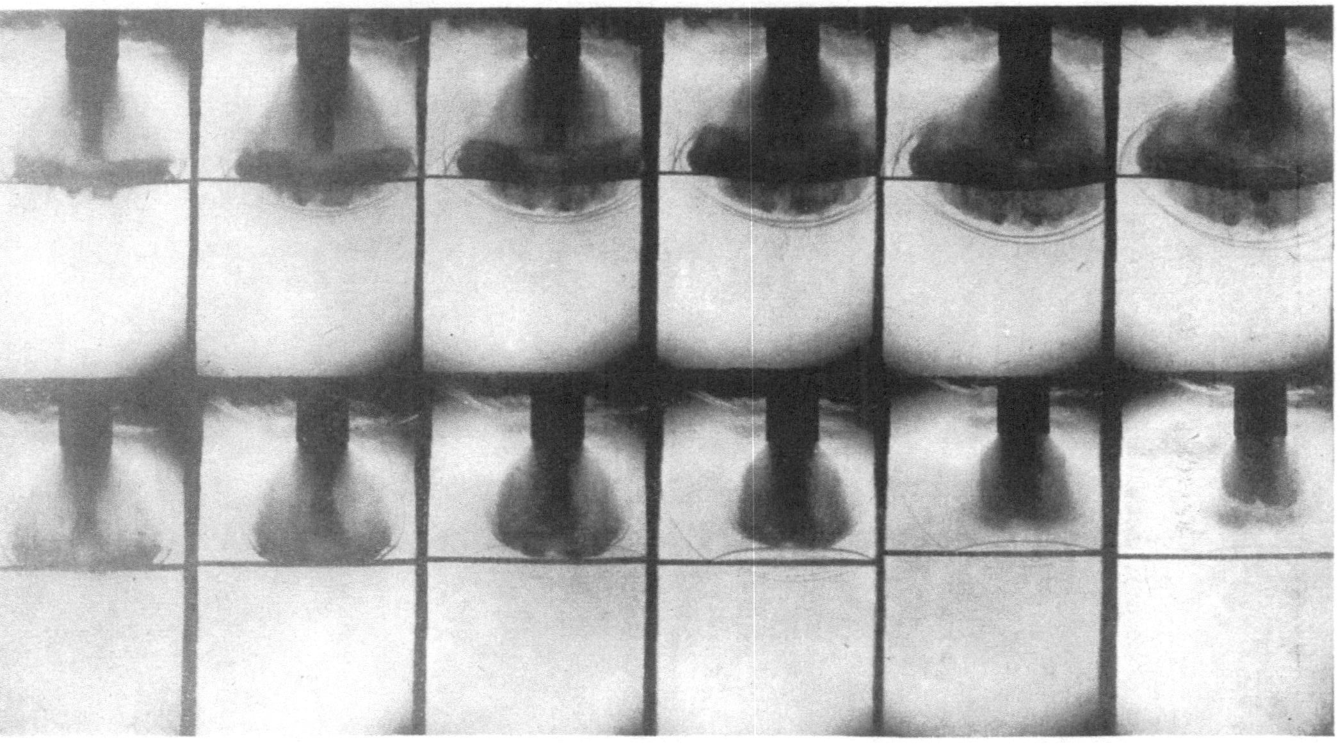

Bild 87. Ausströmung der Pulvergase aus der Mündung

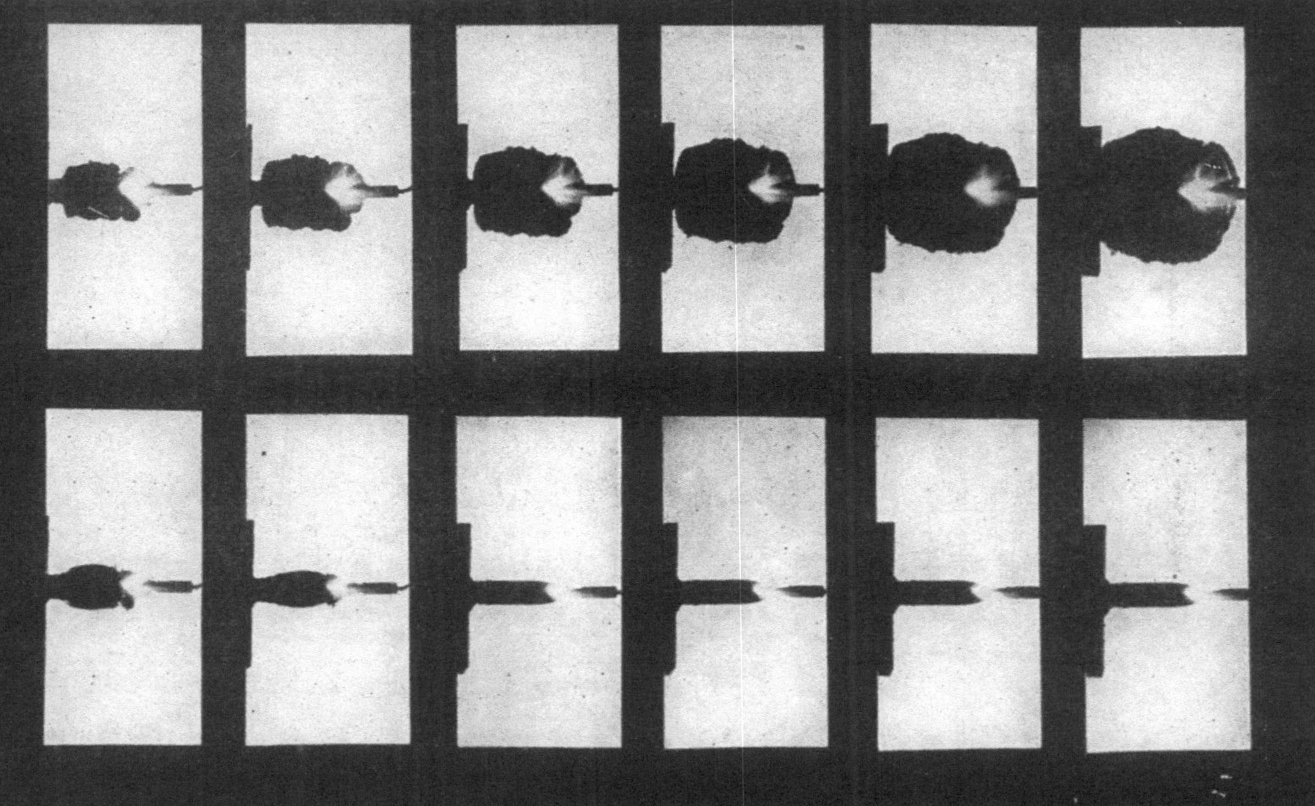

Bild 88. Detonationsvorgang einer 2-cm-Sprenggranate

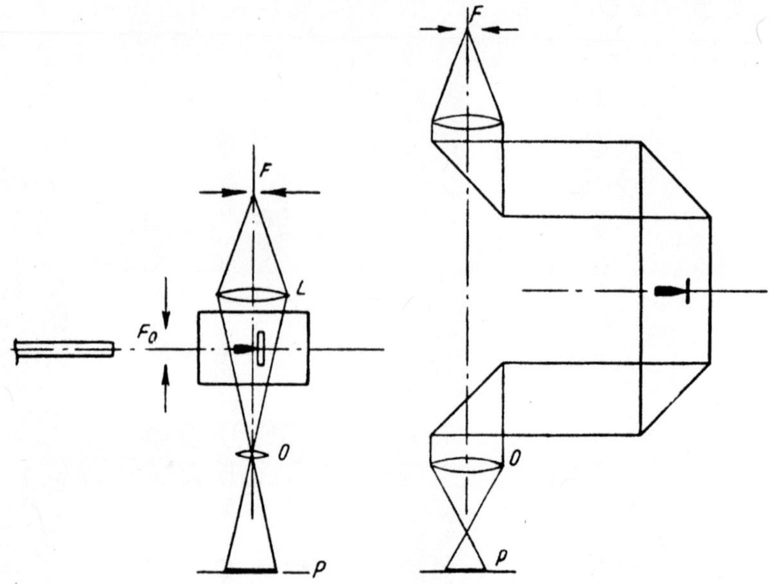

Bild 89. Anordnungen zur funkenkinematographischen Aufnahme eines Plattendurchschusses

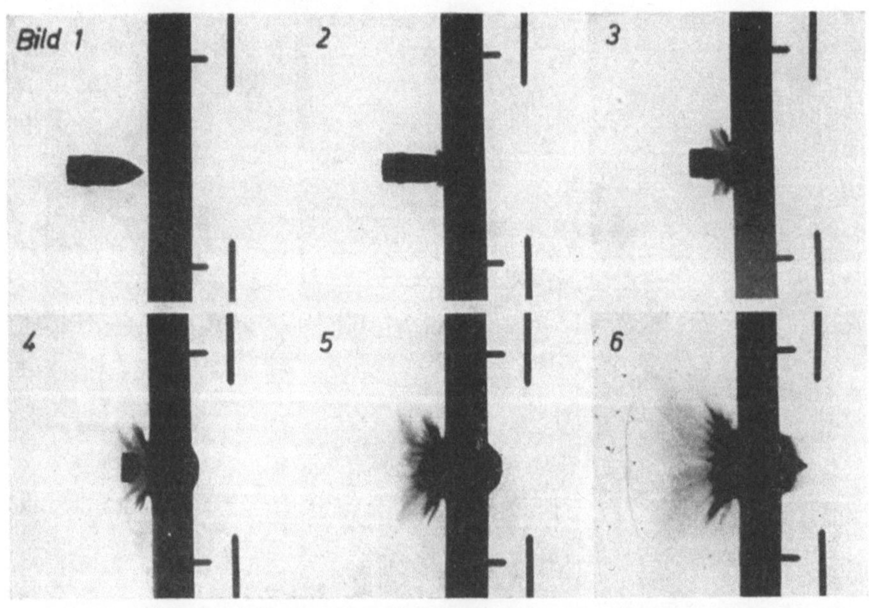

Bild 90. Durchschuß einer 2-cm-Panzergranate durch eine Panzerplatte

vor, vielmehr können durch entsprechende Wahl der Optik (große Brennweite der Linse oder Erzeugung parallelen Lichts mit zwei Linsen oder Hohlspiegeln) auch große Kaliber untersucht werden *R. E. Kutterer* hatte hierzu die Anordnung (Bild 93) entwickelt, welche auch in mehrfacher Verwendung (4fach) zum Studium des Verlaufs des Panzerplattendurchschusses dienen sollte.

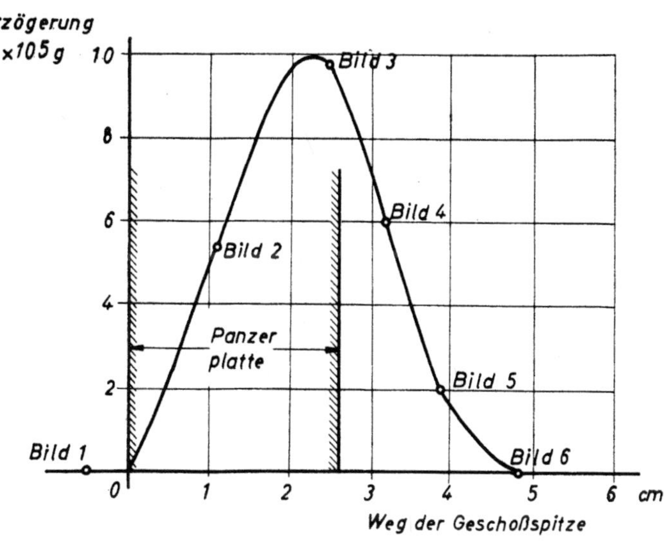

Bild 91. Verzögerung beim Panzerplattendurchschuß von Bild 90

e) Kurzzeitverschlüsse (H. Schardin und *E. Fünfer [17]).* Zur Erweiterung des Anwendungsbereiches der Funkenphotographie auf die Untersuchung selbstleuchtender Vorgänge, wie z. B. einer Detonation oder der Vorgänge an der Mündung einer Waffe, muß man besondere Maßnahmen treffen, um das Eigenleuchten des Vorganges zu unterdrücken bzw. es zeitlich zu begrenzen. Man kann dies dadurch erreichen, daß man vor das Aufnahmeobjektiv ein Filter setzt, das nur das vom Funken ausgehende Licht durchläßt. Man kann aber auch den Strom oder die Spannung des Beleuchtungsfunkens dazu benutzen, kurzzeitig Verschlüsse zu öffnen, die sich vor dem Objekt befinden. Durch diese Erweiterung kann man gleichzeitig Vorgänge bei Tageslicht untersuchen.

Als derartige kurzzeitige Verschlüsse, deren Öffnungsdauern in der Größenordnung von 10^{-6} s bis unterhalb von 10^{-8} s liegen, hat man elektrooptische und magnetooptische Effekte herangezogen, den *Kerreffekt* und den *Faradayeffekt.* Weiter hat man auch den elektronenoptischen Bildwandler als Kurzzeitverschluß verwendet.

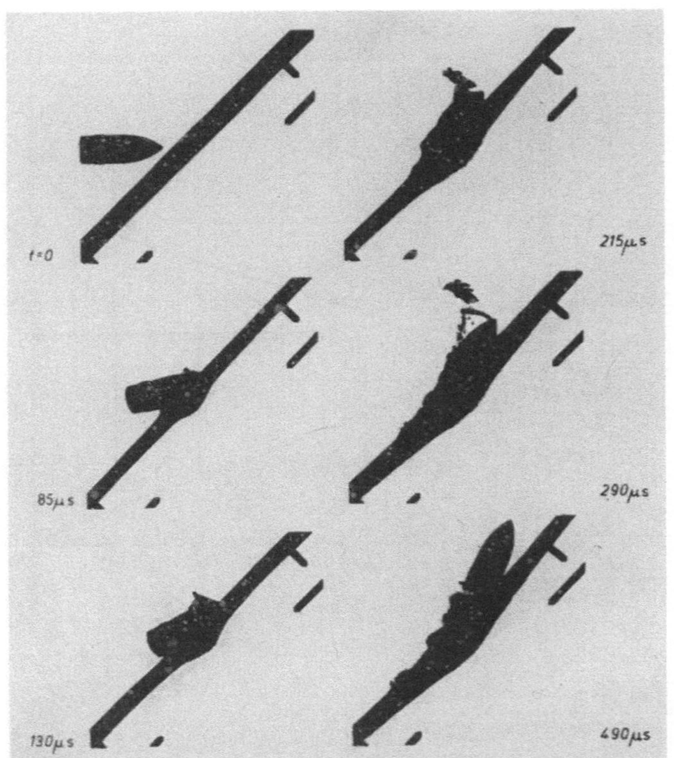

Bild 92a und b; Schrägbeschüsse einer Panzerplatte

$\varkappa$) Der **Kerrzellenverschluß**, auf den *H. Schardin* hinwies, basiert auf dem Kerreffekt (S. 97). Die Kerrzelle wurde als Modulationsorgan zuerst von *Karolus* in der Tonfilmtechnik verwendet und 1932 von *Cranz, Kutterer* und *Schardin* im Kerreffektchronographen (S. 97). *E. Fünfer* entwickelte 1939 im Institut von *H. Schardin* mit Hilfe des Kerreffektes einen Kurzzeitverschluß mit großer Öffnung, so daß normale Objektive verwendet werden konnten. Bei Benutzung eines Leitz-Xenon-Objektivs muß der optische Querschnitt des Kerrzellenverschlusses etwa 34 mm betragen bei einer Tiefe von 20 mm. Die praktische Ausführung eines Verschlusses von *E. Fünfer* zeigt Bild 94.

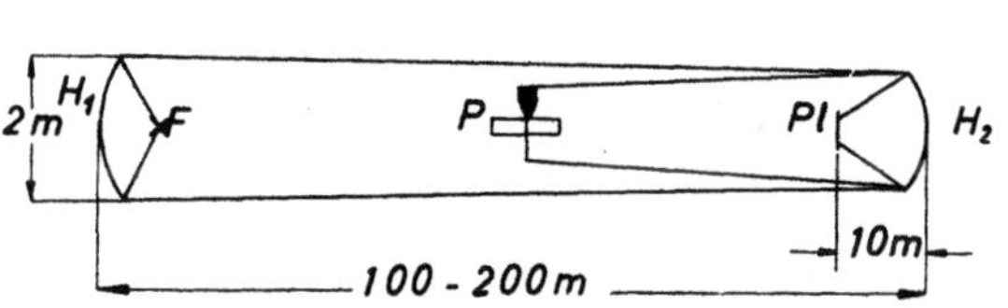

Bild 93. Anordnung für großkalibrige Beschüsse

H_1 = Flakscheinwerferspiegel
H_2 = Hohlspiegel von Zeiß
F = Funkenstrecke
Pl = Photographische Platte
P = Panzerplatte

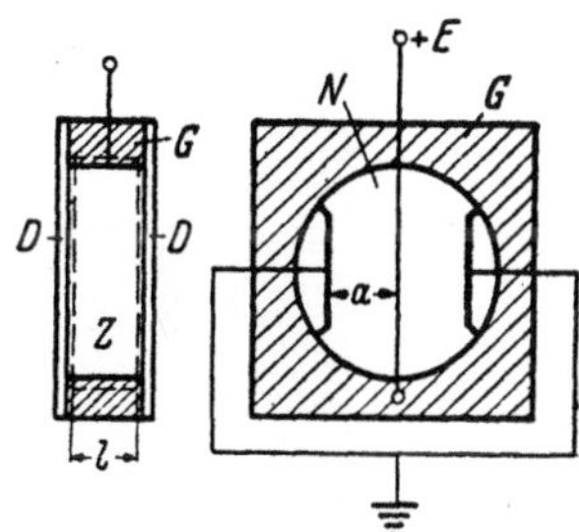

Bild 94
Kerrzellenverschluß von *E. Fünfer*

Die Kapazität einer solchen Zelle liegt bei etwa 30 pF. Die Öffnungszeit des Verschlusses ist durch die Dauer der Aufladung und Entladung der Zellen und die Trägheit der elektrischen Schaltelemente begrenzt und liegt praktisch etwa zwischen $1 \cdot 10^{-7}$ und $1 \cdot 10^{-8}$ s. Die benötigte Hellspannung liegt bei 40 kV. Als Polarisatoren werden Zeiss-Folien benutzt. Da das Sperrvermögen der Folie nicht ausreicht, um eine Schwärzung empfindlicher photographischer Schichten hinter den gekreuzten Folien bei hellem Tageslicht und Belichtungszeiten von länger als etwa $1/_{10}$ s zu verhindern, schaltet man hinter den Kerrzellenverschluß noch einen mechanischen Verschluß. *E. Fünfer* [20] hat die in Bild 95 dargestellte Steuerschaltung angegeben, mit der der Verschluß geöffnet und gleichzeitig der Beleuchtungsfunke ausgelöst wird, so daß die maximale Intensität des Funkenlichts in die Öffnungszeit der Zelle fällt. Die Öff-

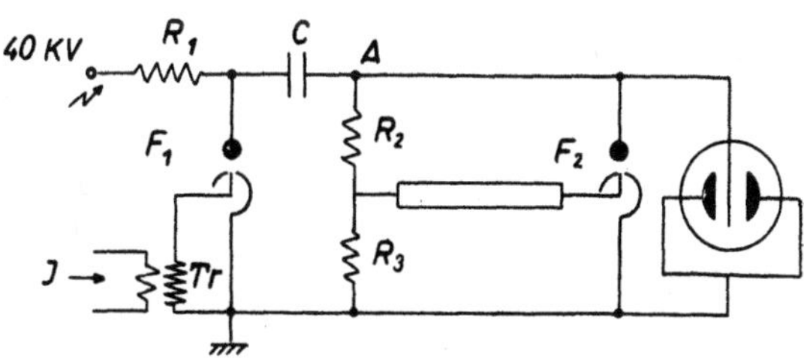

Bild 95. Schaltung des Kerrzellenverschlusses von *E. Fünfer*

nungszeit kann mit dieser Schaltung auf etwa $1 \cdot 10^{-7}$ s herabgedrückt werden.

Der Stoßkondensator C (0,01 μF) entlädt sich bei Zündung von F_1 infolge eines Impulses I über den Spannungsteiler R_2 (1 kΩ) und R_3 (100 Ω), wobei der Kerrzellenverschluß geöffnet wird (Bild 95). Die Schließung der Zelle erfolgt nach einer durch eine Verzögerungskette gegebenen Zeit. Man erhält praktisch einen Rechteckstoß (Bild 96). *E. Fünfer* gibt an, daß die maximale Streuung der Öffnungszeiten bei konstanter Aufladespannung von 40 kV bei einer mittleren Öffnungszeit von 0,68 μs bei neun Messungen

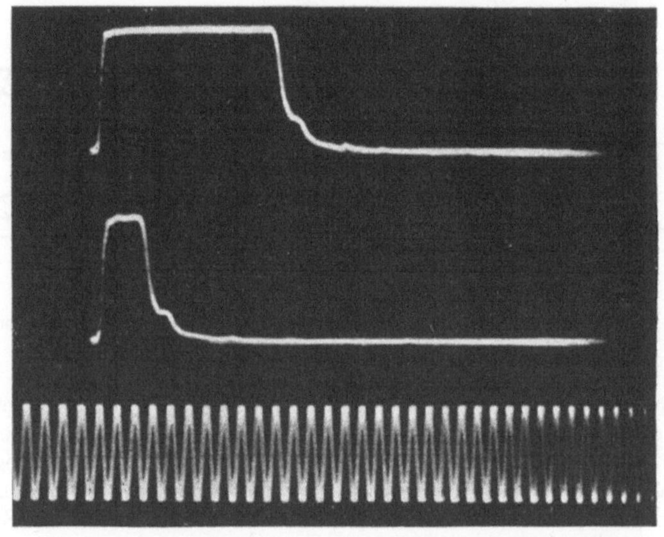

Bild 96. Öffnungscharakteristik des Kerrzellenverschlusses.
Belichtungszeiten: 1 und 0,25 μs. Vergleichsfrequenz: 10 MHz

nur $\pm$ 0,05 $\triangleq$ $\pm$ 8 $^0/_0$ betrug. Bild 97 und 98 zeigen zwei Kerrzellenaufnahmen von *E. Fünfer* und *W. Müller*, Bild 97 einen Treibspiegel mit einem Geschoß im Fluge, Bild 98 die Trennung des Treibspiegels vom Geschoß und seine Ablenkung nach unten durch Berührung einer Panzerplatte während des Fluges. (Eine von *R. E. Kutterer* und *E. Raetsch* entwickelte Anordnung zur Trennung von Geschoß und Treibspiegel beim Verschießen von Flügelgeschossen in Freifluganlagen.) Bild 99 zeigt die Kerrzellenaufnahme einer detonierenden Hohlladung (Aufnahme von *E. Fünfer* und *W. Müller*, vgl. dazu *E. Fünfer* und *R. Schall [21]*). *W. Müller* entwickelte eine Einzel-Kerrzellenanordnung, die sich insbesondere beim Einsatz auf dem Versuchsplatz bewährt hat.

132

Bild 97. Kerrzellenaufnahme eines Treibspiegels mit einem Geschoß im Fluge

β) Der Faradayverschluß *(H. Schardin* und *E. Fünfer [17]* sowie *D. Elle [22])*. Ihm liegt der magnetooptische Faradayeffekt zugrunde, der darin besteht, daß in einem durchsichtigen Stoff, z. B. Flintglas, der sich in einer stromdurchflossenen Zylinderspule befindet, infolge des magnetischen Feldes die Schwingungsebene durchfallenden linear polarisierten Lichtes gedreht

Bild 98. Kerrzellenaufnahme der Trennung von Geschoß und Treibspiegel

Bild 99. Kerrzellenaufnahme einer detonierenden Hohlladung

wird. An den beiden planparallel geschliffenen Enden des Glaskörpers befinden sich zwei gekreuzte Polarisationsfilter. Sind Lichtrichtung und Magnetfeldrichtung parallel, so besteht zwischen dem Drehungswinkel α (min), der Magnetfeldstärke H (Oe) und der Länge L (cm) der durchstrahlten Schicht die Beziehung $\alpha = \omega\,HL$, wo ω die *Verdet*sche Konstante ist. Einen besonders hohen Wert hat diese bei schwerem Flintglas; für $\lambda = 5893$ Å ist $\omega = 0{,}0647$ min/(Oe cm). Der Faradayeffekt ist praktisch trägheitsfrei, er ist kleiner als 10^{-10} s. Die Verschlußzeit des Faradayverschlusses ist durch die elektrischen Elemente der Schaltung gegeben und bei etwa 1 μs begrenzt. Vorteil des Faradayverschlusses: Großer Öffnungswinkel, einfacher Aufbau. Nachteil: Begrenzung auf 1 μs, relativ schlechter optischer Wirkungsgrad und Inhomogenität der Lichtverteilung. Eine Schaltung zur Öffnung des Faradayverschlusses mit gleichzeitiger Erzeugung eines Beleuchtungsfunkens haben *Edgerton* und *Wyckhoff [23]* angegeben.

Vor, zwischen und hinter die schweren Flintglaskörper A und B sind drei Polarisationsfilter zur Erhöhung des Sperrfaktors angebracht, wobei 1 und 3 parallel und 2 zu 1 und 3 gekreuzt angeordnet sind. Der Widerstand des Gleitfunkens ist so gewählt, daß der Kreis C, Sp, F angenähert aperiodisch gedämpft ist. Das Magnetfeld zur kurzzeitigen Öffnung des Verschlusses wird durch Entladung des Kondensators C über die einlagige Spule Sp und die Xenon-Gleitfunkenstrecke erzeugt. *Edgerton* und *Wyckhoff* erhalten bei der Entladung des Kondensators von $C = 4\ \mu$F, der auf 8 kV aufgeladen ist, eine Öffnungszeit von einigen μs.

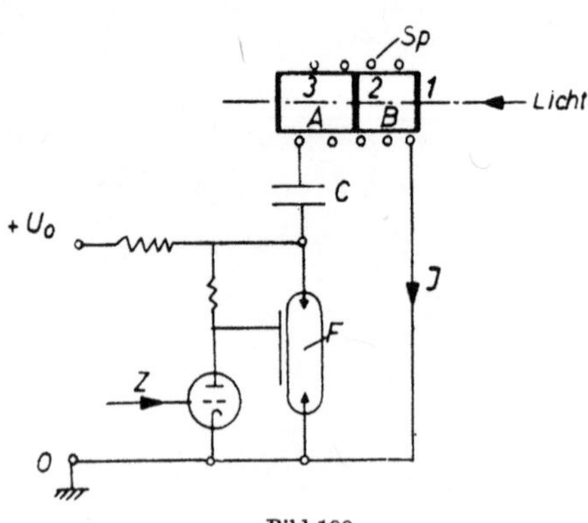

Bild 100
Schaltung zur Öffnung des Faradayverschlusses

134

D. Elle verwendet fünf Faradayverschlüsse mit fünf getrennten Beleuchtungsfunkenstrecken zum Aufbau einer Anlage für Reihenvorderlichtaufnahmen in Zeitabständen von $3 \cdot 10^{-6}$ bis $2 \cdot 10^{-4}$ s. Als Objektive benutzte er Zeiss-Sonnare 1:2 ($f = 5$ cm), die mit je einem magnetooptischen Verschluß versehen sind.

Rechenbeispiel für einen Faradayverschluß: Verwendet werde ein Flintglaskörper von $r = 3$ cm Radius und $l = 6$ cm Länge mit $\omega = 0,0647$ mm/(Oe cm). Der hindurchgehende Lichtstrom E ist durch $E = E_0 \sin^2 \alpha$ gegeben. Die in einem kurzen vom Strom I durchflossenen Solenoid entstehende magnetische Feldstärke H beträgt in Oe

$$H = K \cdot 0,4 \, \pi \, n \, I,$$

wo I die Stromstärke in A, n die Zahl der Windungen je cm, K eine Konstante, die vom Verhältnis l/r abhängt ($l =$ Länge des Solenoids, r sein Radius) und für $l/r = 2$ den Wert $K = 0,62$ besitzt.

Für $\alpha = 60°$ erreicht man bereits etwa $80\,\%$ Durchlässigkeit, wir wollen uns daher mit diesem Wert des Drehungswinkels begnügen. Wir berechnen dann die magnetische Feldstärke aus $H = \alpha/(\omega L) = 60 \cdot 60/(0,0647 \cdot 6) = 9280$ Oe. Mit $n = 1$ Windung/cm erhält man $I = H/(K \cdot 0,4 \, \pi \, n) = 9280/(0,62 \cdot 0,4 \cdot 3,41) = 11\,900$ A. Die Induktivität des Solenoids beträgt $L = K \pi^2 n^2 \, 4 \, r^2 \, l \cdot 10^{-9}$ (H). Mit den obigen Werten wird $L = 1,32 \cdot 10^{-6}$ H. Entlädt sich der auf die Spannung U_0 aufgeladene Kondensator C, so läßt sich roh angenähert die halbe Schwingungszeit des Kreises $\tau/2 = \pi \sqrt{LC}$ als Dauer des Öffnungsimpulses ansehen. Der maximale Strom $I_{\max}$ ist bei Vernachlässigung der Dämpfung $I_{\max} = U_0 \sqrt{C/L}$. Mit $U_0 = 40$ kV erhält man

$$C = I_{\max}^2 \, L/U_0^2 = 0,117 \, \mu F \quad \text{und} \quad \tau/2 = 1,2 \, \mu s.$$

γ) Der Bildwandler. Die ersten Versuche zur Benutzung des Bildwandlers als Kurzzeitverschluß wurden 1942 im Institut von *H. Schardin* in Berlin-Gatow durch *E. Fünfer* durchgeführt. Prinzip des Bildwandlers: Der Bildwandler B transformiert das optische Bild des zu untersuchenden Vorganges,

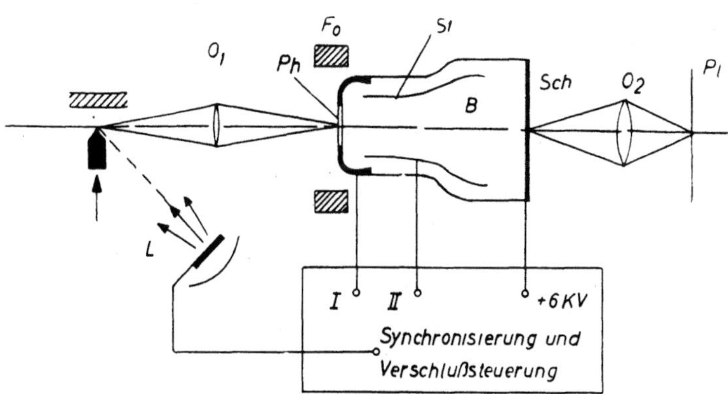

Bild 101. Prinzip des Bildwandlers. Anordnung zur Aufnahme eines Panzerplattenbeschusses

welches das Objektiv O_1 auf der halbdurchlässigen Photokathode *Ph* (Caesium-Antimon-Kathode) entsteht, in ein Elektronenbild, das auf den fluoreszierenden Leuchtschirm *Sch* (aus Zinksulfid) durch ein elektronen-optisches System (Spule F_0, Gitter- und Anodenspannung) fokussiert wird. Das Bild auf dem Schirm wird durch das Objektiv O_2 auf die photographische Platte *Pl* abgebildet (Bild 101).

Die Anwendung des Bildwandlers *(J. A. Jenkins* und *C. A. Chippendale [24])* als sehr schneller photographischer Verschluß beruht darauf, daß die Elektronenstrahlen, welche das Zwischenbild auf dem Schirm erzeugen, praktisch trägheitslos mit der Steuerelektrode *St* gesteuert werden können. Man kann die Elektronenstrahlen kurzzeitig unterdrücken, durchlassen oder ablenken. Im Ruhezustand hat die Photokathode dasselbe Potential wie das Steuergitter (3 kV), die Elektronen können die Photokathode nicht verlassen. Zur Öffnung des „Bildwandlerverschlusses" wird die Photokathode mittels elektronischer Schalter auf das Potential Null und zum Schließen des Verschlusses auf ein schwach negatives Potential (≈ -100 V) gebracht. Als Schalter werden Wasserstoffthyratrons verwendet. Auf diese Weise sind bereits Einzelaufnahmen von ballistischen Vorgängen mit Be-lichtungszeiten bis herab zu $3 \cdot 10^{-8}$ s hergestellt worden. Es können nicht-leuchtende oder selbstleuchtende Vorgänge aufgenommen werden, wobei entsprechende Synchronisierung zwischen dem zu untersuchenden Vorgang, der etwaigen Lichtquelle (z. B. eines Elektronenblitzes) und der Steuer-elektrode des Bildwandlers notwendig ist.

Will man einen Vorgang kinematographisch mit sehr hoher Frequenz (10^6 bis 10^9 s^{-1}) aufnehmen, so kann man dies z. B. mit einer begrenzten Bild-zahl auf ruhender Platte erreichen. Zu dem Zweck wird ein Bild durch den Bildwandler auf dem Leuchtschirm erzeugt, welches nur einen Teil des Leuchtschirmes einnimmt. Dieses kleine Bild wird dann durch horizontale und vertikale Ablenkung mittels zwei Spulen jeweils auf verschiedene Stellen des Schirmes gelegt. Man hat bereits 9 Positionen und damit 9 Bilder er-reicht und glaubt mit zukünftigen Röhren mit großem Schirm 25 Posi-tionen bzw. 25 Bilder erreichen zu können. Ein Vorteil des Bildwandlerver-schlusses gegenüber der Kerrzelle ist seine größere Lichtausbeute.

26. Methoden zur unmittelbaren Messung von schnellverlaufenden Druckänderungen in Luft

Die räumliche Druckverteilung um ein fliegendes Geschoß oder der Druck-verlauf in der Stoßwelle eines detonierenden Sprengstoffes läßt sich wie oben dargelegt mit Hilfe des Schlierenverfahrens und mit dem Interferenzrefrak-tor ermitteln, indem man aus der räumlichen Verteilung der Brechzahl zu-nächst auf die Dichteverteilung und von dieser auf die Druckverteilung schließt. Die Berechnung des Druckfeldes aus diesen Messungen erfordert

136

bei beiden Methoden einen erheblichen Rechenaufwand. Wesentlich schneller erhält man die Druckverteilung, wenn man den Druckverlauf unmittelbar mittels mehrerer druckempfindlicher, möglichst punktförmiger Meßorgane registriert, über welche die sich mit dem Geschoß mitbewegende Druckwelle hinwegläuft. Dabei wird man die Meßorgane in verschiedener Entfernung von der Geschoßbahn aufbauen. Als derartige druckempfindliche Meßorgane (Mikrophone) kann man einen piezoelektrischen Empfänger oder ein Kondensatormikrophon oder die Ionensonde von *H. Oertel* benutzen. An das Meßorgan sind im wesentlichen zwei Anforderungen zu richten:

1. Das Meßorgan soll möglichst klein sein und das auszumessende Druckfeld nicht deformieren (falls doch, muß die Möglichkeit einer Umrechnung bestehen).

2. Das Meßorgan muß möglichst trägheitslos arbeiten, um die steilen Anstiege (z. B. bei der Druckwelle eines Infanteriegeschosses) richtig wiederzugeben, die eine Frequenzübertragung in der Größenordnung von 10^6 Hz verlangen.

Solche Druckmessungen hat *G. Turetscheck [25]* mit Quarzen für hohe Frequenzen (Einschwingzeit $5 \cdot 10^{-7}$ s, Durchmesser der Quarzscheibe 8 mm, Dicke 3 mm) durchgeführt.

Der grundsätzliche Aufbau des Quarzempfängers ist aus Bild 102 ersichtlich Eine Quarzelektrode von rund 3 mm Dicke und 8 mm Durchmesser (Eigen

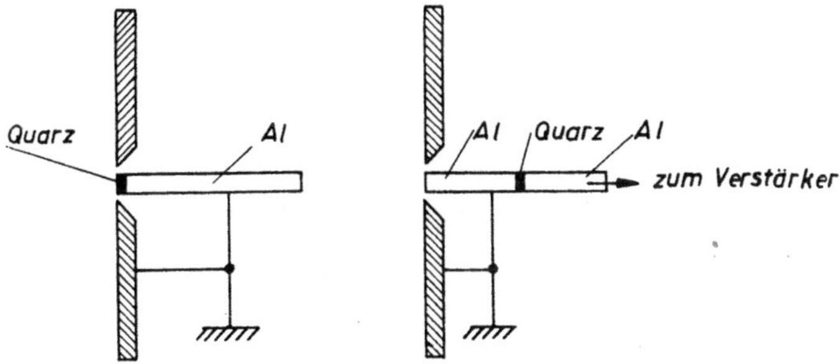

Bild 102. Druckmessung mit Quarzen

frequenz 10^6 Hz bei einer Schallgeschwindigkeit des Quarzes von 5800 m/s) ist an eine Stange von gleichen akustischen Daten gekittet. Die Reflexionswand, auf die die Welle von links aufläuft, hat eine Bohrung, in die der zylindrische Quarz hineinragt, ohne die Wand zu berühren. Er bildet mit ihr eine Ebene. Der bei der Reflexion an der Wand entstehende veränderliche Druck pflanzt sich als Druckwelle in den Quarz und die angekittete Stange fort. Dabei wird der am Ort des Quarzes jeweils herrschende Druck trägheitsfrei in entsprechende Ladungen umgesetzt, die verstärkt dem Elektronenoszillographen zugeführt werden. Der Übergang der Druckwelle vom Quarz zur Stange erfolgt reflexionsfrei, wenn $(E/a)_{Quarz} = (E/a)_{Stange}$ (E = Elastizitätsmodul, $E = a^2\varrho$), was bei Quarz und Aluminium zutrifft. Die Mindestlänge der Stange richtet sich nach der Länge der zu registrierenden Stoßwelle. Hat diese z. B. eine Dauer von $2 \cdot 10^{-4}$ s, so wird man die Stange etwa 1 m lang machen, um keine Störungen durch die am Stangenende reflektierten Wellen zu erhalten. Die beschriebene Anordnung wurde von *Turetscheck* verbessert, indem er die Quarze zwischen zwei Aluminiumstangen kittete. Dadurch können elektrische Störungen vermieden werden.

Turetscheck untersuchte weiter Knallwellen von detonierendem Sprengstoff mittels eines Kondensatormikrophons (Eigenfrequenz etwa 25000 Hz mit Membrandurchmesser von 20 mm).

H. Oertel [26] verwendete die *Koronasonde* zur Messung der Dichteänderungen schnellverlaufender Turbulenzvorgänge sowie von Verdichtungsstößen,

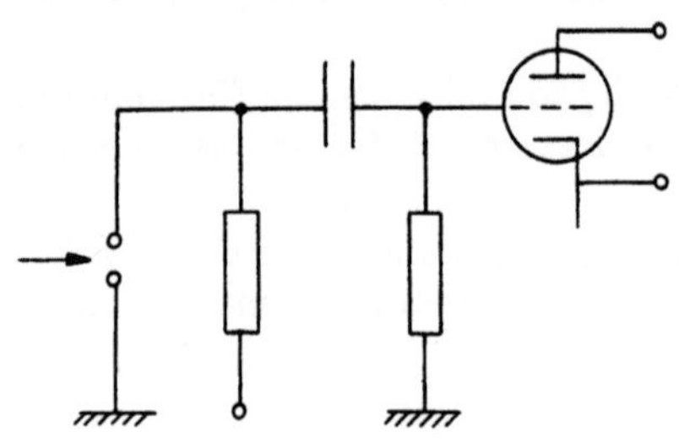

Bild 103. Prinzipschaltung für die Koronasonde

wie sie beim Flug von Geschossen mit Überschallgeschwindigkeit und bei Explosionen auftreten. Das Prinzip der Koronasonde ist aus Bild 103 ersichtlich.

Zwischen zwei Platinkugelelektroden von 0,2 bis 2,0 mm Durchmesser fließt ein Koronastrom, dessen Größe bei konstanter Spannung außer vom Elektrodendurchmesser und dem Elektrodenabstand, der einige mm beträgt, von der Dichte des dazwischenliegenden Mediums abhängt. Messungen von *H. Oertel* ergaben eine gute Wiedergabe des Verlaufs der Dichte in einer Knallwelle. Die Messung erfolgt praktisch punktförmig, trägheits- und rückwirkungsfrei. Die Signalanstiegszeit beim Einfall eines Verdichtungsstoßes lag bei etwa 10^{-6} s. Das Verfahren von *H. Oertel* ist sehr aussichtsreich.

27. Photographie und Kinematographie mit Hilfe von Röntgenblitzen

a) Röntgenblitzphotographie. Bei der ballistischen Röntgenblitzphotographie *(R. Schall [27], W. Schaafs [28])* benutzt man die bei der Entladung eines Kondensators über eine Röntgenröhre auftretende kurzzeitige intensive Röntgenstrahlung zur Durchleuchtung. Man kann Aufnahmen schnell veränderlicher Vorgänge mit Belichtungszeiten von $1 \cdot 10^{-7}$ s herstellen, wobei man eine Energie von etwa 100 Ws verwendet und je nach der Problemstellung Kondensatoren auf 10 kV bis 1 MV aufladt und über ein hochevakuiertes Rohr mit kalter Kathode entlädt. Die Anode, auf die Stromspitzen bis zu

138

einigen 1000 A auftreffen, emittiert kurzzeitig eine Röntgenstrahlung, die
den zu untersuchenden Vorgang (z. B. Detonation, Geschoß im Rohr, usw.)
durchleuchtet und ein Schattenbild auf einem Film hervorruft. Durch geeignete Ausgestaltung der Anode läßt sich ein sehr kleiner Brennfleck erhalten, wodurch verhältnismäßig scharfe Bilder erzielt werden. Zur Synchronisierung von Blitz und Vorgang ist das Röntgenrohr meist mit einer
Zündelektrode versehen. Bild 104 zeigt eine Röntgenanordnung *(R. Schall
[29])* zur Aufnahme eines Detonationsvorganges. Die Synchronisierung von

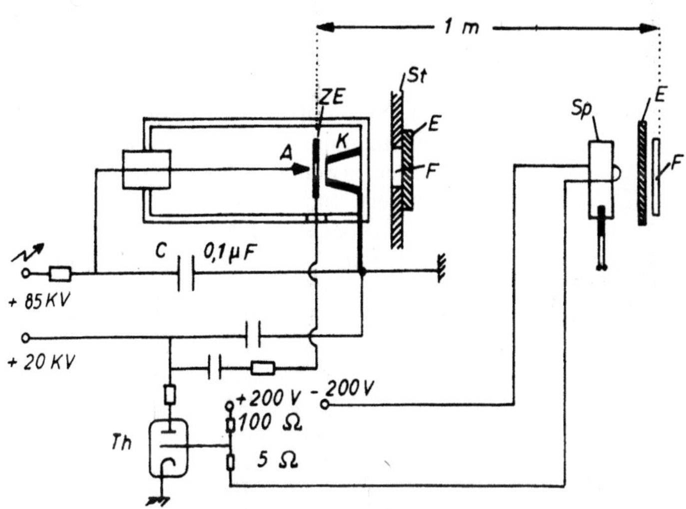

Bild 104. Röntgenanordnung zur Aufnahme eines Detonationsvorganges

Detonation und Röntgenblitz geschieht dadurch, daß die Detonation einen
den Sprengkörper umschlingenden Draht zerreißt. Durch die Stromunterbrechung wird das Gitter eines Hochspannungsthyratrons *Th* positiv aufgeladen, ein dadurch hervorgerufener Spannungsstoß von etwa 20 kV wird
auf die Zündelektrode des Röntgenrohres gegeben, wodurch die Entladung
des Kondensators *C* und damit der Blitz ausgelöst wird. Zwischen der Unterbrechung des Stromes im Draht und dem Blitz liegt eine Zeit von etwa 3 bis
5 μs.

b) Röntgenblitzkinematographie. Bei reproduzierbaren Vorgängen kann man
einen Überblick über den Gesamtablauf durch Serien von Einzelaufnahmen
verschiedener Phasen des Vorganges erhalten. Man kann auch mehrere
Bilder des gleichen Vorganges erhalten, indem man mehrere Rohre verwendet, welche, zu verschiedenen Zeiten ausgelöst, den Vorgang allerdings
unter verschiedenen Gesichtswinkeln wiedergeben.

G. Thomer [30] entwickelte ein Doppelrohr, bei dem zwei Entladungsstrecken im gleichen Vakuumraum vereinigt sind. Es konnten so zwei Bilder des gleichen Vorganges durch projektive Trennung der Bilder in beliebigen Zeitabständen erhalten werden.

Es sind auch Röntgenblitzrohre mit einer längeren Folge von Blitzen über die gleiche Entladungsstrecke entwickelt worden *[29]*; die mögliche Frequenz bleibt jedoch aus Gründen der Ionisierung der Entladungsstrecke in der Größenordnung von 1000 s^{-1}. *G. Thomer* erreichte bei kurzen Serien eine Frequenz von 5000 s^{-1}.

c) Anwendungen. Die Röntgenblitzphotographie hat sich in der Ballistik und der Sprengstoffphysik insbesondere durch die Möglichkeit der Durchdringung eines Objektes und der Unabhängigkeit vom etwaigen Eigenleuchten des Vorganges außerordentlich bewährt. So können das Verhalten des Geschosses im Rohr oder im Schalldämpfer, Vorgänge im Geschoßinnern und der Durchgang durch eine Panzerplatte oder ein anderes Medium untersucht werden. Auch der Pulverabbrand und die Bewegung des Pulverkorns selbst in einer Raketenkammer kann verfolgt werden. In der Sprengstoffphysik sind der Detonationsvorgang, insbesondere der Zustand der Schwaden, die Länge der Reaktionszone, Druck und Geschwindigkeit der Schwaden ermittelt worden. Die Röntgenblitzphotographie hat weiter zur Klärung des physikalischen Vorganges bei der Detonation von Hohlladungen entscheidend beigetragen. In Bild 105 ist die Röntgenblitzaufnahme einer detonierenden Hohlladung (Aufnahme von *G. Thomer*) wiedergegeben. Siehe auch die Röntgenblitzaufnahmen S. 151 und S. 152. Über weitere Entwicklungen auf dem Gebiete der Hochfrequenzfunken-Kinematographie sowie der Röntgenblitzphotographie vgl. noch *[31]*.

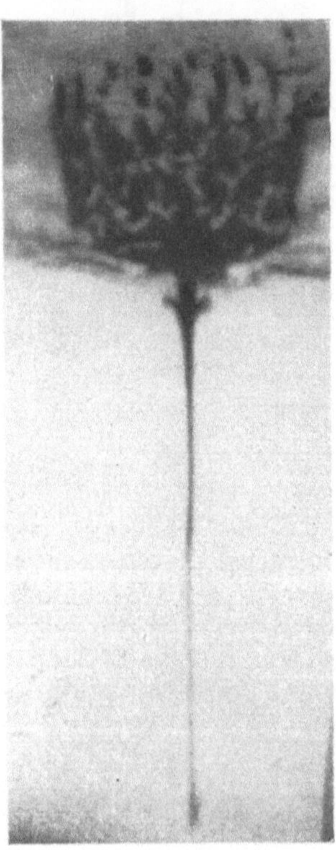

Bild 105. Röntgenblitzaufnahme einer detonierenden Hohlladung mit Cu - Einlage und FeAußenhülle. Geschwindigkeit der Strahlspitze: 7 km/s

28. Ermittlung des Geschoßluftwiderstandes W bzw. der Beiwertfunktion K

Der Luftwiderstand W eines Geschosses kann entweder durch v-Messungen in der Nähe der Mündung (mit normaler bzw. abgebrochener Ladung) oder mittels Reflexion von cm-Wellen

bzw. durch photogrammetrische Aufnahmen einer Flugbahn mit rotierender
Schlitzblende oder mittels Kinotheodolitaufnahmen erhalten werden. Über
die Messung im Windkanal vgl. S. 81. Bei der Ermittlung von W durch v-Mes-
sungen mißt man die Geschwindigkeiten
v_1 und v_2 des Geschosses am Anfang und
Ende einer Wegstrecke S (Bild 106).

Die Bewegungsgleichung des Geschosses
$m\, dv/dt = -\,W$ läßt sich umformen in:

$$\frac{m}{2} \cdot \frac{d(v^2)}{dx} = -\,W; \qquad \frac{m}{2}\, d(v^2) = -\,W\, dx$$

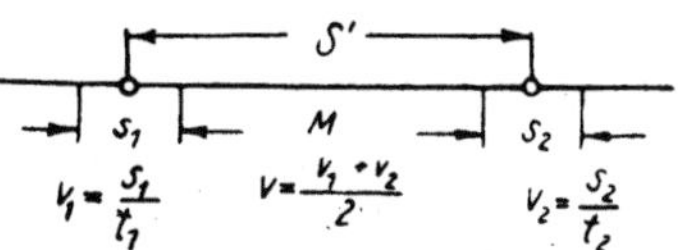

Bild 106
Zur Ermittlung des Geschoßluftwiderstandes

Integration von v_1 bis v_2 bei der Annahme, daß W ein konstanter Mittelwert
sei, der zu der mittleren Geschwindigkeit $v = {}^1/_2\,(v_1 + v_2)$ gehört, ergibt
${}^1/_2\, m\, (v_1{}^2 - v_2{}^2) = WS$ und daraus

$$W_v = \frac{m}{2} \cdot \frac{1}{S}\, (v_1{}^2 - v_2{}^2)\,.$$

Man erhält damit den Widerstand W für die Geschoßgeschwindigkeit v bei
der Temperatur t bzw. der Schallgeschwindigkeit a. Die Reduktion des
Widerstandswertes W auf Normalbedingungen wurde auf S. 35 behandelt.

Den Widerstandsbeiwert c_w kann man aus den gemessenen Geschwindigkeiten v_1 und v_2 sofort folgendermaßen erhalten. Da ${}^1/_2\, m\, d(v^2) = -\,W\, dx$
$= -\, c_w\,(\varrho/2)\, v^2\, F\, dx$ ist, wird $d(v^2)/v^2 = -\, c_w\,(\varrho/2) \cdot (F/m)\, dx$.

Integriert man zwischen v_1 und v_2 sowie von x_1 bis x_2, wobei man für c_w
einen konstanten Mittelwert annimmt, der zu der Geschwindigkeit v gehört, so ergibt sich

$$c_w = \frac{\ln v_1 - \ln v_2}{(\varrho/2) \cdot (F/m)\, S}\,.$$

Für eine genaue Messung von W ist eine sehr sorgfältige Ermittlung von v_1 und v_2 erforderlich, da W sich als Differenz von zwei nur wenig verschiedenen Größen ergibt.
Sind $\varDelta S$, $\varDelta v_1$ und $\varDelta v_2$ die größten Fehler, die bei der Bestimmung von S, v_1 und v_2
auftreten, so erhält man für den größten relativen Fehler von W:

$$\varDelta W/W = \pm\, 2\, \varDelta v/(v_1 - v_2)$$

bei der Annahme, daß $\varDelta v_1 = \varDelta v_2 = \varDelta v$ ist und der relative Fehler $\varDelta S/S$ gegen
$2\,\varDelta v/(v_1 - v_2)$ vernachlässigt werden kann.

Ist z. B. $v_1 = 900$ m/s; $v_2 = 850$ m/s; $\varDelta v = \pm\, v_1/100$ bzw. $\pm\, v_1/1000$, so wird $\varDelta W/W$
$\approx +\, {}^1/_3$ bzw. $\approx +\, {}^1/_{30}$, d. h. bei Geschwindigkeitsmessungen, die auf $\pm\, 1^0/_0$ bzw.
$\pm\, 1^0/_{00}$ durchgeführt werden, kann der größte relative Fehler von W ungefähr $\pm\, 33^0/_0$
bzw. $\pm\, 3{,}3^0/_0$ betragen. Man führt daher zweckmäßigerweise an mehreren Stellen gleichzeitig Geschwindigkeitsmessungen durch und stellt die Geschwindigkeitswerte in Abhängigkeit von der Entfernung von der Mündung durch eine Ausgleichgerade dar; der
größte Fehler von W läßt sich so auf $\pm\, 0{,}5$ bis $\pm\, 1^0/_0$ herabdrücken. Wird der Luft-

widerstand z. B. mit dem Kerreffektchronographen mittels Durchschuß von Folien gemessen, so ist u. U. der durch die Folien hervorgerufene zusätzliche Geschwindigkeitsabfall gesondert zu berücksichtigen. Für Kupferstreifen von 0,05 mm Stärke fand *R. E. Kutterer* beim sS-Geschoß bei einer Geschwindigkeit von etwa 777 m/s einen Geschwindigkeitsabfall von 0,42 bis 1,66 m/s je Streifenpaar.

C. Cranz hat den Widerstand für das S-Geschoß funkenphotographisch bestimmt. *R. E. Kutterer, E. Raetsch* und *W. Kammohl* maßen den Widerstandsverlauf des sS-Geschosses (Kaliber 7,9 mm, Abrundungsradius 12 Kaliber) mit dem Kerreffektchronographen. *B. Koch* ermittelte den Widerstandsverlauf verschiedener Kaliber mittels cm-Wellen (vgl. S. 104). U. a. maß er den Widerstandsbeiwert für ein mit $v_0 = 550$ m/s verschossenes 10,5-cm-Geschoß unter Verwendung des Dopplereffektes bei einer Wellenlänge von $\lambda = 8,6$ cm in folgender Weise. Mit Hilfe eines druckenden Wellenzählgerätes „CEDAR" (LCA, Paris) von 1 MHz wurde an 8 um je $1000 \cdot \lambda/2 = 43$ m auseinanderliegenden Stellen die jeweilige Flugzeit des Geschosses gemessen, die dieses benötigt, um eine jeweilige Meßstrecke von $100 \cdot \lambda/2 = 4,3$ m zu durchfliegen. Aus den so gewonnenen 8 Geschwindigkeitswerten erhielt er bei einer Schußzahl von 10 Schuß einen c_x-Wert mit einer Genauigkeit von kleiner als 1 %.

Im artilleristischen Meßwesen verwendet man für Luftwiderstandsmessungen den Spulenoszillographen (speziell früher in Deutschland) und die photogrammetrische Methode. In England (vgl. *Q. R. R. Bray* in 3. Abschn. *[24]*) hat man eine Schießanlage speziell für Luftwiderstandsmessungen errichtet. Die Geschosse durchfliegen auf einer Strecke von 700 m Länge 8 bis 20 Meßstellen; beim Durchgang werden auf optischem Wege elektrische Signale erzeugt, deren zeitlicher Einsatz mittels eines Rasteroszillographen mit einer Genauigkeit von 0,25 μs bei einer Gesamtdauer des Vorganges von 1 bis 2 s gemessen werden.

Die Methode der kontinuierlichen v-Messung durch Reflexion kurzer elektrischer Wellen unter Ausnutzung des Dopplereffektes wird hier besonders wichtig werden (*B. Koch*, 3. Abschn. *[25]*). *H. Molitz [36]* hat speziell für diese Methode ein Auswerteverfahren entwickelt, bei dem an Stelle der zweimaligen Differentiation eine Integration ausgeführt wird.

Bei Messungen mit abgebrochener Ladung hat man darauf zu achten, daß keine Änderung des ballistischen Verhaltens der Geschosse durch die Änderungen des Geschoßdralles auftritt. Denn verschießt man aus einem normalen Lauf das Geschoß z. B. nur mit halber Geschwindigkeit an Stelle der normalen, so hat es auch nur den halben Drall, während in Wirklichkeit beim scharfen Schuß das Geschoß bei einer Geschwindigkeitsabnahme auf $v_0/2$ noch einen wesentlich größeren Drall hat (vgl. S. 106). Auch können sich Nutationen des Geschosses in der Nähe der Mündung ungünstig auswirken.

Fünfter Abschnitt: Einiges aus der Mechanik der Gase. Anwendungen auf Probleme der Ballistik

29. Über den Zustand des ruhenden und des strömenden Gases. Bernoullische Gleichung

A. Grundbegriffe: Die allgemeine Zustandsgleichung der Gase. Zustandsände-
rung eines Gases. Die spezifischen Wärmen c_p und c_v

Der mechanische Zustand eines ruhenden Gases ist durch die Angabe von Volumen, Druck und Temperatur vollständig bestimmt. Zwischen dem Volumen V, das einem Gas vom Gewicht $L = mg$ zur Verfügung steht, der absoluten Temperatur T des Gases und dem von ihm ausgeübten Druck p besteht die Beziehung

$$pV = RLT, \tag{1}$$

die als die allgemeine Zustandsgleichung der Gase bezeichnet wird. Dabei ist R die individuelle Gaskonstante des betreffenden Gases. Gl. (1) gilt streng nur für ideale Gase, d. h. für solche Gase, bei denen das Eigenvolumen der Gasmoleküle gegenüber dem Volumen, das die Gase einnehmen, vernachlässigbar klein ist. Setzen wir V/L gleich dem spezifischen Volumen v[1]), so folgt

$$p \cdot v = RT. \tag{2}$$

Mit $p_0 = 10\,333$ kp/m², $T_0 = 273$ °K und dem unter diesen Umständen eingenommenen Volumen v_0 wird $p_0 v_0 = R T_0$. Die Gaskonstante läßt sich damit einfach bestimmen. Für trockene Luft wird mit $v_0 = 1/1{,}293$ m³/kp

$$R = 10\,333/(273 \cdot 1{,}293) = 29{,}27 \text{ mkp/(°K kp)}. \tag{3}$$

(Wird 1 kp eines Gases um 1 °C bei konstantem Druck erwärmt, so stellt R zahlenmäßig die dabei vom Gas geleistete Arbeit dar.)

Schreibt man die Gasgleichung für 1 Kilomol eines Stoffes an (1 Kilomol $\mathfrak{M}$ ist das Molekulargewicht in kp), so hat man $p\,\mathfrak{V} = R\,\mathfrak{M}\,T$. Dabei ist $\mathfrak{V}$ das Molvolumen, das für alle Gase den gleichen Wert hat. Daher muß auch $R\,\mathfrak{M}$ eine von der Gasart unabhängige Konstante sein. Man setzt $\mathfrak{R} = R\,\mathfrak{M}$ und bezeichnet $\mathfrak{R}$ als die allgemeine Gaskonstante. Es ist $\mathfrak{R} = 847{,}8$ mkp/(°K kmol).

Geht eine Gasmasse vom Gewicht L, der absoluten Temperatur T, dem Druck p_1 und dem Volumen V_1 (bzw. dem spezifischen Volumen $v_1 = V_1/L$) in den Zustand (T, p, V bzw. v) über, und bleibt bei dieser Zustandsände-

---

[1]) Um Verwechslungen mit dem Exponenten γ der polytropischen Zustandsänderung zu vermeiden, wollen wir hier das spezifische Gewicht des Gases anstelle von γ (wie früher) mit s bezeichnen. Ist $\varrho = s/g$ die Dichte des Gases, so ist $v = 1/s$; $\varrho = 1/(vg)$.

rung die Temperatur des Gases konstant (*isotherme* Zustandsänderung), so
ist, da $T = T_1$:

$$p/p_1 = V_1/V = v_1/v$$

und die vom Gas geleistete Arbeit A:

$$A = \int_{p_1}^{p} p\,dV = p_1 V_1 \int_{V_1}^{V} dV/V = p_1 V_1 \ln (V/V_1)\,.$$

Wird die Zustandsänderung so durchgeführt, daß Wärme weder zu- noch
abgeführt wird, so bezeichnet man diese Zustandsänderung als *adiabatische*
oder *isentropische*. Die Größen T, p und V sind dann bestimmt durch

$$T/T_1 = (V_1/V)^{\varkappa-1} = (v_1/v)^{\varkappa-1} = (p/p_1)^{(\varkappa-1)/\varkappa}$$

und $\qquad\qquad p/p_1 = (V_1/V)^{\varkappa} = (v_1/v)^{\varkappa}\,,$ (4)

wobei $\varkappa = c_p/c_v$ das Verhältnis der spezifischen Wärmen des Gases darstellt.
Für Luft ist $\varkappa = 1{,}40$.

Bei dieser Zustandsänderung leistet das Gas die Arbeit

$$A = Lc_v\,(T_1 - T)\,. \tag{5}$$

Die gesamte in dem Gas enthaltene potentielle Energie erhält man bei adiabatischer Expansion auf ein unendlich großes Volumen, wobei sich das Gas
auf die Temperatur $T = 0\,°\text{K}$ abkühlt. Damit wird

$$A = Lc_v T_1 = p_1 V_1/(\varkappa - 1)\,. \tag{6}$$

Die allgemeinste Zustandsänderung eines Gases stellt die *polytropische* Zustandsänderung dar:

$$p/p_1 = (V_1/V)^{\gamma}\,;\quad T/T_1 = (V_1/V)^{\gamma-1}$$

$$A = \frac{p_1 v_1}{\gamma - 1}[1 - (V_1/V)^{\gamma-1}]$$

bzw.

$$A = \frac{p_1 V_1}{\gamma - 1}[1 - (p/p_1)^{(\gamma-1/\gamma)}] = \frac{p_1 V_1}{\gamma - 1}[1 - T/T_1]\,. \tag{7}$$

Der Exponent γ ist von Fall zu Fall verschieden; für $\gamma = 1$ liegt die isotherme,
für $\gamma = \varkappa$ die adiabatische Zustandsänderung vor.

Den Fall einer polytropischen Zustandsänderung hat man beim Schußvorgang, da bereits während des Geschoßdurchganges durch das Rohr Wärme
der Pulvergase an das Rohr und die Hülse abgegeben wird. Der Exponent
der Polytrope wird dabei zweckmäßig empirisch bestimmt.

Zwischen den spezifischen Wärmen c_p und c_v läßt sich leicht die Beziehung

$$c_p - c_v = R \tag{8}$$

ableiten. Dabei ist c_p die spezifische Wärme bei konstantem Druck (kcal/kp °C), c_v die spezifische Wärme bei konstantem Volumen [1]).

c_p und c_v wachsen außer bei einatomigen Gasen mit steigender Temperatur. Falls die Gase den Gesetzen der idealen Gase nicht folgen, zeigt sich noch eine Druckabhängigkeit. Von den später häufig vorkommenden Beziehungen zwischen R, c_p, c_v und $\varkappa$ sind die wichtigsten:

$$\varkappa = c_p/c_v; \quad c_p/R = \varkappa/(\varkappa-1); \quad c_v/R = 1/(\varkappa-1). \tag{9}$$

B. Allgemeines über die strömende Bewegung von Gasen

Eine Unterscheidung zwischen Gasen und Flüssigkeiten, also zwischen kompressiblen und nichtkompressiblen Flüssigkeiten, ist nicht notwendig, solange die Geschwindigkeit, mit der sich eine Druckstörung in der betreffenden Flüssigkeit ausbreitet, klein ist gegenüber der Relativgeschwindigkeit der Flüssigkeit gegenüber einer festen Wand. Kleine Druckstörungen pflanzen sich in einer Flüssigkeit mit deren Schallgeschwindigkeit a fort; dabei ist $a = \sqrt{dp/d\varrho}$, wo p den Druck und ϱ die Dichte der Flüssigkeit darstellt. Da der Schallvorgang adiabatisch verläuft, wird

$$a = \sqrt{\varkappa p/\varrho} = \sqrt{\varkappa g R T} \quad \text{mit} \quad \varkappa = c_p/c_v; \tag{10}$$

denn aus $p\,v^\varkappa = const$ folgt die Gleichung $dp/p = \varkappa\,d\varrho/\varrho$ und außerdem besteht die Beziehung $p\,v = R T$.

Der mechanische Zustand einer idealen strömenden Flüssigkeit, d. h. einer solchen, die ohne jede Zähigkeit, also reibungsfrei ist, ist vollständig bestimmt, wenn in jedem Raumpunkt zu jeder Zeit t der Druck p, die Dichte ϱ und die Geschwindigkeit w gegeben sind.

Zur anschaulichen Darstellung des Strömungszustandes der Flüssigkeit hat man die sogenannten *Stromlinien* eingeführt, die in jedem Punkt die Richtung der dort herrschenden Geschwindigkeit haben. Zieht man durch alle Punkte einer innerhalb der Flüssigkeit liegenden geschlossenen Kurve Stromlinien, so bilden diese eine schlauchartige Röhre, die man als *Stromröhre* und deren Inhalt als *Stromfaden* bezeichnet. Die Stromröhre hat die

---

[1]) Bei numerischen Rechnungen ist zu beachten, daß c_p, c_t und R im allgemeinen in verschiedenen Energieeinheiten (kcal und mkp) gemessen werden. In diesem Falle ist R mit dem Wert $\mathfrak{A} = 1/427$, dem sogenannten mechanischen Wärmeäquivalent, zu erweitern, welches den Wert von 1 mkp in kcal darstellt.

Beispiel:

Für Luft gilt:

$$\varkappa = c_p/c_v = 1{,}40;\ c_p = 0{,}239\ \text{kcal/(kp °K)};$$
$$R = c_p - c_v = c_p\,(1 - 1/1{,}4);$$
$$R = 427 \cdot 0{,}239 \cdot 0{,}4/1{,}4 = 29{,}3\ \text{kpm/(kp °K)}.$$

Eigenschaft, daß die Flüssigkeit sich in ihr in dem betrachteten Zeitmoment wie in einer festen Röhre bewegt, da eine Strömung quer zu den Stromlinien definitionsgemäß nicht stattfindet.

Eine *stationäre Strömung* ist dadurch definiert, daß der Strömungszustand zu allen Zeiten der gleiche bleibt, die Stromröhre also dauernd bestehen bleibt; an einem festen Ort ist also $dw/dt = 0$.

C. Die Druckgleichung der stationären Strömung (Bernoullische Energiegleichung)

Bei der technischen Behandlung von Gasströmungen in Röhren macht man die einfache Voraussetzung, daß in einem betrachteten Rohrquerschnitt die Größen v, p und w als konstant über den ganzen Querschnitt angesehen werden. In diesem Fall besteht nur eine Abhängigkeit der Größen von der Lage des betrachteten Querschnitts. Man bezeichnet einen solchen Strömungsvorgang daher als eindimensional. Treten Reibungs- oder Wärmeleitungsvorgänge auf, so sind Geschwindigkeiten, Dichte und Druck nicht mehr gleichmäßig über den Querschnitt verteilt. Man wird dann mit mittleren Werten der betreffenden Größen in den Querschnitten rechnen. Ist F der Rohrquerschnitt an einer bestimmten Stelle (Bild 107), w die Geschwindigkeit an dieser Stelle und ϱ die dortige Dichte, so fließt in der Zeiteinheit durch den Querschnitt

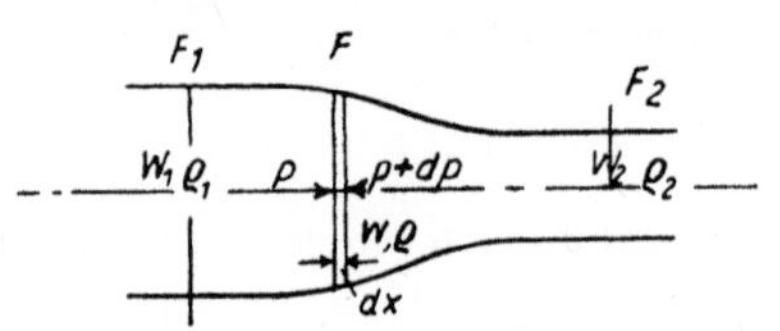

Bild 107. Zur Ableitung der *Bernoulli*schen Gleichung

F das Volumen Fw und die Masse $Fw\varrho$. Die Kontinuität fordert für zwei Querschnitte F_1 und F_2

$$F_1 w_1 \varrho_1 = F_2 w_2 \varrho_2 = F w \varrho = const. \tag{11}$$
$$\text{(Kontinuitätsgleichung)}$$

(Für volumbeständige Flüssigkeiten wird $\varrho_1 = \varrho_2$ und damit $F_1 w_1 = F_2 w_2$; die Geschwindigkeiten der Flüssigkeit sind den Querschnitten der Stromfäden umgekehrt proportional.)

Die strömende Flüssigkeit erfährt auf dem Wege von F_1 nach F_2 eine positive oder negative Beschleunigung; die hierzu aufzuwendende Arbeit wird von dem statischen Druck (d. i. der Druck, den ein mit der Flüssigkeit schwimmendes Druckmeßgerät anzeigen würde) geleistet. Für die Masse $dm = F \varrho \, dx$ im Querschnitt F läßt sich (bei Vernachlässigung von Größen zweiter Ordnung) die Kräftegleichung wie folgt ansetzen:

$$F p - F (p + dp) = - F \, dp = dm \frac{dw}{dt};$$

da nun $dm = F \varrho \, dx$ und $w = dx/dt$, wird $- dp = \varrho \, w \, dw$ oder

$$- dp/\varrho = w \, dw,$$

$$\int_{\varrho_2}^{\varrho_1} dp/\varrho = w_2^2/2 - w_1^2/2 \tag{12}$$

oder

$$\int_{v_1}^{v_2} v \, dp = w_2^2/(2g) - w_1^2/(2g). \tag{12a}$$

Diese Gleichung bezeichnet man als die verallgemeinerte *Bernoullische* Gleichung oder die Druckgleichung. Die Gleichung bringt die Erhaltung der Energie zum Ausdruck.

D. Anwendungen der Bernoullischen Gleichung

a) Die Strömung eines vollkommenen (idealen) Gases durch eine einfach verjüngte Düse. Die Geschwindigkeit w_0 im Kessel sei gegenüber der Ausströmgeschwindigkeit w_e vernachlässigbar klein. Wir wollen $w_0 = 0$ setzen, der Austrittsquerschnitt sei zugleich der kleinste Querschnitt (Bild 108). Der Zustand p_0, v_0, T_0; $w_0 = 0$ soll im Kessel ständig aufrechterhalten bleiben. Dann erhält man mittels Gl. (12)

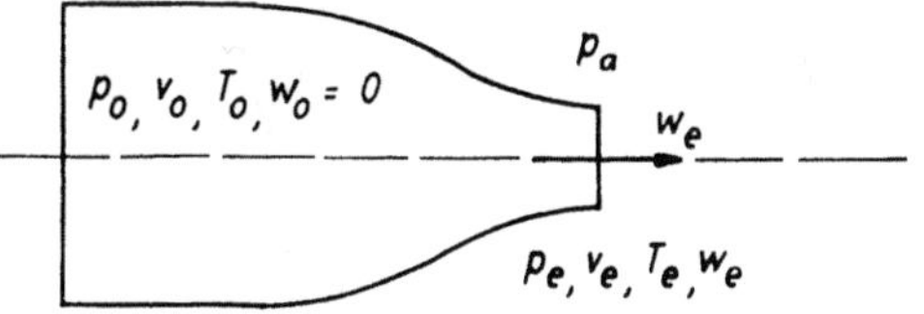

Bild 108. Ausfluß aus einem Kessel durch eine einfache Düse

$$w_e = \sqrt{2g \int_{p_e}^{p_0} v \, dp} \, ,$$

falls also stationäre adiabatische und reibungsfreie Strömung angenommen werden darf. Es ist dann:

$$v = v_0 p_0^{1/\varkappa} \, p^{-1/\varkappa} \quad \text{und} \quad \int v \, dp = v_0 p_0^{1/\varkappa} \int_{p_e}^{p_0} dp/p^{\varkappa}.$$

Man erhält somit durch Integration:

$$\int_{p_e}^{p_0} \frac{dp}{p^{\varkappa}} = \frac{\varkappa}{\varkappa - 1} p_0^{\frac{\varkappa - 1}{\varkappa}} \left[1 - \left(\frac{p_e}{p_0} \right)^{\frac{\varkappa - 1}{\varkappa}} \right]$$

woraus sich für w_e ergibt

$$w_e = \sqrt{\frac{\varkappa}{\varkappa - 1} 2g \, p_0 v_0 \left[1 - \left(\frac{p_e}{p_0} \right)^{\frac{\varkappa - 1}{\varkappa}} \right]} \tag{13}$$

oder mit $a_0 = \sqrt{g \varkappa p_0 v_0}$ (a_0 sei die Schallgeschwindigkeit im Kessel)

$$w_e = \sqrt{\frac{2 a_0{}^2}{\varkappa - 1}\left[1 - \left(\frac{p_e}{p_0}\right)^{\frac{\varkappa - 1}{\varkappa}}\right]}. \tag{14}$$

Diese Gleichung wird auch als Formel von *de Saint-Vénant* und *Wantzel* oder als *Druckkesselformel* bezeichnet.

Für die sekundlich ausströmende Gasmasse $dm/dt = \mu$ hat man

$$\mu = w_e F_e \varrho_e = w_e F_e \frac{1}{v_e g} = w_e F_e \frac{1}{g} \cdot \frac{1}{v_0} \cdot \left(\frac{p_e}{p_0}\right)^{\frac{1}{\varkappa}}$$

und mit Gl. (14)

$$\mu = F_e \cdot \left(\frac{p_e}{p_0}\right)^{\frac{1}{\varkappa}} \cdot \sqrt{\frac{\varkappa}{\varkappa - 1}\left[1 - \left(\frac{p_e}{p_0}\right)^{\frac{\varkappa - 1}{\varkappa}}\right]} \cdot \sqrt{\frac{2 p_0}{g v_0}}. \tag{15}$$

Betrachtet man diese Gleichung für μ näher, so sieht man, daß bei konstantem Anfangszustand des Gases die sekundlich ausströmende Menge μ bei abnehmendem Druck p_e an der Mündung ein Maximum erreicht, und zwar dann, wenn das Druckverhältnis p_e/p_0 den Wert

$$p_e/p_0 = [2/(\varkappa + 1)]^{\varkappa/(\varkappa - 1)} \tag{16}$$

annimmt. In diesem Fall wird

$$\mu_{\max} = F_e \sqrt{\frac{2 p_0}{g v_0}} \cdot \sqrt{\frac{\varkappa}{\varkappa + 1}} \cdot \left(\frac{2}{\varkappa + 1}\right)^{\frac{1}{\varkappa - 1}}. \tag{17}$$

Das Druckverhältnis p_e/p_0, bei dem dieses Maximum erreicht wird, bezeichnet man als das *kritische* oder *Laval-Druckverhältnis* und man setzt für diesen speziellen Fall $p_e = p_s$ (manche Autoren setzen $p_e = p^*$ bzw. p'). Für die kritischen Werte von v_s, ϱ_s, T_s und w_s erhält man

$$v_0/v_s = \varrho_s/\varrho_0 = [2/(\varkappa + 1)]^{1/(\varkappa - 1)} \tag{18} \qquad T_s/T_0 = 2/(\varkappa + 1) \tag{19}$$

$$w_s = \sqrt{\frac{2 g \varkappa}{\varkappa + 1} p_0 v_0} = \sqrt{\frac{2 g \varkappa}{\varkappa + 1} R T_0} = a_0 \sqrt{\frac{2}{\varkappa + 1}}. \tag{20}$$

In der folgenden Tabelle sind die kritischen Werte für Gase mit $\varkappa = 1{,}2$ und $\varkappa = 1{,}4$ angegeben.

$\varkappa$	p_s/p_0	ϱ_s/ϱ_0	T_s/T_0	w_s/a_0	$M_s = w_s/a_s$
1,2	0,564	0,621	0,809	0,953	1
1,4	0,530	0,634	0,833	0,913	1

Für w_s kann man [mittels Gl. (16) und (18)] $w_s = \sqrt{g \varkappa \, p_s \, v_s}$ schreiben, d.h. die kritische und zugleich maximale Ausströmgeschwindigkeit ist gleich der Schallgeschwindigkeit im engsten Austrittsquerschnitt. Bei einer Strömung aus einer einfachen Düse darf man die Gl. (14) und (15) nur solange anwenden, wie $p_e \geqq p_s$ ist. Ist der Außendruck $p_a > p_s$, so nimmt p_e den Wert p_a an; ist $p_a \leqq p_s$, so stellt sich im Austrittsquerschnitt stets der Wert p_s ein, *unabhängig* von der Größe des Außendruckes.

b) Die Lavaldüse. Will man Überschallgeschwindigkeit, also Werte $M > 1$ erzielen, so muß man nach *de Laval* an die verjüngte Düse eine Erweiterung anschließen (Bild 109). Im engsten Querschnitt tritt nach obigem Schall-

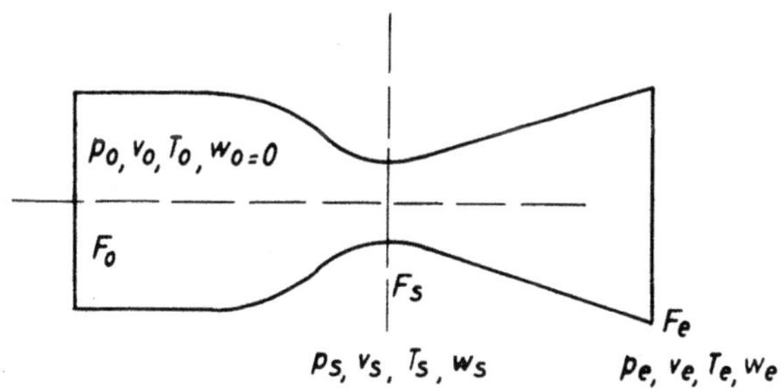

Bild 109. Die Lavaldüse

geschwindigkeit auf. Mit wachsendem *Erweiterungsgrad* F_e/F_s vergrößert sich die Geschwindigkeit w_e und gleichzeitig verringert sich die Temperatur T_e, es steigt also die *Mach*sche Zahl $M = w_e/a_e$.

Wir können jetzt die Gl. (13) bzw. (14) zur Berechnung von w_e heranziehen:

$$w_e = \sqrt{\frac{2g\varkappa}{\varkappa - 1} p_0 v_0 \left[1 - \left(\frac{p_e}{p_0}\right)^{\frac{\varkappa - 1}{\varkappa}}\right]} = \sqrt{\frac{2a_0^2}{\varkappa - 1} \left[1 - \left(\frac{p_e}{p_0}\right)^{\frac{\varkappa - 1}{\varkappa}}\right]}.$$

Diese Geschwindigkeit erhält man, wenn die sich erweiternde Düse das Erweiterungsverhältnis

$$\frac{F_e}{F_s} = \left[\frac{2}{\varkappa + 1}\right]^{\frac{1}{\varkappa - 1}} \cdot \left(\frac{p_0}{p_e}\right)^{\frac{1}{\varkappa}} \cdot \frac{w_s}{w_e}$$

oder

$$\frac{F_e}{F_s} = \left[\frac{2}{\varkappa + 1}\right]^{\frac{1}{\varkappa - 1}} \cdot \sqrt{\frac{\varkappa - 1}{\varkappa + 1}} \cdot \frac{(p_0/p_e)^{1/\varkappa}}{\sqrt{1 - (p_e/p_0)^{(\varkappa-1)/\varkappa}}} \tag{21}$$

besitzt, wie sich mit Gl. (14) und (20) ableiten läßt.

Für ein unendlich großes Erweiterungsverhältnis $F_e/F_s \rightarrow \infty$ hat man $p_\infty = 0$, $T_\infty = 0$, $v_\infty = 0$ und als Grenzwert der Geschwindigkeit der stationären Strömung

$$w_\infty = \sqrt{\frac{2g\,\varkappa}{\varkappa - 1}\, p_0 v_0} = a_0 \sqrt{\frac{2}{\varkappa - 1}} = \sqrt{\frac{\varkappa + 1}{\varkappa - 1}}\, w_s. \tag{22}$$

Für die Werte $\varkappa = 1{,}2$ bzw. $\varkappa = 1{,}4$ hat man $w_{\infty,\,\varkappa=1{,}2} = 3{,}16\, a_0 = 3{,}32\, w_s$ und $w_{\infty,\,\varkappa=1{,}4} = 2{,}24\, a_0 = 2{,}45\, w_s$.

Für Luft mit $\varkappa = 1{,}4$ und $a_0 = 340$ m/s bei $T_0 = 283\,^\circ$K folgt $w_s = 0{,}913 \cdot 340 = 311$ m/s und $w_\infty = 2{,}24 \cdot 340 = 761$ m/s.

Zusammenstellung einiger Formeln für die Lavaldüse:

$$
\left.
\begin{aligned}
&\frac{T}{T_0} = \frac{1}{\dfrac{1}{2}(\varkappa - 1)M^2 + 1}\,; \quad
\frac{w}{a_0} = \sqrt{\frac{\varkappa + 1}{2} \cdot \frac{T}{T_0}\, M^2}\,; \\[2mm]
&\frac{F_s}{F_0} = M \left(\frac{\varkappa + 1}{2} \cdot \frac{T}{T_0}\right)^{\frac{\varkappa + 1}{2(\varkappa - 1)}}\,; \quad
\frac{p}{p_0} = \left(\frac{T}{T_0}\right)^{\frac{\varkappa}{\varkappa - 1}}\,; \\[2mm]
&\frac{\varrho}{\varrho_0} = \left(\frac{T}{T_0}\right)^{\frac{1}{\varkappa - 1}}\,; \quad
\frac{w_\infty}{a_0} = \sqrt{\frac{2}{\varkappa - 1}}\,; \quad
\frac{a}{a_0} = \sqrt{\frac{T}{T_0}}\,.
\end{aligned}
\right\} \tag{23}
$$

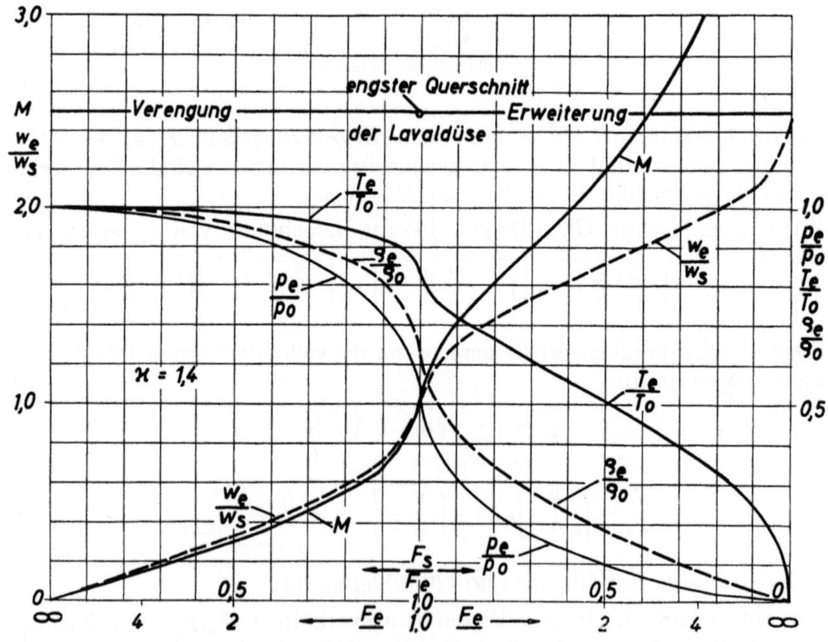

Bild 110. Strömungszustand in einer Lavaldüse

In der Tabelle 6 ist eine Übersicht der Zustandsgrößen für eine Lavaldüse mit Gasen von $\varkappa = 1,2$ (Pulvergase) und $\varkappa = 1,4$ (zweiatomige Gase, Luft) gegeben. Bild 110 zeigt den Strömungszustand in einer Lavaldüse für $\varkappa = 1,4$.

Eine technische Anwendung der Lavaldüse hat man bei den Überschallwindkanälen. Bei einigen solchen läßt man durch eine Lavaldüse Luft in das Vakuum ausströmen. Es kommt hier auf die Erzeugung hoher *Mach*scher Zahlen $M = w_e/a_e$ an. Aus (23) findet man

$$\frac{w_e}{a_e} = \sqrt{\frac{2}{\varkappa - 1}\left(\frac{T_0}{T_e} - 1\right)}. \quad (24)$$

Bei starker Expansion ($T_0/T_e \gg 1$) können daher hohe M-Werte erreicht werden.

c) Einige ballistische Anwendungen

α) Abschätzung der Geschwindigkeit, mit der beim scharfen Schuß die Pulvergase unmittelbar nach dem Geschoßbodenaustritt aus der Mündung strömen. Die Temperatur der Pulvergase von Nitrozellulosepulver beträgt an der Mündung einer 2-cm-Waffe etwa $T = 2000°\text{K}$. Es sei $\varkappa = 1,2$; $a_0 = 1000$ m/s. Beim Ausströmen kann höchstens die Schallgeschwindigkeit auftreten, d.h.

$$w_e = w_s = \sqrt{2\,a_0/(\varkappa + 1)} = 955 \text{ m/s}.$$

Da nun die Pulvergase in der Nähe des Geschoßbodens vor dem Ausströmen aus der Mündung annähernd Geschoßgeschwindigkeit

Tabelle 6

$\frac{p_e}{p_0}$	$\frac{p_0}{p_e}$	$\varkappa = 1,2$					$\varkappa = 1,4$				
		$\frac{F_e}{F_s}$	$\frac{T_e}{T_0}$	$\frac{\varrho_e}{\varrho_0}$	$\frac{w_e}{w_s}$	$M = \frac{w_e}{a_e}$	$\frac{F_e}{F_s}$	$\frac{T_e}{T_0}$	$\frac{\varrho_e}{\varrho_0}$	$\frac{w_e}{w_s}$	$M = \frac{w_e}{a_e}$
0,564	1,77	1	0,91	0,62	1	1					
0,528	1,89	1,003	0,90	0,59	1,05	1,06	1	0,83	0,63	1	1
0,5	2	1,01	0,89	0,56	1,10	1,11	1,002	0,82	0,61	1,04	1,05
0,4	2,5	1,07	0,86	0,47	1,25	1,28	1,04	0,77	0,52	1,18	1,22
0,25	4	1,40	0,78	0,29	1,51	1,61	1,22	0,67	0,37	1,43	1,64
0,2	5	1,48	0,76	0,26	1,61	1,75	1,35	0,63	0,32	1,49	1,71
0,1	10	2,26	0,58	0,15	1,87	2,16	1,93	0,52	0,19	1,70	2,16
0,05	20	3,63	0,61	0,08	2,08	2,54	3,19	0,42	0,12	1,86	2,60
0,02	50	7,05	0,52	0,04	2,30	3,03	5,15	0,33	0,06	2,01	3,21
0,002	500	41,3	0,35	0,006	2,66	4,26	24,1	0,17	0,01	2,23	4,95

haben, erhalten wir für die Ausströmgeschwindigkeit der Pulvergase aus der Mündung den Näherungswert $w = \sqrt{w_e^2 + v_0^2}$.

Bei einem 2-cm-Geschoß mit $v_0 = 900$ m/s erhält man somit $w = 1320$ m/s.

Die Pulvergase strömen nur in einem kurzen Zeitelement mit dieser Geschwindigkeit, und nur für ein solches darf die Strömungsgeschwindigkeit als stationär angesehen werden. In diesem Zeitelement jedoch zeigen die ausströmenden Pulvergase genau die gleichen Stauerscheinungen vor der Mündung, wie sie beim stationären Ausströmen aus einer Düse auftreten.

Die Pulvergase überholen infolge ihrer großen Expansionsgeschwindigkeit zunächst das Geschoß. Da sie jedoch ihre Geschwindigkeit unter dem Einfluß der Reibung mit der Außenluft schnell verlieren, werden sie vom Geschoß bald überholt (vom Gewehrgeschoß nach etwa 30 cm). Auf dieser Strecke werden die Pulvergase das Geschoß noch ein wenig weiter beschleunigen; jedoch ist diese zusätzliche Beschleunigung so klein, daß sie praktisch sehr schwer meßbar ist. Solange das Geschoß sich innerhalb der Pulvergase befindet, bildet sich an der Geschoßspitze keine Kopfwelle aus, da das Geschoß sich bezüglich der Pulvergase nicht mit Überschallgeschwindigkeit bewegt.

Die Fragen, die mit der Beeinflussung des Geschosses durch die Pulvergase nach dem Verlassen der Mündung zusammenhängen, faßt man unter der Bezeichnung „Zwischenballistik" zusammen. Speziell bei Hochleistungswaffen treten hohe Mündungsgasdrucke auf; diese können das Geschoß durch unsymmetrisches Umströmen und durch die damit verbundene, nichtzentrische Kraftwirkung zu starken Nutationspendelungen anregen. Auch die eventuelle Einwirkung auf den Zünder ist zu beachten,

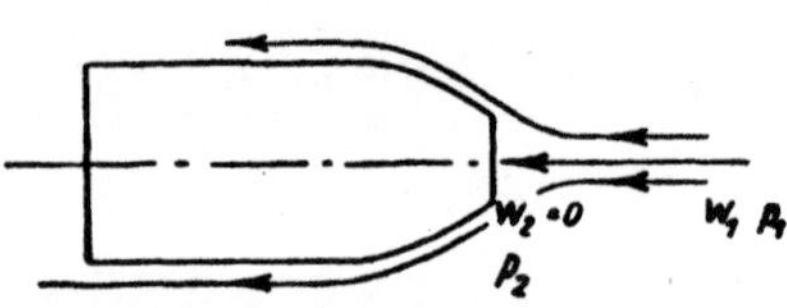

Bild 111. Zur Bestimmung des Staudruckes

β) Ein Geschoß bewege sich mit Unterschallgeschwindigkeit (Bild 111) in ruhender Luft. Wie groß ist die an der Geschoßspitze auftretende Druckerhöhung $\Delta p = p_2 - p_1$ (Staudruck)?

Es treten dieselben Verhältnisse auf, wenn wir uns das Geschoß ruhend und die Luft mit der Geschwindigkeit w_1 anströmend denken. Wir wollen die *Bernoulli*sche Gleichung für die mittlere Stromlinie anwenden. (Der Punkt an der Geschoßspitze, an dem die mittlere Stromlinie endet, ist der *Staupunkt;* die dort auftretende Druckerhöhung der Staudruck). Damit wird

$$\frac{w_1^2}{2} = \int_{p_1}^{p_2} \frac{dp}{\varrho} = -\int_{p_2}^{p_1} \frac{dp}{\varrho}.$$

Die Integration hatten wir bereits S. 147 durchgeführt. Es wird

$$\frac{w_1^2}{2} = \frac{a_1^2}{\varkappa - 1}\left[\left(\frac{p_2}{p_1}\right)^{\frac{\varkappa - 1}{\varkappa}} - 1\right],$$

und daraus

$$\frac{p_2}{p_1} = \left[1 + \frac{\varkappa - 1}{2}\cdot\left(\frac{w_1}{a_1}\right)^2\right]^{\frac{\varkappa}{\varkappa - 1}}.$$

Für den Staudruck $\Delta p = p_2 - p_1$ ergibt sich (vgl. Bild 112)

$$\Delta p = p_1\left(\left[1 + \frac{\varkappa - 1}{2}\cdot\left(\frac{w_1}{a_1}\right)^2\right]^{\frac{\varkappa}{\varkappa - 1}} - 1\right). \tag{26}$$

Durch Reihenentwicklung des Ausdrucks in der eckigen Klammer erhält man

$$\Delta p = \frac{\varrho_1 w_1^2}{2}\left[1 + \frac{1}{4}\cdot\left(\frac{w_1}{a_1}\right)^2 + \cdots\right] \tag{27}$$

Zahlenbeispiel: Das Geschoß bewege sich mit $w_1 = 300$ m/s; mit $\varrho_1 = 0,125$ kp s^2/m^4 und $a_1 = 340$ m/s ist der Staudruck $\Delta p = 6370$ kp/m$^2 = 0,673$ kp/cm^2 zu erwarten.

$\varrho_1 w_1^2/2$ ist aber der Staudruck, der beim Ausströmen einer inkompressiblen Flüssigkeit gegen ein Hindernis auftritt. Man kann daher mit dieser Formel abschätzen, bis zu welcher Geschwindigkeit ein Gas als inkompressibel angesehen werden darf; diese Grenzgeschwindigkeit hängt von der zugelassenen Dichteänderung ab. Der Staudruck der Luft unterscheidet sich bei einer Geschwindigkeit $w_1 = a_1/5 = 68$ m/s erst um $1\,^0/_0$ von dem Staudruck einer inkompressiblen Flüssigkeit, was aus $^1/_4\,(w_1/a_1)^2 = ^1/_{100}$ mit $a_1 = 341$ m/s folgt.

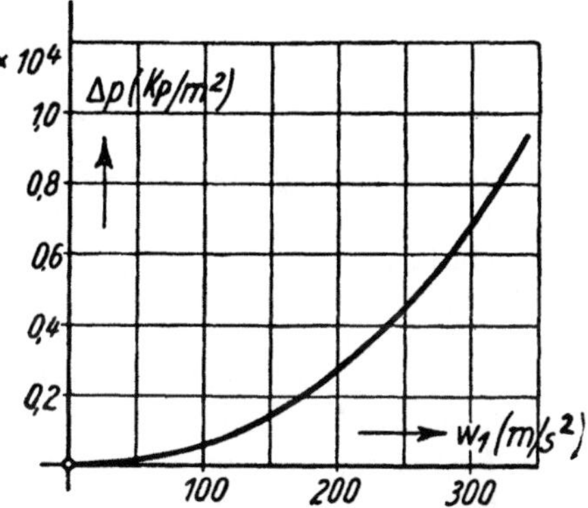

Bild 112. Staudruck eines fliegenden Geschosses als Funktion der Geschoßgeschwindigkeit

30. Der stationäre ebene Verdichtungsstoß und seine ballistische Anwendung

A. Über die Entstehung von Verdichtungsstößen. Der Luftwiderstand gegen das Geschoß innerhalb des Rohres

Bei der stetigen Bewegung eines Körpers in einem kompressiblen Medium können unstetige Strömungsvorgänge auftreten, wie folgender Fall zeigt: In einem Rohr, das mit Luft vom Anfangsdruck p_0, der Anfangsdichte ϱ_0 und der Anfangstemperatur T_0 erfüllt sei, bewege sich ein Kolben mit zunehmender Geschwindigkeit $u=u(t)$ von links nach rechts (Bild 113). Die dem Kolben benachbarten Luftteilchen werden mit der Kolbengeschwindigkeit u nach

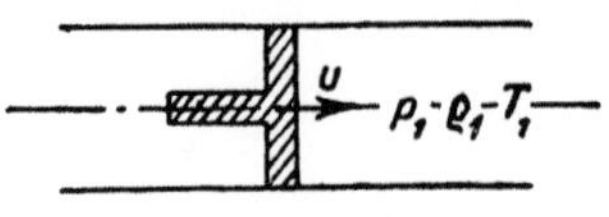

Bild 113
Zur Entstehung von Verdichtungsstößen

rechts verschoben; aber die Druckänderung, die bei der Verschiebung der Luftteilchen auftritt, bewegt sich mit viel größerer Geschwindigkeit, nämlich der Schallgeschwindigkeit $a_1 = \sqrt{\varkappa\, p_1/\varrho_1}$ in der anfangs ruhenden Luft fort. Mit steigender Kolbengeschwindigkeit u wird die vor dem Kolben befindliche Luft ebenfalls weiter beschleunigt, und es treten weitere Druckwellen (Störungswellen) auf. Diese pflanzen sich aber jetzt in Luft fort, die bereits in schwacher Bewegung nach rechts ist und die infolge der zur Beschleunigung notwendigen Druckänderung auch eine Temperaturerhöhung erfahren hat. Dadurch pflanzen sich die nächsten Störungswellen immer rascher fort. Die Fortpflanzungsgeschwindigkeit relativ zur bewegten Luft ist nicht mehr gleich a_1, sondern gleich dem größeren Wert

$$a = \sqrt{\varkappa\, p/\varrho} = \sqrt{g\,\varkappa\,R\,T}\,.$$

Die Störungswellen können sich daher einholen, und es wird sich an der Front der Störung ein starker Drucksprung ausbilden. Eine solche Front bezeichnet man als *ebenen Verdichtungsstoß*. Bis zur Ausbildung des Verdichtungsstoßes kann man adiabatische Zustandsänderungen annehmen.

Zur rechnerischen Erfassung des Vorganges denke man sich selbst mit dem Kopf der Störungswelle *(dem Wellenkopf)* bewegt; dann erscheint einem der Wellenkopf in Ruhe und der Vorgang stationär. Die ruhende Luft (Zustand p_1, ϱ_1, T_1, a_1) scheint von rechts mit der Relativgeschwindigkeit a in den Kopf einzuströmen. Die links vom Wellenkopf befindliche Luft hat infolge der Störungen eine geringe Dichteänderung $d\varrho$ erfahren und gleichzeitig eine Geschwindigkeitszunahme du nach rechts hin erhalten. Bezüglich des Wellenkopfes erscheint daher die von rechts mit der Geschwindigkeit a einströmende Luft diesen mit der Geschwindigkeit $a - du$ und der Dichte $\varrho + d\varrho$ zu verlassen. Die Kontinuitätsgleichung heißt daher $\varrho\, a = (\varrho + d\varrho)$ $(a - du)$ oder mit genügender Näherung $du = a\, d\varrho/\varrho$. Haben der Kolben und damit die dem Kolben unmittelbar benachbarten Luftteilchen nach der Zeit t_2 die Geschwindigkeit u_2, so wird

$$u_2 = \int\limits_{\varrho_1}^{\varrho_2} \frac{a}{\varrho}\, d\varrho = \int\limits_{\varrho_1}^{\varrho_2} \frac{1}{\varrho} \sqrt{\frac{d\,p}{d\,\varrho}}\, d\varrho\,.$$

Bei adiabatischer Zustandsänderung $p/p_1 = (v/v_1)^\varkappa = (\varrho/\varrho_1)^\varkappa$ liefert die Integration folgende Beziehung zwischen der Geschwindigkeit u_2 des Kolbens und dem Druck p_2 vor demselben:

$$u_2 = \frac{2\,a_1}{\varkappa - 1}\left[\left(\frac{p_2}{p_1}\right)^{\frac{\varkappa - 1}{2\varkappa}} - 1\right] = (a_2 - a_1)\cdot\frac{2}{\varkappa - 1}. \tag{28}$$

Da nun jede Druckstörung sich relativ zur bewegten Luftmasse fortpflanzt, beträgt die absolute Geschwindigkeit jeder Störung $w_2 = u_2 + a_2$ oder

$$w_2 = \frac{2\,a_1}{\varkappa - 1}\cdot\left[\frac{\varkappa + 1}{2}\cdot\left(\frac{p_2}{p_1}\right)^{\frac{\varkappa - 1}{2\varkappa}} - 1\right] = a_1 + \frac{\varkappa + 1}{2}\,u_2, \tag{29}$$

da $\qquad \dfrac{a_2}{a_1} = \sqrt{\dfrac{T_2}{T_1}} = \left(\dfrac{p_2}{p_1}\right)^{\frac{\varkappa - 1}{2\varkappa}}.$

Die obige Formel[1]) gilt solange, bis sich an der Wellenfront ein Verdichtungsstoß ausbildet, da dann die Voraussetzungen einer adiabatischen Zustandsänderung nicht erfüllt sind. Es tritt vielmehr beim Verdichtungsstoß ein Entropieverlust auf (Umwandlung kinetischer Energie in Wärme).

Mit Hilfe der obigen Gleichung können wir die Frage beantworten, welche Drucke an einem sich im Rohr bewegenden Geschoß auftreten. Bezeichnen wir mit u_2 jetzt die Geschoßgeschwindigkeit, so ergibt sich aus Gl. (29) für den an der Geschoßspitze auftretenden Druck p_2:

$$p_2 = p_1 \cdot \left(\frac{\varkappa - 1}{2}\cdot\frac{u_2}{a_1} + 1\right)^{\frac{2}{\varkappa - 1}} \tag{30}$$

bzw. für den Druckunterschied

$$\varDelta p = p_2 - p_1 = p_1\cdot\left[\left(\frac{\varkappa - 1}{2}\cdot\frac{u_2}{a_1} + 1\right)^{\frac{2}{\varkappa - 1}} - 1\right]. \tag{31}$$

B. Mechanische Behandlung des ebenen Verdichtungsstoßes

Das einfachste Beispiel eines ebenen Verdichtungsstoßes ist der zuerst von *Stodola* behandelte gerade *Verdichtungsstoß*. Es ströme Luft mit der Geschwindigkeit u_1, dem Druck p_1, der Dichte ϱ_1 und der Temperatur T_1 von rechts nach links; an einer feststehenden Unstetigkeitsstelle springe der Druck plötzlich auf den Wert p_2, da infolge der sich von u_1 auf u_2 verringernden Geschwindigkeit Energie frei wird. Der Vorgang des Verdichtungsstoßes wird durch die Kontinuitätsgleichung,

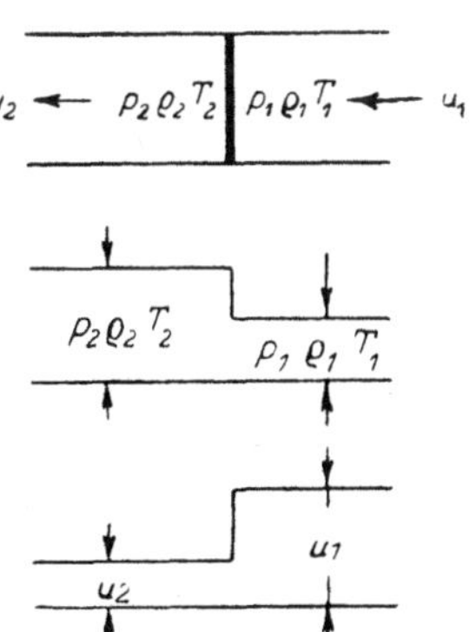

Bild 114. p, ϱ, T und u vor und nach dem Verdichtungsstoß

---

[1]) Es sei hier erwähnt, daß bei Verdünnungswellen die aufeinanderfolgenden Störungen sich nicht einholen, so daß der Druckanstieg im Kopf der Verdünnungswelle von selbst flacher wird.

die Impulsgleichung und die Energiegleichung beherrscht (Bild 114). Der betrachtete Vorgang kann nur stationär sein, wenn die zwischen den Querschnitten I und II eingeschlossenen Beträge an Masse, Impuls und Energie sich zeitlich nicht ändern. Nach der Kontinuitätsgleichung ist die durch die Querschnittseinheit in der Zeiteinheit eintretende Luftmasse gleich der austretenden, also

$$\varrho_1 u_1 = \varrho_2 u_2 . \tag{32}$$

An der Masse $\varrho_1 u_1$ haftet der Impuls $\varrho_1 u_1{}^2$, an der Masse $\varrho_2 u_2$ der Impuls $\varrho_2 u_2{}^2$, die Differenz ist nach dem Impulssatz gleich der wirklichen Druckdifferenz (falls von Reibung abgesehen wird)

$$p_2 - p_1 = \varrho_1 u_1{}^2 - \varrho_2 u_2{}^2 = u_1 \varrho_1 (u_1 - u_2) . \tag{33}$$

Nach dem Energiesatz (*Bernoulli*sche Gleichung) muß vor und nach dem Stoß die Gesamtenergie die gleiche sein, wobei sich die Gesamtenergie aus der kinetischen Energie $\varrho u^2/2$ der Masseneinheit und der Druckenergie (auch als Erzeugungswärme, Wärmeinhalt oder Enthalpie bezeichnet) $\int dp/\varrho = g\, c_p\, T$ zusammensetzt:

$$\frac{1}{g} \int \frac{d p}{\varrho} + \frac{u^2}{2 g} = c_p\, T + \frac{u^2}{2 g} = const.$$

also

$$\frac{u_1{}^2}{2 g} + c_p\, T_1 = \frac{u_2{}^2}{2 g} + c_p\, T_2 \tag{34}$$

oder, da sich die Druckenergie aus der inneren Energie $E = c_v\, T$ und der Volumenenergie $p\,V$ zusammensetzt,

$$E_1 + p_1 v_1 + \frac{u_1{}^2}{2 g} = E_2 + p_2 v_2 + \frac{u_2{}^2}{2 g} \tag{35}$$

oder

$$\frac{\varkappa}{\varkappa - 1}\, p_1 v_1 + \frac{u_1{}^2}{2 g} = \frac{\varkappa}{\varkappa - 1}\, p_2 v_2 + \frac{u_2{}^2}{2 g} . \tag{35a}$$

Man kann aus den obigen Gleichungen ableiten, daß

$$u_1 u_2 = \frac{2}{g} \cdot \frac{\varkappa - 1}{\varkappa + 1} \left(\frac{u_1{}^2}{2 g} + \frac{\varkappa}{\varkappa - 1}\, p_1 v_1 \right).$$

Der Ausdruck $\dfrac{u_1{}^2}{2 g} + \dfrac{\varkappa}{\varkappa - 1}\, p_1 v_1$ stellt die Gesamtenergie oder die Gesamtenthalpie i_0 je Masseneinheit des Zustandes p_1, v_1, μ_1 dar. Nehmen wir an, dieser Zustand sei mittels einer Lavaldüse erzeugt, so ist die Gesamtenthalpie des Kessels

$$i_0 = i_1 = \frac{u_1{}^2}{2 g} + \frac{\varkappa}{\varkappa - 1}\, p_1 v_1 = \frac{\varkappa}{\varkappa - 1}\, p_0 v_0 . \tag{36}$$

Damit wird $u_1 u_2 = 2\, g \cdot \dfrac{\varkappa - 1}{\varkappa + 1} \cdot \dfrac{\varkappa}{\varkappa - 1}\, p_0 v_0 = \dfrac{\varkappa - 1}{\varkappa + 1}\, u_\infty{}^2$, wobei u_∞ die aus einer

Lavaldüse erhältliche Grenzgeschwindigkeit darstellt [vgl. S. 50 Gl. (22)]. Für die Lavalgeschwindigkeit gilt aber

$$u_s = \sqrt{\frac{\varkappa - 1}{\varkappa + 1}}\, u_\infty$$

d. h. aber, es wird

$$u_1\, u_2 = u_s^{\,2}\,. \tag{37}$$

Dabei ist u_s die Lavalgeschwindigkeit einer Düse, mit der man den Zustand u_1, p_1, v_1 und w_1 erzeugt hat. Diese einfache Formel wurde von *L. Prandtl* aufgestellt und ist wesentlich für die Diskussion von Strömungsfeldern mit Verdichtungsstößen.

Den oben besprochenen Verdichtungsstoß bezeichnet man auch als *stationären* Verdichtungsstoß. Ein solcher kann z. B. im Überschallwindkanal auftreten.

Wir wollen jetzt auf das Problem übergehen, bei dem die Verdichtung nicht stationär, sondern fortschreitend ist. Das ist z. B. beim fliegenden Geschoß oder beim Detonationsvorgang der Fall. Wir erteilen daher dem Koordinatensystem eine Geschwindigkeit w, die gleich und entgegengesetzt der Luftgeschwindigkeit u_1 vor dem Stoß ist. Damit bewegt sich der Verdichtungsstoß mit der Geschwindigkeit w, die wir als *Wellengeschwindigkeit* bezeichnen, während die Luftmasse rechts zur Ruhe kommt. Links vom Verdichtungsstoß bewegte sich die Luft mit der kleineren Geschwindigkeit u_2; sie wird sich jetzt mit der Geschwindigkeit $u = w - u_2$ bewegen, die nach rechts gerichtet ist (Bild 115). Die Geschwindigkeit u bezeichnet man als die *Stoffgeschwindigkeit* der Luft. Mit

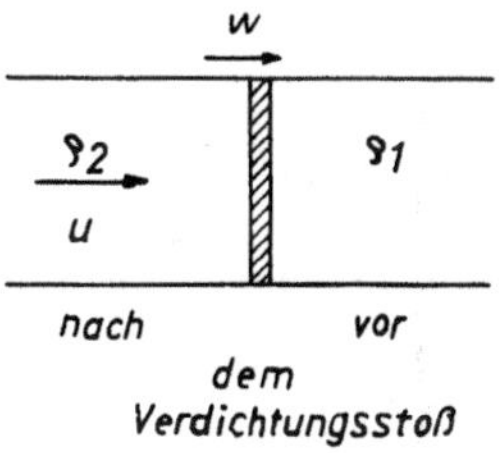

$$w = u_1 \text{ und } u = w - u_2 \tag{38}$$

Bild 115. Zum fortschreitenden Verdichtungsstoß

erhält man folgende Gleichungen für den Drucksprung im Verdichtungsstoß $\varDelta p$, den Dichtesprung $\varDelta \varrho$ und den Temperatursprung $\varDelta T$:

$$\varDelta p = p_2 - p_1 = \varrho_1\, w\, u, \tag{39}$$

$$\varDelta \varrho = \varrho_2 - \varrho_1 = \frac{\varrho_1}{w/u - 1}, \tag{40}$$

$$\varDelta T = T_2 - T_1 = \frac{u}{g\, c_p} \cdot \left(w - \frac{u}{2}\right). \tag{41}$$

Die Gl. (39) und (40) gelten für feste, flüssige und gasförmige Körper, da diese Gleichungen nur aus dem Impulssatz und dem Kontinuitätsgesetz abgeleitet sind. Aus Gl.(39) und (40) folgen die wichtigen Beziehungen

$$\Delta p = \varrho_1 \left(1 - \frac{\varrho_1}{\varrho_2}\right) w^2 \tag{42}$$

und

$$u = \left(1 - \frac{\varrho_1}{\varrho_2}\right) w. \tag{43}$$

Für die Wellengeschwindigkeit w erhält man aus Gl. (39) und (40):

$$w = \sqrt{\frac{\varrho_2}{\varrho_1} \cdot \frac{\Delta p}{\Delta \varrho}} = v_1 \sqrt{g \frac{p_2 - p_1}{v_1 - v_2}} \tag{44}$$

und für die Stoffgeschwindigkeit u

$$u = \sqrt{\frac{\Delta p \, \Delta \varrho}{\varrho_1 \varrho_2}} = (v_1 - v_2) \sqrt{g \frac{p_2 - p_1}{v_1 - v_2}}. \tag{45}$$

Für kleine Druck- und Dichteänderungen geht die Wellengeschwindigkeit in die gewöhnliche Schallgeschwindigkeit $a = dp/d\varrho$ über.

Eine Beziehung zwischen der Wellengeschwindigkeit w und der Stoffgeschwindigkeit u finden wir folgendermaßen: Aus der Zustandsgleichung der Gase $pv = RT$ oder $p/(\varrho\, g) = RT$ folgt

$$p_2 - p_1 = g\, R\, (\varrho_2 T_2 - \varrho_1 T_1).$$

Setzt man in diese Gleichung für $p_2 - p_1$ den Wert aus Gl. (39) sowie aus Gl. (40) $\varrho = \varrho_1 \dfrac{w}{w - u}$ und für T_2 den Wert aus Gl. (41) ein und berücksichtigt, daß $a^2 = g\varkappa\, RT$, $c_p = \dfrac{\varkappa}{\varkappa - 1}\, R$, so erhält man $u = \dfrac{2}{1 + \varkappa}\, w \left(1 - \dfrac{a_1^2}{w^2}\right)$

oder

$$u = \frac{2\, a_1}{1 + \varkappa} \cdot M \cdot \left(1 - \frac{1}{M^2}\right) \tag{46}$$

bzw.

$$w = \frac{\varkappa + 1}{4}\, u + \sqrt{\left(\frac{\varkappa + 1}{4}\right)^2 u^2 + a_1^2}. \tag{46a}$$

Um einen Zusammenhang zwischen dem Drucksprung Δp und der Wellengeschwindigkeit w zu erhalten, setzen wir den Wert von u aus Gl. (46) in Gl. (39) ein und erhalten:

$$\Delta p = \frac{2\, \varrho_1}{1 + \varkappa} \cdot w^2 \cdot \left(1 - \frac{a_1^2}{\omega^2}\right) \tag{47}$$

oder

$$\Delta p = \frac{2\, \varrho_1}{1 + \varkappa} \cdot a_1^2 \cdot (M^2 - 1) \tag{47a}$$

bzw.

$$w = \sqrt{a_1{}^2 + \frac{1 + \varkappa}{2\,\varrho_1}\,\Delta p}\,. \tag{48}$$

Setzt man in Gl. (40) den Wert von u/w aus Gl. (46a) ein, so erhält man eine Beziehung zwischen $\Delta\varrho$ und w:

$$\Delta\varrho = \varrho_1 \frac{(1 - a_1/w)^2}{(\varkappa - 1)/2 + (a_1/w)^2} = \frac{(1 - 1/M)^2}{(\varkappa - 1)/2 + 1/M^2}\,. \tag{49}$$

Aus Gl. (41) und (46a) erhält man den Temperatursprung als Funktion der Wellengeschwindigkeit zu

$$\Delta T = \frac{2\,\varkappa}{(1 + \varkappa)^2} \cdot \frac{w^2}{g\,c_p} \cdot \left(1 - \frac{a_1{}^2}{w^2}\right) \cdot \left(1 + \frac{1}{\varkappa} \cdot \frac{a_1{}^2}{w^2}\right). \tag{50}$$

Für sehr große Wellengeschwindigkeiten erhält man

$$\Delta\varrho \approx \frac{2}{\varkappa - 1}\,\varrho_1\,, \tag{51a}$$

$$\Delta p \approx \frac{2}{\varkappa + 1}\,\varrho_1 w^2\,, \tag{51b}$$

$$\Delta T \approx \frac{2\,\varkappa}{(1 + \varkappa)^2} \cdot \frac{w^2}{g\,c_p}\,. \tag{51c}$$

Insbesondere ergibt sich

$$\varrho_2 = \frac{\varkappa + 2}{\varkappa - 1}\,\varrho_1\,. \tag{52}$$

Durch einen Verdichtungsstoß kann also Luft höchstens auf den 6fachen Wert verdichtet werden. Der physikalische Grund liegt darin, daß mit der Kompression eine sehr starke Erwärmung verbunden ist.

In der folgenden Tabelle 7 sind einige Werte für v, Δp, ΔT und $\Delta\varrho/\varrho_1$ in Abhängigkeit von w angegeben. (Auszug aus einer Tabelle von *R. Rüdenberg* *[1]*). Die Werte sind für Luft mit den Ausgangswerten $\varrho_1 = 0{,}125$ kp s^2/m^4; $T_1 = 288\ ^\circ$K; $\varkappa = 1{,}405$; $c_p = 0{,}238 \cdot 427 = 101{,}5$ mkp/grd kp; $a_1 = 340$ m/s berechnet worden.

Läuft eine Druckwelle, die z. B. von einer Explosion herrührt, durch die Luft mit der Geschwindigkeit w, so wird jedes Luftteilchen, solange es von der Druckwelle erfaßt ist, sich mit der Geschwindigkeit u in Richtung der Druckwelle bewegen. *Rüdenberg* berechnet so für die räumliche Luftverschiebung während des Durchganges der Luftwelle

$$s = \frac{1}{w/u - 1} \tag{53}$$

Tabelle 7

Wellen- geschwindigkeit w (m/s)	Luft- geschwindigkeit u (m/s)	Drucksprung Δp (kp/cm²)	Temperatursprung ΔT (°C)	Dichtesprung $\Delta \varrho/\varrho_1$
340	0	0	0	0
360	32,6	0,15	11,2	0,10
380	63,1	0,30	22,0	0,20
400	93,0	0,47	33,0	0,30
450	161	0,90	59,4	0,56
500	224	1,39	86,8	0,81
750	494	4,6	249	1,95
1000	734	9,2	465	2,77
1500	1181	22,2	1075	3,74
2000	1611	40,3	1925	4,20
2500	2035	63,6	3020	4,44
3000	2460	92,3	4350	4.58

oder mit Gl. (46a)

$$s = \frac{2\,(1 - a_1{}^2/w_2{}^2)\,l}{1 + \varkappa - 2\,(1 - a_1{}^2/w_2{}^2)}, \tag{54}$$

wobei l die Länge der Druckwelle darstellt. Mit wachsender Wellengeschwindigkeit nähert sich daher der Wert s dem Grenzwert

$$s_{\max} = \frac{2\,l}{1 + \varkappa - 2} = 5\,l\,. \tag{54a}$$

Die obige Tabelle ist unter der Annahme einer konstanten, von der Temperatur abhängigen spezifischen Wärme berechnet worden. Das ist aber bei hohen Temperaturen nicht richtig $R.\ Becker\ [2]$ setzt daher

$$E_2 - E_1 = \int_{T_1}^{T_2} c_v\, d\,T = \bar{c}_v\,(T_2 - T_1)$$

wo $\bar{c}_v$ einen Mittelwert der spezifischen Wärme darstellt, und berechnet eine ähnliche Tabelle wie *Rüdenberg*. Dabei zeigt sich, daß die auftretenden Temperaturen niedriger werden und dadurch die Luft über den 6fachen Wert verdichtet werden kann.

Wir haben oben den Verdichtungsstoß als unstetig angesehen. In Wirklichkeit besteht ein stetiger Übergang infolge der (bisher vernachlässigten) Wärmeleitung und Reibung, der sich aber, wie *R. Becker* zeigte, auf sehr kleinen Strecken vollzieht. *R. Becker* berechnet für Luft mit $T_1 = 273\,°K$ bei einem Druckverhältnis von $p_2/p_1 = 2$ bzw. 5 die Werte $d = 447 \cdot 10^{-5}\,cm$ bzw. $117 \cdot 10^{-7}\,cm$ für die Breite der Unstetigkeitsstelle. Sie liegt also in der Größenordnung der mittleren freien Weglänge der Luftmoleküle bei Atmosphärendruck.

Von Bedeutung ist nun noch eine Beziehung zwischen den Drücken und den Dichten vor dem Stoß (p_1, ϱ_1) und nach dem Stoß (p_2, ϱ_2).

Gl. (41) lautete

$$g\,c_p\,(T_2 - T_1) = u\,(w - u/2);$$

da nun

$$g\,c_p\,(T_2 - T_1) = \int\limits_{p_1}^{p_2} \frac{dp}{\varrho} = \frac{\varkappa}{\varkappa - 1}\left(\frac{p_2}{\varrho_2} - \frac{p_1}{\varrho_1}\right).$$

nach Gl. (39) $u\,w = (p_2 - p_1)/\varrho_1$, nach Gl. (45) $u^2/2 = {}^1\!/_2\,(p_2 - p_1)\,(\varrho_2 - \varrho_1)/(\varrho_1\,\varrho_2)$, erhält man

$$\frac{1}{\varkappa - 1}\left(\frac{p_2}{\varrho^2} - \frac{p_1}{\varrho_1}\right) = \frac{1}{2}\,(p_2 + p_1)\left(\frac{1}{\varrho_1} - \frac{1}{\varrho_2}\right). \tag{55}$$

Diese Beziehung bezeichnet man als die *Hugoniot-Gleichung* oder die *dynamische Adiabatengleichung*, die bei starken Drucksprüngen an die Stelle der normalen Adiabatengleichung

$$p_2\,v_2^{\varkappa} = p_1\,v_1^{\varkappa}$$

zu setzen ist. Bild 116 zeigt den Verlauf der dynamischen Adiabate (*Hugoniot*-Kurve) im Vergleich zur normalen Adiabatenkurve.

C. Anwendungen des ebenen Verdichtungsstoßes

a) Überdruck an der Spitze eines mit Überschallgeschwindigkeit fliegenden Geschosses. Die ballistische Anwendung des ebenen stationären Verdichtungsstoßes haben wir beim mit Überschallgeschwindigkeit fliegenden Geschoß. Der Verdichtungsvorgang vor der Geschoßspitze besteht erstens aus dem ebenen stationären Verdichtungsstoß, der einen unstetigen Drucksprung zur Folge hat (vom Ausgangsdruck p_1 auf den Druck p_2), und zweitens aus einer adiabatischen Druckzunahme vom Druck p_2 auf den Druck p_3. Die Größe des unstetigen Drucksprunges erhalten wir aus Gl. (47a) zu:

$$\varDelta p = \frac{2\,g\,w^2}{\varkappa + 1}\left(1 - \frac{a_1^2}{w^2}\right),$$

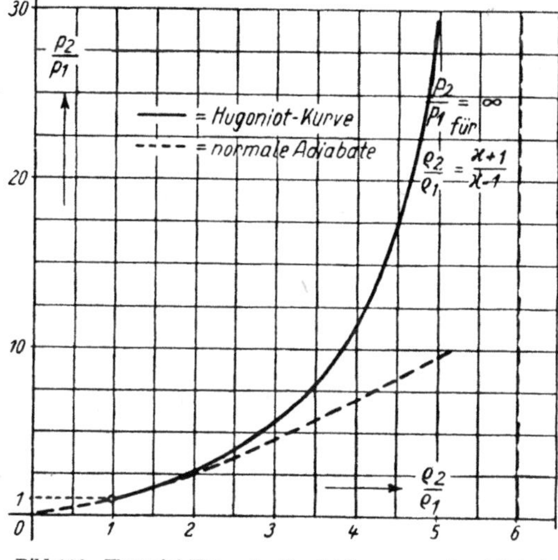

Bild 116. Hugoniot-Kurve im Vergleich zur normalen Adiabate; p_2/p_1 als Funktion von ϱ_2/ϱ_1

wo wir jetzt mit w die Geschoßgeschwindigkeit bezeichnen. Dieser Drucksprung tritt erst auf, wenn die Geschoßgeschwindigkeit die Schallgeschwindigkeit überschreitet.

Die nachfolgende adiabatische Verdichtung hat *Prandtl* behandelt. Für den insgesamt auftretenden Druck an der äußersten Geschoßspitze *(Staupunkt)* hat er folgenden Wert errechnet:

$$\Delta p = \frac{1}{2}\,(c_1 + c_2)\,\varrho_1\,w^2 \tag{56}$$

wo

$$c_1 = \frac{(\varkappa - 1 + 2\,a_1{}^2/w^2)\,[9\,\varkappa - 1 + (6 - 4\,\varkappa)\,a_1{}^2/w^2]}{[2\,\varkappa - (\varkappa - 1)\,a_1{}^2/w^2]\,4\,(\varkappa - 1)} \tag{57a}$$

den Widerstandsbeiwert für die nachfolgende adiabatische Kompression, und

$$c_2 = \frac{4}{\varkappa + 1}\left(1 - \frac{a_1{}^2}{w^2}\right) \tag{57b}$$

den Widerstandsbeiwert für die unstetige Verdichtung darstellt (Bild 117).

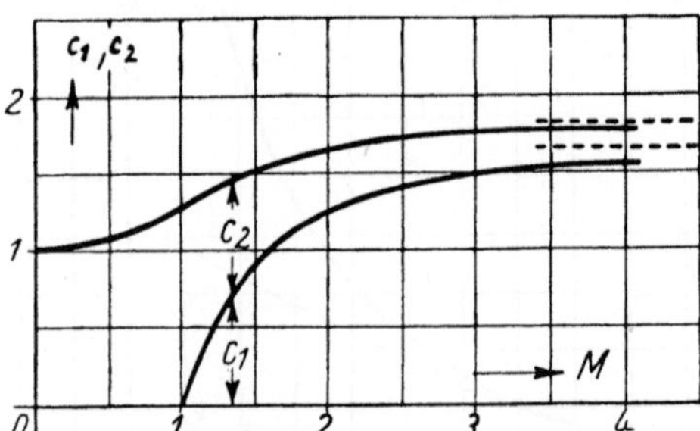

Bild 117. Widerstandsbeiwerte c_1 und c_2 für den Staudruck in Abhängigkeit von M

Bei einem zylindrischen Geschoß wird der Überdruck Δp nahezu auf die ganze Stirnfläche des Geschosses einwirken. Das obige Ergebnis gibt daher den charakteristischen Verlauf für ein zylindrisches Geschoß. Bei ogivalen Geschossen tritt sofort nach Umströmung der Spitze ein starker Druckabfall auf, der sogar zu lokalen Unterdrücken führen kann.

So haben *Bairstow, Fowler* und *Hartree [3]* die Druckverteilung an der ogivalen Spitze von Geschossen mit 6 Kaliber Abrundungsradius (Kaliber 3,3 Zoll) gemessen. Die Ergebnisse sind in Bild 118 dargestellt.

Die Verfasser verwenden bei ihren Versuchen die Tatsache, daß die Verbrennungsgeschwindigkeit eines Pulverzeitzünders vom Außendruck abhängt. In der hohlen Spitze eines Geschosses befindet sich nun ein solcher Zünder, der von Schuß zu Schuß verschieden lang ist. Die Geschoßspitze hat an mehreren Stellen A, B, ... je 6 gleichmäßig über den Umfang verteilte Anbohrungen, von denen bei jedem Schuß eine Serie geöffnet ist. Unter der Annahme, daß sich im Innern der gleiche Druck wie außen einstellt, wird der Zünder in einer bestimmten Zeit abbrennen. Brennt der Zünder bei

162

der Länge l_1 in der Zeit t_1 ab, bei der Länge l_2 in der Zeit t_2, so kennt man die Zeitdifferenz zwischen dem Abbrand der beiden Zünder und damit die Verbrennungsgeschwindigkeit $(l_2 - l_1)/(t_2 - t_1)$. Die Geschoßgeschwindigkeit v

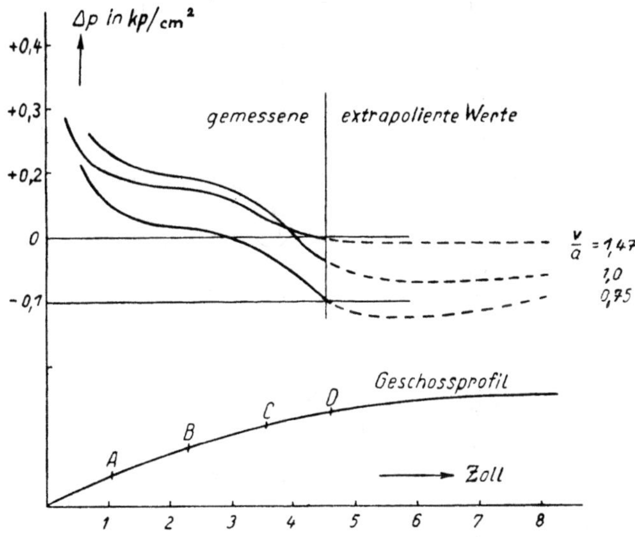

Bild 118. Druckwiderstand auf dem Kopf eines fliegenden Geschosses

an dem betreffenden Ort der Flugbahn ist bekannt, andererseits aus Laboratoriumsversuchen die Abhängigkeit der Verbrennungsgeschwindigkeit vom Druck. Man kann daher für eine bestimmte Stelle des Geschoßkopfes den jeweiligen Druck in Abhängigkeit von v/a berechnen.

Zur Bestimmung des Druckes vor dem *im Rohr* mit Überschallgeschwindigkeit fliegenden Geschoß haben wir zu berücksichtigen, daß die Stoffgeschwindigkeit der vor dem Geschoß befindlichen Luftmasse gleich der Geschoßgeschwindigkeit selbst ist. Damit erhält man für den Überdruck auf der Geschoßspitze, wenn u jetzt die Geschoßgeschwindigkeit darstellt, aus $\Delta p = \varrho_1\, u\, w$ unter Benutzung der Gl. (46a)

$$\Delta p = \varrho_1\, u\, \left([(\varkappa + 1)/4]\, u + \sqrt{[(\varkappa + 1)/2]^2\, u^2 + a_1{}^2} \right)$$

bzw. für das Druckverhältnis p_2/p_1:

$$\frac{p_2}{p_1} = \frac{\varkappa u^2}{a_1{}^2} \left[\frac{\varkappa + 1}{4} + \sqrt{\left(\frac{\varkappa + 1}{4} \right)^2 + \frac{a_1{}^2}{u_1{}^2}} \right]$$

oder

$$p_2/p_1 = \varkappa\, M^2 \left((\varkappa + 1)/4 + \sqrt{[(\varkappa + 1)/4]^2 + 1/M^2} \right)$$

mit
$$M = u_1/a_1 .$$

In Bild 119 sind die Werte p_2/p_1 im Vergleich zu denjenigen Werten p_2/p_1 aufgetragen, die unter der Annahme einer adiabatischen Zustandsänderung erhalten wurden.

b) Die Temperaturerhöhung in der Stauzone vor dem mit großer Überschallgeschwindigkeit fliegenden Geschoß. Gl. (51 c) gibt für die Temperaturerhöhung nach dem Verdichtungstoß

$$\Delta T = \frac{2\,\varkappa}{(1 + \varkappa)^2 g} \cdot \frac{w^2}{c_p} .$$

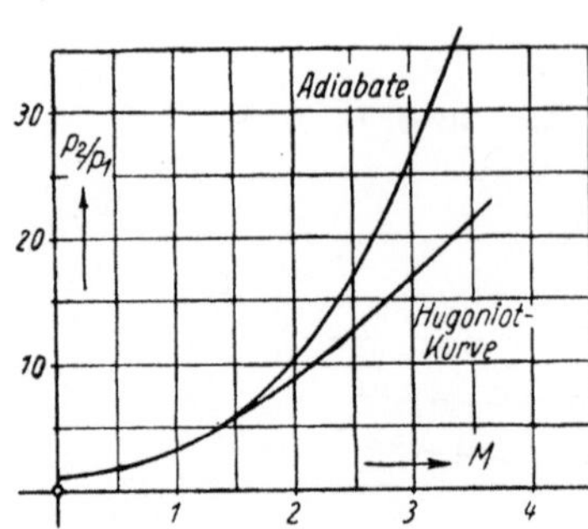

Bild 119. Hugoniot-Kurve im Vergleich zur normalen Adiabate; p_2/p_1 als Funktion von M

Setzen wir an Stelle von w die Geschoßgeschwindigkeit v, für T_2 die absolute Temperatur in der Stauzone T_{st} und für T_1 die Temperatur der umgebenden Luft T_a, so erhält man mit $M = v/a$:

$$T_{st} = T_a \left(1 + \frac{2\,\varkappa\,a^2}{(1 + \varkappa)^2\,c_p g} - \frac{1}{T_a}\,M^2 \right)$$

Mit $\varkappa = 1{,}4$; $a = 341$ m/s; $c_p = 101{,}5$ m kp/kp grd; $T_a = 288\,°$K wird

$$T_{st} = T_a\,(1 + 0{,}2\,M^2). \tag{58}$$

Beispiel: Für $M = 5$ wird $T_{st} = 228\,(1 + 0{,}2 \cdot 25) = 1730\,°$K. In der Grenzschicht eines in Erdnähe mit $M = 5$, also 1705 m/s fliegenden Geschosses würde also eine Temperatur von 1730 °K zu erwarten sein. Diese große Temperaturerhöhung muß auch eine erhebliche Temperaturerhöhung des Geschosses bewirken, die von der Wärmeübergangszahl und dem Zustand der Grenzschicht abhängt. Für Flugkörper wie Raketen, die längere Zeit mit derartig hoher Geschwindigkeit fliegen, kann tatsächlich eine Geschwindigkeitsgrenze durch die Temperaturerhöhung gegeben sein *(Temperaturmauer)*.

c) Der Detonationsvorgang (vgl. hierzu *A. Schmidt [4]*, *Döring* und *Burkhardt [5]*, *S. Travers [6]*). Bei Detonationsvorgängen von gasförmigen oder festen Körpern spielten Verdichtungsstöße eine wesentliche Rolle. Die durch einen Sprengstoff oder ein Gas laufende Detonationswelle ist nichts anderes als ein Verdichtungsstoß. Dieser bewegt sich mit der Detonationsgeschwindigkeit, die mit der Wellengeschwindigkeit identisch ist, durch den Sprengstoff. Die entstehenden Verbrennungsgase bezeichnet man als *Schwaden*; die Schwadengeschwindigkeit ist identisch mit der früher abgeleiteten Stoffgeschwindigkeit (Bild 120). Die S. 157 u. f. abgeleiteten Gleichungen können ohne weiteres übernommen werden. In der Energiegleichung ist jedoch zu beachten, daß die Änderung der inneren Energie $E_2 - E_1 = c_v\,(T_2 - T_1)$ jetzt nicht allein von der Änderung der Temperatur herrührt. Bei der chemischen Reaktion, die in der Wellenfront stattfindet, wird die Verbrennungswärme Q frei, die vorher als latente Energie vorhanden war. Es ist daher

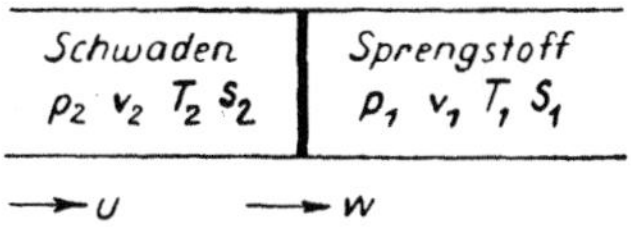

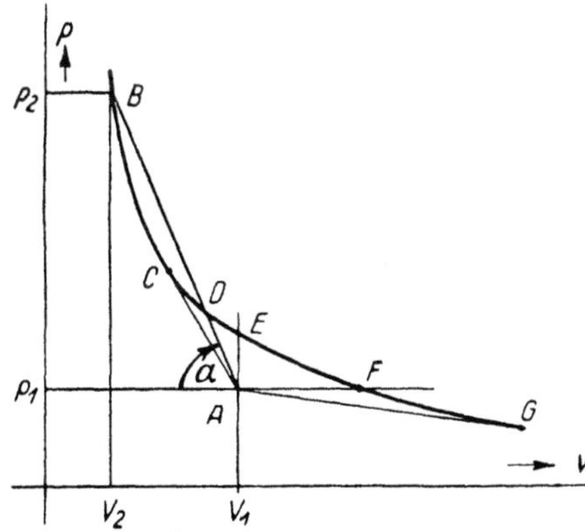

Bild 120
Zur Erläuterung des Detonationsvorganges

$$E_2 - E_1 = c_v\,(T_2 - T_1) - Q \qquad (59)$$

zu setzen.

Für den Detonationsvorgang können wir folgende Gleichungen zugrunde legen:

$$w = v_1 \sqrt{g\,\frac{p_2 - p_1}{v_1 - v_2}}, \qquad (60)$$

$$u = (v_1 - v_2) \sqrt{g\,\frac{p_2 - p_1}{v_1 - v_2}}, \qquad (61)$$

$$E_2 - E_1 = c_v\,(T_2 - T_1) - Q = \frac{1}{2}\,g\,(p_2 + p_1)\cdot(v_1 - v_2). \qquad (62)$$

Dazu kommt noch für die Gase die Zustandsgleichung $p\,v = R\,T$. Für feste Explosivstoffe ist eine besondere Zustandsgleichung, z.B. die *Abel*sche Gleichung $p_2 = \dfrac{f\,\Delta}{1 - \alpha\,\Delta}$ (vgl. S. 175), zu nehmen. Die *Hugoniot*-Gleichung Gl. (62) ist in Bild 121 dargestellt.

Der Ausgangszustand A $(v_1,\ p_1)$ liegt infolge des Freiwerdens der Verbrennungswärme Q nicht auf der Kurve. Jedem Punkt der Kurve entspricht ein bestimmter Verlauf der chemischen Reaktion und ein bestimmter Wert von

Bild 121. Hugoniot-Kurve für feste Explosivstoffe

w und u. Danach könnte man annehmen, daß es unendlich viele Endzustände und damit Detonationsgeschwindigkeiten für einen bestimmten Anfangszustand gäbe. Die Messungen ergeben jedoch bei Innehaltung gewisser Bedingungen (Art der Einleitung der Detonation, Durchmesser des Rohres, in dem der Vorgang sich abspielt) für jeden Explosivstoff einen charakteristischen konstanten Wert, der in der Größenordnung von einigen 1000 m/s liegt. Ein solcher ausgezeichneter Wert kann tatsächlich aus thermodynamischen Überlegungen abgeleitet werden *(Jouguet, R. Becker)*. Die *Hugoniot*-Kurve läßt nun folgende Aussage über den Verlauf der chemischen Reaktion zu: Für den Winkel α ergibt Bild 121

$$\tan \alpha = \frac{p_2 - p_1}{v_1 - v_2}$$

und damit

$$w = v_1 \sqrt{g \tan \alpha}, \quad u = (v_1 - v_2) \sqrt{g \tan \alpha}.$$

$\tan \alpha$ ist auf dem Stück EF negativ. Da hier die Detonationsgeschwindigkeit imaginär wird, kann der Bereich EF nicht einem realen Vorgang entsprechen. Unterhalb von F (Verbrennungsgebiet) ist $v_1 < v_2$, $p_2 < p_1$; $\tan \alpha$ hat kleine Werte. Die Wellenfront schreitet daher relativ langsam fort. Da die Schwadengeschwindigkeit u negativ wird, strömen die verbrannten Gase von der Brennfläche weg. Der Bereich FG entspricht nicht dem Detonationsvorgang, sondern dem der gewöhnlichen Verbrennung.

Oberhalb von E (Detonationsgebiet) ist $v_1 > v_2$, $p_2 > p_1$; $\tan \alpha$ nimmt große Werte an. In der Wellenfront tritt eine erhebliche Verdichtung auf, die mit einer starken Drucksteigerung verbunden ist. Da u positiv ist, bewegen sich die Schwaden in Richtung der fortschreitenden Reaktionszone.

Auf dem Bereich EB gibt es stets gleichzeitig zwei Zustände, die dem gleichen Wert der Detonationsgeschwindigkeit entsprechen, dagegen einen einzigen Wert nur in Punkt C, in dem die Gerade von A die *Hugoniot*-Kurve tangiert. Thermodynamisch läßt sich zeigen, daß nur dieser eine Wert einem völlig stabilen Zustand entspricht und damit eine eindeutige Detonationsgeschwindigkeit gegeben ist. Dabei ergibt sich, daß die Detonationsgeschwindigkeit durch die Summe von Schwadengeschwindigkeit und Schallgeschwindigkeit in den Schwaden, also durch $w = u + a_2$ gegeben ist. Aus der Tatsache, daß die Schwaden sich in Richtung der Detonationsfront bewegen, darf man nicht schließen, daß die Schwaden in beliebiger Entfernung von der Wellenfront die gleiche nach vorn gerichtete Geschwindigkeit haben. Der Druck wird vielmehr im allgemeinen nach hinten abfallen und die Bewegungsrichtung der Schwaden sich umkehren. Es wird stets eine Verdünnungswelle auftreten; daß sie sogar auftreten *muß*, hat *H. Langweiler* [7] durch Energie- und Impulsbetrachtungen an einer detonierenden Sprengstoffsäule nachgewiesen.

Die Berechnung des oben angegebenen Wertes für die Detonationsgeschwindigkeit von explosiblen Gasen und Gasmischungen hat mit dem Experiment teilweise überraschend gute Übereinstimmung gegeben. Das Problem des Verhaltens der Schwaden ist eine dankbare Aufgabe für die Funkenkinematographie und insbesondere die Röntgenblitzphotographie.

166

Bei festen Explosivstoffen ist eine quantitative theoretische Beschreibung des Detonationsvorganges erheblich schwieriger. Die große Geschwindigkeit der Detonationswelle bedingt Drucksprünge, die in der Größenordnung von 10^5 kp/cm^2 liegen. Über den Zustand der Schwaden konnte die Röntgenblitzphotographie *(R. Schall* 4. Abschn. *[29]; R. Schall* und *G. Thomer [8])* einige recht wertvolle Auskünfte geben. Nach der Stoßwellenformel

$$\Delta p = \varrho\, w^2\, (1 - \varrho_1/\varrho_2)$$

kann man den Drucksprung Δp berechnen, falls man außer der Dichte ϱ_1 und der Detonationsgeschwindigkeit w des Sprengstoffes das Verhältnis ϱ_1/ϱ_2 (Sprengstoffdichte : Schwadendichte) kennt. Die Absorptionseigenschaft der Röntgenstrahlen gestattet nun, die Dichte ϱ_2 der Schwaden in der Stoßfront direkt ohne Kenntnis der Zustandsgleichung zu messen. Von praktischer Bedeutung ist' dabei, daß die Dichtemessung mit Röntgenstrahlen nicht verfälscht wird, wenn in der Detonationszone chemische Veränderungen des Mediums (z. B. Dissoziation in der Stoßwelle oder chemische Reaktion) stattfinden, da der Röntgenabsorptionsvorgang ein atomarer Effekt ist. *R. Schall* bestimmte mittels Röntgenblitzen die Dichte in der Stoßfront und berechnete mittels der obigen Formeln den Drucksprung Δp in der Detonationsfront und mittels $u = w\,(1 - \varrho_1/\varrho_2)$ die Geschwindigkeit der Schwaden. Er erhielt für Nitropenta verschiedener Dichte und für TNT die folgenden Werte:

Zustandsgröße Sprengstoff	γ_1	w	γ_2	$\dfrac{\gamma_2}{\gamma_1} = \dfrac{\varrho_2}{\varrho_1}$	Δp	u
	p/cm^3	m/s	p/cm^3	—	kp/cm^2	m/s
Nitropenta	0,87	4760	1,22	1,40	57 500	1360
	1,38	7000	1,75	1,26	145 500	1470
	1,49	7450	1,85	1,24	163 500	1440
	1,59	7780	1,93	1,21	172 500	1370
TNT	1,50	6500	1,83	1,22	116 000	1170

Aus den Röntgenblitzaufnahmen läßt sich weiter die Länge der Reaktionszone (Größenordnung einige mm) sowie die Reaktionszeit (Größenordnung einige 10^{-7} s) ermitteln.

ZWEITER TEIL: INNERE BALLISTIK

Sechster Abschnitt: Grundlagen der inneren Ballistik. Verfahren zur Berechnung der innerballistischen Größen

31. Grundbegriffe der inneren Ballistik

A. Allgemeines

Die Hauptaufgabe der inneren Ballistik besteht darin, einem Geschoß von der Masse m und dem Kaliber $2\,R$ eine bestimmte Anfangsgeschwindigkeit v_0 und damit eine kinetische Energie $m\,v_0^2/2$ zu erteilen und gleichzeitig alle dabei auftretenden physikalischen Erscheinungen während der Geschoßbewegung bis zum Moment des Geschoßbodenaustritts aus der Mündung zu klären. Die Übertragung der erforderlichen Energie kann durch Ausnutzung der verschiedenartigsten Kräfte bzw. Energiequellen erfolgen:

1. Muskelkraft des Menschen (Handgranate).
2. Anziehungskraft der Erde (Fliegerbombe).
3. Energie komprimierter Gase (Flammenwerfer, Druckluftgeschütz).
4. Elektrische, magnetische oder mechanische Energie.
5. Chemische Energie von Explosivstoffen.

Eine besondere Stellung nimmt die Rakete ein. Sie wird im III. Teil ausführlich behandelt.

Meistens wird die chemische Energie von Explosivstoffen verwendet, von der später die Rede sein wird. Dabei werden Geschoßanfangsgeschwindigkeiten von 50 m/s (Gewehrgranate) bis zu etwa 1600 m/s (Ferngeschütz) erreicht. Die Gasdrücke liegen zwischen 100 kp/cm² und 5000 kp/cm²; die Kaliber der Waffen liegen zwischen 0,6 und etwa 80 cm, die Länge des Rohres zwischen 10 und 170 Kalibern.

Damit der Waffenbauer sein Geschütz konstruieren kann, sind ihm von der inneren Ballistik folgende spezielle Angaben zu machen, falls Kaliber $2\,R$,

Geschoßmasse und Mündungsgeschwindigkeit v_0 des Geschosses fest-
liegen: Rohrinneneinrichtung (Größe des Ladungsraumes; Drall; Breite,
Tiefe und Anzahl der Züge und Felder), örtlicher und zeitlicher Verlauf des
Gasdruckes (der örtliche Verlauf ist der wichtigere), die Temperatur der
Pulvergase. Eine Grundlage für diese Angaben bildet die vorherige Be-
rechnung des Ladungsgewichtes und der Dimensionen des Pulverkorns.

Sehr häufig hat die innere Ballistik die Frage zu beantworten, wie sich die
Anfangsgeschwindigkeit des Geschosses mit folgenden Größen ändert: 1. mit
der Masse des Geschosses, 2. mit der Pulverladung (Gewicht, Feuchtigkeit,
Temperatur, verschiedenes Pulverkorn), 3. mit dem Ladungsraum oder
4. mit der Rohrlänge.

Wie sich später zeigen wird, ist man jedoch (mangels genügender empiri-
scher Unterlagen) noch nicht in der Lage, die obigen Fragen restlos
auf theoretischem Wege zu beantworten. Man wird vielmehr häufig Ver-
suchswaffen bauen, beim Schußvorgang den maximalen Gasdruck p_m und
die Anfangsgeschwindigkeit v_0 messen und auf Grundlage dieser Werte den
örtlichen (und zeitlichen) Gasdruckverlauf im Rohr usw. berechnen und damit auf die Verhältnisse bei ähnlichen Waffen Rückschlüsse ziehen.

B. Einiges über das Pulver

Daß man auf das Pulver als Energiequelle in der Schießtechnik zurück geht,
hat seinen besonderen Grund in der erstaunlichen Schnelligkeit, mit der das
Pulver seine Energie in begrenztem Raum freigibt, und in der Tatsache, daß
es den zur Verbrennung notwendigen Sauerstoff in sich gebunden trägt.
Weiter kann man verhältnismäßig einfach die Art des Druckverlaufs in der
Waffe durch Änderung des Pulvers in seiner chemischen Zusammensetzung bzw. in seiner äußeren Form bestimmen.

Als Treibmittel werden fast ausschließlich rauchschwache Pulver verwendet, deren wichtigste Bestandteile die Nitrozellulose (Schießbaumwolle)
$C_6H_7O_2(OH)_{3-x}(NO_3)_x$ und das Nitroglyzerin $C_3H_5(ONO_2)_3$ sind. Moderne
(sogenannte „kalte") Pulver enthalten außerdem Diglykol und Nitroguanidin.

Bei vollkommener Zersetzung liefert die reine Nitrozellulose CO_2, CO,
H_2O, H_2 und N_2.

Reines Nitroglyzerin zerfällt nach der Gleichung:

$$4\,C_3H_5(ONO_2)_3 = 12\,CO_2 + 10\,H_2O + 6\,N_2 + O_2\,.$$

Die Verpuffungstemperatur beider Stoffe liegt etwa bei 180 °C.

Die Ausgangssubstanz für die modernen Pulver ist die Nitrozellulose, die
für ihre praktische Verwendung durch Behandlung mit geeigneten Lösungs-
mitteln gelatiniert wird, d. h. in eine homogene plastische Masse von kollo-
idem Zustand übergeführt wird. Bei der Gelatinierung mittels flüchtiger

Tabelle 8. Pulverkonstanten

Pulver	Zusammensetzung	Wärmegehalt (Explosions-wärme) Wasser gasförmig Q	Explosions-tempertur (bei konst. Vol.) T_{ex}	Spezifisches Gasvolumen v_0 [2]	Spezifischer Druck f
		k cal/kp	°K	m³/kp	m
Nitroglyzerin	40% Ngl; 59% Nz (12,2% N); 1% Akardit.	1150	3800	0,830	116500
Nitrozellulose	97% Nz (13,1% N); 3% Centralit und Diphenylamin.	834	3000	0,920	101000
Nitroglyzerin (R.-Antrieb)	25% Ngl; 66% Nz (11,7% N); 9% Centralit.	700	2550	1,016	95000
Amerikanisches Raketenpulver	43% Ngl; 54% Nz (13,25% N); 3% Centralit.	1123	3280	0,840	120000
Diglykol	68% Nz (12,0% N); 29% Diglykol[1]); 3% Centralit.	735	2650	1,003	100500
Gudol: Diglykol und Nitroguanidin	36% Nz (12% N); 22% Diglykol; 40% Nitroguanidin; 1,5% Stabilisatoren; 0,5% Kaliumsulfat	685	2500	1,017	93000

[1]) Diäthylenglykoldinitrat. [2]) gemessen bei 0 °C und 760 Torr. Das spezifische Gewicht liegt bei den Pulvern zwischen $s = 1,30$ und $1,65$. Für das Kovolumen α [m³/kp] kann der Wert $v_0 \cdot 10^{-3}$ genommen werden.

Stoffe, wie Äther-Alkohol, erhält man Nitrozellulosepulver, bei der Gelatinierung mittels Nitroglyzerin Nitroglyzerinpulver. Durch die Gelatinierung der Nitrozellulose ist es möglich, dem Pulverkorn bestimmte Eigenschaften sowie Formen zu geben und damit seine Umsetzungsgeschwindigkeit weitgehend zu beeinflussen.

Ein wesentlicher Vorzug der rauchschwachen Pulver gegenüber dem Schwarzpulver besteht darin, daß sie infolge ihrer homogenen Beschaffenheit in *parallelen* Schichten abbrennen. Dadurch kann die Geschwindigkeit, mit der das Pulver sich umsetzt (d. i. die eigentliche Verbrennungsgeschwindigkeit des Pulvers), und damit die Geschwindigkeit des Druckanstiegs in der Waffe durch geeignete Formgebung in weiten Grenzen variiert werden *(Vieille)*.

Für ein Pulver ist eine gute Beständigkeit und eine Unabhängigkeit von äußeren Einflüssen wie Feuchtigkeit und Temperatur von großer Bedeutung. Bezüglich dieser beiden Einflüsse ist folgendes zu sagen:

Jedes Pulver nimmt im Laufe der Zeit eine gewisse Feuchtigkeit an, die abhängig von der Zusammensetzung und der Form des Pulverkorns sowie vom Feuchtigkeitsgehalt der Luft ist. Der normale Feuchtigkeitsgehalt beträgt bei Nitrozellulosepulver etwa $1\,^0/_0$ und schwankt in den Grenzen von $0,5\,^0/_0$ (Sommer) und $2,0\,^0/_0$ (Winter). Das Nitroglyzerinpulver ist lange nicht so hygroskopisch wie das Nitrozellulosepulver; seine Normalfeuchtigkeit beträgt etwa $0,5\,^0/_0$ und schwankt zwischen $0,3\,^0/_0$ und $0,8\,^0/_0$. Man kann daher bei artilleristischen Ladungsbeschüssen von dem Einfluß der Feuchtigkeit auf das Nitroglyzerinpulver absehen, bei Nitrozellulosepulver muß er jedoch bei Artillerie und Infanterie berücksichtigt werden.

Bei Nitrozellulosepulver ändert eine Feuchtigkeitsänderung von $\pm\,1\,^0/_{00}$ die v_0 um etwa $\varDelta v = \mp\,4$ m/s und den Gasdruck p_m um etwa $\varDelta p = \mp\,55$ kp/cm^2.

Für beide Pulversorten wird bei der praktischen Verwendung eine bestimmte Normaltemperatur zugrunde gelegt, und zwar $+10\,°C$. Ändert sich diese Temperatur, so tritt ebenfalls eine Beeinflussung des maximalen Gasdrucks p_m und der Anfangsgeschwindigkeit v_0 auf; die Änderungen $\varDelta v_0$ und $\varDelta p_m$ können aus folgenden rein empirischen Beziehungen entnommen werden:

$$\varDelta v_0 = v_0\,\frac{\varDelta T}{100}\,, \qquad \varDelta p = p_m\,\frac{\varDelta T}{100}\,,$$

wo $\varDelta T = T_2 - T_1$ die Differenz zwischen der Normaltemperatur T_1 und der tatsächlichen Temperatur T_2 darstellt. Bezüglich der Beständigkeit des Pulvers ist noch zu erwähnen, daß eine Verflüchtigung des Lösungsmittels das Nitrozellulosepulver brisanter macht.

Es wurde schon oben gesagt, daß die Pulver hauptsächlich wegen der großen Schnelligkeit ihres chemischen Umsatzes und ihrer hohen Dichte für die Schießtechnik geeignet sind und wegen ihrer Eigenschaft, daß sie den zur

Verbrennung notwendigen Sauerstoff in sich tragen, nicht so sehr wegen der Größe der Energie, die entwickelt wird. Denn es finden sich sehr wohl Stoffe, die eine größere spezifische Energie (Energie je kg) haben, so z. B. Kohle mit einer spezifischen Energie von 8000 kcal/kg oder Wasserstoff mit sogar 28000 kcal/kg gegenüber dem Nitrozellulosepulver mit rund 800 kcal/kg. Die Kohle und der Wasserstoff müssen jedoch den zu ihrer Verbrennung erforderlichen Sauerstoff aus der Luft entnehmen. Um einen richtigen Vergleich mit dem Pulver zu haben, muß man die Energie auf das Gemisch mit O_2 beziehen. Dann erhält man für $C + O_2 \approx 2000$ kcal/kg und für $2 H_2 + O_2 \approx 3000$ kcal/kg. Eine praktische Verwendung von Kohle, Wasserstoff od. dgl., die schon vielfach vorgeschlagen wurde, ist bisher wegen technischer Schwierigkeiten nicht erfolgt. Die Pulver sind durch die Hinzufügung von geeigneten Stabilisatoren (z. B. Centralit) unter normalen Bedingungen als *beständige* Gemische anzusehen, die sich praktisch nicht zersetzen.

Zur Einleitung der Zersetzung ist von außen zutretende Energie erforderlich. Diese wird bei Schußwaffen z. B. dem Zündhütchen entnommen, das einen Initialsprengstoff enthält (am häufigsten Knallquecksilber oder Bleiazid), der durch den Schlag des vorschnellenden Schlagbolzens oder elektrisch entzündet wird. U. U. wird durch Hinzufügung eines sehr oberflächenreichen Pulvers sofort zusätzlich eine große Flamme erzeugt, so daß praktisch alle Pulverkörner gleichzeitig zu brennen beginnen.

Die Umsetzungsgeschwindigkeit ein und desselben Explosivstoffes kann nun sehr verschieden sein und hängt ganz von den äußeren Umständen ab (Pulverdimensionen, Art der Zündung, Art des Einschusses). So wird eine frei in der Atmosphäre abbrennende Pulvermenge langsam abbrennen, indem die Verbrennung von Schicht zu Schicht fortschreitet. Man bezeichnet die Geschwindigkeit, mit der die Verbrennung von Korn zu Korn springt, als *Entflammungsgeschwindigkeit*. Im Gegensatz dazu wird als *Verbrennungsgeschwindigkeit* die Geschwindigkeit bezeichnet, mit der in *einem* Pulverkorn die Reaktionszone senkrecht zur Brennfläche fortschreitet.

Der Vorgang der Verbrennung spielt sich folgendermaßen ab: Sind einige Pulverteilchen durch Wärmezufuhr auf eine bestimmte Temperatur erhitzt, so zersetzen sie sich, und eine gewisse Wärmemenge wird frei. Ist diese Wärmemenge genügend größer als der Wärmeverlust, der durch Strahlung oder Wärmeleitung auftritt, so werden auch die benachbarten Pulverschichten auf die zur Einleitung der chemischen Reaktion erforderliche Temperatur gebracht, und der Reaktionsvorgang schreitet mehr oder weniger schnell durch das Pulver fort. Die Temperatur, bei der in der fortschreitenden Reaktionszone der Wärmeverlust, der durch Leitung und Strahlung auftritt, gerade durch die Wärmeentwicklung der vor sich gehenden Zersetzungsreaktion gedeckt wird, bezeichnet man als *Entzündungstemperatur*. Die Entzündungstemperatur von Pulver liegt bei etwa

200 °C und ist praktisch unabhängig vom Druck. Einen Fall langsamer Verbrennung haben wir bei einem langgestreckten, in freier Atmosphäre befindlichen Pulverhäufchen, das an einem Ende entzündet wird. Ein anderes Beispiel ist der Abbrand der Pulverseele einer Zündschnur. Da hier die Verbrennungsgase durch die Umspinnung, die keinen dichten Einschluß bildet, entweichen können, geht die Verbrennung dauernd nahezu unter Atmosphärendruck vor sich.

Wird nun das gleiche Pulver in einen begrenzten Raum eingeschlossen, so kann die Verbrennungsgeschwindigkeit, mit der also die chemische Reaktion fortschreitet, sich erheblich steigern. Die Verbrennungsgeschwindigkeit nimmt etwa linear mit dem Druck zu, unter dem das Pulver verbrennt. Durch die fortgesetzte Drucksteigerung wächst die Geschwindigkeit der Reaktion, bis schließlich ein Maximum des Druckes und der Temperatur (Explosionstemperatur) erreicht wird. Diesen Vorgang, wie er sich z. B. in den Schußwaffen abspielt, bezeichnet man als schnelle Verbrennung oder Explosion. Die Verbrennungsgeschwindigkeit, die in der Größenordnung von 0,1 bis 100 cm/s liegt, ist in diesem Falle ebenfalls keine Konstante des Pulvers, sondern hängt vom Druck in dem betreffenden Raum ab.

Tritt nun aus irgendwelchen Gründen an einer Stelle eine große Temperaturerhöhung auf, so geht von den hier unter hohem Druck stehenden Gasen eine Druckwelle aus. Diese bewegt sich mit mehreren km/s durch die Pulvermasse, wobei sie durch ihren Stoß und die durch sie erzeugte hohe Temperatur bei den erfaßten Pulverschichten eine sofortige chemische Reaktion einleitet. Die Fortpflanzungsgeschwindigkeit dieser *Detonationswelle* ist eine kennzeichnende Eigenschaft des betreffenden Pulvers oder Sprengstoffs. Sie ändert sich nur in kleinen Grenzen in Abhängigkeit von der Ladedichte und ist nur unterhalb eines bestimmten Durchmessers des detonierenden Sprengstoffs abhängig vom Durchmesser *(A. Parisot [1])*.

Für den Schußvorgang verwendet man nur den Fall der beschleunigten Verbrennung des Pulvers (Explosion). Ein Detonationsvorgang, der zu einer Rohrdetonation führen würde, kann nur unter denkbar ungünstigsten Umständen eintreten und wird durch die Wahl geeigneter Pulver und geeigneter Zündung vermieden.

C. Die allgemeine Zustandsgleichung

Als allgemeine Zustandsgleichung idealer Gase hatten wir auf S. 143 die Beziehung

$$p\,V = L\,R\,T \tag{1}$$

mitgeteilt. Dabei bestimmte sich die Gaskonstante R für das betreffende Gas aus den bei Normalverhältnissen geltenden Werten von p_0, T_0 und dem spezifischen Volumen $v_0 = V_0/L$ zu:

$$R = \frac{p_0 v_0}{T_0}.$$ (2)

Damit erhielten wir:

$$p = \frac{p_0 v_0}{T_0} T \frac{L}{V}.$$ (3)

Hat man in einem geschlossenen Raum (Bombe) von dem Volumen V eine Pulvermenge von dem Gewicht L zur Explosion gebracht, so wird sich eine bestimmte Temperatur T_{ex}, die als *Explosionstemperatur* bezeichnet wird, und ein bestimmter Gasdruck einstellen. Da die Explosionstemperatur T_{ex} eine charakteristische Konstante des betreffenden Pulvers ist, ebenso das spezifische Gasvolumen v_0, so hängt die Größe $T_{ex} p_0 v_0/T_0$ nur von den Eigenschaften des Pulvers ab; sie ist vollkommen unabhängig von äußeren Bedingungen, z. B. vom Pulvergewicht oder von dem zur Verfügung stehenden Raum. Man setzt

$$f = \frac{T_{ex} p_0 v_0}{T_0}$$ (4)

und bezeichnet f als den *spezifischen Druck* (eine gebräuchliche, aber nicht sehr glückliche Ausdrucksweise!) des Pulvers. Damit wird

$$p = f \frac{L}{V}.$$ (5)

Für 1 kp eines Pulvers wird bei einem Volumen von 1 m³ zahlenmäßig $p = f$, d. h. f stellt zahlenmäßig den von den Pulvergasen ausgeübten Druck dar, wenn 1 kp Pulver in einem Raum von 1 m³ zur Explosion gebracht wird. Die Pulvergase sind also hier als *ideale Gase* betrachtet, f ist der „ideale" Gasdruck für $L/V = 1$ kp/m³.

Zahlenbeispiel:

Die bei der Explosion von 1 kp Nitroglyzerin entstehenden Pulvergase (Schwaden) nehmen bei 0 °C ($T_0 = 273$ °K) und dem Atmosphärendruck $p_0 = 10333$ kp/m² einen Raum von $v_0 = 0{,}714$ m³/kp ein. Die Explosionstemperatur des Nitroglyzerins beträgt $T_{ex} = 4320$ °K. Damit folgt

$$f = \frac{4320 \cdot 10333 \cdot 0{,}714}{273} = 116500 \text{ m},$$

d. h. der von Pulvergasen ausgeübte Druck in einem Raum von 1 m³ beträgt $p = 116500$ kp/m².

D. Kurze Bemerkung zur Thermochemie des Treibmittels

In der Thermochemie lassen sich mit guter Annäherung die thermochemischen und physikalischen Konstanten eines Treibmittels, z. B. die Reaktionswärme der Pulvergase, die Explosionstemperatur, das Verhältnis der spezifischen Wärmen $\varkappa = c_p/c_v$, c_p und die Schallgeschwindigkeit a berechnen, wenn man die chemische Zusammensetzung des Treibmittels und die Bildungswärmen der Komponenten kennt *(A. Schmidt [2], L. Médard [12])*.

Ein häufig in der Rakete verwendetes Pulver hat folgende Zusammensetzung: $25\,^0/_0$ Nitroglyzerin, $65,75\,^0/_0$ Nitrozellulose ($12\,^0/_0$ Stickstoff), $9\,^0/_0$ Centralit und $0,25\,^0/_0$ Vaseline.

Thermochemisch lassen sich folgende Größen ermitteln: Reaktionswärme bei konstantem Druck 660 kcal/kg; $\varkappa = 1,31$; $c_{p\,(Mol)} = 11,16$; Explosionstemperatur $T = 2040\,^\circ K$ (bei konstantem Druck); die Gesamtmolzahl je kg des Pulvers beträgt $n = 45,34$.

Die Schallgeschwindigkeit ergibt sich aus $a = \sqrt{g\varkappa R\,T} = \sqrt{g\varkappa p\,v}$. Schreibt man die Gasgleichung für 1 Mol an, so ist $p\,\mathfrak{B} = R\,\mathfrak{M}\,T = \mathfrak{R}\,T$, wobei $\mathfrak{B}$ das für alle Gase gleiche Molekularvolumen von $\mathfrak{B} = 22,4\ \mathrm{m}^3/\mathrm{kmol}$ bei $T = 273\,^\circ K$ und 1 atm $= 760$ Torr und $0\,^\circ C$.

Die allgemeine Gaskonstante erhält man aus

$$\mathfrak{R} = \frac{22,4 \cdot 10333}{273} = 847,8\ \mathrm{m\ kp/(grd\ mol)}\,.$$

Wählt man jetzt n Mole, so daß $n\,\mathfrak{M} = 1$ kg ist, so hat man $p\,n\,\mathfrak{B} = p\,v = n\,\mathfrak{R}\,T = 847,8\,n\,T$ bzw. wenn man in Gramm-Molen rechnet $p\,v = 0,8478\,n\,T$ bzw. $g\,p\,v = 8,305\,n\,T$, damit $a = \sqrt{\varkappa \cdot 8,305\,n\,T}$ und mit obigen Werten $a = \sqrt{1,31 \cdot 8,305 \cdot 45,34 \cdot 2040} = 1020\ \mathrm{m/s}.$

E. Die Abelsche Gleichung

Bei den in der Ballistik und Sprengstofftechnik auftretenden Verhältnissen ist jedoch dem Eigenvolumen der Gasmoleküle Rechnung zu tragen. *F. Abel* hat gezeigt, daß man dann die allgemeine Zustandsgleichung bei Drücken bis zu mehreren 1000 kp/cm² gut verwenden kann.

Steht den Pulvergasen das Volumen V zur Verfügung und ist $\alpha\,L$ das Eigenvolumen der Pulvergase, wo α das Eigenvolumen von 1 kg der Pulvermoleküle darstellt (auch als *Kovolumen* bezeichnet), so wird

$$p = f\,\frac{L}{V - \alpha L}\,. \tag{6}$$

In dieser Form bezeichnet man die Zustandsgleichung als die *Abelsche* Gleichung. Führt man die *Ladedichte* $\varDelta$ des Pulvers ein, unter der man das Verhältnis $\varDelta = L/V\ \mathrm{kp/m^3}$ versteht, so hat man

$$p = f\,\frac{\varDelta}{1 - \alpha\,\varDelta}\,. \tag{7}$$

$\varDelta$ schwankt zwischen 0,4 und $0,9 \cdot 10^{-3}\ \mathrm{kp/cm^3} = 0,9\ \mathrm{kp/dm^3}$.

Um von Schuß zu Schuß eine gleichmäßige Verbrennung und damit einen gleichen Druckverlauf zu erhalten, darf die Ladedichte einen Größtwert nicht überschreiten, der von der Verbrennungswärme des verwendeten Pulvers abhängt. Nach *Gallwitz* hat die Erfahrung gezeigt, daß etwa $\Delta \cdot Q = 545$ kcal/dm³ sein muß, wobei Δ die Ladedichte in kp/dm³ und Q die Verbrennungswärme (man spricht auch häufig vom Kaloriengehalt) in kcal/kg ist.

Bei gleicher Leistung einer Waffe muß daher bei Verwendung von Pulver hoher oder niedriger Verbrennungswärme der Ladungsraum stets die gleiche Größe haben. Denn da bei gleicher Leistung in einer Waffe die Pulverladung sich etwa umgekehrt proportional der Verbrennungswärme verhält, also $L_1/L_2 = Q_2/Q_1$ ist, und da $\Delta_1 Q_1 = \Delta_2 Q_2 = 545$ bzw. $L_1 Q_1/V_1 = L_2 Q_2/V_2$ folgt mit $L_1 Q_1 = L_2 Q_2$, daß $V_1 = V_2$ ist.

In der folgenden Tabelle 9 sind einige Fälle aus der Praxis zusammengestellt.

Tabelle 9

Geschütz	Verbrennungs-raum V	Ladung L	Verbrennungs-wärme Q	Ladedichte $\Delta = L/V$	$\Delta \cdot Q$
	dm³	kp	kcal/kg	kp/dm³	kcal/dm³
3, 7 cm L/45	0,28	0,188	820	0,63	540
l. F. H. 16	1,43	0,615	1250	0,43	540
s. 10 cm K 18	7,88	4,85	820	0,62	510
15 cm K 16	22	13,0	950	0,59	560
K 3	120	81,0	820	0,67	550

Kühlen sich die Pulvergase ab, sei es durch Wärmeabgabe an die Bombenwandung (oder durch Arbeitsleistung beim scharfen Schuß, hierbei ist dann V das Gesamtvolumen, das den Pulvergasen zur Verfügung steht), so wird der Druck p bei der Temperatur T den Betrag

$$p_T = f \frac{L}{V - \alpha L} \cdot \frac{T}{T_{ex}} \tag{8}$$

annehmen. Von chemischen Umsetzungen werde dabei abgesehen. Diese Gleichung folgt aus der *Abel*schen Gleichung und der Zustandsgleichung. Speziell für die geschlossene Bombe gilt

$$p_T = f \frac{\Delta}{1 - \alpha \Delta}.$$

Nach dem Vorschlag von *Sarrau* setzt man vielfach das Kovolumen gleich $^1/_{1000}\, v_0$. Genauer ist jedoch die experimentelle Ermittlung (vgl. S. 204).

Vergast ein Pulver nicht vollständig, sondern hinterläßt der Explosivstoff einen Rückstand, so ist das Volumen des Rückstandes von 1 kg des Stoffes dem Kovolumen hinzuzuschlagen. Bei Nitrozellulose- oder Nitroglyzerinpulvern kann i. allg. von dieser Korrektur abgesehen werden.

Soll nun beim Abschuß einer Waffe der in einem bestimmten Zeitpunkt t auftretende Druck ermittelt werden, so würde man folgendermaßen verfahren: Der zur Zeit t verbrannte Bruchteil y der Ladung sei bekannt. Bis dahin habe sich das Geschoß um den Weg x bewegt; die Temperatur der Pulvergase betrage T °K. Bei der Verbrennung von yL kg Pulver haben die entstehenden Pulvergase folgenden Raum zur Verfügung: Den

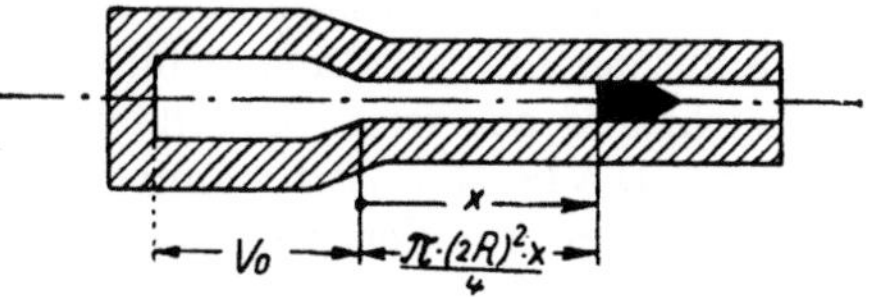

Bild 122. Zur Erläuterung des Verbrennungsraumes

Ladungsraum v_0 und den durch die Geschoßbewegung freigewordenen Raum $\pi R^2 x$ des Rohres (Bild 122).

Von diesen beiden Beträgen ist das Molekularvolumen $\alpha y L$ der Pulvergase abzuziehen sowie der Raum, der von dem unverbrannten Pulver $(1 - y) L$ eingenommen wird, und der das Volumen $(1-y)\,L/s$ ausmacht, wenn s das spezifische Gewicht[1]) des Pulvers ist.

Damit hat man, wenn J der den Gasen insgesamt zur Verfügung stehende Raum ist:

$$J = V_0 + \pi R^2 x - \alpha L y - \frac{L}{s}(1 - y) \tag{9}$$

und somit

$$p = f\,\frac{Ly}{V_0 + \pi R^2 x - \alpha L y - (L/s)\cdot(1-y)}\cdot\frac{T}{T_{ex}}. \tag{10}$$

Vielfach setzt man das Kovolumen α gleich dem reziproken spezifischen Gewicht des Pulvers $1/s$ (vgl. jedoch hierzu S. 189); man erhält dann den folgenden Ausdruck:

$$p = \frac{fLy}{V_0 + \pi R^2 x - \alpha L}\cdot\frac{T}{T_{ex}}. \tag{11}$$

---

[1]) Hier ist das absolute spezifische Gewicht des Pulvers (Wichte) gemeint, d. h. das Gewicht von 1 m³ des Pulvers in kp bei Abrechnung von Poren und Zwischenräumen. Es ist zu beachten, daß als relatives spezifisches Gewicht oder gelegentlich als gravimetrische Dichte des Pulvers das Gewicht von 1 m³ des Pulvers in kp unter Abrechnung der Zwischenräume, jedoch mit Poren verstanden wird. Unter kubischer Dichte oder Schüttdichte versteht man schließlich das Gewicht von 1 m³ des Pulvers in kp, wobei man Zwischenräume und Poren mit zum Volumen rechnet.

32. Ableitung der innerballistischen Gleichungen

A. Allgemeines

Der Verbrennungs- oder Explosionsvorgang in einer Waffe geht folgendermaßen vor sich. Durch die mechanisch durch einen Schlagbolzen oder elektrisch erfolgende Detonation des Zündhütchens schießt ein Zündstrahl in den mit der Pulverladung erfüllten Ladungsraum. Dadurch werden nahezu gleichzeitig alle freien Oberflächen der Pulverteilchen zur Entzündung gebracht. Die bei der Verbrennung entstehenden Pulvergase bewirken eine Druckzunahme im Verbrennungsraum. Sobald der Gasdruck p einen gewissen Mindestwert überschritten hat, wird sich das Geschoß in Bewegung setzen. Dieser Mindestwert ist bei Patronenmunition durch den Ausziehdruck des Geschosses aus der Patronenhülse, bei angesetzten Geschossen durch den Einpressungswiderstand des Geschosses (bezogen auf die Querschnittseinheit) in die Züge des Rohres gegeben. Während nun einerseits die zunehmende Gasentwicklung eine Druckvergrößerung bewirkt, steht andererseits dieser Druckvergrößerung die Vergrößerung des Verbrennungsraumes infolge der Geschoßbewegung entgegen. Es wird daher zunächst eine Gasdruckzunahme bis zu einem größten Wert p_m auftreten, danach ein Absinken des Gasdruckes zu erwarten sein.

Das Verhältnis $\bar{p}/p_m$ des Mittelwertes des Gasdrucks $\bar{p} = \int_0^{x_e}(p\,dx)/x_e$ (x_e Rohrlänge) zu dem maximalen Gasdruck p_m hat für die einzelnen Waffenarten etwa folgende Werte: bei kleinkalibrigen Waffen 0,35; bei kleinkalibrigen Hochgeschwindigkeitswaffen 0,50 bis 0,55; bei Kanonen 0,45; bei Haubitzen 0,60.

Dieser innerballistische Vorgang läßt sich durch drei Gleichungen beschreiben: 1. durch die Verbrennungsgleichung, 2. durch die Bewegungsgleichung des Geschosses, 3. durch die Energiegleichung. Diese drei Gleichungen stellen den Verlauf der angegebenen Größen in Abhängigkeit vom Geschoßweg x im Rohr oder von der Zeit t dar.

B. Über die Verbrennungsweise des Pulvers. Das Verbrennunggesetz

a) Das Verbrennungsgesetz von Vieille. Zur rechnerischen Beschreibung der Verbrennungsweise des Pulvers wollen wir zunächst von folgenden idealen Voraussetzungen ausgehen:

1. Das Pulver setze sich aus lauter der Form und Größe nach gleichen Pulverkörnern zusammen (z. B. aus Blättchen oder aus Röhren).

2. Durch den Zündstrahl werde die gesamte freie Oberfläche aller Pulverkörner gleichzeitig entzündet; der Abbrand soll von allen Oberflächen her senkrecht zu jeder Oberfläche ins Innere fortschreiten.

Nach der Zeit t vom Beginn der Verbrennung an sei die Schichtdicke e abgebrannt. Die Geschwindigkeit, mit der der Abbrand fortschreitet, bezeichnen wir als die *lineare Verbrennungsgeschwindigkeit* $w = de/dt$. Diese ist außer von der chemischen Natur des Pulvers von dem momentanen Druck p, unter dem die Verbrennung vor sich geht, abhängig.

Vieille stellt auf Grund von Messungen in einer Gasdruckbombe die Beziehung

$$de/dt = \lambda\, p^k \tag{12}$$

auf, wo λ und k von der chemischen Natur des Pulvers abhängige Konstante sind. λ ist zahlenmäßig gleich der Verbrennungsgeschwindigkeit des Pulvers bei dem Druck $p = 1\ \mathrm{kp/m^2}$; die Verbrennungsgeschwindigkeit beträgt bei Atmosphärendruck einige mm/s bis cm/s. Den Exponenten k setzten *Vieille*, *Gossot* und *Liouville* (für moderne Pulver) gleich $^2/_3$, *Charbonnier*, *Sugot*, *Schmitz* u. a. gleich 1. Zwischen der zur Zeit t verbrannten Schichtdicke e und dem bis dahin verbannten Bruchteil y der gesamten Ladung nun folgende Beziehung:

$$y = \alpha_1 e + \beta_1 e^2 + \gamma_1 e^3, \tag{13}$$

wobei α_1, β_1 und γ_1 Konstante sind, die nur von der Form des Pulverelementes abhängen.

So ist z. B. für einen Würfel von der Kantenlänge a:

$$y = \frac{a^3 - (a - 2\,e)^3}{a^3} = \frac{6}{a} e - \frac{12}{a^2} e^2 + \frac{8}{a^3} e^3.$$

Mit den Gleichungen

$$de/dt = \lambda p^k \quad \text{und} \quad y = \alpha_1 e + \beta_1 e^2 + \gamma_1 e^3$$

ist der Verbrennungsvorgang in einer Bombe beschrieben. Dazu tritt noch die *Abel*sche Gleichung.

b) Das Verbrennungsgesetz von Charbonnier. Die Formfunktion. Charbonnier erweiterte das *Vieille*sche Verbrennungsgesetz, da die Annahme der gleichzeitigen Entflammung der Pulverteilchen nicht immer besteht. Auch die Annahme des gleichmäßigen Abbrandes wird — vor allem bei kleinen Pulverteilchen, z. B. Gewehrblättchenpulver, wie *C. Cranz* zeigte — nicht immer zutreffen. Die Pulverteilchen werden sich infolge gegenseitiger Berührung in ihrem Abbrand beeinflussen. *Charbonnier* formulierte das Verbrennungsgesetz als eine Beziehung zwischen y, t und p. Er ging bei der Aufstellung des Gesetzes zunächst von den *Vieille*schen Gleichungen aus. Aus $y = \alpha_1 e + \beta_1 e^2 + \gamma_1 e^3$ erhält man $dy/dt = (\alpha_1 + 2\,\beta_1 e + 3\,\gamma_1 e^2)\, de/dt$. e ist eine gegebene Funktion von y; wir setzen daher

$$\alpha + 2\,\beta_1 e + 3\,\gamma_1 e^2 = A_1\, \varphi(y).$$

Führen wir den Wert $de/dt = (dy/dt)/A_1\, \varphi(y)$ in die Gleichung $de/dt = \lambda p^k$ ein, so wird

$$dy/dt = A_1\, \varphi(y)\, \lambda\, p^k = A\, \varphi(y)\, p^k \tag{14}$$

wo A eine neue Konstante des Pulvers darstellt. (dy/dt bezeichnet man als *räumliche Verbrennungsgeschwindigkeit*.)

Die Gleichung $dy/dt = A\,\varphi(y)\,p^k$ läßt sich auch einfach dadurch gewinnen, daß man die in einem Zeitelement dt verbrannte Pulvermenge dL auf zwei verschiedene Weisen ermittelt. Gleichzeitig erhält man dabei nähere Einsicht in die Größen A und $\varphi(y)$. Es ist einerseits, da y den zur Zeit t verbrannten Bruchteil der Ladung L darstellt: $dL = L\,dy$. Andererseits gilt, wenn S die Gesamtoberfläche der Pulverladung zur Zeit t darstellt und de die in dem Zeitelement dt abgebrannte Schichtdicke ist: $dL = S\,s\,de$, wo s das spezifische Gewicht des Pulvers darstellt.

Gleichsetzen der Gleichungen für dL ergibt: $dy = \dfrac{S\,s}{L}\,de$.

Setzt man nach der Gleichung von *Vieille:* $de = \lambda\,p^k\,dt$, so erhält man

$$\frac{dy}{dt} = \frac{S\,s\,\lambda}{L}\,p^k .$$

Erweitern wir die rechte Seite mit S_0 (S_0 stelle die Anfangsoberfläche der gesamten Pulverladung zur Zeit $t = 0$ dar), so wird

$$\frac{dy}{dt} = \frac{S}{S_0} \cdot \frac{S_0\,s\,\lambda}{L}\,p^k . \tag{15}$$

Man pflegt

$$\frac{S_0\,s\,\lambda}{L} = A \tag{16}$$

zu setzen. Der Ausdruck A wird als *Lebhaftigkeit* des Pulvers bezeichnet; er ist ein konstanter Wert, der nur von der chemischen Natur des Pulvers (durch λ) und von der Gestalt des einzelnen Pulverkorns abhängt (durch $S_0\,s/L$, was nichts anderes als das Verhältnis der anfänglichen Oberfläche zum anfänglichen Volumen der Pulverladung darstellt). Der Quotient S/S_0, der von der Zeit t abhängt, ist eine Funktion der geometrischen Form des einzelnen Pulverelements. Wie sich im folgenden zeigen wird, kann man S/S_0 als Funktion von y darstellen; man setzt $\varphi(y) = S/S_0$ und nennt $\varphi(y)$ die *Formfunktion*. Damit wird endlich

$$dy/dt = A\,\varphi(y)\,p^k .$$

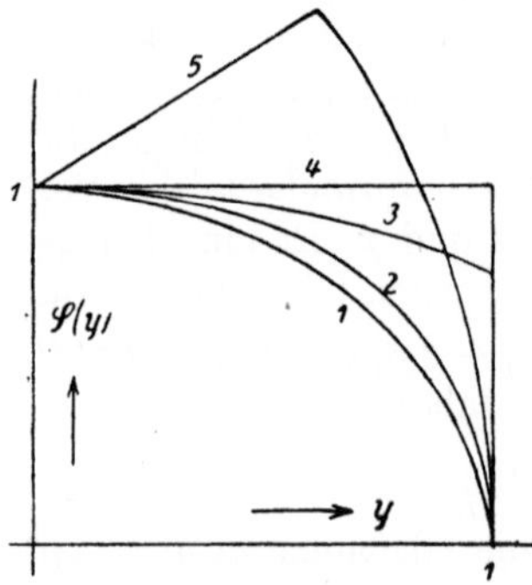

Bild 123. Formfunktionen $\varphi(y)$ in Abhängigkeit von y

Bei Würfelpulver wird die Formfunktion $\varphi(y)$ durch folgenden Ausdruck dargestellt:

$$\varphi(y) = \frac{S}{S_0} = \frac{6\,(a - 2\,e)^2}{6\,a^2} = \frac{(a - 2\,e)^2}{a^2}\,.$$

Da wir auf S. 179 gefunden haben, daß für Würfelpulver $y = 1 - (a - 2e)^3/a^3$ ist, so erhält man mit $(a - 2e)/a = (1 - y)^{1/3}$ dann $\varphi(y) = (1 - y)^{2/3}$. Entsprechend lassen sich für andere geometrische Formen der Pulverkörner die zugehörigen Formfunktionen aufstellen. So ist für ein Pulverkorn von der Gestalt einer Kugel $\varphi(y) = (1 - y)^{2/3}$, also wie bei Würfelform (Kurve 1). Für ein Pulverkorn von der Gestalt eines Vollzylinders (in Frankreich „poudre cordite") hat man bei Vernachlässigung der Endflächen $\varphi(y) = (1 - y)^{1/2}$ (Kurve 2). Für ein Pulverkorn von der Gestalt eines Streifens von rechteckigem Ausschnitt („poudre B") $\varphi(y) = (1 - 4\,[b/a]\,y)^{1/2}$ (Kurve 3), wo b die kleinere und a die größere Seitenlänge des Querschnitts ist. Für ein Pulverkorn von der Gestalt eines Hohlzylinders (deutsche Röhrchenpulver) gilt: $\varphi(y) = 1$ (Kurve 4). Für ein Pulverkorn von der Gestalt eines mehrfach durchbohrten Hohlzylinders nach Bild 124 ist $\varphi(y)$ durch Kurve 5 gegeben. Bild 125 zeigt die Gleichmäßigkeit des Abbrandes eines

Bild 124. Querschnitt eines Siebenlochpulvers

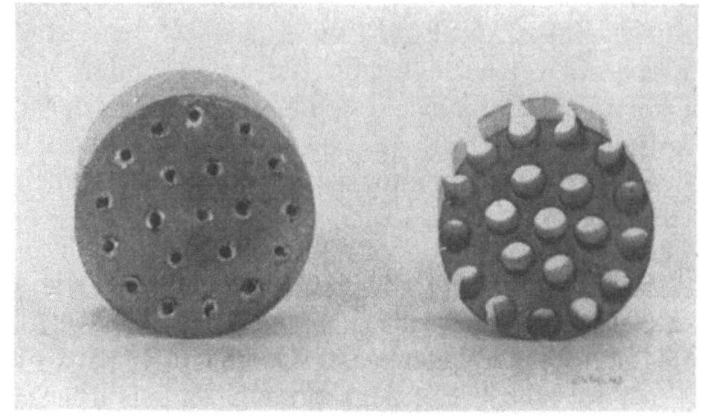

Bild 125. Die Gleichmäßigkeit des Pulverabbrandes

solchen Pulverkorns, a ist die ursprüngliche Gestalt desselben, b die Gestalt nach einer kurzen Brennzeit. Hier wächst $\varphi(y)$ solange, bis die von den einzelnen Hohlzylindern und dem äußeren Umfang ausgehenden Brennflächen sich berühren, dann brennt das in einzelne Prismen zerlegte Pulverkorn ähnlich wie ein Pulverkorn von der Gestalt eines Vollzylinders. Für ein Pulverkorn von der Gestalt einer Kugel, die von innen nach außen brennt, ist: $\varphi(y) = y^{2/3}$. Über die in Feststoffraketen verwendeten Pulverkorn-Formen vgl. S. 259 ff.

Charbonnier bezeichnet Pulver von der Form, bei der die Gas emittierende Oberfläche mit der Zeit kleiner wird, als *degressive* Pulver ($\varphi(y) < 1$), Pulver von der Form, bei der die Gas emittierende Oberfläche mit der Zeit größer wird, als *progressive* Pulver ($\varphi(y) > 1$). Dazwischen stehen die Pulver mit konstant bleibender Oberfläche ($\varphi(y) = 1$).

Charbonnier faßt die degressiven Pulver in dem Ausdruck $\varphi(y) = (1-y)^\beta$ die progressiven Pulver in dem Ausdruck $\varphi(y) = y^{\beta_1}$ zusammen.

In beiden Gleichungen sind die Pulver mit konstanter Oberfläche für $\beta = \beta_1 = 0$ enthalten. Das von *Charbonnier* formulierte Verbrennungsgesetz nimmt daher die Form an:

$$dy/dt = A\,(1-y)^\beta\,p^k \quad \text{bzw.} \quad dy/dt = A\,y^{\beta_1}\,p^k. \tag{17}$$

Der von *Charbonnier* erzielte Fortschritt besteht darin, daß das Verbrennungsgesetz allgemeiner gefaßt ist (durch den Exponenten β), und darin, daß er die Konstanten A, β, und k durch Bombenversuche experimentell ermittelt. Dadurch sollen die eingangs erwähnten Unregelmäßigkeiten des Abbrands der Pulverladung berücksichtigt werden.

So fand *Charbonnier* für ein französisches Streifenpulver $\alpha = 1$; $\beta = 1/5$, damit $\varphi(y) = (1-y)^{1/5}$.

F. Krupp (O. Schmitz) erweiterte das *Charbonnier*sche Gesetz noch dadurch, daß er die Funktion $A\,(1-y)^\beta$ bzw. $A\,y^{\beta_1}$, die *Charbonnier* aus geometrischen Überlegungen heraus gefunden hatte, durch Bombenversuche ermittelte. Bei den Versuchen von *Schmitz* ergab sich, daß für moderne kolloidale Pulver $k = 1$ gesetzt werden kann. Damit nimmt nach *Krupp-Schmitz* die Verbrennungsfunktion die allgemeine Form an:

$$dy/dt = A\,\varphi(y)\,p. \tag{18}$$

Schmitz ermittelte die Funktion $A\,\varphi(y)$ wie folgt: In einer Bombe von 3,35 Liter Inhalt wird das zu untersuchende Pulver in ähnlicher Weise wie im Geschütz gelagert. Der Gasdruck p wird als Funktion der Zeit mittels eines auf eine Feder wirkenden Stempels über einen Spiegel photographisch registriert (Bild 126a).

Aus der *Abel*schen Gleichung

$$p = \frac{f L y}{V_0 - \alpha L y - L\,(1-y)/s}$$

erhält man p als Funktion von y (Bild 126b). Aus diesen beiden Diagrammen läßt sich sofort $y = y(t)$ entnehmen. Integration der Gasdruckkurve $p = p(t)$ ergibt die Integralkurve $\int_0^t p\,dt$ (Bild 126c), und damit

$$\int_{y=0}^{y=y_0} \frac{dy}{A\,\varphi(y)}$$

(Bild 126d). Differentiation dieses Kurvenzuges nach y ergibt die Funktion $1/(A\,\varphi(y))$. (Bild 126e). Damit ist die Aufgabe gelöst.

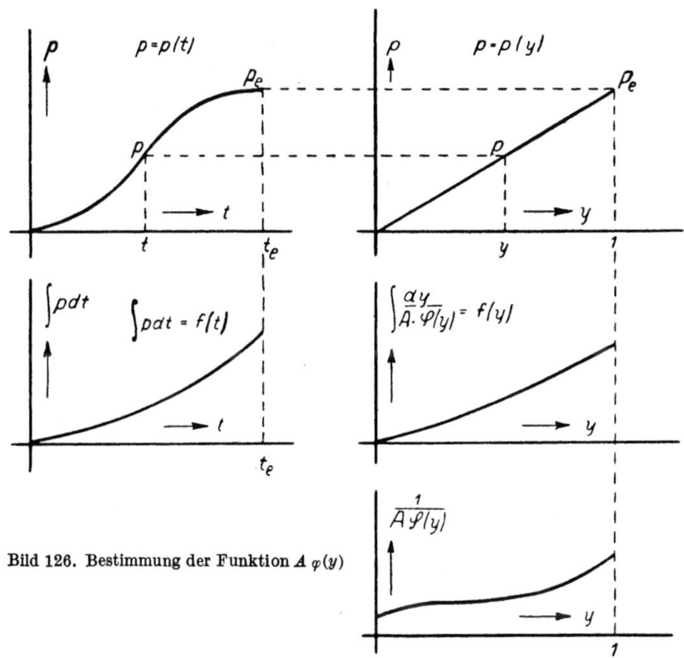

Bild 126. Bestimmung der Funktion $A\,\varphi(y)$

Über einen einfachen Weg zur Ermittlung von $A\,\varphi(y)$ vgl. S. 204.

Die Gleichung $\int p\,dt = \int dy/(A\,\varphi(y))$ läßt folgende Aussage zu, die als *Krupp-Schmitz*sches Gesetz bezeichnet wird: Bei einem und demselben Pulver ist das Integral $\int_0^y dy/\varphi(y)$ für einen bestimmten Wert y eine feste Größe. Daher ist auch das Integral $\int_0^t p\,dt$ genommen zwischen $t = 0$ und der Zeit t, in der der Ladungsteil y verbrannt ist, konstant und unabhängig von der Ladedichte und dem Druckverlauf. Wird das gleiche Pulver verwendet, so haben bei der Verbrennung in der Bombe oder in der Waffe die durch die Druck-Zeit-Kurven eingeschlossenen Flächen bei vollendeter Verbrennung den gleichen Wert. Man kann daher sofort die Frage beantworten, wann die Verbrennung einer Pulverladung in der Waffe beendet ist, wenn man den Gasdruckverlauf in der Waffe und in der Bombe bei Verwendung des gleichen Pulvers kennt.

Bei der Aufstellung des innerballistischen Gleichungssystems werden wir das Verbrennungsgesetz in der Form von *Charbonnier-Schmitz* verwenden:

$$dy/dt = A\,\varphi(y)\,p.$$

c) Das Verbrennungsgesetz von H. Muraour und Q. Aunis. H. Muraour und G. Aunis ([3], [4], [5] vgl. auch G. Seitz [6]) fanden für die lineare Verbrennungsgeschwindigkeit das Gesetz

$$de^*/dt = a + b\,p,$$

wobei e^* die Verringerung der Wandstärke des betreffenden Pulvers darstellt, es ist also $e^* = 2\,e$. a trägt der Übertragung von Energie durch Wärmeleitung und b der Übertragung von Energie durch molekulare Stöße Rechnung. Man kann im allgemeinen a konstant gleich 10 mm/s setzen (nur bei Temperaturen über 4000 °K scheint a Werte von 20 bis 25 mm/s zu erreichen), während b sich mit der Temperatur T der Gase stark exponentiell ändert. Zwischen b und T besteht für Pulver von normaler Feuchtigkeit $(0,6\,^0/_0)$ die Beziehung: $\log 1000\,b = 1{,}188 + \dfrac{0{,}308}{1000}\,T$.

Mit diesem Wert von b [(mm/s) (cm²/kp)], $a = 10$ mm/s und p in kp/cm² erhält man de^*/dt in mm/s.

Die Formel $de^*/dt = a + bp$ hat sich für verschiedene Pulversorten zwischen 200 kp/cm² und 4500 kp/cm² bewährt.

H. Muraour [3] gibt folgende Werte (Tabelle 10) von de^*/dt für ein französisches Pulver vom Typ SD (Nitroglyzerin, Nitrozellulose, Centralit) bei $0,6\,^0/_0$ Feuchtigkeit an:

Tabelle 10. Werte von de^*/dt für verschiedene Drücke und Temperaturen

p kp/cm²	T in °K			
	2000	2500	3000	4000
50	13	15	18	23
100	16	19	23	36
1000	74	101	139	273
2000	137	192	269	536
3000	201	282	398	799
4000	265	373	528	1062

Für die räumliche Verbrennungsgeschwindigkeit dy/dt hat man dann (vgl. S. 180)

$$\frac{dy}{dt} = \frac{Ss}{L} \cdot \frac{de}{dt} = \frac{Ss}{L} \cdot \frac{1}{2} \cdot \frac{de^*}{dt} = \frac{Ss}{L} \cdot \frac{1}{2}\,(a + bp)\,.$$

Für ein Röhrenpulver wird insbesondere $S = S_0$; $S_0 s/L$ stellt dann das Verhältnis der konstant bleibenden Pulveroberfläche zum anfänglichen Pulvervolumen dar.

C. Die Hauptgleichung der inneren Ballistik (Résalsche Energiegleichung)

Die gesamte, zunächst in dem unverbrannten Pulver vom Gewicht L (kp) aufgespeicherte Energie beträgt (vgl. S. 144)

$$QL = \frac{Lf}{\varkappa - 1}, \tag{19}$$

wobei Q der gesamte Wärmeinhalt des betreffenden Pulvers je kp ist. Zur Zcit t sei von der Ladung der Bruchteil $y\,L$ verbrannt; das Geschoß von der Masse m habe den Weg x bezüglich des Rohres zurückgelegt, seine Geschwindigkeit sei v m/s bezüglich des Rohres, der den Pulvergasen zur Verfügung stehende Raum sei $J = V_0 + q\,x - \alpha\,L\,y - (1 - y)\,L/s$. Dann findet sich die durch die Verbrennung von $y\,L$ Pulver freigewordene Gesamtenergie $y\,Lf/(\varkappa - 1)$ in folgenden Teilbeträgen wieder:

1. Potentielle Energie der unter dem Druck p stehenden Pulvergase: $p\,J/(\varkappa - 1)$.

2. Kinetische Geschoßenergie (v_g Geschwindigkeit des Geschosses bezüglich des Erdbodens): $m\,v_g{}^2/2$.

3. Kinetische Energie der verbrannten und unverbrannten Pulverladung (ε ein Faktor zwischen $^1/_4$ und $^1/_2$) ist $\varepsilon\,m_L\,v_g{}^2/2$ wo $m_L = L/g$ die Masse des Pulvers darstellt.

4. Kinetische Energie der Waffe oder eines Teiles derselben ($M =$ Masse der rücklaufenden Teile, v_R ihre Geschwindigkeit bezüglich des Erdbodens): $M\,v_R{}^2/2$. Diese Energie liegt in der Größenordnung von etwa $1\,^0/_{00}$ der Gesamtenergie.

5. Arbeit zur Überwindung der Einpressung des Geschosses in die Züge, Reibungsarbeit zwischen Geschoßleisten und Zugflanken sowie zwischen Geschoßmantel und Rohr (letzteres bei Infanteriegeschossen), Arbeit zur Verdrängung der Luft im Rohr (dieser Betrag liegt im allgemeinen unterhalb von $1\,^0/_{00}$ der Gesamtenergie). Ist $W(x)$ der Gesamtwiderstand, den das Geschoß erfährt, so werden die eben genannten Arbeitsgänge dargestellt durch $A(x) = \int_0^x W(x)\,dx$.

In $A(x)$ ist auch die Rotationsenergie $C\,\omega^2/2$ des Geschosses enthalten; sie beträgt im allgemeinen etwa $1\,^0/_{00}$ der Gesamtenergie.

6. Wärmeverlust durch Wärmeabfluß an Rohr, Geschoß und Hülse, dazu Energieverlust durch vorzeitiges Ausströmen der Pulvergase zwischen Geschoß und Rohr Q_R.

Die Beträge 2,3 und 4 lassen sich zusammenfassen in $\frac{1}{2}\,\mu\,v^2$. Dabei ist $\mu = m'\,M/(m' + M)$ mit $m' = m + \varepsilon\,m_L$, $v = v_g + v_R$ die Geschoßgeschwindigkeit bezüglich des Rohres. Man bezeichnet μ als „fingierte Geschoßmasse".

Nach dem Schwerpunktsatz (vgl. S. 209) gilt bei einem reibungsfrei gelagerten Rohr $m'\,v_g = M\,v_R$, wobei in $m' = m + \varepsilon\,m_L$ die Bewegung der Pulverladung so berücksichtigt sein soll, als ob sich der Ladungsanteil εm_L mit dem Geschoß mitbewegt. Der mit der Rohrmasse zurückgehende Ladungsanteil kann gegenüber der Größe von M vernachlässigt werden. Setzt man $v = v_g + v_R$, so wird $v_g = M\,v/(m' + M)$. Mit diesen Beziehungen ergibt sich, daß $\dfrac{1}{2}\,\varepsilon\,m_L\,v_g^2 + \dfrac{1}{2}\,m\,v_g^2 + \dfrac{1}{2}\,M\,v_R^2 = \dfrac{1}{2}\,\mu\,v^2$.

Um einen Begriff von der zahlenmäßigen Größe der obigen Energieanteile zu erhalten, sei eine von *C. Cranz* und *R. Rothe* für das S-Geschoß aufgestellte Energiebilanz wiedergegeben. Die Pulverladung (3,2 p Nitrozellulosepulver) enthielt eine Gesamtenergie von 2762 cal = 1170 mkp (entsprechend $Q = 864$ cal/kg). Nach dem Schuß verteilte sich diese Energiemenge wie folgt:

1. Translationsenergie im Moment des Geschoßaustritts aus der Mündung (Geschoßgewicht 10 p, Mündungsgeschwindigkeit 870 m/s):

$$384 \text{ mkp} \triangleq 32{,}4\,\%\,.$$

2. Rotationsenergie des Geschosses in demselben Moment:

$$1{,}7 \text{ mkp} \triangleq 0{,}14\,\%\,.$$

3. Bewegungsenergie [1]) der frei zurücklaufenden Waffe:

$$1{,}3 \text{ mkp} \triangleq 0{,}12\,\%\,.$$

4. Wärmeabfluß an den Lauf:

$$263 \text{ mkp} \triangleq 22{,}4\,\%\,.$$

Davon beträgt die durch die Reibung zwischen Geschoß und Lauf erzeugte Wärmemenge etwa $3\,\%$.

5. Rest: $\qquad\qquad 520 \text{ mkp} \triangleq 45\,\%\,.$

In 5. ist enthalten:

a) Die Bewegungsenergie der Pulvergase im Moment des Geschoßaustritts von etwa $3{,}5\,\%\,[1])$.

b) Die an die Hülse abgegebene Wärmemenge von etwa $2\,\%$.

c) Die Arbeit zur Verdrängung der Luft im Lauf von etwa $1\,\%_{00}$.

d) Die Wärmeenergie der Pulvergase.

Die oben angegebene prozentuale Energieverteilung darf größenordnungsmäßig auch für größere Kaliber angenommen werden. Bei Hochleistungsgeschützen kann der Wirkungsgrad bis auf etwa $25\,\%$ zurückgehen.

---

[1]) Man sieht hieraus, worauf *R. Pohl* hinweist, daß eine Mündungsbremse, die nur etwa $3\,\%$ der ungenutzten Energie der Pulvergase ausnutzt, den Rückstoß vollkommen aufheben könnte.

186

Die Energiegleichung können wir nun folgendermaßen ansetzen:

$$\frac{yLf}{\varkappa-1} = \frac{1}{2}\,\mu v^2 + \frac{pJ}{\varkappa-1} + \int\limits_0^x W(x)\,dx + Q_R. \tag{20}$$

Diese Gleichung wird als die *Hauptgleichung der inneren Ballistik* oder als die *Résal*sche Gleichung bezeichnet.

Bei der Integration der innerballistischen Gleichung werden fast allgemein die Glieder $\int\limits_0^x W(x)\,dx$ und Q_R vernachlässigt. Aus der Energiebilanz ersieht man jedoch, daß diese Beträge, vor allem der Wärmeabfluß an das Rohr, nicht vernachlässigbar sind. Um dieser Vernachlässigung einigermaßen Rechnung zu tragen, wird an Stelle des theoretischen Wertes $\varkappa$ ein experimentell durch den scharfen Schuß zu bestimmender Wert γ eingesetzt. Wir haben daher als praktisch verwendete Energiegleichung[1])

$$\frac{yLf}{\gamma-1} = \frac{1}{2}\,\mu v^2 + \frac{pJ}{\gamma-1}. \tag{21}$$

Die Berücksichtigung des Einpressungswiderstandes erfolgt dadurch, daß folgende Anfangsbedingungen gestellt werden:

Für $\qquad t=0$ sei $x=0$, $y=y_0$, $p=p_0=fLy_0/(V_0-\alpha L)$, $v=0$.

Die Energiegleichung läßt sich nun in folgender Form schreiben:

$$yLf = Lfr + pJ \tag{22}$$

mit der Abkürzung

$$r = \frac{\mu v^2/2}{fL/(\gamma-1)}. \tag{23}$$

r stellt den Wirkungsgrad in dem Augenblick des Schußvorganges dar, in dem das Geschoß die Geschwindigkeit v erreicht hat. Setzt man in Gl. (22) $pJ = fLy\,T/T_{ex}$ vgl. Gl. (11), S. 177] ein, so ergibt sich

$$r = y\,(1 - T/T_{ex}).$$

---

[1]) *C. Cranz* berücksichtigt in seinem graphischen Verfahren $A\,(x)$. Er weist darauf hin, daß streng γ eine Funktion von x ist. Für μ setzt *Cranz:* $\mu = m'\,M/(m'+M)$, wo

$$m' = m\,(1 + 0{,}5\,m_L/m)\left[1 + \frac{\varrho^2}{R^2}\tan\varepsilon_0\,\frac{\tan\varepsilon_0 + \nu}{1 - \nu\tan\varepsilon_0}\right];$$

durch das zweite Glied in der eckigen Klammer wird dem reinen Zugwiderstand auf das Geschoß Rechnung getragen. ε_0 = Drallwinkel, ϱ = Trägheitsradius des Geschosses, ν = Reibungskoeffizient zwischen Geschoß und Rohr, $2\,R$ = Kaliber. *Charbonnier-Sugot* setzen in ihren Tabellen $\mu = i\,m\,(1 + \varepsilon\,m_L/m)$ mit $i = 1{,}07$ und $\varepsilon = {}^1/_4$.

Bei Geschoßaustritt aus der Mündung ist die Verbrennung im allgemeinen beendet, also $y = 1$. Beträgt die Temperatur an der Mündung $T_e\,°$K, so ist der Wirkungsgrad r_e für den Geschoßaustritt

$$r_e = 1 - T_e/T_{ex}. \tag{24}$$

Bei den gebräuchlichen Waffen ist $r_e \approx {}^1/_3$, damit wird $T_e = {}^2/_3\,T_{ex}$. Bei einer Verbrennungstemperatur des Nitrozellulosepulvers von $T_{ex} = 3000\ °$K hat die Temperatur der Pulvergase bei Geschoßaustritt noch den hohen Wert von etwa $T_e = 2000\ °$K.

D. Die Bewegungsgleichung des Geschosses im Rohr

Auf das Geschoß wirken folgende Kräfte:

1. als beschleunigende Kraft der Gasdruck $p\,q$ auf den Geschoßboden;

2. als verzögernde Kräfte der Widerstand $W(x)$, den das Geschoß infolge des Einpressungswiderstandes und der Reibung im Rohr sowie infolge des Druckes der vor dem Geschoß befindlichen Luft erfährt.

Die Bewegung der Ladung sollte nach S. 185 dadurch berücksichtigt werden, daß der Anteil $\varepsilon\,m_L$ der Ladung zur Geschoßmasse hinzugeschlagen wird. Die Bewegungsgleichung des Geschosses lautet daher

$$m'\,dv_g/dt = pq - W(x)\,.$$

Führt man an Stelle von v_g die Geschwindigkeit v des Geschosses bezüglich des Rohres aus $v_g = v\,M/(m' + M)$ ein, so wird mit $\mu = m'\,M/(m' + M)$

$$\mu\,dv/dt = pq - W(x)\,. \tag{25}$$

Das Glied $W(x)$ wird vielfach bei der Integration des innerballistischen Gleichungssystems vernachlässigt bzw. durch Bestimmung der Pulvergrößen f und A im scharfen Schuß angenähert berücksichtigt (vgl. S. 204).

E. Bemerkungen über die Anfangsbedingungen und über die Fehler durch den Näherungswert der Größe J

1. Bei der Festsetzung der Anfangsbedingungen sei auf folgendes hingewiesen: Man unterscheidet Patronenmunition und Kartuschmunition, bei der das Geschoß angesetzt wird. Im ersten Falle setzt sich das Geschoß nach Überwindung des Patronenwiderstandes in Bewegung, legt unter Zunahme des Gasdruckes und der Pulververbrennung eine kurze Wegstrecke zurück, und hält dann, wenigstens beim Infanteriegewehr, kurze Zeit an.

Dann folgt der zweite Teil der Bewegung, wobei das Geschoß, beginnend mit $v = 0$ und unter einem Gasdruck p_0, der gleich dem Einpressungswiderstand ist und zu dem ein bestimmter Anfangswert y_0 gehört, seine beschleunigte Bewegung im gezogenen Teil des Rohres ausführt. Im Falle des Ansetzens kommt nur dieser zweite Teil in Betracht. Rechnerisch wird man nur den zweiten Teil betrachten. Man führt als Anfangsbedingung ein: Zur Zeit $t = 0$ sei $x = 0$, $v = 0$, $y = y_0$, $p_0 = f L y_0/(V_0 - \alpha L)$.

2. Der den Pulvergasen zur Verfügung stehende Raum J ist gegeben durch

$$J = V_0 + qx - \alpha L y - \frac{L}{s}(1 - y), \qquad (26)$$

es ist also J eine Funktion von x und y. Im allgemeinen wird nun, um J nur als Funktion von x darzustellen, das reziproke spezifische Gewicht $1/s$ des Pulvers gleich seinem Kovolumen α gesetzt, also $1/s = \alpha$, wodurch J die einfache Form

$$J = V_0 + q x - \alpha L \qquad (27$$

annimmt. Hierbei können jedoch erhebliche Fehler auftreten.

In der folgenden Tabelle sind die Werte von α, s und $1/s$ für Nitrozellulose- und Nitroglyzerinpulver angegeben:

Pulverart	α (m³/kg)	s (kp/m³)	$1/s$ (m³/kp)
Nitrozellulosepulver	$0{,}984 \cdot 10^{-3}$	1620	$0{,}617 \cdot 10^{-3}$
Nitroglyzerinpulver	$0{,}710 \cdot 10^{-3}$	1600	$0{,}625 \cdot 10^{-3}$

Es zeigt sich, daß die Annahme $\alpha = 1/s$ bei Nitroglyzerinpulver befriedigend stimmt, bei Nitrozellulosepulver jedoch sehr schlecht. So können, besonders bei den hohen Ladedichten der kleinen Kaliber, erhebliche Fehler in J auftreten.

Streng gilt für $x = 0$ und $y = 0$:

$$J = J_0 = V_0 - L/s,$$

für das Ende der Verbrennung mit $x = x_1$ und $y = 1$:

$$J = J_1 = V_0 + q x_1 - \alpha L;$$

am Anfang der Verbrennung kommt es also auf $1/s$, am Ende auf α an. Untenstehend sind Werte von J zusammengestellt, die streng bzw. mit den Annäherungen $1/s = \alpha$ und $\alpha = 1/s$ für den Anfang der Verbrennung ($y_0 = 0$), für den Ort des maximalen Gasdruckes ($y = y_m$) und für den Ort des Endes der Verbrennung ($y = 1$) für den K 98 k (Karabiner 98 kurz) beim Verschießen der sS-Munition berechnet wurden. Dabei haben wir folgende Angaben[1]):
$L = 2{,}85 \cdot 10^{-3}$ kp Nitrozellulosepulver, $V_0 = 3{,}5 \cdot 10^{-6}$ m³; $\alpha = 0{,}984 \cdot 10^{-3}$ m³/kp; $1/s = 0{,}617 \cdot 10^{-3}$ kp/m³; $s = 1620$ kp/m³; $q = 0{,}52 \cdot 10^{-4}$ m²; $x_m = 1{,}85 \cdot 10^{-2}$ m; $y_m = 1/3{,}3$; $x_1 = 32{,}8 \cdot 10^{-2}$m.

---

[1]) Der Index m bezeichne die Werte zur Zeit des maximalen Gasdruckes, der Index 1 die Werte beim Ende der Verbrennung.

Anfang der Verbrennung (y = 0)

Sollwert $V_0 - L/s$ ergibt: $1{,}74 \cdot 10^{-6}$ m³,
Näherungswert $\alpha = 1/s$ ergibt: $1{,}74 \cdot 10^{-6}$ m³,
Näherungswert $1/s = \alpha$ ergibt: $0{,}69 \cdot 10^{-6}$ m³!

Ort des maximalen Gasdrucks $(y = y_m)$

Sollwert $V_0 + q\, x_m - \alpha\, L\, y_m - \dfrac{L}{s}\,(1 - y_m)$ ergibt: $2{,}38 \cdot 10^{-6}$ m³,

Näherungswert $1/s = \alpha$ ergibt $V_0 + q\, x_m - \alpha\, L$, damit: $1{,}65 \cdot 10^{-6}$ m³,
Näherungswert $\alpha = 1/s$ ergibt $V_0 + q\, x_m - L/s$, damit: $2{,}70 \cdot 10^{-6}$ m³.

Ort des Verbrennungsendes $(y = 1)$

Sollwert $V_0 + q\, x_1 - \alpha\, L$ ergibt: $17{,}8 \cdot 10^{-6}$ m³,
Näherungswert $1/s = \alpha$ ergibt: $17{,}8 \cdot 10^{-6}$ m³,
Näherungswert $\alpha = 1/s$ ergibt $V_0 + q\, x_1 - L/s$: $18{,}8 \cdot 10^{-6}$ m³.

Der Fehler zu Anfang der Verbrennung ist besonders groß. (Auch müßte noch zu Anfang die Verbrennungsraumvergrößerung durch das Anschmiegen der Patronenhülse an die Wandung des Verbrennungsraumes infolge des Gasdruckes, die sogenannte Atmung der Patronenhülse, berücksichtigt werden.) *C. Cranz* nimmt daher in seinem graphischen Verfahren den exakten Wert für J.

33. Die Integration des innerballistischen Gleichungssystems. Theorie von Charbonnier *[7, 13]*

A. Die Integration des allgemeinen Falles $\varphi = \varphi(y)$; $p = p_0$

Als Ausgangsgleichungen haben wir:

$$\frac{dy}{dt} = A\,\varphi(y)\,p, \tag{1}$$

$$\frac{yLf}{\gamma - 1} = \frac{1}{2}\,\mu v^2 + \frac{pJ}{\gamma - 1}, \quad J = V_0 - \alpha L + qx, \quad J_0 = V_0 - \alpha L, \tag{2}$$

$$\mu = \frac{dv}{dt} = pq \tag{3}$$

[Gl. (3) bei Vernachlässigung der Glieder $W(x)$ und Q_R; vgl. dazu S. 187] mit den Anfangsbedingungen:

Für $\quad t = 0 \quad$ sei $\quad x = 0,\ v = 0,\ y = y_0,\ p = p_0 = \dfrac{fLy_0}{V_0 - \alpha L} = fL\,\dfrac{y_0}{J_0}$.

Aus (1) und (3) folgt

$$\mu\,dv = \frac{q}{A} \cdot \frac{dy}{\varphi(y)}. \tag{4}$$

190

Integration ergibt

$$v = \frac{q}{\mu A} V(y, y_0) \quad \text{mit der Abkürzung} \quad V(y, y_0) = \int\limits_{y_0}^{y} \frac{dy}{\varphi(y)}. \tag{5}$$

Damit ist v in Abhängigkeit von y bekannt.

Da nun

$$dJ = q\,dx$$

wird aus (3)

$$p = \frac{\mu}{q} \cdot \frac{dv}{dt} = \frac{\mu}{q} v \frac{dv}{dx} = \mu v \frac{dv}{dJ}. \tag{6}$$

Damit geht Gl. (2), die wir noch mit $\gamma - 1$ erweitern, über in:

$$yLf = \frac{1}{2} \mu (\gamma - 1) v^2 + \mu v dv \frac{J}{dJ}.$$

Ersetzt man v durch y mittels (4) und (5), so erhält man

$$\frac{\gamma - 1}{2} \cdot \frac{dJ}{J} = \xi \frac{V(y, y_0)}{y \cdot \varphi(y)} \cdot \frac{dy}{1 - \xi \dfrac{V(y, y_0)^2}{y}} \tag{7}$$

wobei zur Abkürzung

$$\xi = \frac{\gamma - 1}{2} \cdot \frac{\mu}{fL} \cdot \left(\frac{q}{A\mu}\right)^2 \tag{8}$$

eingeführt ist.

Integration von J_0 bis J und y_0 bis y ergibt

$$\frac{\gamma - 1}{2} \ln \frac{J}{J_0} = \xi \int\limits_{y_0}^{y} \frac{V(y, y_0)}{y \cdot \varphi(y)} \cdot \frac{1}{1 - \xi \dfrac{V(y, y_0)^2}{y}} \cdot dy. \tag{9}$$

Zur Lösung des Integrals wird der Quotient

$$\frac{1}{1 - \xi \dfrac{V(y, y_0)^2}{y}}$$

in eine Reihe entwickelt. Es ist

$$\xi \frac{V(y, y_0)^2}{y} = \frac{\dfrac{\mu}{2} v^2}{\dfrac{yfL}{\gamma - 1}}$$

nichts anderes als der Wirkungsgrad der verbrannten Pulvermenge yfL, da $fLy/(\gamma - 1)$ die Gesamtenergie dieser Pulvermenge darstellt. $\xi V(y, y_0)^2/y$ ist immer kleiner als 1.

Mit der Reihe

$$\frac{1}{1 - \xi \dfrac{V(y, y_0)^2}{y}} = 1 + \xi \frac{V(y, y_0)^2}{y} + \xi^2 \frac{V(y, y_0)^4}{y^2} + \cdots$$

wird dann Gl. (9)

$$\frac{\gamma - 1}{2} \ln \frac{J}{J_0} = \xi \int_{y_0}^{y} \frac{V(y, y_0)}{y \cdot \varphi(y)} \, dy + \xi^2 \int_{y_0}^{y} \frac{V(y, y_0)^2}{y^2 \varphi(y)} \, dy + \cdots$$

oder abgekürzt

$$\frac{\gamma - 1}{2} \ln \frac{J}{J_0} = \xi W(y, y_0) + \xi^2 W_1(y, y_0) + \cdots = D(\xi, y, y_0). \qquad (10)$$

Da die Konvergenz dieser Reihe nicht sehr stark ist, wird die Gl. (10)

$$\frac{\gamma - 1}{2} \ln \frac{J}{J_0} = D$$

mit der Abkürzung $\Theta = J_0/J$ in der Form geschrieben:

$$1 - \Theta^{(\gamma-1)/2} = 1 - e^{-D}$$

und e^{-D} in eine Reihe entwickelt:.

$$1 - \Theta^{(\gamma-1)/2} = D - D^2/2! + D^3/3! - + \cdots$$

Führen wir in D jetzt die Funktion W aus Gl. (10) ein, so erhalten wir

$$1 - \Theta^{(\gamma-1)/2} = \xi W(y, y_0) + \xi^2 [W_1(y, y_0) - W(y, y_0)^2/1 \cdot 2] + \cdots$$

Alle Glieder rechts außer dem ersten verschwinden für $\varphi(y) = 1$ und sind für andere Funktionswerte $\varphi(y)$ sehr klein. Man kann daher kurz setzen

$$1 - \Theta^{(\gamma-1)/2} = \xi W(y, y_0) \qquad (11)$$

mit

$$W(y, y_0) = \xi \int_{y_0}^{y} \frac{V(y, y_0)}{y \varphi(y)} \, dy.$$

Diese Gleichung liefert den Gasraum J und damit den Geschoßweg x in Funktion von y bis zur vollständigen Verbrennung des Pulvers ($y = 1$). Speziell für den Fall der vollständigen Verbrennung erhält man mit $y = 1$, $x = x_1$, $v = v_1$ und $\Theta = \Theta_1$ aus Gl. (5)

$$v_1 = \frac{q}{\mu A} V(1, y_0) \qquad (12)$$

aus Gl. (11)

$$1 - \Theta_1^{(\gamma-1)/2} = \xi W(1, y_0). \qquad (13)$$

192

Es handelt sich jetzt noch um die Aufstellung der Druckformeln.

Aus Gl. (11)

$$1 - \left(\frac{J_0}{J}\right)^{(\gamma-1)/2} = \xi \int\limits_{y_\bullet}^{y} \frac{V(y, y_0)}{y \cdot \varphi(y)}\, dy$$

erhält man durch Differentiation:

$$\frac{\gamma-1}{2}\, J_0^{(\gamma-1)/2} \cdot J^{-(\gamma+1)/2}\, dJ = \xi\, \frac{V(y, y_0)}{y\, \varphi(y)}\, dy \, . \tag{14}$$

Mit Gl. (4)

$$\mu\, dv = \frac{q}{A} \cdot \frac{dy}{\varphi(y)}$$

und Gl. (5)

$$V(y, y_0) = \frac{\mu A}{q}\, v$$

wird

$$\frac{\gamma-1}{2}\, J_0^{(\gamma-1)/2} \cdot J^{-(\gamma+1)/2}\, dJ = \xi\, \frac{1}{y} \left(\frac{\mu A}{q}\right)^2 v\, dv \, .$$

Setzen wir jetzt für ξ den Wert

$$\xi = \frac{\gamma-1}{2} \cdot \frac{\mu}{fL} \cdot \left(\frac{q}{\mu A}\right)^2$$

ein, und berücksichtigen Gl. (6), nach der

$$p = \mu v\, \frac{dv}{dJ}$$

ist, so wird

$$p\, J^{(\gamma+1)/2} = f\, L\, y\, J_0^{(\gamma-1)/2} \, . \tag{15}$$

Diese Gleichung gibt uns den Druck p in Abhängigkeit vom Gasraum J bzw. vom Geschoßweg x. Mit der Abkürzung $p' = fL/J_0$ (p' ist der Druck, der im Ladungsraum entsteht, wenn das Pulver so brisant ist, daß es schon vor Beginn der Geschoßbewegung restlos verbrannt ist) folgt

$$p = p'\, y\, (J/J_0)^{(\gamma+1)/2} \, . \tag{16}$$

Die Berücksichtigung von Gl. (11) liefert

$$p = p'\, y\, (1 - \xi\, W(y, y_0))^{(\gamma+1)/(\gamma-1)} \, . \tag{17}$$

Damit ist auch p in Abhängigkeit von y gegeben. Der Druck p_1 bei vollendeter Verbrennung ($y = 1$) ergibt sich dann aus

$$p_1 = p'\, (1 - \xi\, W(1, y_0))^{(\gamma+1)/(\gamma-1)} \, . \tag{18}$$

Damit ist also die Aufgabe der Beschreibung der innerballistischen Vorgänge bis zum Ende der Verbrennung der Pulverladung gelöst.

Von da ab ist mit den Formeln für die polytropische Zustandsänderung weiterzurechnen: Der Druck ergibt sich aus

$$p = p_1 \, (J_1/J)^\gamma \tag{19}$$

die Geschwindigkeit v aus

$$\frac{\mu}{2}\, v^2 = \frac{\mu}{2}\, v_1{}^2 + \frac{p_1 J_1}{\gamma - 1} \cdot \left[1 - \left(\frac{J_1}{J}\right)^{\gamma-1}\right]. \tag{20}$$

Durch die obigen Gleichungen sind die Größen y, v und p in Funktion des Geschoßweges im Rohr x gegeben. Die Abhängigkeit dieser Größen von der Zeit t erhält man, da $v\,(x)$ in Funktion von x bekannt und $dx/dt = v$ ist, durch Einsetzen des Wertes $t = \int dx/v(x)$ in die Gleichungen für y, v und p. Die Temperatur der Pulvergase ergibt sich aus

$$T = T_{ex}\, \frac{pJ}{fLy}. \tag{21}$$

Zur Erhaltung eines expliziten Ausdruckes für den Maximaldruck p_m differenzieren wir die Gl. (15):

$$p\, J^{(\gamma+1)/2} = f\, L\, y\, J_0^{(\gamma-1)/2}$$

logarithmisch:

$$\frac{dp}{p} + \frac{\gamma + 1}{2} \cdot \frac{dJ}{J} = \frac{dy}{y}.$$

Für das Maximum $(dp/dt = 0)$ ergibt sich daher

$$\frac{\gamma + 1}{2} \cdot \frac{dJ}{J} = \frac{dy}{y}. \tag{22}$$

Aus Gl. (14) folgt

$$\frac{dJ}{J} = \frac{2}{\gamma - 1}\, \xi J_0{}^{-(\gamma-1)/2} \cdot J^{+(\gamma-1)/2} \cdot \frac{V\,(y,y_0)}{y\,\varphi\,(y)}\, dy.$$

Diesen Wert dJ/J setzen wir in Gl. (22) ein und erhalten

$$\left(\frac{J_0}{J}\right)^{(\gamma-1)/2} = \frac{\gamma + 1}{\gamma - 1}\, \xi\, \frac{V\,(y,y_0)}{\varphi\,(y)}, \tag{23a}$$

dazu kommt noch die allgemeine Gleichung

$$1 - (J_0/J)^{(\gamma-1)/2} = \xi\, W\,(y,y_0). \tag{23b}$$

Aus beiden Gleichungen (23) läßt sich J_0/J eliminieren:

$$1 - \frac{\gamma + 1}{\gamma - 1}\, \xi\, \frac{V\,(y,y_0)}{\varphi\,(y)} = \xi\, W\,(y,y_0). \tag{24}$$

194

Diese Gleichung liefert den Wert y_m, bei dem das Druckmaximum p_m eintritt; damit sind auch die zugehörigen Werte Θ_m bzw. J_m, x_m, v_m und p_m gegeben.

Speziell für den Fall $\varphi(y) = 1$ wird

$$V(y, y_0) = \int\limits_{y_0}^{y} \frac{dy}{\varphi(y)} = y - y_0,$$ (25)

$$W(y, y_0) = \int\limits_{y^0}^{y} \frac{V(y, y_0)}{y\,\varphi(y)}\,dy = \int\limits_{y_0}^{y} \frac{y - y_0}{y}\,dy = y - y_0 - y_0 \ln \frac{y}{y_0}.$$ (26)

Die Geschoßgeschwindigkeit v in Abhängigkeit von dem verbrannten Bruchteil y der Ladung erhält man nach Gl. (5) damit zu

$$v = \frac{q}{\mu A}(y - y_0).$$ (27)

Die Beziehung zwischen dem Geschoßweg x und dem Gasraum J erhält man aus Gl. (11) zu

$$1 - \Theta^{(\gamma - 1)/2} = \xi \left(y - y_0 - y_0 \ln \frac{y}{y_0} \right).$$ (28)

Den Gasdruck p erhält man nach Gl. (17) zu

$$p = p'y \left[1 - \xi \left(y - y_0 - y_0 \ln \frac{y}{y_0} \right) \right]^{\frac{\gamma + 1}{\gamma - 1}}.$$ (29)

B. Der spezielle Fall $\varphi(y) = 1$ und $p_0 = 0$

a) Mit $\varphi(y) = 1$ und $p_0 = 0$ nehmen die oben abgeleiteten Gleichungen für x, v und p besonders einfache Formen an. Man erhält außerdem geschlossene Ausdrücke für die speziellen Werte beim Auftreten des maximalen Gasdruckes sowie des Druckes am Ende der Verbrennung. Im folgenden seien die Ergebnisse mitgeteilt, die sich aus den obigen Gleichungen leicht ableiten lassen.

Zusammenstellung der Integrationsergebnisse für den speziellen Fall $\varphi(y) = 1$ mit den Anfangsbedingungen:

Für $\quad t = 0$ sei $x = 0$, $v = 0$, $y = y_0 = 0$, $p = p_0 = 0$.

1. Abkürzungen:

$$\xi = \frac{\gamma - 1}{2} \cdot \frac{\mu}{fL} \cdot \left(\frac{q}{A\mu} \right)^2,$$ (30a)

$$\Theta = \frac{J_0}{J} = \frac{V_0 - \alpha L}{V_0 - \alpha L + qx},$$ (30b)

$$p' = \frac{fL}{J_0}, \tag{30c}$$

$$\Delta = \frac{L}{V_0}, \tag{30d}$$

$$\gamma = \frac{c_p}{c_v}. \tag{30e}$$

2. An einer beliebigen Stelle x bzw. Θ gilt während der Verbrennung:

$$y = \frac{1}{\xi}\left(1 - \Theta^{(\gamma-1)/2}\right), \tag{31a}$$

$$p = \frac{fL}{\xi J_0}\,\Theta^{(\gamma+1)/2}\left(1 - \Theta^{(\gamma-1)/2}\right) = \frac{p'}{\xi}\,\Theta^{(\gamma+1)/2}\left(1 - \Theta^{(\gamma-1)/2}\right), \tag{31b}$$

$$v = \frac{q}{A\mu\xi}\left(1 - \Theta^{(\gamma-1)/2}\right). \tag{31c}$$

3. An der Stelle des maximalen Gasdruckes gilt:

$$y_m = \frac{1}{\xi}\cdot\frac{\gamma-1}{2\gamma}, \tag{32a}$$

$$p_m = \frac{fL}{\xi J_0}\cdot\left(\frac{\gamma+1}{2\gamma}\right)^{\frac{\gamma+1}{\gamma-1}}\cdot\frac{\gamma-1}{2\gamma} = p'\,\frac{1}{\xi}\left(\frac{\gamma+1}{2\gamma}\right)^{\frac{\gamma+1}{\gamma-1}}\cdot\frac{\gamma-1}{2\gamma} \tag{32b}$$

$$v_m = \frac{q}{A\mu}\,y_m = \frac{q}{A\mu\xi}\cdot\frac{\gamma-1}{2\gamma} = \frac{AfL}{q\gamma} \tag{32c}$$

$$\Theta_m = \left(\frac{\gamma+1}{2\gamma}\right)^{\frac{2}{\gamma-1}}. \tag{32d}$$

4. An der Stelle x_1 der vollständigen Verbrennung gilt:

$$p_1 = \frac{fL}{J_0}\,(1 - \xi)^{(\gamma+1)/(\gamma-1)} = p'\,(1 - \xi)^{(\gamma+1)/(\gamma-1)} \tag{33a}$$

$$v_1 = \frac{q}{A\mu} \tag{33b}$$

$$\Theta_1 = (1 - \xi)^{2/(\gamma-1)}. \tag{33c}$$

5. Während der adiabatischen Expansion gilt:

$$p/p_1 = (J_1/J)^\gamma \tag{34a}$$

$$T/T_1 = (J_1/J)^{\gamma-1} \tag{34b}$$

$$\frac{\mu}{2}\,v^2 = \frac{\mu}{2}\,v_1^2 + \frac{p_1 J_1}{\gamma-1}\left[1 - \left(\frac{J_1}{J}\right)^{\gamma-1}\right] \tag{34c}$$

oder

$$\frac{\mu}{2}\, v^2 = \frac{\mu}{2}\, v_1^{\,2} + \frac{p_1 J_0}{(\gamma - 1)\,\Theta_1}\left[1 - \left(\frac{\Theta}{\Theta_1}\right)^{\gamma - 1}\right]. \qquad (34\,\mathrm{d})$$

6. An der Mündung gilt:

$$x = x_e; \quad v = v_0; \quad J = J_e; \quad \Theta = \Theta_e,$$

$$p_e = p_1\,(J_1/J_e)^\gamma = p_1\,(\Theta_e/\Theta_1)^\gamma, \qquad (35\,\mathrm{a})$$

$$\frac{\mu}{2}\, v_0^{\,2} = \frac{\mu}{2}\, v_1^{\,2} + \frac{p_1 J_0}{(\gamma - 1)\,\Theta_1}\left[1 - \left(\frac{\Theta}{\Theta_1}\right)^{\gamma - 1}\right]. \qquad (35\,\mathrm{b})$$

b) *Zahlenbeispiel.* Beim Verschießen eines sS-Geschosses (Kal. 7,9 mm) aus einem Gasdruckmesser wurden folgende Werte gemessen:

$$p_m = 3800 \cdot 10^4\,\mathrm{kp/m^2}; \quad v_0 = 780 \ \mathrm{m/s}.$$

Sonstige Angaben: $G = 12{,}8 \cdot 10^{-3}$ kp, $q = 0{,}52 \cdot 10^{-4}$ m²; $V_0 = 3{,}5 \cdot 10^{-6}$ m³; $x_e = 0{,}70$ m; $L = 2{,}85 \cdot 10^{-3}$ kp; $f = 8{,}2 \cdot 10^4$ m; $\alpha = 0{,}984 \cdot 10^{-3}$ m³/kp. Bei den folgenden Berechnungen wurde $\gamma = \varkappa = 1{,}21$ und $\mu = m\,(1 + 0{,}25\,m_L/m)$ in kp s²/m eingesetzt.

Ergebnisse:

Es ist: $J_0 = V_0 - \alpha L = 0{,}69 \cdot 10^{-6}$ m³; $J_e = V_0 - \alpha L + q\,x_e = 37{,}1 \cdot 10^{-6}$ m³
Gl. (30d): $\varDelta = L/V_0 = 0{,}815 \cdot 10^3$ kp/m³.
Aus Gl. (32b) ergibt sich:

$$\xi = \frac{f}{p_m} \cdot \frac{L}{J_0} \cdot \left(\frac{\gamma + 1}{2\,\gamma}\right)^{\frac{\gamma + 1}{\gamma - 1}} \cdot \frac{\gamma - 1}{2\,\gamma} = 0{,}292\,.$$

Gl. (30a) liefert:

$$A = \sqrt{\frac{1}{\xi} \cdot \frac{\gamma - 1}{2} \cdot \frac{q^2}{m f L}} = 5{,}65 \cdot 10^{-5}\ \mathrm{m^2/kp\,s}\,.$$

Gl. (32d):

$$\Theta_m = \left(\frac{\gamma + 1}{2\,\gamma}\right)^{\frac{2}{\gamma - 1}} = 0{,}42\,.$$

Aus Gl. (30b) folgt:

$$x_m = \frac{J_0\,(1 - \Theta_m)}{q\,\Theta_m} = 1{,}85 \cdot 10^{-2}\ \mathrm{m}\,.$$

Gl. (32a): $J_m = 1/3{,}3$; Gl. (32c): $v_m = 204$ m/s.
Gl. (33c): $\Theta_1 = 0{,}0388$; daraus $x_1 = 0{,}33$ m. Gl. (33b): $v_1 = 683$ m/s.
Gl. (33a): $p_1 = 920 \cdot 10^4$ kp/m²; Gl. (35b): $v_0 = 791$ m/s
(gemessen $v_0 = 780$ m/s).

C. Untersuchungen von E. Bollé und H. Langweiler

a) Die obigen Ergebnisse haben wir unter den idealisierten Annahmen angeleitet, daß zur Zeit $t = 0$ die Anfangsbedingungen $y_0 = 0$ und $p = 0$ bestehen. Um diesen nicht zutreffenden Veraussetzungen sowie der Widerstandsarbeit $\int W\,dx$ und dem Wärmeverlust Q_R angenähert Rechnung zu tragen, kann man, wie S. 187 ausgeführt, an Stelle von $\varkappa$ den polytropischen Exponenten γ einführen, dessen Größe durch den scharfen Schuß bestimmt wird.

α) *E. Bollé [8]* behält $\varkappa$ bei, bestimmt jedoch die Pulverkonstanten f und A durch den scharfen Schuß mit einer Vergleichswaffe. Dabei werden der maximale Gasdruck und die Mündungsgeschwindigkeit gemessen und aus den *Charbonnier*schen Formeln f und A wie folgt berechnet:

Gl. (35 b) läßt sich leicht mit Hilfe der Gl. (30 a), (33 a), (33 b) und (33 c) in der Form

$$v_0{}^2 = \frac{2}{\mu} \cdot \frac{fL}{\gamma - 1} \cdot \left(1 - \frac{\Theta_e{}^{\gamma-1}}{1 - \xi}\right) \tag{36}$$

schreiben. *Bollé* setzt $\mu = m\,(1 + 0{,}3\,L/G)$; $\gamma = \varkappa$ sei nach den Angaben S. 218 berechnet. Dabei wird zunächst ein Versuchswert f, der z. B. aus einer Bombenmessung erhalten sei, verwendet. Aus Gl. (36) erhält man mit dem gemessenen Wert v_0 einen Wert ξ und aus Gl. (33 b) einen Wert p_m. Ist p_m z. B. kleiner als der gemessene Wert p_m, so nimmt man einen größeren Wert f und wiederholt die Rechnung solange, bis man den gemessenen Wert p_m erhält. Mit dem endgültigen Wert f berechnet man

$$\xi = \frac{\gamma - 1}{2} \cdot \frac{\mu}{fL} \cdot \left(\frac{q}{A\,\mu}\right)^2$$

und daraus den Wert A.

Bollé ermittelte für das in einer kleinkalibrigen Waffe verwendete Pulver folgende Konstanten:

$$f = 70850 \text{ m}; \quad A = 7{,}47 \cdot 10^{-5} \text{ m}^2/\text{kps}; \quad \alpha = 0{,}8 \cdot 10^{-3} \text{ m}^3/\text{kp}.$$

Mit diesen Werten erhielt *Bollé* bei Anwendung desselben Pulvers in anderen Waffen folgende Ergebnisse:

Kaliber	m	$6{,}5 \cdot 10^{-3}$	$6{,}5 \cdot 10^{-3}$	$8 \cdot 10^{-3}$
Lauflänge	m	$0{,}655$	$0{,}600$	$0{,}720$
V_0	m³	$1{,}96 \cdot 10^{-6}$	$3{,}57 \cdot 10^{-6}$	$4{,}06 \cdot 10^{-6}$
$V_0 + q \cdot x_e$	m³	$24{,}33 \cdot 10^{-6}$	$27{,}38 \cdot 10^{-6}$	$42{,}56 \cdot 10^{-6}$
L	kp	$1{,}6 \cdot 10^{-3}$	$2{,}8 \cdot 10^{-3}$	$3{,}1 \cdot 10^{-3}$
G	kp	$7{,}6 \cdot 10^{-3}$	$6{,}0 \cdot 10^{-3}$	$14{,}7 \cdot 10^{-3}$
v_0 (gemessen) ..	m/s	680	1005	737
v_0 (berechnet) .	m/s	706	972	724
p_m (gemessen) .	kp/m²	$2546 \cdot 10^4$	$3330 \cdot 10^4$	$3190 \cdot 10^4$
p_m (berechnet) .	kp/m²	$2515 \cdot 10^4$	$3340 \cdot 10^4$	$3230 \cdot 10^4$

Diese Übereinstimmung zwischen den gemessenen und den berechneten Werten ist als sehr gut zu bezeichnen.

β) *H. Langweiler [9]* leitet das *Charbonnier*sche Gleichungssystem mit der Zeit t als unabhängiger Variablen ab. Er setzt $\mu = m\,(1 + 0{,}25\,m_L/m)$; der Geschoßwiderstand im Rohr wird näherungsweise dadurch berücksichtigt, daß der Widerstand dem herrschenden Gasdruck proportional gesetzt wird. Die potentielle Energie der Pulvergase wird gegenüber der kinetischen Energie des Geschosses bis zum Verbrennungsende vernachlässigt. *Langweiler* gibt Korrektionsglieder für p_m und v_0 an, falls der Einpressungsdruck p_0 berücksichtigt wird. Der Kalibereinfluß wird ausgeschaltet, indem die ballistischen Gleichungen auf die Querschnittseinheit des Rohres bezogen werden. Die Größen f und α werden durch Bombenmessungen gewonnen; $\varkappa$ wird beibehalten und aus $\varkappa = 1 + f/Q$ (vgl. S. 218) berechnet. Durch den scharfen Schuß mit einer Vergleichswaffe wird aus dem maximalen Gasdruck nach Gl. (32 b) zuerst ξ und aus ξ der Wert A berechnet. Wie *Langweiler* zeigt, läßt sich die durch Druckmessung an einer Waffe ermittelte Konstante A auch auf Waffen anderen Kalibers übertragen.

D. Abschätzung der v_0 für ein zu planendes Geschütz

J. Pohl entnimmt die v_0 für ein zu planendes Geschütz aus

$$v_0^2 = \frac{\bar{p}}{p_m} \cdot \frac{p_m q\,x_e}{\mu/2},$$

wobei er

$$\frac{\bar{p}}{p_m} = \frac{[A/(\varkappa - 1)]/fL}{[B/(\varkappa - 1)]/fL + p_m q\,x_e}$$

und $\mu/2 = (1{,}06\,G + 0{,}5\,L)/2\,g$ setzt. p_m ist der am Hülsenboden gemessene Maximalgasdruck, $\bar{p}$ ist gegeben durch $\bar{p} = (\int_0^{x_e} p\,dx)/x_e$.

Durch den Zahlenfaktor 1,06 soll der Reibungswiderstand im Rohr berücksichtigt werden. Die Konstanten A und B bzw. $A/(\varkappa - 1)$ und $B/(\varkappa - 1)$ ermittelt *J. Pohl [10]* wie folgt: Aus einer piezoelektrisch aufgenommenen Gasdruckkurve in einem Gewehr (sS-Geschoß von $G = 12{,}8\,p$ mit $L = 2{,}85\,p$ Nz-Pulver) werden für verschiedene Geschoßwege x im Lauf die jeweiligen Beziehungen

$$\eta = \frac{\mu\,v^2/2}{fL/(\varkappa - 1)} \quad \text{und} \quad z = \frac{\bar{p}}{p_m}$$

bestimmt. Dann läßt sich η als Funktion von z angenähert durch $\eta = A - Bz$ darstellen. Hieraus folgt $z = A/(B + \eta/z)$ und mit

$$\frac{\eta}{2} = \frac{\mu\,v_e^2/2}{fL/(\varkappa - 1)}\frac{p_m}{\bar{p}} = \frac{\bar{p}\,q x_e}{fL/(\varkappa - 1)}\frac{p_m}{\bar{p}} = \frac{p_m q\,x_e}{fL/(\varkappa - 1)}$$

wird

$$z = \frac{\bar{p}}{p_m} = \frac{A}{B + \dfrac{p_m q x_e}{fL/(\varkappa - 1)}} = \frac{(A/(\varkappa - 1))\,fL}{(B/(\varkappa - 1))\,fL + p_m q x_e}$$

d. h. der oben angegebene Wert.

J. Pohl findet $A/(\varkappa - 1) = 2{,}49$ und $B/(\varkappa - 1) = 1{,}87$, falls die einzelnen Größen der Gleichung für v_0 im technischen Maßsystem gemessen werden. Aus der praktischen Beobachtung, daß $\bar{p}/p_m$ nur eine Funktion von x/x_e bei ähnlichen Waffen- und Munitionssorten ist *(W. Heydenreich)*, schreibt *Pohl* auch den Größen η und z eine allgemeinere Bedeutung zu und berechnet mit den *allein* aus der Gewehrgasdruckkurve piezoelektrisch gewonnenen Werten A und B mit Hilfe der Gleichung für v_0^2 auch für andere Waffen die v_0-Werte und vergleicht die so errechneten mit den gemessenen Werten. Die Übereinstimmung bei den verschiedenen Waffen ist eine sehr gute, wie folgende Tabelle 11 zeigt.

Tabelle 11

Waffe	Pulverart Pulverkonstante f	L	Rohrlänge x_e	q	p_m	G	v_0 gemessen	v_0 berechnet
	m	p	m	cm²	kp/cm²	p	m/s	m/s
Gewehr 98	Nz. R. P. 91000	2,8	0,68	0,51	3500	12,8	760	778
Pz. B. 39	Nz. R. P. 91000	14,6	1,00	0,51	3920	14,5	1140	1128
2 cm Flak 30	Nz. R. P. 91000	40	1,18	3,14	3200	115,0	900	892
10,5 cm Flak 38	Digl. R. P. — 8,2 97900	5000	6,35	86,6	2850	15100	900	885

E. Einige Differenzenformeln

1. Änderungen des maximalen Gasdruckes mit f, L, A, μ oder J_0

Da

$$p_m = \frac{2\,f^2 L^2 A^2 \mu}{J_0 q^2}\, f(\gamma)$$

folgt durch logarithmische Differentiation

$$\Delta p_m/p_m = 2\,\Delta f/f + (2 + \alpha\,L/J_0)\,\Delta L/L + 2\,\Delta A/A + \Delta \mu/\mu - \Delta J_0/J_0 \quad (37)$$

2. Änderung der Anfangsgeschwindigkeit durch Änderung der Rohrlänge oder des Verbrennungsraumes

a) Änderung der Rohrlänge um das Stück Δx bzw. des Verbrennungsraumes J um $\Delta (q\,x)$.

Aus

$$v_0{}^2 = \left(\frac{q}{A\,\mu}\right)^2 + \frac{2}{\mu} \cdot \frac{p_1 J_0}{(\gamma - 1)\,\Theta_1} \cdot \left[1 - \left(\frac{\Theta_e}{\Theta_1}\right)^{\gamma - 1}\right]$$

folgt

$$\Delta v = -\frac{1}{v_0} \cdot \frac{p_1 J_0}{\mu} \cdot \frac{\Theta_e{}^{\gamma - 2}}{\Theta_1{}^{\gamma}} \cdot \Delta\Theta_e = +\frac{1}{v_0} \cdot \frac{p_1}{\mu} \cdot \left(\frac{\Theta_e}{\Theta_1}\right)^{\gamma} \cdot \Delta(qx) . \qquad (38)$$

b) Änderung des Ladungsraumes um den Wert ΔJ_0.

Man sieht aus den Gl. (33 b) und (33 c), daß Θ_1, v_1 die gleichen Werte behalten, da sie unabhängig von J_0 sind, ebenso ändert sich nicht das Produkt $p_1 J_0$, d. h. aber, eine Änderung des Ladungsraumes wirkt sich nur in der Änderung von Θ_e aus. Da nun $\Theta_e = J_0/(J_0 + q\,x_e)$, folgt $\Delta\Theta_e = -(J_0/J^2)\,\Delta(q\,x_e)$ bzw. $\Delta\Theta_e = (q\,x_e/J^2)\,\Delta J_0$, d. h. eine Vergrößerung des Ladungsraumes um den Betrag ΔJ_0 bewirkt die gleiche Veränderung der Mündungsgeschwindigkeit, wie sie durch Verkürzung des Rohres um das Stück $\Delta(q\,x_e) = -(q\,x_e/J_0)\,\Delta J_0$ hervorgerufen wird.

3. *Zahlenbeispiele*

In einem Gewehr (Kaliber 7,9 mm) sei:

$p_m = 3800 \cdot 10^4$ kp/m²; $G = 12{,}8 \cdot 10^{-3}$ kp; $L = 2{,}85 \cdot 10^{-3}$ kp; $V_0 = 3{,}5 \cdot 10^{-6}$ m³;

$\alpha = 0{,}984$ m³/kp; $\alpha L = 2{,}8 \cdot 10^{-6}$ m³; $J_0 = V_0 - \alpha L = 0{,}7 \cdot 10^{-6}$ m³.

a) Die Ladung L werde um $\Delta L = 0{,}01 \cdot 10^{-3}$ kp geändert; wie groß ist Δp_m?
$\Delta p_m = (2 + \alpha L/J_0)\,p_m\,\Delta L/L = 81 \cdot 10^4$ kp/m².

b) Das Geschoßgewicht G werde um $\Delta G = 0{,}1 \cdot 10^{-3}$ kp geändert; wie groß ist Δp_m? $\Delta p_m = (\Delta\mu/\mu)\,p_m \approx (\Delta G/G)\,p_m = 30 \cdot 10^4$ kp/m².

c) Der Ladungsraum V_0 werde um $\Delta V_0 = +0{,}05 \cdot 10^{-6}$ m³ geändert; wie groß ist Δp_m? Aus $J_0 = V_0 = \alpha L$ folgt $\Delta J_0 = \Delta V_0$; damit wird $\Delta p_m = -p_m\,\Delta J_0/J_0 = -p_m\,\Delta V_0/V_0 = -54 \cdot 10^4$ kp/m².

d) Der Gewehrlauf werde um $\Delta x = 0{,}1$ m verlängert; wie groß ist Δv_0?
$\Delta v_0 = +18$ m/s.

34. Über einige Näherungsverfahren

Bei der Ermittlung von Rücklaufmesserkurven für die Geschoßgeschwindigkeit bzw. für die Geschoßbeschleunigung sowie von Gasdruckkurven mit dem Piezoindikator von verschiedenen Waffen zeigt es sich, daß die erhaltenen Kurven einen ähnlichen typischen Verlauf haben. Es ist daher naheliegend, die Kurvenzüge durch geeignete mathematische Funktionen darzustellen. Man kann dann allein aus der Erfahrung heraus, ohne jede thermodynamische Betrachtung, mittels einiger aus dem scharfen Schuß gewonnener Werte, z. B. dem maximalen Gasdruck p_m oder der Mündungsgeschwindigkeit v_0, den innerballistischen Kurvenverlauf bestimmen.

So hat *Vallier* den Gasdruckverlauf durch die Funktion

$$p = a\, t\, e^{-bt} \tag{39}$$

dargestellt, wo a und b durch den scharfen Schuß zu bestimmende Konstanten sind.

W. Heydenreich verwendete diesen Ansatz zur Anlegung von Tabellen, bei denen die Konstanten aus Rücklaufmesserversuchen empirisch ermittelt wurden.

Leduc wählte für den Verlauf der Geschwindigkeitsfunktion die Hyperbel

$$v = \frac{a x}{b + x}. \tag{40}$$

Dieser Ausdruck läßt besonders einfach eine Voraussage für den Geschwindigkeits- und Gasdruckverlauf zu, wenn man die Konstanten a und b aus dem maximalen Gasdruck p_m und der Mündungsgeschwindigkeit v_0 bestimmt. Hierauf wies *H. Petersen [11]* hin.

Die Bewegungsgleichung lautet

$$\mu\, d^2 x/dt^2 = p\, q \quad \text{mit} \quad \mu = m + m_L/2. \tag{41}$$

Aus Gl. (40) findet man $d^2 x/dt^2 = a^2\, b x/(b + x)^3$ und damit

$$p = \frac{\mu}{q} \cdot \frac{a^2 b x}{(b + x)^3}. \tag{42}$$

Differentiation von Gl. (42) gibt für $dp/dx = 0$, d. h. für den Ort des maximalen Gasdruckes

$$x_m = b/2, \tag{43}$$

und damit

$$p_m = \frac{4}{27} \cdot \frac{\mu}{q} \cdot \frac{a^2}{b} \tag{44a}$$

und

$$v_m = a/3. \tag{44b}$$

Der mittlere Gasdruck $\bar p$ über dem Geschoßweg x ist

$$\bar p = \frac{\int\limits_0^x p\, dx}{x} = m\, \frac{a^2}{q} \cdot \frac{x}{2\,(b + x)^2}. \tag{45}$$

Mit den angegebenen Formeln findet man

$$\left.
\begin{aligned}
\frac{\bar p}{p_m} &= \frac{27}{8} \cdot \frac{b x}{(b + x)^2} = 6{,}75 \cdot \frac{x/x_m}{(2 + x/x_m)^2}, \\[2mm]
\frac{v}{v_m} &= 3 \cdot \frac{x/x_m}{2 + x/x_m}, \qquad \frac{p}{p_m} = 27 \cdot \frac{x/x_m}{(2 + x/x_m)^3}.
\end{aligned}
\right\} \tag{46}$$

Für die rechtsstehenden Funktionen kann man Tabellen anlegen. Kennt man p_m und v_0 sowie die Rohrlänge x_e, so kann der Verlauf von p und v in Abhängigkeit vom Geschoßweg x im Rohr berechnet werden. Praktisch geht man so vor, daß man den mittleren Gasdruck $\bar{p}$ aus $\bar{p} = \mu\, v_0{}^2/(2\,q\,x_e)$ berechnet, wodurch man dann sofort $\bar{p}/p_m$ und x_e/x_m hat und damit x_m. Man findet dann $v_m = \dfrac{v_0}{3} \cdot \dfrac{2 + x_e/x_m}{x_e/x_m}$. Für beliebige Werte x/x_m kann man jetzt die Werte v und p berechnen.

35. Lösung des innerballistischen Hauptproblems von C. Cranz

C. Cranz verwendet zur Integration des innerballistischen Gleichungssystems das graphische Verfahren der wiederholten Quadraturen. Das Verfahren gestattet als einziges eine strenge Lösung. *C. Cranz* geht von dem früher abgeleiteten Gleichungssystem aus:

$$dy/dt = \varphi\,(y)\,p, \qquad\qquad \text{Verbrennungsgesetz von } \textit{Charbonnier};$$

$$y\,Lf = pJ + (\gamma - 1) \cdot [\mu v^2/2 + A\,(x)], \quad \text{Energiegleichung};$$

$$\mu\, dv/dt = pq - W(x), \qquad\qquad \textit{Newton}\text{sche Bewegungsgleichung.}$$

Dabei ist
$$J = J\,(x, y) = V_0 + q\,x - \alpha\,L\,y - (L/s) \cdot (1 - y),$$

$$A(x) = \int\limits_0^x W(x)\,dx, \qquad \mu = m'\,M/(m' + M)$$

mit
$$m' = m\left(1 + 0{,}5\,\frac{m_L}{m}\right)\left[1 + \frac{\varrho^2}{R^2}\tan \varepsilon_0\,\frac{\tan \varepsilon_0 + \nu}{1 - \nu \tan \varepsilon_0}\right];$$

in $\varphi\,(y)$ soll die Brisanzkonstante A enthalten sein; γ soll als eine Funktion des Geschoßweges x aufgefaßt werden, wodurch den Wärmeverlusten an das Rohr Rechnung getragen wird. q kann gegebenenfalls eine Funktion von x sein, wie z. B. beim konischen Rohr.

Als Anfangsbedingungen für $t = 0$ hat man

$$x = 0; \quad v = 0; \quad p = W_{x=0}/q = p_0; \quad A_{x=0} = 0.$$

Ist das Geschoß nicht angesetzt, sondern patroniert, so ist die Lösung in zwei Teilen durchzuführen.

Aufgabenstellung: Sind Waffe, Geschoß und Pulverladung vorgegeben, so soll die Geschoßdurchlaufzeit, die Geschoßgeschwindigkeit, der verbrannte Bruchteil der Ladung sowie der Gasdruck in Funktion des Geschoßweges gefunden werden.

Als bekannt können vorausgesetzt werden: $R, q, V_0, G, M, L, s, \varrho, \varepsilon_0$ und ν. Dabei wird **für** den Reibungskoeffizienten ν bei Kupferführung und Stahlseele $\nu = 0{,}176$ angenommen (vgl. hierzu auch *[22]*).

C. Cranz legt besondern Wert auf die sorgfältige Ermittlung der Größen f, α, W, A, p_0, y_0, $\varphi(y)$ und γ. Zu ihrer Ermittlung werden Bombenversuche mit dem später zu verwendenden Pulver (möglichst in gleicher Lagerung wie in der Waffe) sowie Beschüsse in einer Vergleichswaffe durchgeführt, die der projektierten möglichst ähnlich ist.

Bestimmung von f und α. Die Pulverkonstanten f und α können mittels der *Abel*schen Gleichung (vgl. S. 175) aus dem Bombenversuch ermittelt werden.

Bestimmung von W und A. Von dem Gesamtwiderstand W kann der Anteil der von der Einpressung, vom Druck und der Reibung in den Zügen sowie von der Mantelreibung herrührt, z. B. nach dem Verfahren von *Cranz-Schardin-Kutterer* (oder nach dem Verfahren von *Bodlien*), bestimmt werden. Man erhält gleichzeitig den Geschoßweg $x = x(t)$, die Geschoßgeschwindigkeit $v = v(t)$, den Gasdruck $p = p(t)$ und damit auch $v = v(x)$ und $p = p(x)$. Der Anteil, der von der vor dem Geschoß befindlichen Luft herrührt, läßt sich nach S. 152 berechnen. A ergibt sich dann aus $A = \int\limits_0^x W(x)\,dx$.

Bestimmung von φ(y). Die Funktion $\varphi(y)$ wird für das betreffende Pulver aus dem Bombenversuch ermittelt; man erhält zunächst $p = p(t)$. Aus der Energiegleichung erhält man für den speziellen Fall der Bombe $x = 0$, $v = 0$ und $A = 0$:

$$p\,J = p\,[V_0 - \alpha\,L\,y - (L/s)\,(1 - y)] = f\,L\,y,$$

somit ist auch $p = p(y)$ und $y = y(t)$ gegeben. Differentiation von $y = y(t)$ ergibt dy/dt; $\varphi(y)$ errechnet man dann aus:

$$\varphi(y) = \frac{dy}{dt} \cdot \frac{1}{p(y)}\,.$$

Bestimmung von y_0. Aus dem Schießversuch erhält man y_0 aus

$$y_0\,Lf = p_0\,[V_0 - \alpha\,Ly_0 - (L/s) \cdot (1 - y_0)]\,.$$

Bestimmung von γ. Der Exponent der Polytrope γ, den *C. Cranz* als Funktion des Geschoßweges ansieht, wird wie folgt bestimmt. Da $\varphi(y)$ und y_0 bekannt sind, läßt sich y aus der *Schmitz*schen Beziehung $\int\limits_{y_0}^{y} dy / \varphi(y) = \int\limits_0^t p(t)\,dt$ in Funktion von t für den scharfen Schuß bestimmen. In der Energiegleichung sind jetzt alle Veränderlichen in Funktion der Zeit bekannt, so daß $\gamma = \gamma(t)$ bzw. $\gamma = \gamma(x)$ berechnet werden kann.

Nach den so durchgeführten Vorversuchen geht *C. Cranz* von den Gleichungen $dy/dt = \varphi(y)\,p$, $dv/dt = (pq - W(x))/\mu$, $dx/dt = v$ mit der unabhängigen Variablen t aus; dazu kommt noch die Energiegleichung

$$p = \frac{1}{J(x,y)} \cdot \left[yLf - (\gamma - 1) \cdot \left(\frac{\mu v^2}{2} + A(x)\right)\right]\,.$$

Diese vier Gleichungen stellen ein System gekoppelter Differentialgleichungen dar, deren exakte Lösung graphisch nach dem Verfahren der wiederholten Quadraturen gefunden werden kann.

Zur Durchführung der graphischen Integration zeichnet man sich vier Koordinatensysteme mit der Abszisse t und den Ordinaten y bzw. v bzw. x bzw. p. Dazu trägt man Ordinaten für gleiche Zeitelemente auf. Die Anfangspunkte sowie die Anfangstangentenrichtungen der einzelnen Integrationskurven sind durch die Anfangsbedingungen sowie durch das innerballistische Gleichungssystem, in das man die Anfangswerte einträgt, gegeben. Die Anfangspunkte und Anfangstangenten zeichnet man sich ein, und zwar die Anfangstangente bis zur ersten Ordinate für die Zeit Δt. Man erhält damit Werte y_1, v_1, x_1, aus denen man den Gasdruckwert p_1 sowie die neue Tangentenrichtung erhält. Diese neue Tangentenrichtung trägt man sich nach *Runge* in der Mitte des ersten Tangentenstückes für $\Delta t/2$ auf, und zwar bis zu der Ordinate, die dem Wert $2\,\Delta t$ entspricht usf. Man gewinnt so eine erste Näherung des Kurvenverlaufes für die gesuchten Funktionen y, v, x und p in Funktion der Zeit. Nach den ersten 4 oder 5 Punkten verbessert man das erhaltene Kurvenstück nach *Runge*, bis keine Unterschiede mehr auftreten (es genügen im allgemeinen 2 oder 3 Verbesserungen).

Man erhält so eine exakte Lösung des innerballistischen Hauptproblems, deren Genauigkeit nur von der Zeichengenauigkeit abhängt.

H. Mclitz zeigte 1947, daß sich das innerballistische Gleichungssystem in der S. 203 angegebenen Form formelmäßig lösen läßt, wenn man $W(x)$ dem Gasdruck proportional und konstant setzt. Für J erhält er eine Differentialgleichung 1. Ordnung, deren allgemeine Lösung angegeben werden kann.

Siebenter Abschnitt: Über spezielle Fragen der inneren Ballistik

36. Über die Messung innerballistischer Größen

A. Gasdruckmessungen

a) Allgemeines. Die wichtigste innerballistische Größe ist der Gasdruck, dessen örtlicher Verlauf $p(x)$ im Geschützrohr und dessen zeitlicher Verlauf $p(t)$ an einer beliebigen Stelle des Rohres interessiert. Vor allem ist der örtliche Verlauf für den Waffenkonstrukteur wichtig. Im allgemeinen beschränkt man sich auf die Messung des maximalen Gasdruckes bzw. auf die Messung des zeitlichen Gasdruckverlaufs im Ladungsraum. Die Hauptschwierigkeit bei der Gasdruckmessung in der Ballistik besteht darin, daß der Gasdruckverlauf sich in einer sehr kurzen Zeit abspielt, beim Gewehr in etwa $1,5 \cdot 10^{-3}$ s, beim Geschütz in etwa $10 \cdot 10^{-3}$ s. Aus diesem Grunde ist an das Druckmeßgerät folgende besondere Anforderung zu stellen: Die Eigenfrequenz des Meßgeräts, das stets ein schwingungsfähiges System ist, muß möglichst hoch sein (z. B. bei Gewehrgasdruckmessungen über 30000 Hz).

b) Die Stauchkörpermethode [1]. Das einfachste und bislang gebräuchlichste Gerät zur Gasdruckmessung ist der Stauchkörper. Für die Messung des Gasdruckes wird der Ladungsraum mit einer Anbohrung versehen, in der sich ein gut abgedichteter Stahlstempel mit Edelgleitsitz bewegt (Bild 127). Der Stahlstempel *St* drückt auf einen Kupferzylinder *K* (auch als Stauchzylinder oder Stauchkörper bezeichnet), der auf seiner anderen Seite durch ein Widerlager abgestützt wird. Während des Schußvorganges wirkt der Druck *p* der Pulvergase auf den Stempel, der seinerseits den Kupferkörper zusammenpreßt; die Stauchung des Kupferkörpers wird dann als Maß für den maximalen Gasdruck angesehen.

In einer anderen Ausführung, dem *Krupp*schen Meßei (Bild 128), befindet sich der Kupferzylinder in einem kleinen Stahlkörper, der eine Bohrung mit einem Stahlstempel besitzt. Das Meßei liegt während des Schußvorganges am Patronen- oder Kartuschboden.

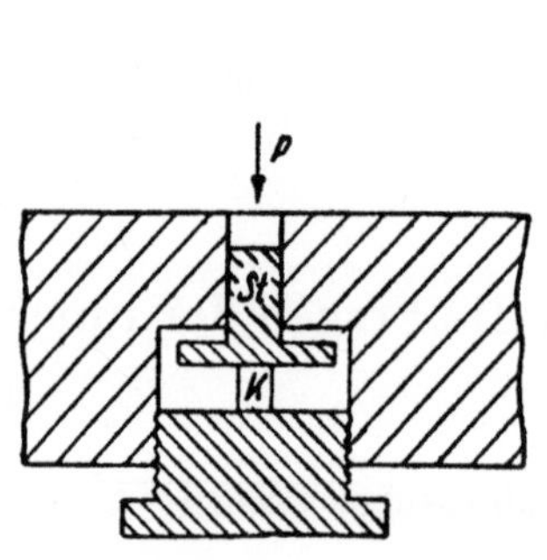

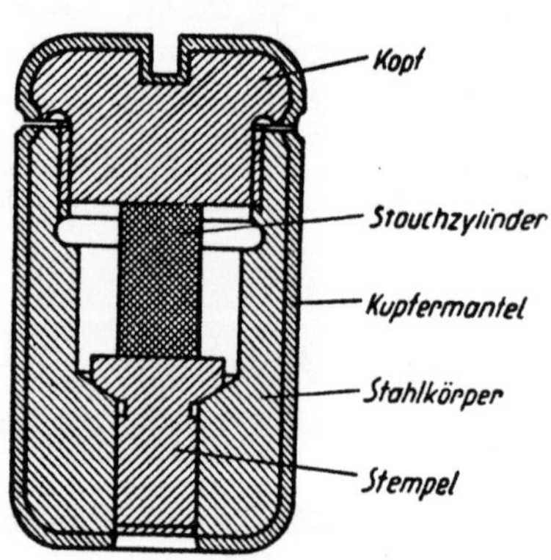

Bild 127. Gasdruckmessung mit dem Stauchkörper
Bild 128. *Krupp*sches Meßei

Die Eichung des Kupferzylinders geschieht statisch oder dynamisch. Die statische Eichung erfolgt mittels einer Hebelpresse, die den Stauchkörper verabredungsgemäß etwa 30 s lang langsam zusammendrückt; dabei wird die jeweilige Zusammendrückung des Stauchkörpers in Abhängigkeit von dem auf ihm ruhenden Druck gemessen.

Bei der dynamischen Eichung läßt man auf den Stauchkörper ein Gewicht (Fallbär) fallen, wodurch die Stauchung stoßartig in einer sehr kurzen Zeit, die in der Größenordnung von einigen zehntausendstel Sekunden liegt, erfolgt. Aus der Kurve, die die Stauchung in Funktion der Fallhöhe darstellt, erhält man durch Differentiation den Zusammenhang zwischen Druck und Stauchung. Es zeigt sich dabei, daß der zur Erzielung einer bestimmten Stauchung aufzuwendende dynamische Druck größer ist als der statische. Das dynamische Eichverfahren ist zweckmäßiger, da die stoßartige Stauchung den Verhältnissen beim scharfen Schuß näherkommt als die langsame Stauchung mit der Hebelpresse.

Die Franzosen eichen daher ihre Stauchkörper in der Bombe mit dem „Piston libre" (*Burlot*). Die Bombe ist mit zwei Anbohrungen versehen. In der einen Anbohrung wird eine Stauchkörpermessung (Stauchkörper 8 × 13) durchgeführt. In der anderen Anbohrung setzt sich ein kleiner Stempel, der reibungsfrei gelagert ist, unter dem Einfluß des Gasdruckes in Bewegung. Die Zeit-Weg-Kurve dieses Stempels wird aufgenommen und aus ihr durch zweimalige Differentiation der wahre Gasdruck ermittelt.

Die Stauchung des Kupferkörpers beim scharfen Schuß hängt nicht nur vom maximalen Gasdruck ab, sondern auch von dem zeitlichen Verlauf des übertragenen Druckes von dem Gewicht des Stahlstempels und den Abmessungen des Kupferkörpers. Vergleiche mit dem Piezoindikator haben ergeben, daß der statisch geeichte Stauchkörper zu kleine Werte angibt. Es sei besonders auf die Arbeit von *W. Gohlke [21]* hingewiesen.

H. Joachim und *H. Illgen* haben die in der folgenden Tabelle 12 angegebenen Maximaldrücke beim Verschießen der sS-Munition mit normaler Ladung erhalten.

Tabelle 12. Gasdruckmessungen im Gewehr von H. Joachim und H. Illgen

Stempel-durchmesser mm	Stempel-gewicht p	Piezo-indikator p_m in kp/cm³	p_m in kp/cm² mit Kupferzylinder		
			3 × 4,9 [1])	5 × 7	7 × 10,5
3,91	1,35	4315	3080	3260	—
5,64	14,35	4294	—	—	3746

[1]) 3 × 4,9 bedeutet: Kupferzylinder von 3 mm Durchmesser und 4,9 mm Höhe.

Man sieht daß die Stauchkörperangaben untereinander sehr verschieden sind, was, da der Gasdruckverlauf stets der gleiche ist, nur auf den Stempel (Größe und Gewicht) und auf die Stauchkörper zurückzuführen ist. Das fand auch *R. E. Kutterer* am Kaliber 2 cm. Ein Gasdruckmesser hatte diametral gegenüberliegende Anbohrungen für Stempel von 3,91 mm Durchmesser bzw. 9 mm Durchmesser. Man konnte also mit einem einzigen Schuß zwei Werte für den gleichen Gasdruck erhalten. Bei einigen Schüssen wurde der

Tabelle 13. *Gasdruckmessungen von R. E. Kutterer in einer 2-cm-Waffe*

Meßmethode	Stempel-durchmesser mm	Stempel-gewicht p	Stauch-körper-maße mm	Gasdrücke in kp/cm²													
Anbohrung	9	26,0	10 × 15	3374	3097	3008	3238	3130	3280	3227	3238	3312	3565	3270	3163	3216
Anbohrung	3,91	2,0	5 × 7	—	—	3064	—	3136	3244	—	3142	—	—	3244	—	—
Anbohrung	3,91	2,0	3 × 4,9	2860	2660	—	2820	—	—	2820	—	2890	3128	—	2776	2860
Meßei	3	0,44	3 × 4,9	—	—	—	—	—	—	3068	—	3188	3307	—	—	—

Gasdruck außerdem noch mit dem Meßei gemessen. In der nebenstehenden Tabelle 13 sind die einzelnen Meßergebnisse zusammengestellt. In den senkrechten Spalten sind die gleichzeitig durchgeführten Messungen angegeben.

An einem ebenfalls mit zwei diametralen Bohrungen von 3,91 mm und 9,0 mm versehenen Gasdruckmesser für Kaliber 7,9 mm bei sS-Munition ergab sich an der Bohrung 3,91 mm mit einem Stauchkörper von 5 × 7 mm ein Gasdruck von 3386 kp/cm² und gleichzeitig an der Bohrung 9,0 mm mit einem Stauchkörper 10 × 15 mm ein Gasdruck von 3813 kp/cm². Gleichmäßigere Ergebnisse lassen sich erhalten, wenn die Kupferzylinder vorgestaucht werden, damit sie nicht zu großen Längenänderungen ausgesetzt sind; das ist speziell für die Untersuchungen mit brisanten Pulvern wichtig.

Daß die gleichen Stauchkörper unter sich sehr gleichmäßige Werte liefern können, zeigt die folgende Meßreihe (Tabelle 14), die *W. Dumler* mit einem 2-cm-Gasdruckmesser erhalten hat, der zwei diametral gegenüberliegende Bohrungen von gleichem (9 mm) Durchmesser besaß. Bei der gleichzeitigen Messung mit zwei Stauchkörpern (10 × 15 mm) ergaben sich folgende Gasdrücke (kp/cm²), siehe Tab. 14, Seite 209.

Nach den Messungen von *D. Charbonnier* und *H. Gaul* [*Gaul* führte zahlreiche Vergleichsmessungen mit einem Gasdruckmesser für Kaliber 7,9 mm (sS-Munition bei verschiedener Ladung) mit dem Piezoindikator und mit Stauchkörpern von 5 × 7 bzw. 10 × 15 mm bei Stahlstempeln von 3,91 bzw. 9 mm Durchmesser durch] ist es zweckmäßig, die mit Stauchkörpern erhaltenen Druckwerte, denen eine statische Eichung zugrunde liegt, für normale Verhältnisse mit dem Faktor 1,2 zu multiplizieren, um dem wahren Wert nahezukommen.

Die überaus einfache Handhabung des Stauchkörpers ist meßtechnisch sehr wertvoll; er liefert bei Vergleichsmessungen von nicht zu brisanten

Tabelle 14. Gasdruckmessungen von W. Dumler in einer 2-cm-Waffe

Linke Bohrung	1005	1015	948	895	948	945	1044	971	923	963
Rechte Bohrung	953	990	938	920	986	933	1024	968	905	935

Pulvern durchaus brauchbare Werte, so daß man trotz der ihm anhaftenden Mängel nicht auf ihn verzichten wird. Es wäre jedoch wünschenswert, wenn die in einer Waffe und für eine bestimmte Munition verwendeten Stauchkörper mit dem Piezoindikator geeicht würden.

Von den Einflüssen der äußeren Temperatur, der Reibung des Stempels in der Bohrung und des Zustandes der Oberfläche zwischen Kupferzylinder und Stempel wurde oben abgesehen, weil sie im allgemeinen nur von sekundärer Bedeutung sind.

c) *Der Rücklaufmesser.* Der Schwerpunktsatz sagt aus, daß der Schwerpunkt eines Massensystems in Ruhe bleibt, falls äußere Kräfte auf das System nicht einwirken. Dieser Satz liegt dem Rücklaufmesser zugrunde. Wird eine Waffe aufgehängt, so bewegt sich beim Abschuß das Geschoß nach der einen Seite, die Waffe nach der anderen Seite, und zwar derart, daß der Schwerpunkt des Systems: Waffe + Geschoß + Pulvergase in Ruhe bleibt. Wir wollen zunächst von der Bewegung der Pulvergase absehen.

Ist m die Masse des Geschosses und s der Geschoßweg bezüglich des Schwerpunktes, M die Masse der Waffe und S der Weg der Waffe bezüglich des Schwerpunktes, so gilt nach dem Schwerpunktsatz

$$M S = m s. \qquad (1)$$

Durch Differentiation ergibt sich:

$$M \, dS/dt = m \, ds/dt; \quad M \, d^2S/dt^2 = m \, d^2s/dt^2. \qquad (2)$$

Kennt man den Weg S der Waffe in Abhängigkeit von der Zeit, so lassen sich durch Differentiation der Kurve $S = S(t)$ die Ableitungen dS/dt und d^2S/dt^2 bilden und Geschoßweg, Geschoßgeschwindigkeit und Geschoßbeschleunigung berechnen. Bei Vernachlässigung der Reibung ergibt sich dann der Gasdruck p aus

$$p = (M/q) \, (d^2S/dt^2), \qquad (3)$$

wo q der Geschoßquerschnitt ist.

Den Weg x, den das Geschoß nun bezüglich der Waffe zurücklegt, erhält man aus $x = s + S$, da in der Zeit, in der sich das Geschoß um s m nach der einen Seite bewegt hat, die Waffe um S m nach der anderen Seite bewegt hat. Es wird dann

$$x = M\,S/m + S = S\,(1 + M/m) = S\,(1 + W), \qquad (4)$$

wo abkürzungshalber $W = M/m$ ist;

$$dx/dt = v = (1 + W)\,dS/dt; \quad d^2x/dt^2 = b = (1 + W)\,d^2S/dt^2. \qquad (5)$$

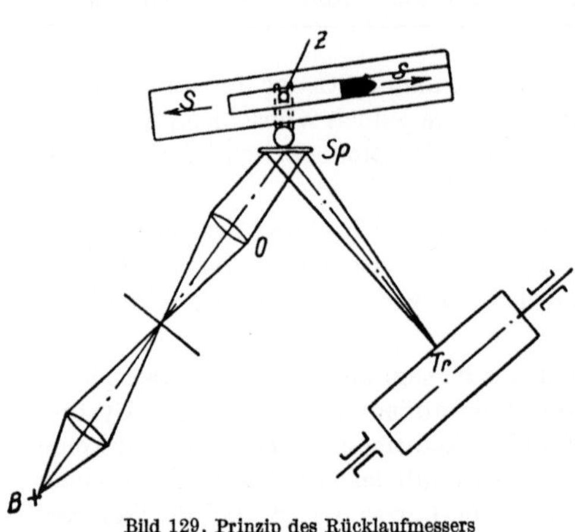

Bild 129. Prinzip des Rücklaufmessers

Da die Bewegung S der Waffe klein ist gegenüber der Geschoßbewegung x, ist im allgemeinen für eine einwandfreie differenzierbare Aufzeichnung des Waffenweges eine Vergrößerung desselben notwendig. *C. Cranz* erreichte bei seinem Gewehrrücklaufmesser eine etwa 50fache Vergrößerung dadurch, daß

1. der Rücklauf der Waffe optisch vergrößert wurde und

2. das Gewicht der aufgehängten Waffe klein gehalten wurde (Bild 129).

Ein Lichtstrahl fällt auf den Drehspiegel Sp, der um eine vertikale Säule drehbar ist. Der Spiegelträger wird durch einen an der Waffe befindlichen Zapfen Z bewegt. Der reflektierte Lichtstrahl fällt auf die mit photographischem Papier bespannte Trommel Tr, die sich um eine horizontale Achse dreht. Dadurch erhält man den Rücklaufweg S als Funktion der Zeit. Bild 130 zeigt als Ergebnis einer derartigen Rücklaufmesseraufnahme die Geschwindigkeiten und beschleunigenden Kräfte des sS-Geschosses.

Wir hatten oben von der Bewegung der Pulvergase abgesehen. In Wirklichkeit muß sie aber berücksichtigt werden. So wird z. B. das Infanterie-sS-Geschoß, das 12,8 p wiegt, bei einer v_0 von 755 m/s mit einer Ladung von $L = 2,85$ p Nitrozellulosepulver verschossen. Bei höheren Geschoßgeschwindigkeiten wird das Verhältnis von Pulverladung zu Geschoßgewicht noch wesentlich ungünstiger. Nach *Sébert* wird vielfach angenommen, daß die Bewegung der verbrannten und unverbrannten Pulverteilchen so vor sich geht, als ob sich mit dem Geschoß bzw. mit der Waffe je $L/2$ bewegt, eine Annahme, die sich für überschlägliche Rechnungen in der Praxis gut bewährt. Dann lautet die Bewegungsgleichung mit $m_L = L/G$ als Pulvermasse

$$(M + m_L/2)\,S = (m + m_L/2)s\,.$$

Für den Geschoßweg x bezüglich der Waffe erhält man dann

$$x = s + S = (1 + W)\,S \qquad (7)$$

210

wo jetzt

$$W = \frac{M + m_L/2}{m + m_L/2}.\tag{8}$$

Von der immerhin nicht ganz sicheren Annahme *Séberts*, daß in $s = W\,S$ der Wert $W = (M + m_L/2)/(m + m_L/2)$ sei, macht man sich nach *C. Cranz* da-

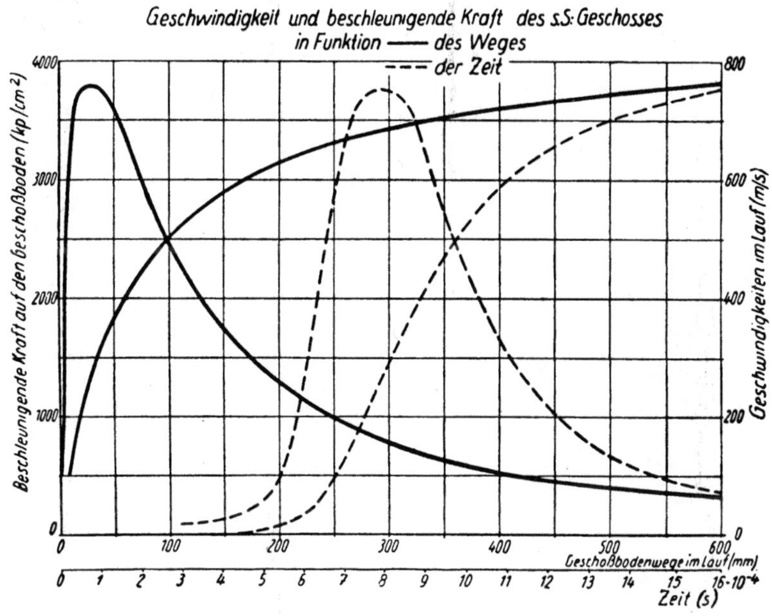

Bild 130. Ergebnis einer Rücklaufmessung

durch unabhängig, daß man W nicht, wie angegeben, aus der Masse der rücklaufenden Teile, der Masse des Geschosses und dem Gewicht der Pulverladung berechnet, sondern in jedem einzelnen Fall experimentell ermittelt. Dies geschieht wie folgt:

Der Weg des Geschosses im Lauf sei, wie erwähnt, x, so daß also $x = s + S = (1 + W)\,S$ ist. Speziell im Moment des Geschoßbodenaustritts aus der Mündung ist danach: $x_e = (1 + W)\,S_e$. Hier ergibt sich x_e aus den Abmessungen der Waffe und des Geschosses als der Abstand zwischen der Mündung und der Stellung des Geschoßbodens in der Ruhelage des angesetzten Geschosses; S_e, der Rücklaufweg der Waffe bis zum Moment des Geschoßbodenaustritts, läßt sich aus der Rücklaufmesserkurve entnehmen. Zu diesem Zweck markiert man den Geschoßbodenaustritt aus der Mündung auf dem Film, indem man das Geschoß bei seinem Mündungsaustritt einen Funken

auslösen läßt, der einen vor der Trommel T_v befindlichen horizontalen Spalt
auf den Film scharf abbildet. Dadurch hat man auf dem Film den Wert S_e
für den Geschoßweg x_e und kann W aus der Gleichung $x_e = (1 + W) S_e$ berechnen. Man nimmt dann an, daß der Wert W für die gesamte Geschoßbewegung im Rohr gilt[1]). Untersuchungen von *C. Cranz*, der sukzessive einen
Gewehrlauf verkürzte und jedesmal W bestimmte, bestätigten das auch.

Die Bewegung der Pulvergase in der Waffe bringt es mit sich, daß im Verbrennungsraum kein gleichmäßiger Druck herrscht, sondern vom Stoßboden
zum Geschoßboden ein Druckgefälle auftritt. Diese Tatsache ist mit ein
Grund dafür, daß die Erreichung von Geschoßgeschwindigkeiten $v_0 > 1200$
m/s mit großen Schwierigkeiten verbunden ist.

d) Der Piezoindikator. Die erste technische Entwicklung eines Piezoindikators wurde 1932 bei *Zeiss-Ikon* von *H. Joachim* und *H. Illgen [2]* durchgeführt.

Betr. weiterer Angaben über piezo-elektrische Untersuchungen vgl. *E. Keller [3]* und insbesondere *W. Gohlke [4]*.

Beim Piezoindikator verwendet man an Stelle des Stauchkörpers einen ge-eignet geschliffenen Quarz, der elek-trische Ladungen erzeugt, wenn er einem Druck ausgesetzt wird (Bild 131).

Erfolgt der Druck auf einen Quarz in Richtung der sogenannten elektri-schen Achse, so wird eine Ladung von

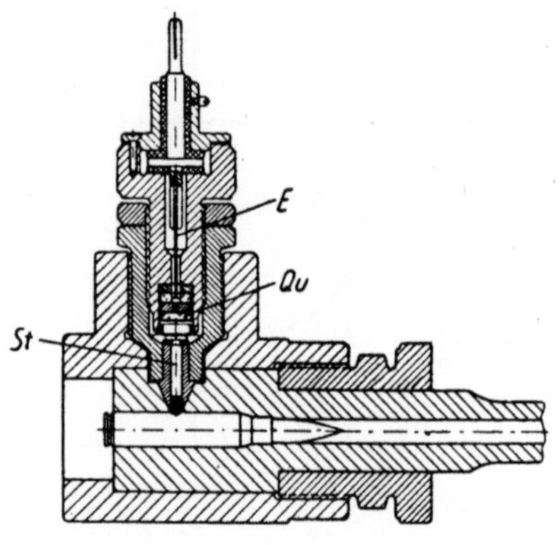

Bild 131. Piezoelektrische Druckschraube

$Q = d\,P$ Coul entstehen, wo $d = 2{,}1 \cdot 10^{-11}$ Coul/kp der piezoelektrische Modul
ist, falls P in kp gemessen wird.

Die auftretenden Ladungen sind dem wirksamen Druck genau proportional.
Ist C_Q die Kapazität des Quarzes in Farad, so entsteht am Quarz eine
Spannung U von $U = Q/C_Q$ in Volt. Die am Eingangsgitter des Röhrenvoltmeters auftretende maximale Spannung kann durch Parallelschaltung einer
entsprechenden Kapazität festgelegt werden. Damit bei den entstehenden
geringen Ladungen kein Verlust (und damit eine falsche Druckanzeige)
durch mangelnde Isolation entsteht, sind Quarze, Zuleitungen und Eingangsgitter des Röhrenvoltmeters hoch isoliert (Bild 132).

Bei einem Stempeldurchmesser von 3,91 mm, wie er u. a. praktisch
verwendet wird, tritt an dem Quarz bei einem größten Gasdruck von

---

[1]) Den wahren Geschoßweg kann man mit Röntgenstrahlen oder cm-Wellen ermitteln.

212

$p_m = 3600 \, \text{kp/cm}^2$ eine Ladung von $Q = 2,1 \cdot 10^{-11} \cdot 3600 \cdot 0,12 = 885 \cdot 10^{-11} \, \text{Coul}$ auf. Die Eigenkapazität des Druckelementes beträgt etwa 20 pF, die Gesamteingangskapazität [Kapazität von Druckelement, Zuleitung (je 1 m Kabellänge etwa 40 pF) und zwischen Gitter und Kathode] beträgt etwa 140 pF $= 140 \cdot 10^{-12}$ F. Damit tritt eine Spannung am Eingangsgitter des Röhrenvoltmeters von $U = Q/C = 56,5$ V auf.

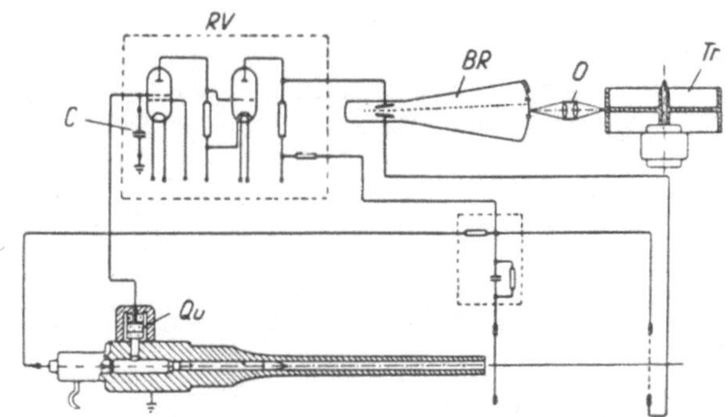

Bild 132. Schaltung des Piezoindikators

Bei einer Aussteuerung des Röhrenvoltmeters mit etwa 10 V ist eine Zusatzkapazität von etwa 700 pF einzuschalten.

Eine durch das Röhrenvoltmeter *RV* gesteuerte *Braunsche* Röhre *BR* zeigt die Druckschwankungen am Piezoquarz als lineare, dem Druck proportionale Bewegungen eines Elektronenflecks an, der durch eine Optik *O* auf eine mit photographischem Papier bespannte rotierende Trommel *Tr* abgebildet wird. Dadurch ist eine verzerrungsfreie und trägheitsfreie Messung der piezoelektrischen Spannung ermöglicht.

Die bei der Druckspannung am Quarz auftretenden Deformationen sind sehr klein; sein Elastizitätsmodul beträgt $E = 0,8 \cdot 10^6 \, \text{kp/cm}^2$; ein Quarzwürfel von 1 cm Kantenlänge würde bei $P = 2000$ kp sich nur um $\varDelta l = 2,5 \cdot 10^{-3}$ mm deformieren. Man kann daher dem System Quarz + Stempel eine derartig hohe Eigenfrequenz geben, daß es den beim scharfen Schuß im Gewehr auftretenden Gasdruckverlauf, der sich in etwa $1,5 \cdot 10^{-3}$ s abspielt, mechanisch verzerrungsfrei wiedergibt.

Die Filmgeschwindigkeit, die bis zu 35 m/s betragen kann, wird dadurch gemessen, daß die Lichtblitze einer durch eine elektrische Stimmgabel gesteuerten Glimmlampe auf dem Film Zeitmarken erzeugen.

Die Eichung des Piezoindikators erfolgt durch direkte mechanische Belastung der Quarze mittels einer Hebelpresse; dabei ist nach den Messungen von *Gaul* eine Genauigkeit von etwa $\mu = \pm 1^0/_0$ für den mittleren quadratischen Fehler der Einzelmessung erzielbar. Bei der Messung des maximalen Gasdruckes im Gewehr beim Verschießen eines sS-Geschosses wird $\mu = 2$ bis $4^0/_0$ erreicht.

Bild 133 zeigt den Gasdruckverlauf im Gewehr beim Verschießen eines sS-Geschosses. t_1 gibt den Moment an, in dem sich der Schlagbolzen in Bewegung setzt, t_2 den Moment, in dem der Schlagbolzen auf das Zündhütchen trifft, t_3 den Moment, in dem sich das Geschoß in Bewegung setzt, t_4 den Moment, in dem der maximale Gasdruck auftritt, t_5 den Moment des Geschoßbodenaustritts aus der Mündung, t_6 den Moment, in dem das Geschoß einen Stromkreis durch Zerreißen eines Stahlgitters 2,5 m vor der Mündung unterbricht.

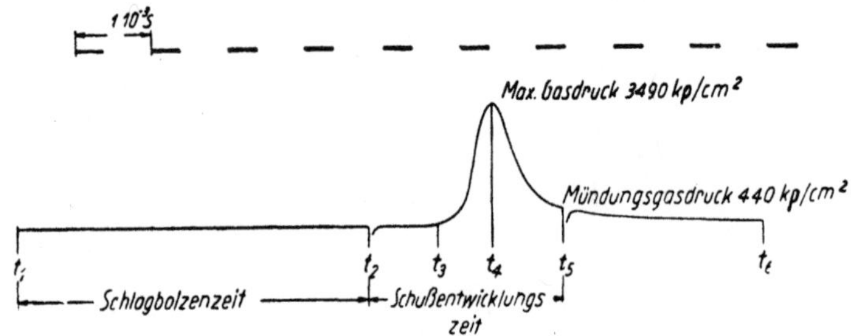

Bild 133. Zeitlicher Gasdruckverlauf beim Verschießen des sS-Geschosses

Man findet somit durch eine Gasdruckmessung gleichzeitig folgende Größen: 1. *Die Schlagbolzenzeit* $t_2 - t_1$ (d. i. die Zeit vom Augenblick, in dem der Schlagbolzen sich in Bewegung setzt, bis zum Auftreffen auf das Zündhütchen); 2. die *Schußentwicklungszeit* $t_5 - t_2$ (d. i. die Zeit vom Augenblick, in dem der Schlagbolzen auf das Zündhütchen trifft, bis zum Geschoßbodenaustritt aus der Mündung); 3. bei bekanntem Ausziehdruck des Geschosses kann aus der zugehörigen Ablenkung der Zeitpunkt t_3 ermittelt werden, in dem das Geschoß seine Bewegung beginnt; 4. die Anfangsgeschwindigkeit des Geschosses; 5. die Durchlaufzeit des Geschosses $t_5 - t_3$ und 6. den Gasdruckverlauf und mit ihm den im Ladungsraum an der Bohrungsstelle im Zeitpunkt t_m auftretenden maximalen Gasdruck p_m.

Bild 134 zeigt den Gasdruckverlauf in einem Gewehr; hier ist besonderer Wert auf die saubere Markierung der

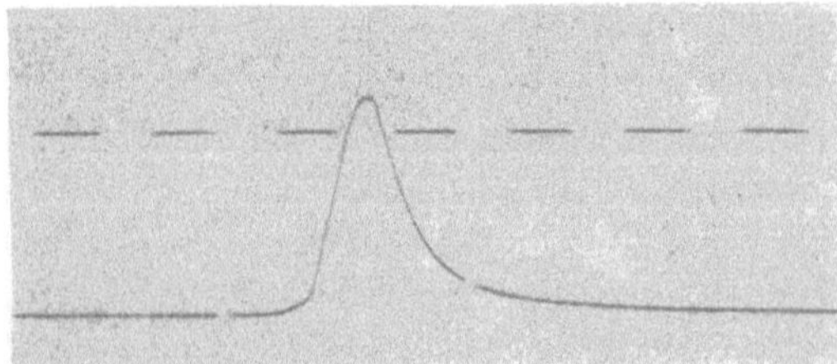

Bild 134
Der Gasdruckverlauf im Gewehr

Zeitpunkte t_2 und t_5 gelegt. Dies geschieht durch elektromagnetische Ablenkung des Elektronenstrahles mittels einer außen an der Elektronenröhre befindlichen Spule (Bild 135). Die hierzu notwendige Schaltung ist vollkommen unabhängig vom Röhrenvoltmeter, um so jede Beeinflussung des Röhrenvoltmeterkreises durch elektrische Ladungen des Pulvers zu vermeiden und um scharfe Abrisse zu erhalten. Die Schaltung ist im Prinzip zur Erzeugung des Moments des Geschoßbodenaustritts aufgezeichnet. Im Moment t_5 wird der Kondensator sich über die Spule entladen und ein kurzdauernder Schwingungsvorgang einsetzen. Bei der piezoelektrischen Messung des Gasdruckverlaufs in Geschützen wird das piezoelektrische Druckabnahmegerät im Innern der

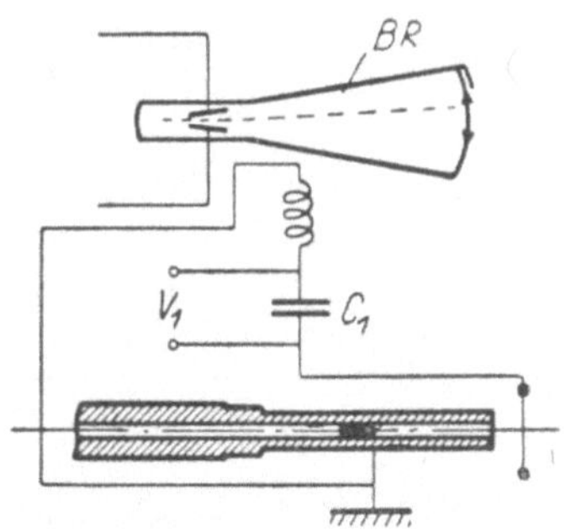

Bild 135. Markierung des Geschoßbodenaustritts aus der Mündung

Kartusche am Kartuschboden befestigt und die Ladung durch ein Kabel abgeleitet, das durch eine flache Rinne im Kartuschboden nach außen führt. Bild 136 zeigt den piezoelektrisch gemessenen Gasdruckverlauf in einer 15-cm-Kanone.

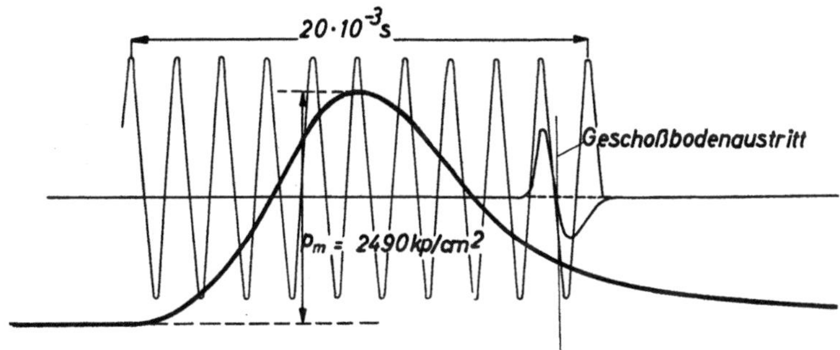

Bild 136. Gasdruckverlauf in einer 15-cm-Kanone

e) Einige weitere Methoden der Gasdruckmessung

α) *Die Manganindruckdose.* Die physikalische Tatsache, daß elektrische Leiter unter allseitigem Druck ihren Widerstand verändern, wird schon seit langem außerhalb der Ballistik zu Messungen hoher statischer Drücke ausgenutzt. Man hat hierbei vielfach Manganin verwendet, dessen Widerstandsänderungen dem Druck bis zu etwa 4000 kp/cm² proportional sind. Die Firma Rheinmetall-Borsig hatte eine Druckdose mit einer Manganindrahtspule entwickelt und führte damit Gasdruckmessungen an Geschützen durch.

β) *Direkte Aufzeichnung des Geschoßweges* x. Gasdrücke oder Beschleunigungskräfte am Geschoß können auch durch unmittelbare Aufzeichnungen der Geschoß-Zeit-Weg-Kurve ermittelt werden. So führten *R. E. Kutterer* und *E. Raetsch* Gasdruckmessungen an einem Granatwerfer durch, indem auf dem Geschoß eine Stange befestigt wurde, die an ihrem vorderen Ende ein Blech mit einem Schlitz trug, das gerade zur Mündung herausragte. Der Schlitz wurde mit einer Bogenlampe ausgeleuchtet und optisch auf eine rotierende, mit photographischem Papier bespannte Trommel abgebildet. Man erhielt so beim Abschuß die Zeit-Weg-Kurve des Geschosses $x = x(t)$ im Rohr. Da nun beim Granatwerfer der Reibungswiderstand gegenüber den Gasdruckkräften vernachlässigt werden kann, hat man unmittelbar den Gasdruckverlauf aus $p = (m/q) \cdot (d^2x/dt^2)$. *H. Rumpff* ermittelte den Gasdruck im Rohr eines Minenwerfers mittels Reihenbildern ($1500\ \mathrm{s}^{-1}$); Meßfehler $\pm\ 5\,^0/_0$.

γ) *Messung der Geschoßbeschleunigung nach Th. Rossmann. Th. Rossmann* [5] maß die Geschoßbeschleunigung piezoelektrisch in einem 8,8 cm Flakrohr mit einem Meßgeschoß folgender Ausführung (Bild 137):

Die beschleunigende Bewegung des Geschosses wird über ein Paar Druckquarze (1) einer trägen Masse (2) aufgezwungen, die möglichst reibungsfrei im Geschoßkörper gelagert ist. Die Beanspruchung der Quarze ist proportional der beschleunigenden Kraft des Geschosses $(pq - W)$. Die Ladung der Quarze wird über einen Auffangtrichter (4), der isoliert

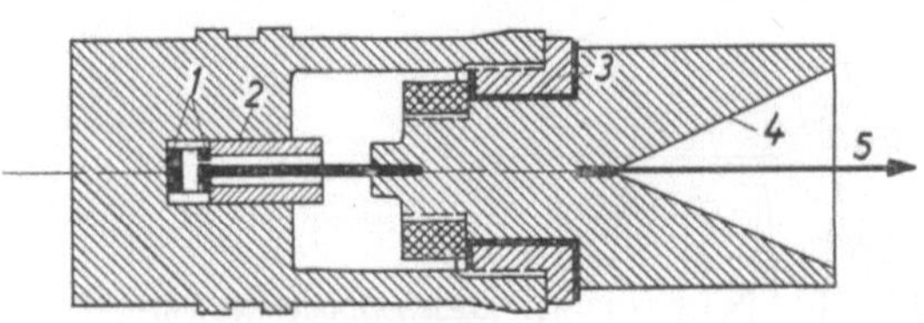

Bild 137
Anordnung von *Th. Rossmann* zur Messung der Geschoßbeschleunigung

angebracht ist (3) und einen Ableitungsdraht (5) abgenommen.

δ) *Methode der sukzessiven Rohrverkürzung.* Das Rohr wird nach jeder Schußserie sukzessive verkürzt, und bei den verschiedenen Rohrlängen x_1, x_2, ... werden in gleicher Entfernung vor der Mündung die Geschoßgeschwindigkeiten v_1, v_2, ... gemessen. Mit der Annahme, daß innerhalb eines kleinen Bereiches $x_1 - x_2$ die das Geschoß beschleunigende Kraft konstant ist, erhält man $p = (m/2\,q) \cdot (v_1^2 - v_2^2)/(x_1 - x_2)$. Es ist zu beachten, daß hierbei p nur den das Geschoß beschleunigenden Druck darstellt. Aber im allgemeinen können die Reibungskräfte vernachlässigt werden, sodaß man in p unmittelbar den Gasdruck erhält.

Speziell bei Hochleistungswaffen, bei denen beträchtliche Gasdruckunterschiede zwischen Stoßboden und Geschoßboden auftreten können, leistet diese einfache Methode gute Dienste.

Im folgenden soll hierzu ein Beispiel gegeben werden. Eine Panzerbüchse vom Kaliber 7,9 mm (mit einer Patronenhülse einer 13 mm Waffe, daher auch kurz als Waffe 8/13 bezeichnet) verschoß ein Geschoß von 14,5 p bei einem Ladungsgewicht von 14,6 p und einem maximalen Gasdruck von $p_m = 3920$ kp/cm², der Geschoßbodenweg betrug 1 m, die Anfangsgeschwindigkeit $v_0 = 1490$ m/s. Es sollte die Leistung der Waffe durch Verlängerung des Laufes um 20 cm vergrößert werden. Eine Gasdruckkurve, die piezoelektrisch ermittelt war, lag vor (Bild 138.) Aus der Kurve ergab sich bei

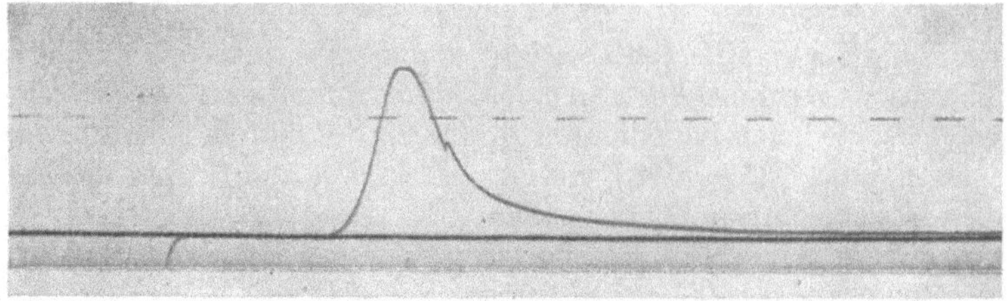

Bild 138. Gasdruckverlauf in einer Panzerbüchse

einer Verlängerung des Laufes um 20 cm bei einem mittleren Gasdruck von 1700 kp/cm² auf dieser Verlängerungsstrecke ein Zuwachs von 103 m/s. Tatsächlich wurde im scharfen Schuß nur ein Geschwindigkeitszuwachs von 65 m/s gefunden, was einem mittleren Gasdruck an der Mündung von nur 1065 kp/cm² entspricht. Berücksichtigt man den Druckabfall im Lauf durch die Beschleunigung der Pulvergase, indem man nach *Sébert* die Hälfte der Pulverladung sich mit dem Geschoß mitbewegt denkt (vgl. S. 234), so erhält man für den Druck am Geschoßboden 1133 kp/cm², also eine recht befriedigende Übereinstimmung.

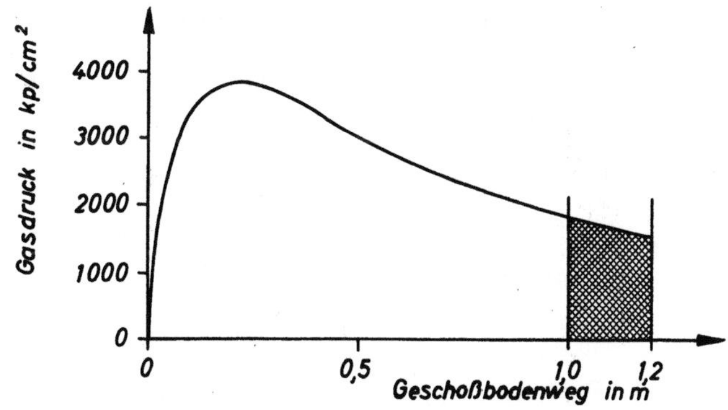

Bild 139. Zur Berechnung des Geschwindigkeitszuwachses

ε) *Dehnungsmeßstreifen* (strain gauges). Von *H. Stadler* und Mitarbeitern *[6]* wurden Versuche angestellt, Dehnungsstreifen zur Messung des Gasdruckverlaufes heranzuziehen. Eine allgemeine Übersicht über Dehnungsmeßstreifen-Verfahren findet man in *[19]*.

ζ) *H. Rumpff [20]* entwickelte eine Anordnung zur Messung des zeitlichen Verlaufs von dp/dt in einer Bombe.

B. Methoden zur Ermittlung innerballistischer Größen

a) Ermittlung des spezifischen Druckes f und des Kovolumens α. (Siehe hierzu auch *G. Seitz*, 6. Abschnitt *[6]*.) In einer Bombe nimmt man Druckmessungen bei zwei verschiedenen Ladedichten Δ_1 und Δ_2 des betreffenden Pulvers vor. Dann ist $p_1 = f \Delta_1/(1 - \alpha \Delta_1)$ und $p_2 = f \Delta_2/(1 - \alpha \Delta_2)$. Aus diesen Gleichungen lassen sich f und α berechnen:

$$f = \frac{p_1 p_2 (\Delta_2 - \Delta_1)}{\Delta_1 \Delta_2 (p_2 - p_1)} \quad \text{und} \quad \alpha = \frac{p_2 \Delta_1 - p_1 \Delta_2}{\Delta_1 \Delta_2 (p_2 - p_1)}.$$

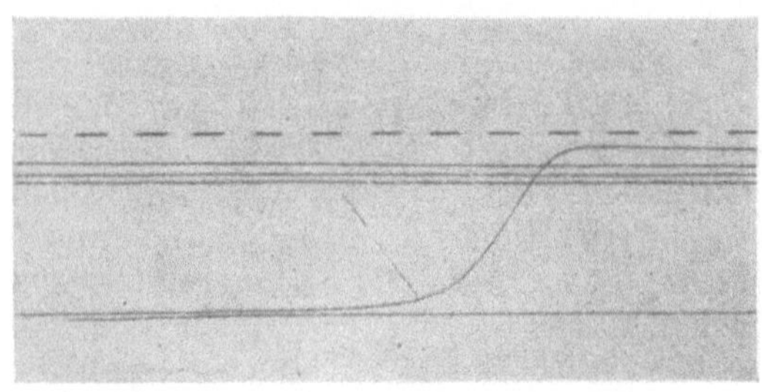

Bild 140. Verlauf des Gasdrucks in einer Bombe

Bild 140 zeigt den Gasdruckverlauf in einer Bombe.

b) Ermittlung von $\varkappa$ bzw. γ. Das Verhältnis der spezifischen Wärmen $\varkappa = c_p/c_v$ läßt sich aus den leicht meßbaren Größen f und Q folgendermaßen bestimmen: Die potentielle Energie eines Gases beträgt bei Berücksichtigung des Kovolumens $A = p (V - \alpha L)/(\varkappa - 1)$. — Führt man aus der *Abel*schen Gleichung $p = f L/(V - \alpha L)$ den Wert p in die Gleichung für A ein, so wird $A = f L/(\varkappa - 1)$. Andererseits ist dieser Energiebetrag gleich dem Kaloriengehalt $Q L$ des Pulvers. Damit wird

$$f L/(\varkappa - 1) = L Q \quad \text{und} \quad \varkappa = 1 + f/Q.$$

Für Nitroglyzerin ergibt sich mit $f = 108\,000$ m und $Q = 1370$ kcal/kg $\varkappa = 1{,}18$. Für Nitrozellulose erhält man $\varkappa = 1{,}21$.

Bezüglich der Bestimmung von γ nach dem Vorschlag von *C. Cranz* vgl. S. 204.

c) Ermittlung der Explosionstemperatur T_{ex}. Die Explosionstemperatur läßt sich mit guter Annäherung rechnerisch bestimmen (vgl. S. 174).

Man erhält T_{ex} entweder aus dem Wärmegehalt des Pulvers, wobei zu berücksichtigen ist, daß die spezifische Wärme des Pulvers eine Funktion der Temperatur und bei hohen Drücken eine Funktion des Druckes ist, oder aus Druckmessungen in der Bombe bei bekanntem spezifischen Volumen v_0. Mißt man bei der Explosion von L kg Pulver in einer Bombe vom Volumen V den maximalen Druck (z. B. mit dem Piezoindikator), so liefert die *Abel*sche Gleichung

$$p = \frac{f\,L}{V - \alpha L} = \frac{p_0 v_0}{T_0} \cdot T_{ex} \cdot \frac{L}{V - \alpha L}$$

woraus $T_{ex} = (p\,V - \alpha\,L\,T_0)/(p_0 v_0 L)$ folgt.

Eine zuverlässige experimentelle Messung der Explosionstemperatur ist bisher nicht gelungen. Bei optischen Untersuchungen von Pulvern in der geschlossenen Bombe *(F. Rössler [7])* ergeben sich grundsätzliche Schwierigkeiten, im wesentlichen bedingt durch den Temperaturgradienten innerhalb der Verbrennungsgase. *F. Rössler* fand Übertemperaturen bis zu 200 °C über den berechneten Temperaturen. Jedoch dürfte diese Methode einen Einblick in den Verbrennungsmechanismus des Pulvers geben können. Die Verwendung von Thermoelementen scheiterte daran, daß sie infolge ihrer Wärmeträgheit dem schnellen Temperaturanstieg nicht folgen können. Eine Aussicht der experimentellen Messung besteht in der Verwendung eines von *Mein-Pfriem* für die Messung von schnell veränderlichen Zylinderwandtemperaturen entwickelten Meßstopfens, der nach Art der Widerstandsthermometer gebaut ist. Das Prinzip ist das folgende (Bild 141): In der Bombenwandung wird ein schwach konischer Meßstopfen eingebaut. Auf der

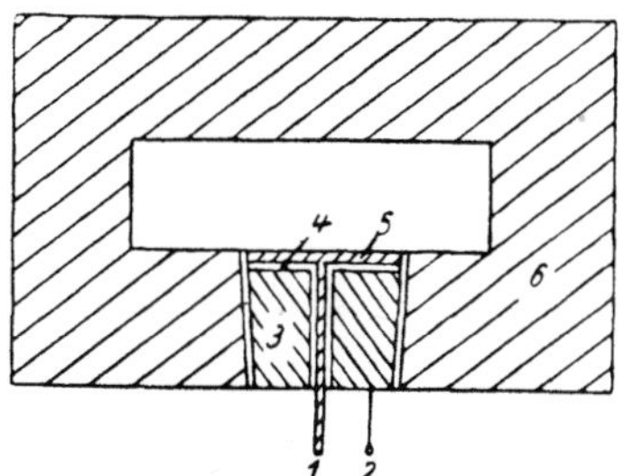

Bild 141. Meßstopfen; *1, 2* Elektrodenzuführungen, *3* Meßstopfen, *4* Isolierschicht, *5* Metallfolie, *6* Bombe

Innenseite ist auf einer Isolierschicht eine Metallfolie (*Mein* verwendete Goldfolie von einer Dicke von etwa $2 \cdot 10^{-3}$ mm) in Spiralenform aufgedampft, deren Anfang und Ende mit den elektrischen Zuführungen verbunden sind. Die bei der Explosion auftretenden Temperaturen bewirken Widerstandsänderungen der Folie, die mittels eines Schleifen- oder Kathodenstrahloszillographen aufgezeichnet werden können. Für Pulveruntersuchungen müßte ein Metall höherer Schmelztemperatur, z. B. Wolfram (3400 °C), verwendet werden. Die thermische Trägheit dieser Anordnung ist sehr gering; Temperaturfrequenzen von 10^4 Hz werden mit einem Fehler von etwa $0.5^0/_0$ wiedergegeben.

Eine andere Möglichkeit der Temperaturmessung besteht eventuell in der Messung des Ionisationsverlaufs des Pulverdampfes. Nach *M. Sasiadek [8]*

soll jedoch der Ionisationsstrom in erster Linie das Ergebnis chemischer Reaktionen und nicht ausschließlich der Temperatur der Verbrennungsprodukte darstellen. Weitere derartige Untersuchungen dürften jedoch sehr wertvoll sein und Aufschlüsse über den Explosionsvorgang geben.

d) Ermittlung des Temperaturverlaufs im Rohr beim scharfen Schuß. Die *Mauserwerke* (Oberndorf) sowie unabhängig davon *R. Hackemann* (vgl. hierzu *[9]*) führten Untersuchungen über den zeitlichen und örtlichen Temperaturverlauf im Lauf durch. Die Mauserwerke stellten hierbei insbesondere noch mathematische Untersuchungen an.

Im folgenden seien Untersuchungen von *Hackemann* an einem Maschinengewehrlauf (Kal. 7,9 mm) wiedergegeben.

Die Messungen des Temperaturverlaufs erfolgten mittels eines Eisen-Nickel-Thermoelementes, das in Bild 142 im Schnitt dargestellt ist. Das Thermoelement wird in den Lauf so eingesetzt, daß die Stirnfläche des Elementes mit der Innenfläche des Laufes genau zusammenfällt.

Die thermoelektrische Kraft wird über einen Gleichstromverstärker verstärkt und der zeitliche Verlauf mittels eines Schleifenoszillographen gemessen.

Die zur Aufzeichnung verwendete Meßschleife besitzt eine Eigenfrequenz von 5500 Hz in der Luft und gestattet somit eine genügend einwandfreie Aufzeichnung des Temperaturverlaufs.

Weitere Untersuchungen an einer 40-mm-Kanone führte *W.H.Giedt* *[10]* durch.

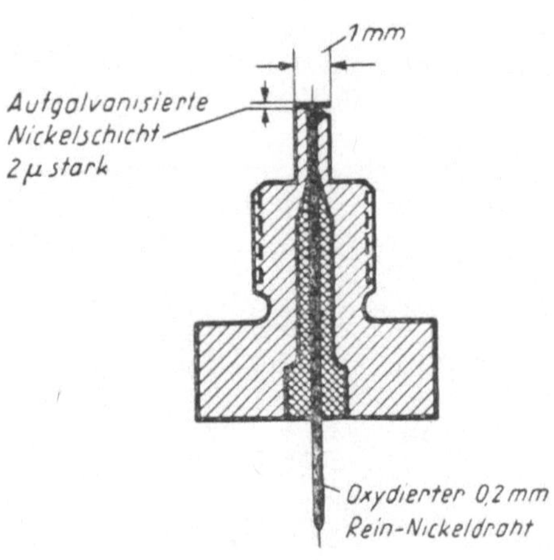

Bild 142
Thermoelement zur Messung der Temperatur im Lauf

Bild 144 zeigt den im Patronenlager aufgenommenen Gasdruckverlauf und den Temperaturverlauf an verschiedenen Stellen des Maschinengewehrlaufs Bild 143, und zwar gemessen in einem Abstand von $^2/_{1000}$ mm von der Laufoberfläche.

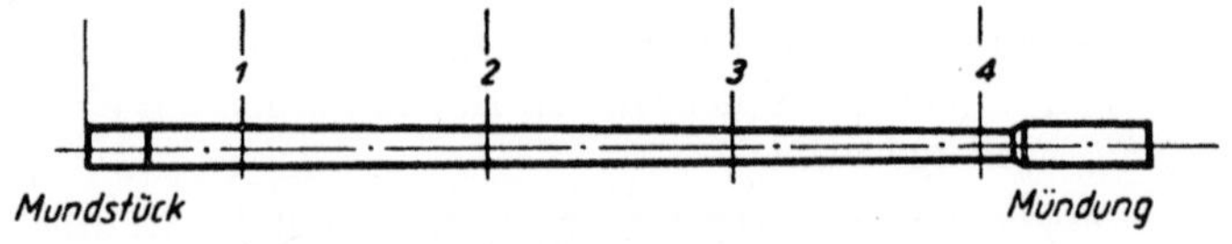

Bild 143. Anordnung der Temperatur-Meßstellen

An der Meßstelle 1 wurden außerdem Temperaturmessungen in verschiedenen Abständen von der inneren Laufoberfläche durchgeführt, die in Bild 145 wiedergegeben sind.

In gleicher Weise führt *W.H.Giedt [10]* Temperaturmessungen an vier Meßstellen an der Innenoberfläche eines 40 mm Kanonenrohres durch, wobei aber die Aufzeichnung mittels eines Elektronenstrahloszillographen erfolgte.

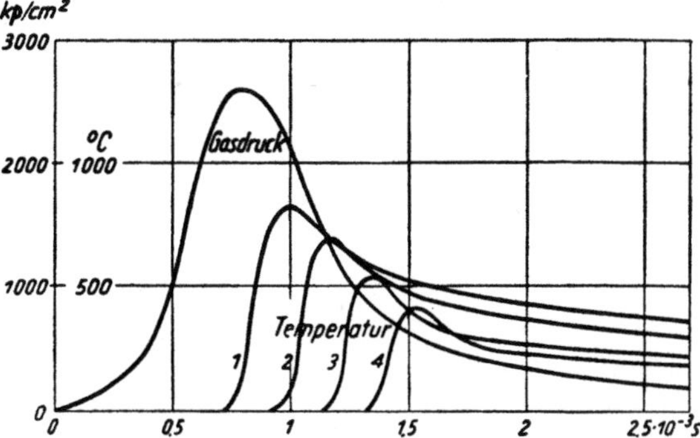

Bild 144. Gasdruckverlauf im Patronenlager und Temperaturverlauf an den Meßstellen *1, 2, 3* und *4* des MG-Laufes nach Bild 142

e) Ermittlung der Verbrennungswärme Q. Unter der Verbrennungswärme Q versteht man die Wärmemenge, die bei der Verbrennung von 1 kg Pulver ohne Arbeitsleistung und ohne spätere Reaktion der Zersetzungsprodukte entsteht.

Q läßt sich rechnerisch und experimentell ermitteln. Bei der experimentellen Ermittlung werden L kg des Pulvers in einer kalorimetrischen Bombe zur Verbrennung gebracht und die Temperaturerhöhung ΔT gemessen, die das

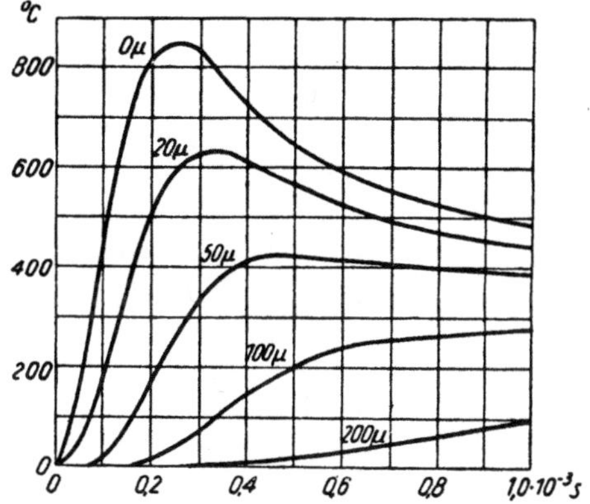

Bild 145. Temperaturverlauf an der Meßstelle *1* in verschiedener Entfernung von der inneren Laufwandung

Wasser des Kalorimeters erfährt. Ist P der Wasserwert des Kalorimeters, so wird $Q = P \, \Delta T / L$ kcal/kg.

f) Unmittelbare Messung der Geschoßlage und des Verlaufes der Geschoßgeschwindigkeit im Rohr. Th. Rossmann [5] ermittelte in einem 8,8 cm Flakrohr Ort und Geschwindigkeit eines Sondergeschosses in folgender Weise. In den Boden der Kartusche ist isoliert eine Kontaktstange eingesetzt, die etwa 1 m in das gezogene Rohr hineinragt. Diese Kontaktstange steht dauernd mit einem Kabel in Verbindung, das durch eine Rille im Hülsenboden nach außen führt. Beim Laden wird das Sondergeschoß, das eine Längsbohrung besitzt, über die Kontaktstange geschoben. An der Geschoß-

spitze befindet sich ein Kontaktring, der fest mit dem Geschoß und damit
über das Geschütz mit Erde verbunden ist und auf der Kontaktstange
gleitet. Die leitende Oberfläche der Kontaktstange ist durch 16 kurze nicht
leitende Stücke unterteilt, so daß bei der Bewegung des Geschosses ein
Stromkreis 16 mal unterbrochen wird. Die Registrierung erfolgt mit einem
Schleifenoszillographen. Durch Differentiation der erhaltenen Zeit-Weg-
Kurve ermittelte *Th. Rossmann* den Geschwindigkeitsverlauf des Geschosses im Anfangsteil des Rohres.

Auch das *Röntgenblitzrohr* kann zur Feststellung der Geschoßlage herangezogen werden.

H. Schardin machte die Bewegung des Geschosses im Rohr dadurch sichtbar,
daß er die Laufaufweitung durch ein Infanteriegeschoß (das „Atmen" des
Laufes) messend verfolgte. Der Gewehrlauf wird in eine Küvette mit Wasser
gelagert und mit Hilfe einer Schlierenanordnung werden die Wellen sichtbar
gemacht, die vom Lauf auf das Wasser übertragen werden. Das sind die im
Wasser gezogenen Kopfwellen der Longitudinalwellen (≈ 5000 m/s Geschwindigkeit) und der Transversalwellen (≈ 3200 m/s) sowie Störwellen,
die infolge der Ausweitung des Rohres von dem jeweiligen Geschoßort ausgehen. Es läßt sich so der Beginn der Geschoßbewegung zeitlich genau fest-
legen.

Auf die Möglichkeit der Messung der Geschoßbewegung im Rohr mittels
cm-Wellen nach dem Dopplerprinzip wurde bereits S. 104 hingewiesen
(*B. Koch*, 3. Abschn. *[25]*). Diese Methode stellt heute das genaueste Verfahren für diese Messung dar.

C. Messung des Geschoßwiderstandes im Rohr

Beim Durchgang durch das Rohr erfährt das Geschoß einen Widerstand, der
zunächst von dem Einpressen der Züge in den Führungsring oder bei Infanteriegeschossen in den Geschoßmantel herrührt, sodann von dem Normal-
druck bzw. der Reibung in den Zügen und bei Infanteriegeschossen zusätzlich von der Reibung der Mantelfläche erzeugt wird. Eine rein rechnerische
Ermittlung des Geschoßwiderstandes ist nicht möglich *(Spätzler [11])*; man
ist daher auf experimentelle Methoden angewiesen.

Die Methoden zur Ermittlung des Geschoßwiderstandes wollen wir in statische bzw. halbstatische und dynamische Methoden unterteilen.

Bei der statischen Methode treibt man das Geschoß mittels Fallhammer-
schlägen durch das Rohr. Durch Differentiation der gewonnenen Arbeit-
Weg-Kurve schließt man auf den Einpressungswiderstand. *C. Cranz* erhielt
für das S-Geschoß unter Anwendung zahlreicher Fallhammerschläge (kleine
Eindringungswege von 1 bis 2 cm, Fallgewicht 13,18 kg) die in Bild 146
dargestellten Werte.

Bei der halbstatischen Methode wird das Geschoß hydraulisch mittels Wasser oder Öl als Preßflüssigkeit durch das Rohr gedrückt und der Geschoßweg und der Druck der Preßflüssigkeit gleichzeitig laufend aufgezeichnet.

R. E. Kutterer erhielt beim Durchpressen von 2-cm-Geschossen durch ein 2-cm-Rohr für den Einpressungswiderstand etwa 1500 kp (entsprechend einem Druck von 478 kp/cm²) und für den Reibungswiderstand nach dem Einpressen der Züge etwa 1000 kp (entsprechend einem Druck von 318 kp/cm²).

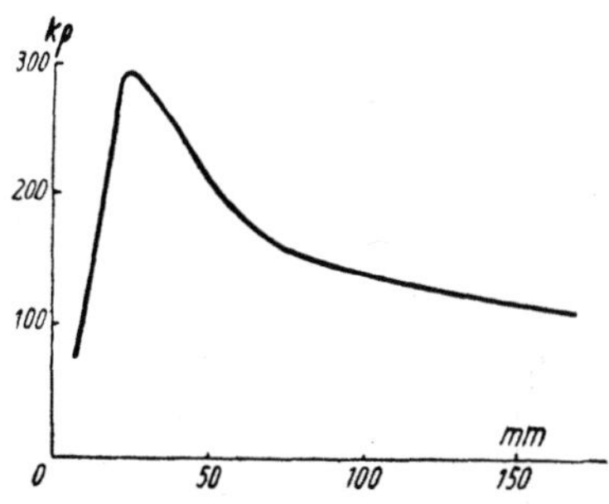

Bild 146. Widerstand eines Geschosses, gemessen nach der Fallhammermethode

Ein Vorschlag von *C. Cranz* geht dahin, die Waffe so kurz abzuschneiden, daß in der Ruhelage des angesetzten Geschosses das Geschoß etwa zu einem Drittel seiner Länge aus der Mündung herausragt. Es wird nun mit einer so kleinen Ladung geschossen, daß bei derselben unter einer größeren Zahl von Schüssen das Geschoß etwa gleich oft stecken bleibt und gleich oft herausfliegt. Der Gasdruck wird dabei jedesmal gemessen und als gesuchter Wert des Einpressungswiderstandes angesehen.

Bei diesen Methoden ist jedoch nicht berücksichtigt, daß die zur Verformung des Führungsbandes bzw. zum Einschneiden der Züge in den Mantel aufzuwendende Arbeit von der Geschwindigkeit abhängt, mit der die Verformung vor sich geht, und unter dem Einfluß des Gasdruckes im Verbrennungsraum der Lauf sich dehnt; beide Faktoren bewirken, daß die notwendige Verformungsarbeit beträchtlich herabgesetzt wird. Die letzte Methode wird noch am nächsten an die wirklichen Verhältnisse herankommen. Beschüsse ergeben, daß der Einpressungswiderstand beim scharfen Schuß für Artillerie- und Infanteriegeschosse in erster Näherung die Hälfte des Wertes beträgt, den man bei der statischen Methode erhält.

Die wahren Geschoßwiderstände kann man daher nur beim scharfen Schuß (dynamische Methode) bestimmen. Von den hierzu angewendeten Methoden seien die Verfahren von *P. Libessart, C. Cranz* und *H. Schardin, R. E. Kutterer, K. H. Bodlien* und *Th. Rossmann* beschrieben. *P. Libessart* [12] verfeuert ein angesetztes oder patroniertes Artilleriegeschoß, das an einer Spitze eine gut polierte Stahl-

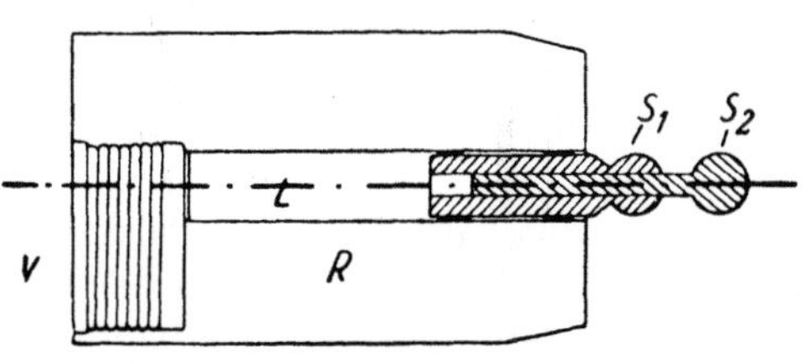

Bild 147. Prinzip der Widerstandsmessung von *Libessart*

kugel S_1 trägt (Bild 147). Das Rohr ist soweit abgeschnitten, daß die Stahlkugel bei der Anfangslage des Geschosses gerade herausragt. In eine Bohrung, die durch das Geschoß und die Stahlkugel hindurchgeht, ist reibungsfrei ein Stempel geführt, der ebenfalls an seiner Spitze eine polierte Stahlkugel S_2 trägt. Die Stahlkugeln werden von einer intensiven Lichtquelle (z. B. der Sonne) bestrahlt und durch ein Objektiv auf eine mit photographischem Papier bespannte rotierende Trommel abgebildet. Man erhält so zwei Kurven, die Zeit-Weg-Kurve des Geschosses $x = x(t)$ und die Zeit-Weg-Kurve $y = y(t)$ des Stempels. Auf das Geschoß wirkt die beschleunigende Kraft $m\,d^2x/dt^2 = pq - W$ (p ist der Gasdruck, q der Geschoßquerschnitt, W der gesamte Widerstand), auf den Stempel die Kraft $m'd^2y/dt^2 = pq'$ (m' die Stempelmasse, q' der Stempelquerschnitt). Aus diesen beiden Gleichungen läßt sich W berechnen, da m, F, m', F' bekannt sind und d^2x/dt^2 und d^2y/dt^2 durch zweimalige Differentiation der aufgenommenen Zeit-Weg-Kurven erhalten werden. Aus der zweiten Gleichung hat man, nebenbei bemerkt, direkt den Gasdruck $p = p(t)$. *Libessart* untersucht den Verlauf des Widerstandes bei Kanonen vom Kaliber 75 und 155 mm. Als Nachteil dieser Methode ist die Tatsache anzusehen, daß der Einpressungswiderstand als *Differenz zweier Kurven* erhalten wird, die jede für sich durch zweimalige Differentiation entstanden sind, daß ferner der Lauf abgeschnitten ist und eine Anwendung auf kleinere Kaliber technisch nur schwer durchführbar ist.

Einen wesentlichen Fortschritt brachte die Methode von *C. Cranz* und *H. Schardin*, bei der die beiden eben genannten Fehlerquellen nicht vorhanden sind. Bei dieser Methode wird der Reibungswiderstand W zwischen

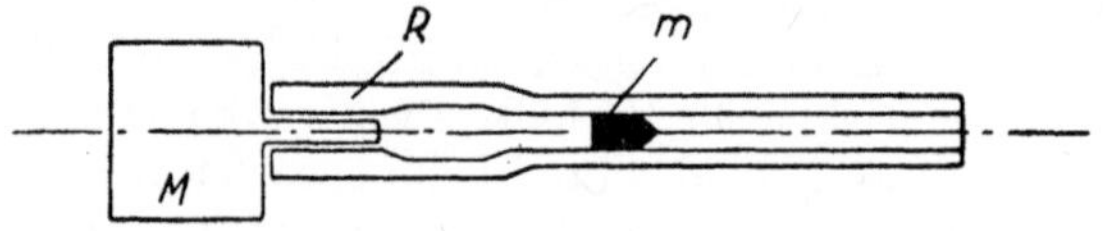

Bild 148. Prinzip der Widerstandsmessung von *Cranz-Schardin*

Geschoß und Rohr als beschleunigende Kraft verwendet, unter deren alleiniger Wirkung das Rohr in der Schußrichtung nach vorn bewegt wird (Bild 148). Das Rohr R wird auf seiner Rückseite durch einen Zapfen verschlossen, der mit der Masse M fest verbunden ist. Der Zapfen ist sauber eingeschliffen, so daß sich das Rohr R und die Masse M reibungsfrei gegeneinander bewegen können.

Beim Schuß wird das angesetzte Geschoß m durch den Druck der Pulvergase nach vorn getrieben. Infolge der zwischen Geschoß und Rohr auftretenden Reibungskräfte wird der Lauf nach vorn beschleunigt. Die Kräfte, die die Pulvergase auf den Lauf ausüben, heben sich gegenseitig auf. Da der Reibungswiderstand W somit die einzige Kraft ist, die auf das Rohr eine beschleunigende Wirkung ausübt, so gilt die Gleichung $W = (R/g) \cdot (d^2x/dt^2)$. Registriert man die Zeit-Weg-Kurve $X = X(t)$ des Laufes, so erhält man durch zweimalige Differentiation den Reibungswiderstand W. Die Registrierung der Zeit-Weg-Kurve geschieht optisch, indem die Bewegungen eines mit dem Rohr starr verbundenen Spaltes auf einer mit photographischem Papier bespannten rotierenden Trommel aufgezeichnet werden. Gleichzeitig läßt sich durch entsprechende Registrierung der Zeit-Weg-Kurve der Masse M und deren zweimalige Differentiation der Gasdruckverlauf in der Waffe aus der Gleichung $p = (M/qg) \, (d^2 X/dt^2)$ berechnen, wenn X der Rücklaufweg der Masse M ist und q den Querschnitt des Zapfens darstellt. Diese Methode ist einfach und einwandfrei, solange keine Klemmungen zwischen Zapfen und Lauf auftreten, und soweit sich durch die zweimalige Differentiation keine Fehler ergeben.

Cranz und *Schardin* ermittelten den Geschoßwiderstand für ein S-Geschoß, das mit 1 p Ladung abgefeuert wurde. Bei normaler Ladung traten Schwingungen auf, die sich der Zeit-Weg-Kurve des Rohres überlagerten und eine Auswertung unmöglich machten. Das Geschoß wird bei dieser Methode fest angesetzt; man erhält dadurch etwas andere Verhältnisse als bei Verwendung von Patronenmunition. Für den Einpressungswiderstand fanden *Cranz* und *Schardin* für das S-Geschoß Werte zwischen 160 und 230 kp.

R. E. Kutterer [13] verbesserte die eben beschriebene Methode dadurch, daß zur Vermeidung der zweimaligen Differentiation die Beschleunigung des Rohres direkt gemessen wird (Bild 149). Mit dem Rohr ist eine Hülse H starr

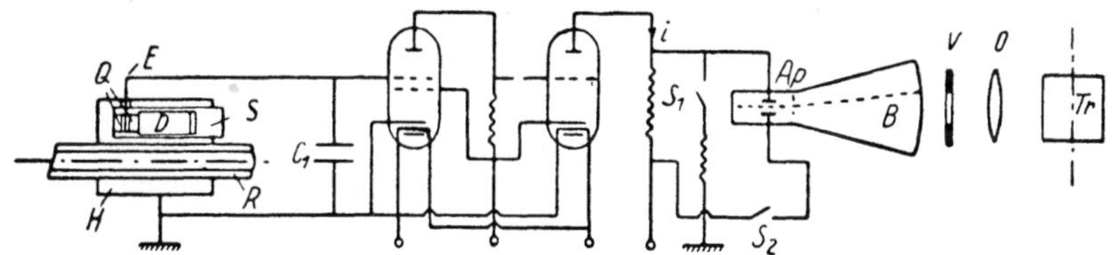

Bild 149. Prinzip der Methode von *Kutterer*

verbunden; in der Hülse befindet sich ein Eisenzylinder D, der leicht und ohne Reibung verschiebbar ist. Zwischen dem Eisenzylinder und dem Hülsenboden befinden sich piezoelektrische Quarze. Wird das Rohr unter dem Einfluß des Geschoßwiderstandes W nach vorn beschleunigt, so wird der Eisenzylinder D infolge seiner trägen Masse auf die Quarze drücken. Verstehen wir unter D, R, H direkt die Gewichte von Eisenzylinder, Rohr und Hülse, so übt der Eisenzylinder auf die Quarze einen Druck von der Größe $K = (D/g) \cdot (d^2x/dt^2) = WD/R + H + D$ aus. Die Kraft K ist also dem Geschoßwiderstand W direkt proportional. Die an den Quarzen auftretende, dem Geschoßwiderstand proportionale Ladung wird mittels der elektrischen Verstärkeranordnung von Zeiss-Ikon registriert. Bei dieser Methode ist auf die Eigenfrequenz des aufzeichnenden Meßgeräts (Eisenzylinder D + Quarz) zu achten.

R. E. Kutterer fand am Gewehr 98 speziell für den Einpressungswiderstand folgende Werte: bei dem S-Geschoß 133 kp; bei dem sS-Geschoß 172 kp; bei dem SmK-Geschoß 251 kp.

C. Cranz fand nach der Fallhammermethode für das S-Geschoß einen Einpressungswiderstand von $W = 290$ kp gegenüber dem obigen Wert von 133 kp beim scharfen Schuß.

Eine weitere dynamische Methode ist die von *K. H. Bodlien [14]*, der die Widerstandsmessung auf eine Differenzmessung zurückführt, indem mit dem Rücklaufmesser von *E. Bollé* (Lauf vom Kaliber 9,3 mm) die beschleunigende Kraft auf den Geschoßboden md^2x/dt^2 und gleichzeitig den Gasdruck $p = p(t)$ piezoelektrisch mit dem Piezoindikator von Zeiß-Ikon registriert. Da am Geschoß als Kräfte der Gasdruck pq und der Widerstand W wirken, so hat er $W = pq - md^2x/dt^2$, woraus W bestimmt werden kann. Zur Berücksichtigung der Bewegung der Pulverladung wurde der *Sébert*sche Faktor (der sich zu 0,5 ergab) durch die Markierung des Geschoßbodenaustritts aus der Mündung ermittelt. Um die Fehler, die durch Eigenschwingungen des Laufes und durch die zweimalige Differentiation auftreten können, klein zu halten, wurden dickwandige Läufe verwendet und der optisch vergrößerte Rücklaufweg mit $^1/_{100}$ mm Genauigkeit abgelesen, so daß die Beschleunigungswerte einen relativen Fehler aufweisen, der ebenso groß ist wie der der Piezomethode (etwa 1 bis 2 %). Zur genauen zeitlichen Zuordnung der Rücklaufmesserkurve zur piezoelektrischen Kurve wurde ein elektrischer Funke durch das fliegende Geschoß ausgelöst. Dieser Funke sprang in zwei hintereinander geschaltete Funkenstrecken und wurde gleichzeitig auf die Filme der piezoelektrischen bzw. der Rücklaufmesserregistrierung abgebildet.

Th. Rossmann [5] entwickelte eine besonderes Meßgeschoß (vgl. Bild 150) zur piezoelektrischen Ermittlung des zeitlichen Verlaufs der *Widerstandskraft* beim Schuß aus einem 8,8-cm-Flakrohr. In einer Bohrung des Geschoßbodens ist ein Druckstempel 1 möglichst reibungsfrei gelagert, auf den der Gasdruck p wirkt. Der Druckstempel stützt sich über ein Paar von Druck-

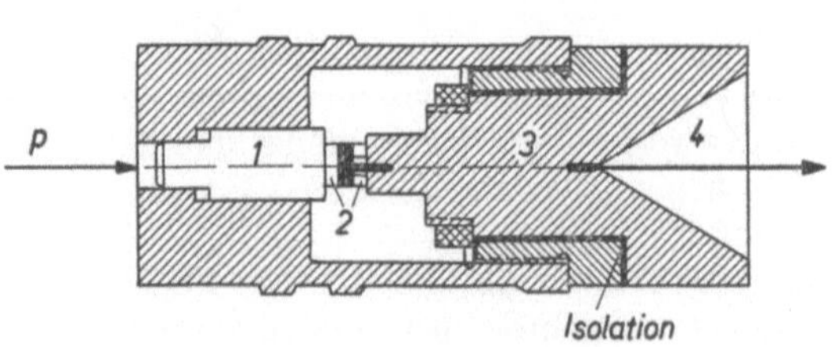

Bild 150. Meßgeschoß von *Rossmann* zur Messung des Geschoßwiderstandes im Rohr

quarzen 2 und ein Widerlager 3 auf den Geschoßkörper ab. Ist m_{st} die Masse des Druckstempels, m_Q die der Quarze, m_R die übrige Masse des Geschosses, sodaß die Gesamtmasse $m = m_{st} + m_Q + m_R$, q der gesamte Geschoßquerschnitt und F_{st} der Querschnitt des Stempels ist, so läßt sich ableiten, daß die Widerstandskraft W durch $W = P_Q\, m/(m_Q + m_{st})$ gegeben ist (also unabhängig vom Gasdruck p!), wobei P_Q die auf die Quarze wirkende Kraft darstellt, falls man die Stempelmasse so wählt, daß

$$m_{st} = m\, q/(q - F_{st}) - m_Q.$$

Der Verlauf der Widerstandskraft wird dann über einen Verstärker mit Hilfe eines Schleifenoszillographen (Eigenfrequenz der Meßschleife von etwa 16000 Hz) aufgezeichnet. Die elektrische Ableitung der Quarzladung wurde durch folgenden Kunstgriff ermöglicht: Durch das Geschoß wird isoliert ein Ableitungsdraht geführt, der durch das ganze Geschützrohr bis zu einer isolierten Befestigungsstelle vor der Mündung federnd gespannt ist, an diesen ist das Kabel zum Verstärker angeschlossen. Beim Schuß staucht sich der Draht im Trichter 4 zusammen ohne daß er Zeit hat, die Rohrwand zu berühren. Diese Methode bewährte sich gut. Störungen traten erst nach einem Geschoßweg von 1 bis 1,5 m im Rohr auf (Gesamtlänge des Rohres etwa 4 m), bedingt durch die Raumladungen der am Geschoß vorbeistreichenden Pulvergase. Der Einpreßvorgang und ein erheblicher Teil des reinen Reibungsweges konnte aber einwandfrei bis weit hinter den Höchstwert des Gasdruckes erfaßt werden.

Bild 151 zeigt das Ergebnis einer darartigen Messung. Die zwei Spitzen in dem Verlauf der Widerstandskraft erklären sich dadurch, daß das Geschoß zwei Führungsbänder hat. Ein Vergleich mit dem Berechnungsverfahren von *Spätzler* zeigte, daß der Verlauf des Widerstandes im Prinzip befriedigend wiedergegeben werden kann, falls man aus Messungen wie den eben beschriebenen die erforderlichen Kennwerte für Reibung und Verformung für verschiedene Werkstoffe bestimmt.

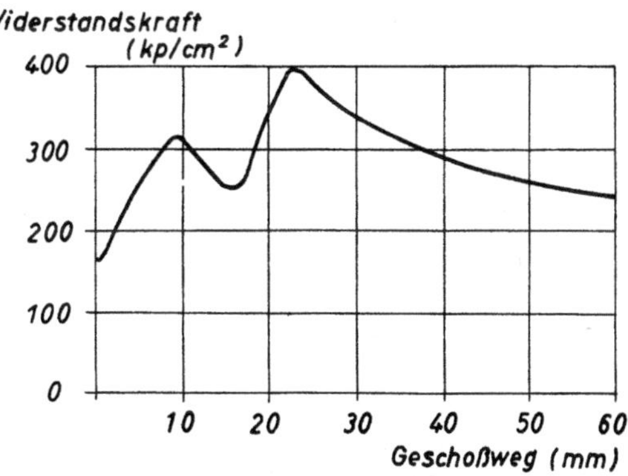

Bild 151. Widerstandsverlauf eines 8,8-cm-Geschosses

Der statisch gemessene Wert des Geschoßwiderstandes zeigt keinesfalls immer den in Bild 146 dargestellten Verlauf. Das wird nur bei einem sehr guten, neuen Lauf der Fall sein. Der Verlauf hängt vielmehr ganz vom Lauf-

zustand ab, wie Widerstandsmessungen an Läufen bei zunehmender Schuß-
belegung zeigen. Der statisch gemessene Geschoßwiderstand kann sogar auf
Null absinken und ein zweites Maximum annehmen. Erst recht beim scharfen Schuß kann ein unregelmäßiger Verlauf des Geschoßwiderstandes auftreten, der vom Gasdruck, von den Vibrationen und dem Atmen des Laufs
sowie vom Vorbeiströmen der Pulvergase am Geschoßmantel abhängt.

37. Über die Lauf- und Rohrabnutzung

Bei Gewehrläufen und Geschützrohren kann man mit zunehmender Schußbelastung folgende Zerstörungserscheinungen beobachten:

1. Zuerst eine mechanische Abnutzung durch den Geschoßwiderstand im
Rohr, wodurch das Rohrinnere, besonders die Felder, angegriffen oder abge-
schliffen wird.

2. Das Auftreten eines maschenartigen Rißnetzes an der Lauf- oder Rohr-
innenoberfläche, das am stärksten am hinteren Teil der gezogenen Bohrung
ist und nach der Mündung zu abnimmt. Der Grund für die Bildung des Rißnetzes liegt in der Wechselbeanspruchung der Rohre. Die Rißnetze können
zu Abbröckelungen auf den Feldern und in den Zügen führen, bei Geschützrohren können dadurch lange Felderstreifen ausbrechen.

3. Abschmelzungen im Rohrinnern beim Beginn des gezogenen Teiles.

Bei Gewehrläufen überwiegen als Zerstörungsursache die reinen Abnutzungsvorgänge, bei Geschützrohren kleiner und mittlerer Leistung tritt zur Abnutzung noch die Rißbildung, die Ausbröckelungen und schließlich Ausschmelzungen zur Folge hat. Bei Läufen und Rohren sehr hoher Leistung
können sogar unmittelbar oberflächliche Ausschmelzungen auftreten.

Während Gewehr- und wassergekühlte MG-Läufe aus gutem Stahl bei normaler Schußbelastung eine Lebensdauer von 10 000 bis 20 000 Schuß zeigen,
kann bei großkalibrigen Geschützen höchster Leistung die Lebensdauer 50
bis 100 Schuß betragen. Die Zerstörungserscheinungen schreiten so schnell
vorwärts, daß von Schuß zu Schuß wegen der Vergrößerung des Ladungsraumes zur Erhaltung der Anfangsgeschwindigkeit eine Vergrößerung der
Ladung notwendig ist.

Die Ursachen der geschilderten Lauf- und Rohrabnutzung sind in folgenden
Größen zu suchen:

1. In dem Verhalten des Pulvers (gesamte Leistung des Pulvers, Verbrennungstemperatur und chemische Zusammensetzung der Pulvergase).

2. In den thermischen Eigenschaften des Laufmaterials.

3. Im Geschoßwiderstand, der vom Geschoß (Aufbau desselben, Material,
Geschoßdurchmesser) sowie vom Lauf abhängt (Innendurchmesser, Wandstärke, Material, Temperatur).

4. In der Art der Schußbelastung der Waffe (Einzel- oder Dauerfeuer).

Auch die Zeit, während der Lauf und Rohr den Pulvergasen ausgesetzt sind, spielt eine wichtige Rolle.

Beim Durchgang des Geschosses durch das Rohr wird auf die Innenfläche des Rohres eine gewisse Wärmemenge übertreten, die von der Reibung des Geschosses im Rohr, von der Temperaturdifferenz zwischen den Pulvergasen und der Innenfläche, von der Zeit des Geschoßdurchgangs durch den Lauf sowie von der Wärmeübergangszahl abhängt. Weiter spielt die Wärmeleitung im Rohr selbst eine Rolle.

Ein Nitroglyzerinpulver, das eine Explosionstemperatur von etwa 3500 °C hat, wird eine größere Laufabnutzung bedingen, als ein Nitrozellulosepulver gleicher Leistung, das eine Explosionstemperatur von 2500 °C hat. Da die höchste Temperatur der Pulvergase am Anfang der Geschoßbewegung besteht, treten auch hier die höchsten thermischen Rohrbeanspruchungen auf. Dazu kommt, daß gerade im Beginn des gezogenen Teiles besonderer Anlaß zur Wirbelbildung des Gasstromes gegeben ist, wodurch ein heftiger Wärmeaustausch auftritt. Da die an das Rohr abgegebene Wärmemenge sich in der Rohrwandung nicht sofort ausgleichen kann, sondern dieser Ausgleich eine gewisse Zeit braucht, die von der Wärmeleitung der Wandung abhängt, wird eine dünne Schicht der inneren Rohrfläche (etwa einige 10^{-3} mm dick) stark überhitzt. Es können hier Temperaturspitzen von über 700 °C auftreten (vgl. S. 221). Die hohe Temperaturbeanspruchung im Augenblick der Gasdruckwirkung hat eine wechselnde Zug- und Druckbeanspruchung zur Folge, die zur Rißbildung führt. Kann eine Waffe in den Pausen zwischen den einzelnen Schüssen nicht genügend auskühlen, so tritt eine mit der Schußzahl steigende Lauferwärmung auf. So kann bei einem luftgekühlten MG bei Dauerfeuer von 500 Schuß die Temperatur des Laufes derart ansteigen, daß der Lauf im Dunkeln rot glüht, was einer Temperatur von etwa 500 °C entspricht. Bei derartigen Temperaturen ändern sich die mechanischen Eigenschaften des Laufmaterials. Bei hochlegiertem Chrom-Nickelstahl fällt z. B. bei einer Temperatursteigerung von 0 °C auf 700 °C die Festigkeit auf $1/_6$ und die Streckgenze auf $1/_{10}$ ihres Wertes. Man hat daher auf eine gute Kühlung des Laufes zu achten, besonders bei luftgekühlten Läufen auf den Zustand der Außenfläche des Laufes, die ein hohes Strahlungsvermögen haben soll. Ein brünierter Lauf entspricht dieser Forderung.

Weiter ist zu beachten, besonders bei luftgekühlten Läufen, daß der Lauf sich infolge der Wärme ausdehnt. So kann sich das Kaliber eines MG-Laufes vom Kaliber 7,9 mm bei einer Erwärmung von 400 °C um 0,03 mm erweitern. Ist ein Lauf sehr abgenutzt, so kann bereits durch diese Wärmeausdehnung die Abdichtung zwischen Geschoß und Lauf und die Geschoßführung nicht mehr gewährleistet sein. *R. E. Kutterer* fand, daß bei MG-Läufen, die in kaltem Zustande einwandfreie Trefferbilder ergaben, in warmem Zustande (nach 500 Schuß Dauerfeuer) bereits Querschläger auftraten.

Schließlich ist noch die chemische Wirkung der Pulvergase zu betrachten.
Der bei der Verbrennung des Nitroglyzerinpulvers auftretende überschüssige
Sauerstoff hat eine stark korrodierende Wirkung.

Bei Geschützen ist die Lebensdauer in außerordentlich starkem Maße vom
Kaloriengehalt des Pulvers abhängig. So haben Versuche an der 8,8-cm-Flak
($v_0 = 820$ m/s) folgendes Ergebnis gebracht:

Pulver	Kaloriengehalt kcal/kg	Lebensdauer der Waffe in Schußzahlen
Ngl.. R. P.	950	1700
Ngl. R. P.	820	3500
G-Pulver (Diglykoldinitrat, Nitrozellulose, Centralit, Kaliumsulfat.)	690	15000!!

Bei den Gewehr- und MG-Läufen führen, wie schon gesagt, fast ausschließlich die Abnutzungsvorgänge zu einer Kalibererweiterung; hierdurch wird
die Unbrauchbarkeitsgrenze bedingt, da die Geschosse nicht mehr einwandfrei geführt werden. Eine *wesentliche* Erhöhung der Lebensdauer wurde
durch Verchromung des Laufinneren erreicht. Die Kalibererweiterung des
Laufes kann verschiedenen Charakter haben, der von dem Geschoßtyp abhängt. Während einmal eine Kalibererweiterung des Laufes auftritt, die
gleichmäßig vom Beginn der Züge bis zur Mündung abnimmt, kann sogar
eine Kaliberverengung auftreten (etwa 80 mm vor Beginn des gezogenen
Teiles), die auf Stauchung des Laufmaterials und Ablagerungen vom Geschoßmantel zurückzuführen ist.

Das Geschoß erfährt an der engsten Stelle plötzlich einen großen Widerstand und wird abgebremst. So erklärt sich der Wiederanstieg der Geschoß-
widerstandskurve. Bei Geschützrohren mit starker Ausbrennung im Beginn
des gezogenen Teiles tritt der analoge Vorgang auf, indem bei Patronenmunition das Geschoß mit starkem Stoß in den Felderbeginn gelangt, wodurch das Geschoß, das Führungsband und die Felder stark beansprucht
werden. Bei Laufaufbauchungen kann durch stoßartig erfolgende Vergrößerung des Geschoßwiderstandes u. U. eine Rohrdetonation hervorgerufen
werden.

In diesem Zusammenhang sei auf die interessanten Untersuchungen von *P. Régnauld [15]* an verfeuerten Artilleriegeschossen hingewiesen. In einem ausgeschossenen Lauf oder in einer Ausbauchung wird das Geschoß im allgemeinen durch die Pulvergase mit großer Kraft einseitig an die Rohrwandung angedrückt, wodurch Eindrücke der Felder in der Wulst auftreten können. So fand er z. B. an einem mit 1000 m/s verfeuerten Geschoß vom Kaliber 15 cm einseitige Feldereindrücke an der Wulst von 0,8 mm bei einer Zugtiefe von 3,5 mm und an einem ebenfalls mit 1000 m/s verfeuerten Geschoß vom Kaliber 34 cm Feldereindrücke von 4,5 mm bei einer Zugtiefe von 6 mm.

Das gesamte Gebiet der Lauf- und Rohrabnutzung enthält noch viele ungelöste Fragen. Forschungsarbeiten hinsichtlich der Abnutzungserscheinungen bei Stahl in Abhängigkeit von der Temperatur, der Reibung zwischen Stahl und anderen Materialien bei hohen Drücken usf. sind hier noch durchzuführen.

38. Über die beim scharfen Schuß im Verbrennungsraum auftretenden Druckunterschiede. Die maximal erreichbare Geschoßgeschwindigkeit

A. Die Druckunterschiede im Verbrennungsraum

Beim scharfen Schuß tritt eine Bewegung der verbrannten und unverbrannten Teile der Pulverladung auf; ein Teil derselben bewegt sich mit dem Geschoß, ein Teil mit der rücklaufenden Waffe. Damit ist die Ausbildung eines Druckunterschiedes zwischen Stoß- und Geschoßboden des Verbrennungsraumes verbunden. Die Untersuchung der zeitlichen und räumlichen Ausbildung der Drücke im Verbrennungsraum bezeichnet man als das Problem von *Lagrange*, der sich zuerst 1783 damit beschäftigte. Für die Praxis ist die Frage von untergeordneter Bedeutung, solange das Geschoßgewicht wesentlich größer als das Ladungsgewicht ist. Bei Hochleistungsgeschützen hat man jedoch mit ganz erheblichen Druckunterschieden zwischen Stoß- und Geschoßboden zu rechnen. Dadurch werden große Energiebeträge der Pulverladung in Bewegungsenergie derselben umgesetzt und bald eine Begrenzung der überhaupt erreichbaren Geschoßgeschwindigkeit bei beliebig großem Ladungsgewicht einer bestimmten Pulversorte und bei dem heute üblichen Ladungsaufbau in Geschützen hervorgerufen.

Über die im Verbrennungsraum auftretenden Druckunterschiede zwischen Stoß- und Geschoßboden gibt in einfacher Weise der Rücklaufmesser Auskunft (vgl. S. 209).

Für eine reibungsfrei gelagerte Waffe von der Masse M, aus der mittels der Pulvermasse m_L ein Geschoß von der Masse m verschossen wird, lassen sich nach dem Schwerpunktssatz die folgenden Gleichungen ableiten:

$$(M + \varepsilon_1\, m_L)\, X \quad = (m + \varepsilon\, m_L)\, x, \tag{1a}$$

$$(M + \varepsilon_1\, m_L)\, V \quad = (m + \varepsilon\, m_L)\, v, \tag{1b}$$

$$(M + \varepsilon_1\, m_L)\, dV/dt = (m + \varepsilon\, m_L)\, dv/dt. \tag{1c}$$

Dabei sind x, v, dv/dt bzw. X, V, dV/dt die Wege, die Geschwindigkeiten und Beschleunigungen des Geschosses bzw. der rücklaufenden Waffe. $\varepsilon_1 L$ ist der mit der Waffe, εL der mit dem Geschoß mitbewegt gedachte Ladungsteil; $\varepsilon_1 + \varepsilon = 1$. Andererseits gilt, wenn p_G den Gasdruck am Geschoßboden, p_R den Gasdruck am Stoßboden und W den zwischen Geschoß und Rohr auftretenden Bewegungswiderstand darstellen:

$$M\, dV/dt = p_R\, q - W \quad (2) \qquad \text{und} \qquad m\, dv/dt = p_G\, q - W. \tag{3}$$

Aus den Gleichungen (1c), (2) und (3) findet man folgende Beziehung für den Druckunterschied Δp zwischen Stoßboden und Geschoßboden bei Berücksichtigung der Tatsache, daß $M \gg m$:

$$\Delta p = p_R - p_G = \frac{1}{q}\, \varepsilon\, \frac{m_L}{m}\, (p_G q - W). \tag{4}$$

Bei Vernachlässigung der Bewegungswiderstände W erhält man

$$\Delta p = \varepsilon\, \frac{L}{G}\, p_G. \tag{5}$$

B. Die Ermittlung des Gasdruckunterschiedes und des Sébertschen Faktors ε

R. E. Kutterer ermittelte den Druckunterschied beim scharfen Schuß einer 2-cm-Waffe folgendermaßen: Ein *Krupp*sches Meßei wurde am Boden der Hülse angebracht, ein anderes direkt am Boden des Geschosses befestigt und mit dem Geschoß verschossen, das in Sägemehl aufgefangen wurde. Die Ladung betrug $L = 37{,}5$ p, das Geschoßgewicht war $G = 152$ p. Der Versuch ergab folgende Mittelwerte aus 8 Messungen: $p_R = 2847$ kp/cm² und $p_G = 2021$ kp/cm², somit $\Delta p = 826$ kp/cm². Dieser hohe Wert von Δp erklärte sich nun dadurch, daß das Meßei im Geschoß sich in einem beschleunigten System befindet.

Bei Berücksichtigung des Beschleunigungseffektes ergab sich als tatsächlich am Geschoßboden auftretender Druck $p_G = 2580$ kp/cm² und damit ein Druckunterschied $\Delta p = 267$ kp/cm². Mit diesem Wert berechnet sich ε aus Gl. (5) zu $\varepsilon = (\Delta p/p_G) \cdot (G/L) = 0{,}42$.

Th. Rossmann [5] ermittelte den Gasdruckunterschied im Rohr einer 8,8-cm-Flak durch gleichzeitige piezoelektrische Messung am Boden der Kartusche und am Geschoßboden (Bild 152).

Der Gasdruck wirkt auf einen Druckstempel 1, der sich über ein Paar von Druckquarzen 2′ auf den Geschoßkörper abstützt. Eine Ausgleichsmasse 3 vom gleichen Gewicht wie der Druckstempel 1 wird über ein zweites Paar von Druck-

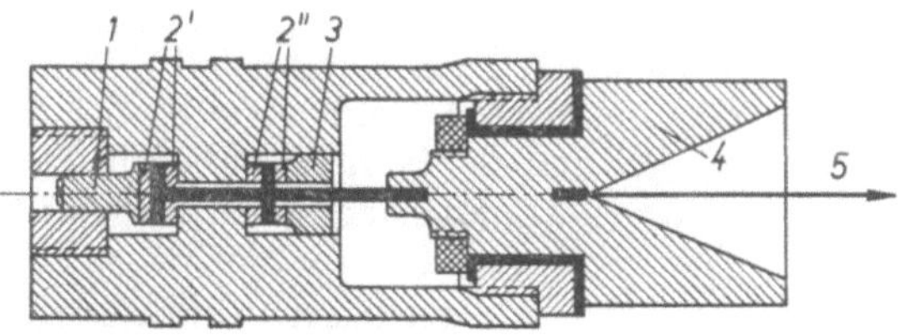

Bild 152. Meßgeschoß von *Rossmann* zur Messung des Gasdrucks am Geschoßboden

quarzen 2″ vom beschleunigten Geschoß mitgenommen. Sie drückt daher auf die Quarze mit der gleichen Kraft mit der sich die träge Masse des Druckstempels der Beschleunigung durch den Gasdruck widersetzt. Die Quarze sind so gestaltet, daß die gesamte elektrische Ladung der Quarze unabhängig von der Geschoßbeschleunigung und proportional zum Gasdruck am Geschoßboden ist. Die Abnahme der Ladung erfolgt wieder über Auffangtrichter 4 und Ableitungsdraht 5. Der Vergleich der gemessenen Gasdrucke an Hülsenboden und Geschoßboden ergab einen Gasdruckunterschied von maximal etwa 300 kp/cm², der gut durch den *Sébert*schen Faktor 0,5 wiedergegeben werden kann.

H. Langweiler ermittelt die beim Verschiessen eines sS-Geschosses während des Geschoßdurchganges durch den Lauf auftretende mittlere Druckdifferenz mittels Impulsmessungen.

Das Geschoß erfährt während des Durchganges durch das Rohr den Impuls

$$I_G = \int\limits_0^{t_e} (p_G q - W)\, dt = \int\limits_0^{t_e} p_G q\, dt - \int\limits_0^{t_e} W\, dt \tag{6}$$

wie aus Integration der Gl. (3) folgt. Dabei ist t_e die Zeit zwischen dem Moment, in dem das Geschoß sich in Bewegung setzt und dem Geschoßaustritt aus der Mündung.

Entsprechend erfährt das Rohr in dieser Zeit den Impuls

$$I_R = \int\limits_0^{t_e} (p_R q - W)\, dt = \int\limits_0^{t_e} p_R q\, dt - \int\limits_0^{t_e} W\, dt. \tag{7}$$

Da nun

$$\frac{1}{t_e} \int\limits_0^{t_e} p_R\, dt \qquad \text{bzw.} \qquad \frac{1}{t_e} \int\limits_0^{t_e} p_G\, dt$$

die Mittelwerte von p_R und p_G darstellen, gibt der Ausdruck

$$\frac{I_R - I_G}{t_e q} = \frac{1}{t_e} \int\limits_0^{t_e} p_R\, dt - \frac{1}{t_e} \int\limits_0^{t_e} p_G\, dt \tag{8}$$

sofort den mittleren Druckunterschied zwischen Geschoß- und Stoßboden. Der Geschoßimpuls wird durch Messen der Mündungsgeschwindigkeit erhalten, der Laufimpuls durch Integration der mit dem Piezoindikator erhaltenen Gasdruckkurve, aus der auch die Zeit t_e entnommen wird. Der mittlere Gasdruckunterschied ergab sich so für das sS-Geschoß zu

$$\Delta p_{\text{mittel}} = 128 \ \text{kp/cm}^2.$$

Aus Rücklaufmesserversuchen ermittelte *Sébert* $\varepsilon_1 = \varepsilon = 0{,}5$. Damit erhält man nach Gl. (5)

$$\Delta p = 0{,}5 \, \frac{L}{G} \, p_G \tag{9}$$

bzw.

$$\Delta p = \frac{L}{2\,G + L} \, p_R, \tag{9a}$$

wie sich aus den Gl. (1c), (2) und (3) ableiten läßt. Für das sS-Geschoß bestünde demnach mit $L = 2{,}85$ p und $G = 12{,}8$ p im Augenblick des maximalen Gasdrucks $p_R = 4000 \ \text{kp/cm}^2$ ein Druckunterschied zwischen Stoß- und Geschoßboden von rund 400 kp/cm².

Auch *C. Cranz* und *W. Bensberg* fanden mit dem Rücklaufmesser für das S-Geschoß im Gewehr 98 $\varepsilon = 0{,}5$. Fast den gleichen Wert ($\varepsilon = 0{,}48$) erhielt *Langweiler* aus seinen vergleichenden Impulsmessungen am sS-Geschoß.

Den Wert $\varepsilon = 0{,}5$ erhält man übrigens theoretisch bei der Annahme von *St. Robert*, nach der die Pulververbrennung vor Beginn der Geschoßbewegung beendigt und die Dichte der Pulvergase im ganzen Verbrennungsraum gleich ist, sowie die Geschwindigkeit der Pulvergase von dem Wert Null am Stoßboden an gleichmäßig bis zur Geschoßgeschwindigkeit am Geschoßboden zunimmt.

Durch die Bewegung der Pulvergase wird ein Teil der Energie des Pulvers in Bewegungsenergie desselben umgesetzt. Bei der Berechnung dieses Energieteils ist folgendes zu beachten: Der Rücklaufmesser gibt nur Auskunft über die Bewegung des Schwerpunktes der Gesamtladung. Dabei ist aber nichts über die Bewegung der einzelnen Pulverteilchen selbst ausgesagt; so könnte sich z. B. die eine Hälfte der Ladung direkt mit dem Geschoß, die andere Hälfte mit dem Rohr mitbewegen, oder die Gesamtladung könnte ständig die halbe Geschoßgeschwindigkeit haben, oder bei überall gleicher Dichte die Geschwindigkeitsverteilung der Pulvergase im Verbrennungsraum linear vom Stoßboden zum Geschoßboden ansteigen. Schwerpunktsmäßig und impulsmäßig sind diese drei Fälle identisch, dagegen nicht energiemäßig. Denn die kinetische Energie der Pulverladung ist im

Fall 1: $\dfrac{1}{2} \cdot \dfrac{m_L}{2} \, v^2$, $\qquad$ Fall 2: $\dfrac{1}{2} \, m_L \left(\dfrac{v}{2}\right)^2$, $\qquad$ Fall 3: $\dfrac{1}{2} \cdot \dfrac{m_L}{3} \, v^2$.

Es scheint daher am zweckmäßigsten, bei energiemäßigen Betrachtungen entsprechend der Annahme von *St. Robert* $^1/_3$ der Pulverladung zur Geschoßmasse hinzuzuschlagen, an Stelle der Geschoßmasse m zur Berücksichtigung der Energie der bewegten Ladung eine Geschoßmasse $\mu = m + \varepsilon\, m_L$ mit $\varepsilon = {}^1/_3$ einzuführen. *C. Cranz, Sébert, Krupp-Schmitz* setzen $\varepsilon = {}^1/_2$, *Langweiler* $\varepsilon = {}^1/_4$, *Charbonnier* $\varepsilon = {}^1/_3$[1]).

Versuche, die Bewegung der Pulvergase selbst theoretisch zu beschreiben, sind von *Lagrange* 1783, später von *Hugoniot, Gossot-Liouville* sowie *Love-Pidduck* unternommen worden. Dabei wurden jedoch stets sehr vereinfachende Voraussetzungen gemacht. (Pulververbrennung vor beginnender Geschoßbewegung beendet, Zustandsänderung der Pulvergase adiabatisch, Verhalten derselben wie ein ideales Gas mit konstantem spezifischen Wärmen, kein Auftreten von Turbulenz, Vernachlässigung von Geschoßreibung und Geschoßdrehung.)

Gossot-Liouville kommen zu dem Ergebnis, daß für kinetische Betrachtungen 3/11 der Pulverladung als mit Geschoßgeschwindigkeit sich bewegend vorgestellt werden kann, gültig zwischen $L/G = 0,3$ und $L/G = 1,0$; *Love-Pidduck* erhielten $\varepsilon = 0,5$. Genaue Untersuchungen über das Verhalten der Ladung beim scharfen Schuß in experimenteller und theoretischer Hinsicht bilden noch eine dankenswerte Aufgabe.

H. Pfriem [16] hat theoretische Untersuchungen über die Druckverteilung im Verbrennungsraum angestellt. *Pfriem* kommt dabei zu dem Ergebnis, daß die *Sébert*sche Annahme eines unveränderlichen Faktors ε gleich 0,5 den wahren Verhältnissen beim scharfen Schuß mit großer Genauigkeit gerecht wird, falls man mit dem Druck p_R rechnet.

Vergleiche zu dieser Frage auch *P. Carrière [17]*, der den Gasdruckverlauf im Rohr nach dem Charakteristiken-Verfahren berechnet.

C. Die maximal erreichbare Geschoßgeschwindigkeit

Die Erfahrung zeigt, daß die Geschoßgeschwindigkeit durch Erhöhung der Pulverladung nicht beliebig gesteigert werden kann, sondern sich einem Grenzwert nähert, der von der Pulversorte und dem Ladungsaufbau abhängt. Die Ursache dafür ist der bereits erwähnte Druckunterschied zwischen Stoß- und Geschoßboden, wodurch ein großer Teil der Pulverenergie in Bewegungsenergie des Pulvers umgesetzt wird.

---

[1]) Von verschiedenen Seiten wurden aus Rücklaufmesseruntersuchungen Werte von ε zwischen 0,2 und 0,4 angegeben. So fand *R. E. Kutterer* bei einem Rücklaufmesser von *Boas* beim Verschießen des sS-Geschosses mit einer Ladung von $L = 1,4$ p den Wert $\varepsilon = 0,23$, bei $L = 2,85$ p den Wert $\varepsilon = 0,315$. Alle diese niedrigen Werte von ε sind jedoch mit Rücklaufmessern gefunden worden, bei denen der Lauf in Lagern geführt wird. Beim scharfen Schuß treten durch die Laufschwingungen u. U. Klemmungen auf, die einen zu kleinen Rücklauf der Waffe vortäuschen und damit zu kleine Werte ergeben können. Die genauesten Werte von ε erhält man mit einer aufgehängten und damit reibungsfrei gelagerten Waffe.

Eine grobe Abschätzung dieses Grenzwertes erhält man folgendermaßen:
Bei den heutigen Schußwaffen werden etwa $36^0/_0$ der Ladung in Mündungsenergie des Geschosses und Bewegungsenergie der Ladung umgesetzt.
Schlägt man $^1/_3$ der Ladung nach der obigen Annahme zu der Geschoßmasse
hinzu, so besteht die Beziehung

$$\frac{1}{2g}\left(G + \frac{L}{3}\right) v_0{}^2 = \frac{1}{2,8} A L \tag{10}$$

wo A die spezifische Energie des Pulvers ist. Daraus folgt

$$v_0{}^2 = \frac{6 g A L}{2,8\,(3\,G + L)}. \tag{11}$$

Erweitert man die rechte Seite mit $1/L$, so erhält man als Grenzwert für v_0:

$$\lim_{L \to \infty} v_0 = \sqrt{2,14\,g\,A}. \tag{12}$$

Für Nitrozellulosepulver mit $A = 366 \cdot 10^3$ mkp/kg wird somit $v_0 = 2770$m/s.
Versuche, die *Langweiler* mit Nitrozellulosepulver an einem Kaliber 7,9 mm
durchführte, ergaben als Höchstwert der Mündungsgeschwindigkeit rund
2800 m/s ($L = 11$ p, $G = 0,25$ p).

Um den Grenzwert für die maximal erreichbare Geschoßgeschwindigkeit
streng zu erhalten, muß man den Schußvorgang als instationären Vorgang
behandeln. Es läßt sich leicht ableiten (vgl. S. 154), daß bei instationärer
Ausdehnung eines Gases der Druck am Geschoßboden sich aus

$$p = p_0 \left\{ 1 - [(\varkappa - 1)/2]\,(v/a_0) \right\}^{2\varkappa/(\varkappa - 1)} \tag{13}$$

berechnen läßt, wo p_0 der Anfangsdruck, a_0 die Schallgeschwindigkeit des
Gases und v die jeweilige Geschoßgeschwindigkeit im Rohr darstellen.

Den theoretischen Grenzwert beim Schuß ins Vakuum erhält man aus dieser
Gleichung für

$$v_\mathrm{max} = 2 a_0/(\varkappa - 1). \tag{14}$$

Bei dieser Geschwindigkeit wird der das Geschoß beschleunigende Gasdruck
gleich Null. Diese Beziehung leitete *H. Schardin* bereits 1932 ab und gab für
Nitrozellulosepulver mit $\varkappa = 1,25$ den Wert $v_\mathrm{max} = 8000$ m/s an. Den praktischen Grenzwert erhält man folgendermaßen:
Aus $m\,dv/dt = m v\,dv/dx = p q$ bzw. $v\,dv/p = q\,dx/m$ folgt sofort mit Gl. (13)

$$\int_0^v \frac{v\,dv}{\left\{ 1 - [(\varkappa - 1)/2](v/a_0) \right\}^{2\varkappa/(\varkappa - 1)}} = \frac{p_0\,q\,l_R}{m} \tag{15}$$

oder

$$a_0{}^2 \int_0^{v/a_0} \frac{(v/a_0)\, d(v/a_0)}{\{1 - [(\varkappa - 1)/2]\, (v/a_0)\}^{2\varkappa/(\varkappa - 1)}} = \frac{p_0\, q\, l_R}{m}. \qquad (16)$$

Hier bedeuten q den Rohrquerschnitt, l_R die Rohrlänge und m die Geschoßmasse.

Aus Gl. (16) läßt sich bei vorgegebenen Werten von p_0, q, l_R, m, a_0 und $\varkappa$ der obere Grenzwert v/a des Integrals und so die maximal erreichbare Geschwindigkeit berechnen. Die Diskussion dieser Gleichung ergibt, daß man einen möglichst hohen Druck p_0 (Begrenzung durch die Materialfestigkeit des Rohres und die Beschleunigungsfestigkeit des Modells), eine kleine Querschnittsbelastung gm/q und einen großen Wert für die Schallgeschwindigkeit a_0 wählen muß. Aus $a_0{}^2 = g\varkappa\, R\, T = g\varkappa\, \frac{\mathfrak{R}}{\mathfrak{M}}\, T$ (vgl. S. 143) folgt, daß man eine hohe Temperatur T und ein geringes Molekulargewicht $\mathfrak{M}$ zu nehmen hat.

Das *NOL (H. Kurzweg*, 3. Abschn. *[26])* hat eine Kanone für die Freifluganlage mit Helium als Antriebsmittel entwickelt, das durch eine Verbrennung von H_2 und O_2, mit denen es vermischt wird, auf eine Temperatur von etwa $3500\,°\text{K}$ erhitzt wird. Diese Mischung hat etwa das Molekulargewicht 6 gegenüber einem mittleren Molekulargewicht von etwa 28 bei einer Pulverkanone. Man erhält in der Freifluganlage bei 0,2 atm mit der Heliumkanone (Kaliber 40 mm) beim Verschießen einer Nylonkugel von etwa 50 g eine Geschwindigkeit von über 4000 m/s.

Außer bei *NOL* werden Versuche mit Leichtgaskanonen in den USA im Ames-Laboratorium (Moffet-Field) und in Aberdeen Proving Ground durchgeführt.

Auf dem Gebiet der Hochgeschwindigkeitsforschung stehen noch zahlreiche experimentelle wie theoretische Fragen offen, die z. T. in das Gebiet der Gasdynamik (Fragen der Grenzschichtbildung, Wärmeleitung, Temperatur der Oberfläche), der reinen Physik (z. B. Plasmabildung) und der Materialerforschung (hohe Hitzebeständigkeit, geringe Leitfähigkeit) fallen.

Achter Abschnitt: Leistungssteigerung vorhandener Waffen. Sonderwaffen

39. Leistungssteigerung vorhandener Waffen

Es wird immer wieder versucht, die Leistung vorhandener Waffen zu steigern und für spezielle Bedürfnisse Sonderwaffen und Sondergeschosse zu konstruieren. Insbesondere im zweiten Weltkrieg wurden in Deutschland verschiedene neue Wege begangen, die z. T. recht lehrreich sind und daher kurz gestreift werden sollen *(L. Simon [1])*.

In diesem Kapitel sollen die grundsätzlichen Möglichkeiten für eine Leistungssteigerung vorhandener Waffen besprochen werden. Dabei soll eine Reichweitensteigerung durch Verbesserung der aerodynamischen Form eines Geschosses allein nicht betrachtet werden. Da von einer Waffenänderung (Rohr und Lafette) abgesehen werden soll, ist lediglich eine Änderung von Pulver und Geschoß möglich.

Ohne gleichzeitige Änderung von Rohr und Lafette ist bei Verwendung des für die betreffende Waffe eingeführten Geschosses eine v_0-Erhöhung nur in geringem Maße (5 bis $10^0/_0$) möglich. Denn Innenballistik, Rohrabmessungen und Lafette sind ja bei der Entwicklung eines Geschützes als Ganzes aufeinander abgestimmt. So kann z. B. eine Vergrößerung der Ladung zu große Ladedichte und damit Unregelmäßigkeiten in der Verbrennung und Streuungen in der v_0 bedingen. Die Verwendung eines energiereicheren Pulvers ruft größere Rohrabnutzung hervor (S. 230).

Welche Wege man bei einer Neukonstruktion einer Waffe einschlägt, hängt weitgehend von den militärischen Forderungen ab. Ein technischer Erfolg ist u. U. noch kein Erfolg im Sinne der Truppe (Waffengewicht, Mündungsfeuer, Beanspruchung der Mannschaft durch Mündungsknall, zugelassene Streuung am Ziel usw.).

Die prinzipiellen Möglichkeiten der Leistungssteigerung erkennt man aus der Diskussion der Gleichung

$$v_0{}^2 = \frac{2F}{m_G + \varepsilon m_L} \int_0^{l_R} p\,dx = \frac{2g}{G/F + \varepsilon L/F} \int_0^{l_R} p\,dx ,$$

wobei l_R die Rohrlänge ist. Dazu kommt noch die Möglichkeit beim Unterkalibergeschoß die Querschnittsbelastung zu vergrößern (S. 230).

Man erhält obige Beziehung aus der Bewegungsgleichung des Geschosses

$$(m_G + \varepsilon_m{}_L)\,dv/dt = pF$$

bei Vernachlässigung des Reibungsverlustes im Rohr und der Wärmeabgabe während des Schusses an das Rohr. Die Mitbewegung der Ladung ist durch $\varepsilon \cdot m_L$ berücksichtigt (vgl. S. 232), p ist der Druck am Stoßboden. Mit $dv/dt = v\,dv/dx$ erhält man

$$(m_G + \varepsilon\, m_L)\, v\, dv/dx = pF$$

und daraus durch Integration die obige Gleichung.

Für eine Leistungssteigerung einer eingeführten Waffe hat man also folgende Möglichkeiten:

1. Erhöhung des Integralwertes $\int\limits_0^{l_R} p\,dx$

   a) durch Verwendung eines energiereicheren Pulvers (oder in gewissen Grenzen durch Vergrößerung der Pulvermenge),

   b) durch Anstreben eines Gleichdruckdiagrammes. Für die Erhaltung eines Gleichdruckdiagrammes hat man folgende Wege:

     α) Regelung der Verbrennungsgeschwindigkeit des Pulvers,

     β) den Impulsantrieb.

Weitere Möglichkeiten: Verlängerung des Rohres und Verteilung der Ladung längs des Rohres (S. 247) führen zu neuen Waffen.

2. Verkleinerung des Verhältnisses G/F, d. h. der Querschnittsbelastung. Das kann man erreichen

   a) durch eine leichteres Geschoß,

   b) durch ein Unterkalibergeschoß (Gessnergeschoß, Röchlinggeschoß),

   c) durch das konische Prinzip, durch das aber eine neue Waffe (zumindestens ein neues Rohr) gegeben ist (vgl. S. 243).

3. Verkleinerung des *Sébert*schen Faktors ε durch den Impulsantrieb.

4. Verkleinerung der Pulvermasse (Pulver spezifisch größerer Energie bzw. kleineren spezifischen Gewichts).

Schließlich sei erwähnt, daß man die Reichweite dadurch erhöhte, indem man das Geschoß mit einem Raketenzusatz versah. Ein solches Geschoß war für die s. F. H. 18 fertig entwickelt.

Man hat viele Versuche durchgeführt, die Gasdruckkurve durch Veränderung der Verbrennungsgeschwindigkeit des Pulvers während des Verbrennungsvorganges in der Waffe zu verbreitern. So verwendete man z. B. Vielkanalpulver (vgl. S. 181), weiter verschiedene Pulversorten gleichzeitig in einer Waffe, z. B. Blättchenpulver und Folienpulver. Hier haben *W. Landsmann* und *W. Rink (J. Strecke [2])* eine Steigerung der v_0 von 540 m/s auf 590 m/s bei der 3 cm MK 108, bezogen auf gleichen Höchstdruck, erreicht.

Im *Impulsantrieb* beabsichtigte man, die energiebehaftete Strömung der Pulvergase dadurch zu eliminieren, daß man den Treibstoff mit dem Geschoß fest verband. Die praktische Durchführung scheiterte aber daran, daß die lineare Verbrennungsgeschwindigkeit des Pulvers, welche nur bei etwa 0,01 (cm/s)/(kp/cm^2) liegt und sich nicht wesentlich steigern läßt.

Die Forderung, die Querschnittsbelastung des Geschosses zu verkleinern und damit die v_0 zu erhöhen, führte zu Leichtgeschossen, die insbesondere mit einem Wolframkern für die Panzerabwehr gute Dienste leisteten. Es wurden mit Hartkernen bei etwa $v_0 = 1100$ m/s Durchschläge bis zum 4fachen des Hartkerndurchmessers bei 90° Auftreffwinkel erreicht. Natürlich ist ein solches Geschoß außenballistisch ungünstiger, da infolge der kleineren Querschnittsbelastung die Geschwindigkeit während des Fluges schneller absinkt. Da aber die Anfangsgeschwindigkeit eines solchen Geschosses gegenüber dem normalen Geschoß beträchtlich gesteigert werden kann (es kommt darauf an, daß die Mündungsenergie die gleiche bleibt, also $v_2 = v_1 \sqrt{m_1/m_2}$), hat man auf den für die Panzerabwehr genügenden kürzeren Entfernungen noch einen erheblichen Geschwindigkeitsüberschuß.

Eine besondere Bedeutung kommt dem aus einem normalen Geschütz verfeuerten Unterkalibergeschoß zu *(R. Hermann [3])*. Dasselbe hat ein kleineres Kaliber als das Rohr, aus dem es verfeuert wird, so hatte z. B. ein Unterkalibergeschoß der K 5 ein Kaliber von 18 cm gegenüber dem Rohrkaliber, das von 28 cm auf 30 cm aufgebohrt war. Das Unterkalibergeschoß kann gleichzeitig die innenballistische Forderung einer kleinen Querschnittsbelastung im Rohr (die gleiche wie die des normalen Geschosses oder weniger) und die außenballistische Forderung einer großen Querschnittsbelastung des Geschosses während des Fluges erfüllen. Wird das Unterkalibergeschoß als flügelstabilisiertes Geschoß verschossen, so kann ihm außenballistisch eine sehr hohe Querschnittsbelastung infolge seiner großen Länge gegeben werden, so daß es in Verbindung mit einer guten aerodynamischen Form bei gleichem Gewicht und gleicher v_0 wie das eigentliche Normalgeschoß eine erheblich größere Reichweite erzielen kann[1]).

Das Unterkaliberflügelgeschoß wird durch die Flossen und im vorderen Teil durch einen Zentrierring im Rohr geführt. Dieser besteht aus mehreren Segmenten, die nach dem Verlassen des Rohres vom Geschoß abfallen. Zum Antrieb und zur Abdichtung des Geschosses gegen die Pulvergase wird auf den Geschoßboden ein kaliberhaltiger Treibspiegel (sogen. Treibscheibe) aufgesetzt, der bei mit Zügen versehenen Rohren drehbar ist, um eine Drehbewegung des Geschosses zu verhindern. Daß sich Führungsring und Treibspiegel nach dem Verlassen der Mündung vom Geschoß lösen, kann u. U. als ein Nachteil dieses Prinzips angesehen werden.

Bei der K 5 erzielten von *H. Gessner* konstruierte *Unterkaliber-Pfeilgeschosse*

---

[1]) Der ballistische Widerstandsbeiwert wird im allgemeinen größer, der Gesamtwiderstand ist aber infolge der kleineren Querschnittsfläche kleiner als der des normalen Geschoßes.

(*Peenemünder Pfeilgeschosse*) folgende Werte im Vergleich mit der normalen 28 cm Granate 35 (Tabelle 15):

Tabelle 15

Geschoß	Kaliber	Geschoßgewicht		Geschoß länge	Geschoßdurch messer	Querschnittsfläche des Geschosses	Pulverladung
		im Rohr	außerhalb				
	mm	kp	kp	mm	mm	cm²	kp
28 cm Granate 35	280	255	255	—	280	615,7	193
Unterkalibergeschoß mit Treibscheibe	300	275	250	2000	180	254,5	200
Pfeilgeschoß mit Treibring	300	135	120	2100	120	113,1	220

Geschütz: K 5; Geschützgewicht $220 \cdot 10^3$ kp; $p_{max} = 3200$ kp/cm²

Sprengstoffgewicht	Querschnittsbelastung		v_0	v_e	Abgangswinkel	Gipfelhöhe	Schußweite	Lebensdauer
	im Rohr	außerhalb						
kp	p/cm²	p/cm²	m/s	m/s	Strich	km	km	Schußzahl
35	414	414	1120	535	919	19	58	~ 500
27	448	984	1120	850	840	25	87,5	~ 1000
14	219	1061	1400–1500	1000	490	72	140—150	~ 1000

Beim *Treibringgeschoß* (*H. Gessner*) entfällt die Treibscheibe am Geschoßboden. Die Flossen sind dünnwandig. Der Treibring, der etwa am Orte des Zentrierringes des Treibspiegelgeschosses sitzt, übernimmt die Abdichtung gegen die Pulvergase und den wesentlichen Teil der Kraftübertragung beim Schuß.

Der Vorteil des Unterkaliber-Pfeilgeschosses mit Treibring liegt darin, daß die auf den Geschoßkörper übertragenen Beschleunigungskräfte mittels des Treibringes an eine für die Beanspruchung des Geschoßkörpers günstigere Stelle des Geschoßkörpers verlegt werden. Dadurch ist es möglich, die Geschoßlänge trotz relativ geringer Geschoßmasse wesentlich zu vergrößern, wodurch die außenballistischen Eigenschaften (große Querschnittsbelastung) verbessert werden.

Die Seitenstreuung war gleich der des normalen Geschosses, die Längsstreuung zeigte etwas größere Werte, da die innere Ballistik noch nicht dem Verschießen des Geschosses aus dem glatten Rohr (fehlender Einpreßwiderstand) angepaßt war.

H. Gessner schoß in Vorversuchen aus einem 3,7 cm Rohr, dessen Ladungsraum für eine 5 cm Patronenhülse ausgebohrt war, mit einer Anfangsgeschwindigkeit von 1700 m/s. Dabei hatte der Geschoßkörper einen Durchmesser von 2 cm und eine Länge von etwa 18 bis 20 Kalibern.

Die *Röchlinggeschosse* (Konstrukteur *Cönders*) waren speziell für den Durchschlag von Beton, Felsen und Erdreich vorgesehen. Sie hatten ein Länge von 16 bis 24 Kalibern. Die Geschosse wurden im Rohr mittels eines Zentrierringes und am hinteren Ende mittels einer Hülse geführt. Der zylindrische Teil der Geschosse trug 4 oder 6 tangential angeschraubte Flügel aus Federstahl, die mittels der Hülse an den Geschoßkörper angelegt wurden. Der aus drei Segmenten bestehende Zentrierring fällt nach dem Abschuß vom Geschoß ab. Die Hülse wird nach dem Abschuß mit dem Treibspiegel vom Geschoß abgestreift, worauf sich das Leitwerk aufstellt. Es zeigte sich als nachteilig, daß die Flügel sich u. U. nicht gleichmäßig aufspreizten und dadurch zu Ausreißern Anlaß gaben und die dünnen Flügel während des Fluges zum Flattern angeregt wurden, was eine Erhöhung des Luftwiderstandes zur Folge hatte.

Es wurden Rö-Granaten für den 21-cm-Mörser 18 und für den 35-cm-Mörser (M 1) entwickelt *(Poltz [4])*. In der folgenden Tabelle 16 sind einige Werte angegeben.

Tabelle 16

Waffe	Geschoß-Type	Geschoß-			Höchstschußweite	Eindringtiefe in Erdreich und verwittertes Gestein
		Länge	Durchmesser	Gewicht		
—	—	mm	mm	kp	m	m
21-cm-Mörser 18	21 cm Rö-Granate	2200	120	180	12000	60
35-cm-Mörser M 1	35 cm Rö-Granate	3600	220	1000	—	100

A. Das konische Rohr

Das konische Rohr[1]) entspricht prinzipiell in seiner Wirkung dem Verschießen des Unterkalibergeschosses: Einem Geschoß wird innenballistisch eine
geringe und außenballistisch eine große Querschnittsbelastung erteilt.
Bei einer konischen Waffe verjüngt sich das Kaliber des Rohres nach einem
kurzen zylindrischen Teil hinter dem Ladungsraum zur Mündung hin und
wird kurz vor der Mündung wieder zylindrisch. Im Extremfall wird einem
zylindrischen Rohr ein kurzer konischer Teil aufgesetzt. Damit das Geschoß
der Kaliberverjüngung folgen kann, erhält es zur Führung zwei deformierbare
Flanschen, die sich beim Durchgang des Geschosses durch das Rohr an den
Geschoßkörper anlegen. So wurden u. a. Verjüngungen von 28 auf 20 mm,
von 105 auf 80 mm und von 240 auf 180 mm durchgeführt, wobei v_0-Werte
bis über 1600 m/s erreicht wurden bei gleichzeitiger guter Präzision. Diese
Waffen waren für die Panzer- und Flugabwehr vorgesehen.

B. Rückstoßfreie Geschütze

Der Zweck der *rückstoßfreien* Geschütze *(K. H. Bodlien [5], B. Protte [6])*
(auch *Leicht-* oder *Düsengeschütze* genannt) ist die Schaffung eines leichten
Artilleriegeräts, mit dem normale Artilleriegeschosse zum Verschuß gebracht
werden können. Das Prinzip des rückstoßfreien Geschützes liegt zwischen
dem einer Rakete und dem einer normalen Kanone.

Wie bei einer Rakete wird hier die Reaktionskraft eines Pulverstrahles zum
Antrieb der Geschosse ausgenutzt, wobei zur Erhöhung des Nutzeffektes die
hintere Austrittsöffnung des Rohres als Lavaldüse (vgl. S. 149) ausgebildet

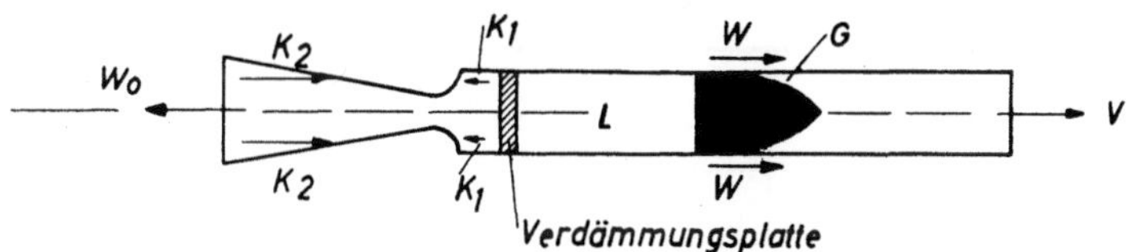

Bild 153. Prinzip des rückstoßfreien Geschützes

ist. Die Ladung ist zunächst durch eine Verdämmungsplatte aus Kunststoff
nach links abgeschlossen, wodurch eine gleichmäßige Verbrennung erreicht

---

[1]) Das konische Rohr geht auf ein altes Patent von *K. Puff* aus dem Jahr 1903 zurück.
Die Idee der konischen Waffe wurde dann wieder von *Gerlich* aufgenommen. Aber erst
in den dreißiger Jahren wurde die Arbeit an konischen Waffen vorwärts getrieben, wobei besonders *K. Neufeldt* und *H. Langweiler* große Verdienste hatten.

wird. Die Bedingung der Rückstoßfreiheit ist erfüllt, wenn die Kräfte auf die Düse den Reibungskräften des Rohres das Gleichgewicht halten. Es genügt, wie Pendelversuche zeigten, daß infolge der großen Massenträgheit des Rohres die Summe der axialen Impulse auf das Rohr gleich Null wird, d. h. also, es muß nach Bild 153 sein

$$\int_0^{t_e} K_1\, dt + \int_0^{t_e} K_2\, dt + \int_0^{t_e} W\, dt = 0 \; .$$

Neben der Frage der Rückstoßfreiheit beim Leichtgeschütz ist von gleicher Bedeutung die Frage der v_0-Streuung, die ähnlich der der normalen Kanone sein soll. Eine gleiche v_0-Streuung wurde durch einen geeigneten Ladungsaufbau, durch Verwendung einer sich gleichmäßig zerlegenden Verdämmungsplatte und durch entsprechende Form der Lavaldüse erreicht. Als Nachteil des Leichtgeschützes ist der relativ hohe Pulververbrauch zu bezeichnen, der das $2^1/_2$- bis 3fache gegenüber dem normalen Geschütz gleicher Leistung beträgt, sowie die Wirkung und die Sichtbarkeit des nach hinten austretenden Pulverstrahles. Von ganz entscheidendem Vorteil für viele Spezialaufgaben ist aber das geringe Gewicht der Lafette und damit die große Beweglichkeit des Geschützes. Denn infolge der Rückstoßfreiheit läßt sich die Lafette sehr leicht gestalten, wodurch gegenüber dem normalen Geschütz das Verhältnis von Mündungsenergie des Geschosses zum Geschützgewicht erheblich ansteigt. Die Lafette hat praktisch nur der Fahrbeanspruchung zu genügen. Diese großen Vorteile werden aber in vielen Fällen die oben erwähnten Nachteile bei weitem überwiegen.

So wurde z. B. das 15 cm L. G. als Luftlandegerät entwickelt, mit dem Ziel, ein Geschütz mit den ballistischen Daten des s. I. G. 33 zu erhalten. Eine Gegenüberstellung der beiden Geschütze zeigt die folgende Tabelle.

Tabelle 16a

Vergleichsgröße	Dim.	Normales eingeführtes Gerät s. I. G. 33	Leichtgeschütz 15 cm L. G.
Geschützgewicht	kp	~ 1780	~ 630 (ohne Schild)
Geschoßgewicht	kp	38	38 (das Geschoß des s. I. G. 33)
v_0-Bereich	m/s	125 bis 240	125—310
Größte Schußweite	m	4700	7000

Beim Hoch- und Niederdruckgerät *(Strecke [2])* wird zwischen Geschoß und Treibladung eine Düsenplatte, d. i. eine Platte mit einer Lavaldüse oder einer Reihe von Düsenöffnungen oder zylindrischer Bohrungen, geschaltet (Bild 154).

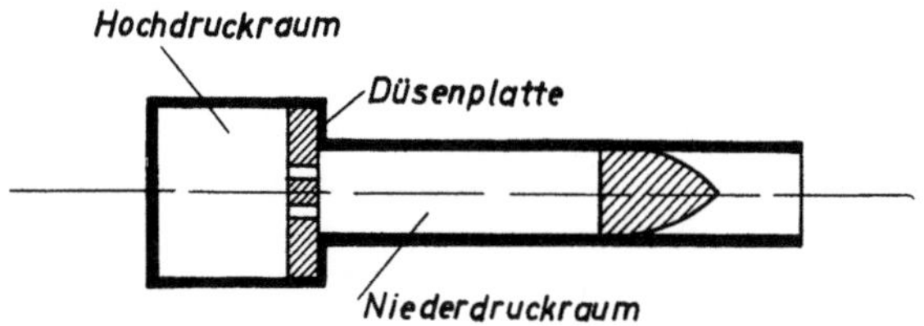

Bild 154. Prinzip des Hoch- und Niederdruckgerätes

Die Düsenplatte stützt sich gegen das vordere Rohr ab und teilt das Seelenrohr in einen Hoch- und einen Niederdruckraum. Bei der Verbrennung der Treibladung im Hochdruckraum wird infolge des kleinen, weitgehend abgeschlossenen Ladungsraumes ein relativ hoher Gasdruck erzeugt. Durch die Drosselwirkung der Düse wird die Gasdruckspitze im Niederdruck nicht in Erscheinung treten. Denn durch die Düsenöffnung kann das Pulvergas höchstens mit der kritischen Gasgeschwindigkeit (d. i. die Schallgeschwindigkeit im engsten Querschnitt vgl. S. 149) austreten und zwar solange, bis der kritische Gasdruck p_s in der Düse unterschritten wird. Das Druckverhältnis zwischen Hochdruck- und Niederdruckraum hängt weitgehend von dem Verhältnis der freien Düsenfläche zur Querschnittsfläche des Rohres sowie von der Anfangslage x_0 des Geschosses ab. *J. Pohl* wies nach, daß ein Kleinstwert der auftretenden maximalen Beschleunigung bei vorgegebener Rohrlänge x_e und Anfangsgeschwindigkeit v_0 für $x_0 = 0{,}27\,x_e$ erreicht wird.

Durch Einteilung in Hoch- und Niederdruckraum läßt sich die Wandstärke des Niederdruckraumes gering halten. In einer praktischen Ausführung, der 81 mm PWK 43, wurden folgende Werte erhalten: Rohrkaliber: 81 mm; Rohrquerschnitt: 51,53 cm²; Rohrlänge: 34 Kaliber; Rohrvolumen: 14 dm³; Düsenplatte mit 8 Bohrungen von 13 mm ⌀, entsprechend einer Gesamtfläche von 10,6 cm²; maximaler Druck im Hochdruckraum: 850 kp/cm² und im Niederdruckraum 550 kp/cm²; Volumen des Hochdruckraumes 1,17 dm³; $v_0 = 520$ m/s.

Das Prinzip der Hoch- und Niederdruckkanone wurde von verschiedenen Seiten theoretisch untersucht, u. a. von *J. J. Strecke [2]*, *J. Pohl*, *J. Corner [7]* sowie von *S. Travers* und *L. Touchard [8]*.

D. Das Trommsdorff-Geschoß

W. Trommsdorff [9, 22] hat Versuche gemacht, ein Staustrahltriebwerk (Lorin-Triebwerk) als Geschoß bei großen *Mach*zahlen zu verwenden. Das Prinzip des Triebwerkes sei an einem Beispiel für Überschall erläutert (Bild 155).

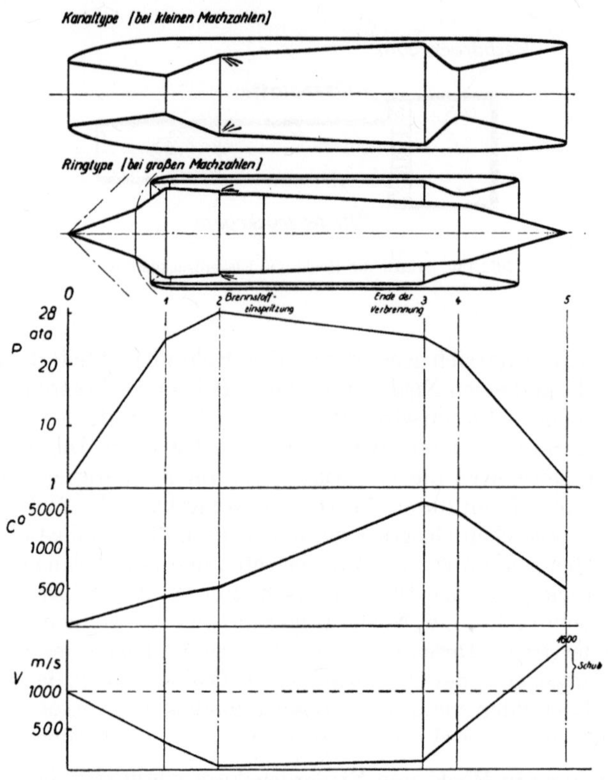

Bild 155. Staustrahltriebwerk-Geschoß nach *W. Trommsdorff*

Das Triebwerk ist so ausgestaltet, daß die mit hoher Geschwindigkeit von links anströmende Luft abgebremst und unter Druckanstieg aufgestaut wird (Teil 0 bis 1). Bei 1 ist die Luft auf Schallgeschwindigkeit abgebremst. Von 1 bis 2 erfolgt im Unterschall eine weitere Abbremsung. Die im Beispiel mit 1000 m/s, normalem Atmosphärendruck und bei $t = 15\ °C$ anströmende Luft ist auf 80 m/s abgebremst, ihr Druck auf 28 atm und die Temperatur auf etwa 500 °C angestiegen. Bei 2 beginnt die Brennstoffzufuhr und damit die Verbrennung, die bis 3 beendet ist. Der Druck ist dort auf etwa 23 atm abgesunken, die Geschwindigkeit auf etwa 130 m/s angestiegen, und die

Temperatur beträgt 1530 °C. Die Gase treten jetzt in den Teil 3 bis 5 ein, der eine Lavaldüse darstellt. Bei 5 beträgt die Austrittsgeschwindigkeit der Gase 1600 m/s, der Gasdruck 1,3 atm und die Gastemperatur etwa 520 °C. Der Unterschied zwischen der Eintrittsgeschwindigkeit von 1000 m/s und der Austrittsgeschwindigkeit von 1600 m/s ergibt einen Schub von 600 kp. Der Wirkungsgrad eines solchen Überschall-Triebwerks ist erst bei hoher Machzahl günstig. *W. Trommsdorff* verschoß daher ein derartiges Triebwerk (*E* 4) als Drallgeschoß aus einer 15-cm-Kanone mittels eines Treibspiegels mit einer Anfangsgeschwindigkeit ven 1020 m/s. Als Brennstoff wurde Schwefelkohlenstoff verwendet, der unter Einfluß der Zentrifugalkraft und des Gasdrucks eines kleinen Gasbehälters durch die Einspritzdüsen gedrückt wurde.

Das von *W. Trommsdorff* verschossene Triebwerk zeigte folgende Leistung: Das Gewicht des ganzen Triebwerkes betrug 28 kp, der Wirkungsgrad lag bei 37%. Nach 3,2 s Brenndauer wurde eine Endgeschwindigkeit von 1460 m/s erreicht.

W. Trommsdorff entwickelte weiter ein Triebwerk für die deutsche 28-cm-Kanone K 5. Das Anfangsgewicht dieses Triebwerks einschließlich Brennstoff betrug 170 kp. Es sollte mit einer Geschwindigkeit von $v = 1223$ m/s verschossen werden. Ein Schub von 2000 kp bei 30 s Brenndauer sollte die Geschwindigkeit auf 1860 m/s steigern, so daß das Gerät eine Entfernung von 350 km erreicht hätte. *W. Trommsdorff* gibt an, daß er selbst mit diesem Triebwerk keine Versuche hat durchführen können, an anderem Ort jedoch die genannte Leistung erreicht wurde.

E. Verteilung der Treibladung längs des Rohres

Auch ein an sich altes Prinzip, die Treibladung längs des Rohres zu verteilen und nacheinander durch die dem Geschoß nacheilenden Pulvergase zu zünden, wurde wieder aufgegriffen (Bild 156). Es sollte damit eine große Leistung durch Erzielung eines

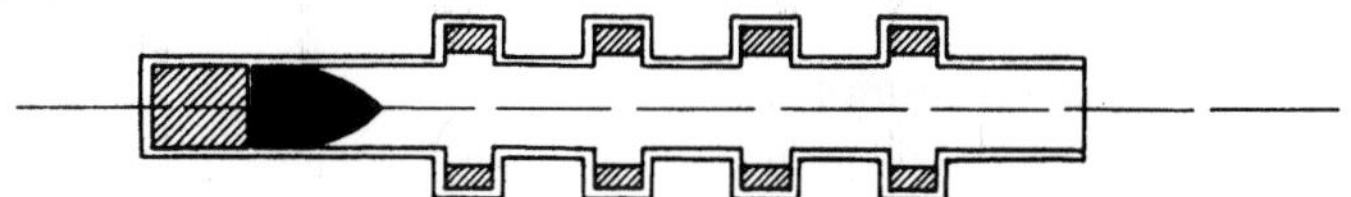

Bild 156. Prinzip der „Hochdruckpumpe"

Gleichdruckdiagramms erreicht werden. Gegen Ende des zweiten Weltkrieges wurden in Deutschland mehrere solcher Geräte vom Kaliber 15 cm gebaut, die als „Hochdruckpumpe" oder „Tausendfüßler" bezeichnet wurden. Das Rohr (Gesamtlänge über 100 m!) bestand aus etwa 40 Abschnitten, die ineinander verschraubt und mit 80 Pulverkammern versehen waren. Die anfängliche Beschleunigung des Geschosses, das flügelstabilisiert war, erfolgte durch eine normale Kartuschladung. Mit einem flügelstabilisierten Geschoß von 67,8 kp (Länge 16 Kaliber) wurde bei einer $v_0 = 1370$ m/s

eine Schußweite von etwa 130 km erreicht. Die zunächst gewählte Anordnung der
Kammern senkrecht zur Rohrachse erwies sich als ungünstig, deswegen wurden sie
später schräg angeordnet. Die gestellten Erwartungen hinsichtlich des Gasdruckverlaufs wurden aber nicht erfüllt. In der Nähe der Ladungskammern traten scharfe
Druckspitzen auf. Der Druckverlust zwischen Geschoßboden und Stoßboden war besonders groß.

F. Die Hohlladung

Die Hohlladung wurde im letzten Krieg in panzerbrechenden Waffen verwendet *(H. Schardin [10], Teissier [11])*.

a) Prinzip: In einem Sprengstoffkörper befindet sich ein mit einer Metall-
verkleidung (der sog. Einlage) versehener Hohlraum, der meist kegelförmig
ausgebildet ist (Bild 157).

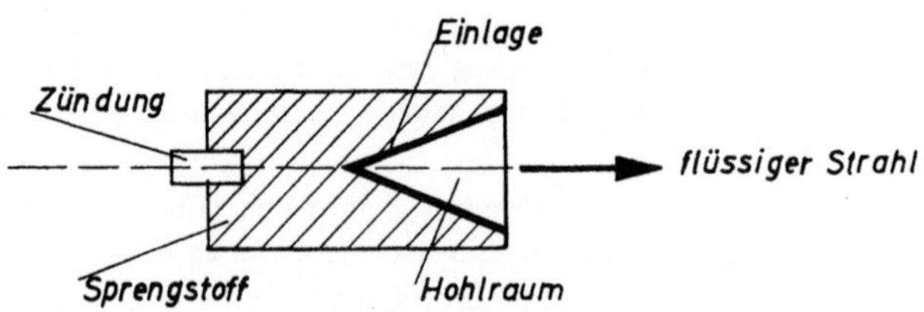

Bild 157. Kegelige Hohlladung

Bei Detonation des Sprengstoffes wird ein Teil der Sprengstoffenergie in Bewegungsenergie der Einlage umgeformt. Es bildet sich dabei u. a. ein flüssi-
ger Strahl aus, der eine Geschwindigkeit von 7 bis 10 km/s besitzt.

Erklärung des Hohlladungseffektes: Der Hohlladungseffekt kann anschaulich
hydrodynamisch erklärt werden *(G. Birkhoff* und Mitarbeiter *[12])*. Wenn
die als eben und senkrecht angenommene Detonationsfront den Einlagekegel erreicht hat (Bild 158), so schlägt die Einlage sukzessive unter dem
Einfluß des hohen Detonationsdruckes (etwa 10^5 kp/cm²) zusammen und
verflüssigt dabei. Es bilden sich dabei zwei nach rechts gehende Strahlen

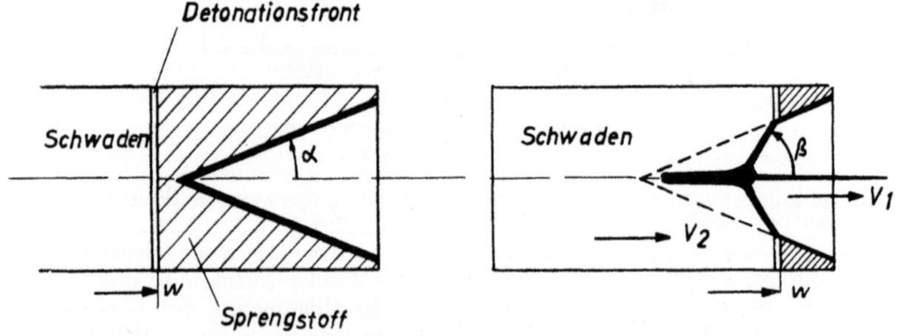

Bild 158. Arbeitsweise der kegeligen Hohlladung

248

aus. Die inneren Teile des Einlagekegels bilden einen Strahl von sehr hoher Geschwindigkeit (7 bis 10 km/s), dessen Masse aber nur einen kleinen Teil (etwa $20^0/_0$) der Gesamtmasse der Einlage darstellt. Der Durchmesser dieses Strahles beträgt nur einige mm, er hat dadurch eine außerordentlich hohe Querschnittsbelastung. Dieser Strahl ruft den Panzerdurchschlag hervor. Die äußeren Teile der Einlage bilden einen Strahl von kleiner Geschwindigkeit. Läuft die Detonationswelle im Sprengstoff von links nach rechts mit der Geschwindigkeit w, so ergibt sich für die große Geschwindigkeit v_1 des Strahles:

$$v_1 = w \frac{\sin (\beta - \alpha)}{\cos \alpha} \left[\frac{1}{\sin \beta} + \cot \beta + \tan \frac{1}{2} (\beta - \alpha) \right]$$

und für die kleine Geschwindigkeit v_2

$$v_2 = w \frac{\sin (\beta - \alpha)}{\cos \alpha} \left[\frac{1}{\sin \beta} - \cot \beta - \tan \frac{1}{2} (\beta - \alpha) \right].$$

Dabei beträgt die Masse des nach rechts gehenden Strahles

$$m_1 = \frac{1}{2} m (1 - \cos \beta)$$

und diejenige des nach links gehenden Strahles

$$m_2 = \frac{1}{2} m (1 + \cos \beta) ,$$

wobei m die Gesamtmasse der Einlage ist.

α ist der halbe Öffnungswinkel des nichtdeformierten Kegels und β der Öffnungswinkel des von den Sprengstoffschwaden bereits erfaßten und deformierten Kegelteils. β liegt zwischen $15°$ und $25°$. Die Strahlgeschwindigkeit v_1, die praktisch nur von Interesse ist, wächst mit kleiner werdendem Kegelwinkel α, dabei nimmt auch β ab. Ein Maximum in v_1 erreicht man für $\alpha = 0°$, d.h. bei zylindrischem Hohlraum, wie aus obiger Gleichung für v_1 sich ergibt. Für v_1 folgt dann $v_{1\,\mathrm{max}} = 2\,w$.

Der Höchstwert beträgt also das Doppelte der Detonationsgeschwindigkeit, etwa 16 km/s, wenn die ebene Detonationsfront über einen Hohlzylinder als Einlage läuft. Würde man eine Detonationsfront von konischer Form mit gleichem Öffnungswinkel α wie der Einlagekegel haben, die sich also allseitig senkrecht zu der Oberfläche der konischen Einlage bewegt und so alle Oberflächenelemente zur gleichen Zeit erreicht, so wird $\beta = \alpha$ und die Geschwindigkeiten v_1 und v_2 nehmen im Grenzwert die Beträge $v_1 = (v_0/\sin \alpha) \cdot (1 + \cos \alpha)$ und $v_2 = (v_0/\sin \alpha) \cdot (1 - \sin \alpha)$ an, wobei v_0 die Geschwindigkeit der Einlage senkrecht zu ihrer Oberfläche darstellt. Mit abnehmendem Winkel α würde die Geschwindigkeit v_1 beliebig anwachsen, dabei aber die Masse $m_1 = \frac{1}{2} m (1 - \cos \alpha)$ gegen Null gehen.

Die Übereinstimmung zwischen der nach dieser Theorie berechneten und den bei den praktisch verwendeten Hohlladungen gemessenen Geschwindigkeiten ist recht gut.

Bei höheren Geschwindigkeiten ist die Bedingung der hydrodynamischen Inkompressibilität nicht mehr erfüllt. Der Strahl ist in seinem vorderen Teil gasförmig und wird von einem flüssigen Strahl gefolgt. Dabei haben *W. S. Koski* und Mitarbeiter *[13]* bei einer zylindrischen Hohlladung (Bild 159), auf die senkrecht zur Hohlladungsachse eine

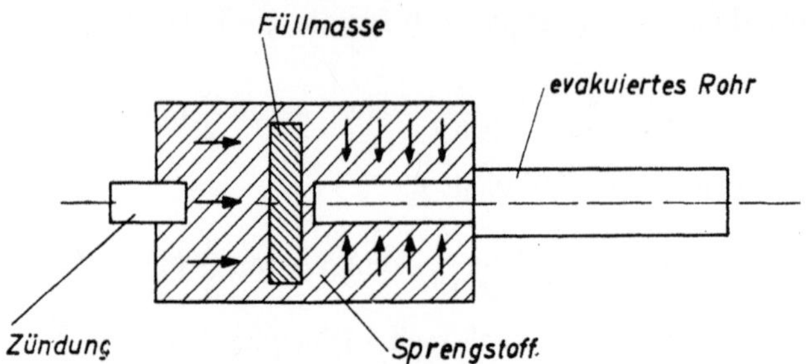

Bild 159. Zylindrische Hohlladung. Anordnung von *Koski*

Detonationsfront auflief und die sie in ein auf 10^{-5} mm Torr evakuiertes Rohr schossen, Geschwindigkeiten in der Gasspitze von 45 bis 90 km/s (abhängig vom spezifischen Gewicht der Einlage: $Pb \cdots Be$) gemessen. Der eigentliche flüssige Strahl hatte eine Geschwindigkeit von 16 km/s, das war der doppelte Wert der Detonationsgeschwindigkeit der verwendeten Sprengstoffs (60 bis 40 RDX und TNT), wie nach der Theorie zu erwarten war.

($\varnothing$ der zylindrischen Einlage 12,7 mm, Wandstärke derselben zwischen 0,9 und 1,65 mm, Sprengkörper zylindrisch um Einlage angeordnet mit einem Durchmesser von 200 bzw. 380 mm).

b) Das Eindringen des Strahles in eine Platte. Auch das Eindringen des Strahles in eine Platte kann hydrodynamisch abgeschätzt werden. Es sei dabei von der Festigkeit und Zähigkeit abgesehen, da die Drücke, die beim Auftreffen und Eindringen des Strahles entstehen, weit oberhalb der Fließgrenze liegen. Nehmen wir an, ein Strahl von der Geschwindigkeit v, der Länge l und der Dichte ϱ_{Str} dringe mit der Geschwindigkeit u in eine Panzerplatte ein, die wir als Flüssigkeit von der Dichte ϱ_{Pl} ansehen wollen. Bewegen wir uns mit dem Auftreffpunkt, also mit dessen Eindringungs-

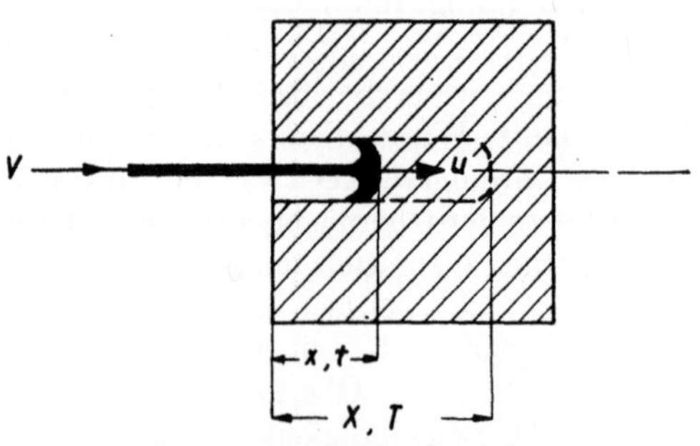

Bild 160. Das Eindringen des Strahles

250

geschwindigkeit u, so erscheint für uns der Eindringungsvorgang stationär (Bild 160).

Für den Staudruck an der Berührungsstelle (also an dem Auftreffpunkt) hat man dann

$$\frac{1}{2}\,\varrho_{Str}\cdot(v-u)^2 = \frac{1}{2}\,\varrho_{Pl}\cdot u^2.$$

Für Stahl mit $\varrho = 7800/9{,}81$ [kp s^2/m^4] erhält man bei einer Eindringungsgeschwindigkeit von 2700 m/s (ein gemessener Wert!): $^1/_2\,\varrho_{Pl}\cdot u^2 = 290000$ kp/cm^2. Nehmen wir an, daß der Gleichgewichtszustand beim Eindringen sofort erreicht wird und die Eindringung in dem Augenblick abbricht, in dem das letzte Strahlteilchen den Boden des Loches in der Panzerplatte erreicht hat, so wäre die Eindringtiefe X:

$$X = u\,T = u\,l/(v-u) = l\,(\varrho_{Str}/\varrho_{Pl})^{1/2},$$

wobei l die anfängliche Strahllänge und T die Gesamtzeit des Eindringens ist.

c) Experimentelle Untersuchungen des Hohlladungseffektes. Die experimentelle Untersuchung des Hohlladungseffektes mit Hilfe der Mehrfachfunkenkinematographie nach *Cranz-Schardin* durch *Schardin*, *Struth* und *Gaebeler*, mit der Kerrzellenkinematographie durch *Fünfer* und insbesondere mit der Röntgenblitzphotographie durch *G. Thomer* und *R. Schall* haben eine grundsätzliche Klärung des Hohlladungseffektes gebracht (betr. dieser Apparaturen vgl. S. 138 ff., sowie *[14]* und *[15]*). Bild 161 zeigt eine Röntgenblitzphotographie *(G. Thomer* und *R. Schall)* der Detonation der Einlage, die eine Bestätigung der hydrodynamischen Theorie gibt, Bild 162 das Eindringen des Strahles in eine Duralplatte und Bild 163 den Durchschlag durch eine Panzerplatte (vgl. auch die Aufnahme S. 140 von *G. Thomer).* Man ist heute in der Lage, die Leistung einer Einlage im voraus zu berechnen. Mit einer kegelförmigen Einlage kann man Durchschlagsleistungen bis etwa zum Vierfachen des Kalibers der Einlage erreichen. Dabei

Bild 161. Röntgenblitzphotographie der Detonation einer kegeligen Hohlladung

ist man von der Neigung der Panzerplatte und von der Geschwindigkeit der Hohlladung, ob sie nun als Haftladung der Pioniere oder in einem Geschoß verwendet wird, praktisch unabhängig. Nur bei Verwendung der Hohlladung in einem Drallgeschoß zeigte sich ein Absinken der Durchschlagleistung, was *Bucklisch* zuerst mit Recht als einen Rotationseffekt der Hohlladung deutete.

Der Grund ist die Konstanz des Drallimpulses, wodurch der Strahl zu einer Röhre deformiert wird.

Bild 162. Eindringen eines Strahles in eine Duralplatte

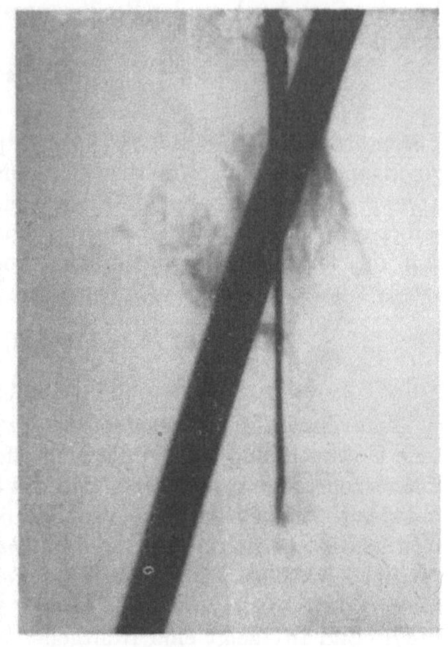

Bild 163. Durchdringen eines Hohlladungsstrahles durch eine Panzerplatte

Einige Leistungsangaben:

Die Pionierhohlladung H 50 (50 kg Sprengstoff), eine Entwicklung des Heereswaffenamtes (Dr. *Wülfken* 1939), die mit einem halbkugelförmigen Hohlraum ohne Einlage ausgestattet war, wurde als erste Hohlladung kriegsmäßig eingesetzt. Sie erreichte einen Durchschlag von 20 cm. Eine von der TAL entwickelte kugelförmige Einlage H 15 (15 kg Sprengstoff), die in einem Abstand von 35 cm von der Panzerplatte gesprengt wurde, ergab einen Durchschlag von 37,5 cm. Eine von *R. E. Kutterer* und *H. Neufeldt* entwickelte kegelige Hohlladung, die mit einem drallstabilisierten 6,6 cm Geschoß mit einer v_0 von 110 m/s verschossen wurde, ergab im scharfen Schuß einen Durchschlag von 12 cm gegenüber einem Durchschlag von 26 cm im Standversuch. Das Hohlladungsgeschoß des Gerätes (8,8 cm RM 43) „Puppchen" (eine Entwicklung des Heereswaffenamtes [*W. Zeyss* mit *v. Holt, Wasag*]), das für die Panzerbekämpfung bis zu 250 m vorgesehen war, brachte folgende Leistungen: Kaliber 8,8 cm, Geschoßgewicht 2,65 kp, Raketengeschoß ohne Drall, $v_0 = 130$ m/s, Durchschlagsleistung 18 cm.

Für eine flügelstabilisierte 8-cm-Flugzeug-Rakete der Fa. Oerlikon werden folgende Werte angegeben *(Stettbacher [16])*: $v_0 = 860$ m/s; Sprengladung 0,92 kp Pentryl; der Durchschlag beträgt 33 cm entspr. 4,1 Kal.

G. Das Verschießen von „Geschossen" mittels Sprengstoff

Man kann einen Sprengstoff auch dazu benutzen, um mit Hilfe der hohen Drücke der Sprenggase „Geschosse" zu verschießen. So haben *W. Allan, J. S. Rinehart* und *W. C. White [17]* kleinen Metallstücken u. a. aus Stahl und einer Magnesium-Lithium-Legierung (Durchmesser etwa 12,7 mm, Volumen $^1/_4$ cm^3, Gewicht bei Stahl 1,95 p, Gewicht bei Magnesium-Lithium 0,36 p) mittels einer modifizierten Hohlladung Geschwindigkeiten zwischen 2 und 6 km/s erteilt. Die Energieausnutzung des Sprengstoffes ist dabei sehr gering, der optimale Wirkungsgrad von etwa 15 % liegt bei etwa 2500 m/s.

Bei diesen Hypergeschwindigkeiten bedingt der extrem hohe Luftwiderstand (bei 5 km/s beträgt der Staudruck an der Spitze 154 kp/cm^2) einen sehr großen Geschwindigkeitsabfall und die an der Spitze auftretenden Temperaturen betragen bei 6 km/s Spitzengeschwindigkeit über 20 000 °K.

Beim Abschuß werden die Stahlteilchen stark deformiert. Die Magnesium-Lithium-Teilchen verbrennen, wie beobachtet wurde, z. T. während des Fluges. Infolge der sehr geringen Querschnittsbelastung sinkt die Geschwindigkeit auf einer Entfernung von 4 m von 6 km/s auf 3,5 km/s. Der ballistische Beiwert c_w liegt bei den Geschwindigkeiten von 2 bis 6 km/s bei etwa $c_w = 0,3$.

H. Die elektrische Kanone

Im letzten Weltkrieg wurde in Deutschland auch das Problem der elektrischen Kanone wieder aufgegriffen. Das Prinzip besteht darin, daß ein Geschoß durch eine Reihe von Solenoiden fliegt, die derartig geschaltet sind, daß unmittelbar vor dem Eintreffen des Geschosses über jedes Solenoid je ein Kondensator entladen wird. Das Geschoß wird so durch die Solenoide sukzessive beschleunigt. *J. Hänsler* hat Modellversuche am Kaliber 2 cm durchgeführt und erreichte dabei Anfangsgeschwindigkeiten von 1500 m/s.

Es sei darauf hingewiesen, daß ein derartiges Gerät von Interesse für das Verschießen von Modellen sein könnte.

I. Das Wirbelring-Schießen

Eine in der Physik bekannte Erscheinung ist es, daß beim Ausströmen eines Gases aus einem Rohr Wirbelringe entstehen (Bild 164), die infolge der Rotation große Steifigkeit

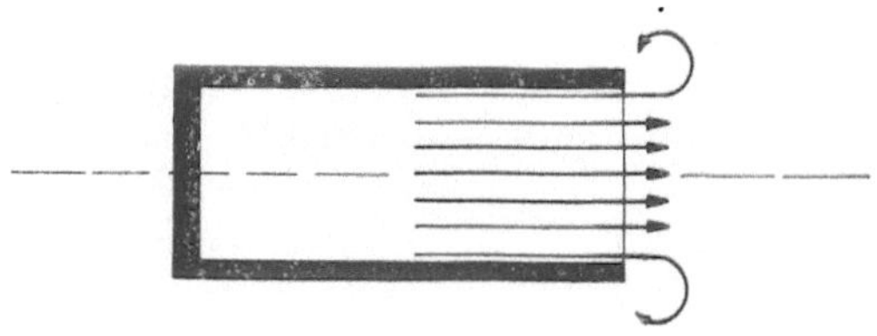

Bild 164. Zum Wirbelringschießen

besitzen. Trifft ein Wirbelring auf ein Hindernis, so übt er auf dieses eine mechanische
Wirkung, einen Stoß aus. Bei den ersten Versuchen (*Glimm*, Heereswaffenamt) wurde
in 200 m Entfernung ein Brett von 25 mm Stärke zertrümmert *[1]*.

K. Die Waffe mit extrem hoher Schußfolge

Bei diesem Gerät verschießt man eine begrenzte Anzahl von Geschossen (etwa 10) mit
der hohen Schußfolge bis zu 30 000/min. Das wird im Prinzip dadurch erreicht, daß die
Geschosse in einer vom Pulverraum abgetrennten Kammer angeordnet sind, die nur
durch eine Bohrung mit dem Pulverraum verbunden ist. Die Pulvergase bewirken nun
gleichzeitig Antrieb und Nachschub der Geschosse.

DRITTER TEIL: DIE RAKETE

Neunter Abschnitt: Innere Ballistik der Rakete

41. Allgemeines

Das Prinzip der Rakete ist sehr einfach. Aus einer Brennkammer strömen durch eine Lavaldüse Verbrennungsgase mit hoher Geschwindigkeit nach hinten aus. Bei dem Ausströmen der Gase treten entsprechend dem Impulssatz Reaktionskräfte (Schubkräfte) auf, die der Rakete einen Antrieb nach vorn erteilen.

Die Arbeitsgase erzeugt man heute durch Verbrennung eines Kraftstoffes mit Luft oder Sauerstoff oder einem Sauerstoffträger. Man unterscheidet Pulverraketen und Flüssigkeitsraketen.

Bei den Flüssigkeitsraketen werden Treibstoff und Sauerstoffträger durch Pumpen bei konstantem Druck in die Brennkammer befördert. Die Rakete führt die gesamte zu ihrem Antrieb benötigte Energie mit sich. Wird der Sauerstoff der Luft entnommen, so spricht man vom Luftstrahlantrieb, der heute bei einigen Flugzeugtypen und einem besonderen Geschoß (Trommsdorff-Geschoß, vgl. S. 246) verwendet wird.

Die Rakete hat heute vielseitige neue Verwendungen gefunden. Sie wird bei der Artillerie mit Hilfe von Raketenwerfern verfeuert und als Sonderwaffe für große Entfernungen eingesetzt *(O. Scholze [29])*. Der Flugzeugkonstrukteur verwendet sie als Start- und Marschrakete. Die modernsten Flugzeuge sind nichts anderes als bemannte Raketen, mit denen bereits Geschwindigkeiten erreicht sind, die das Mehrfache der Schallgeschwindigkeit betragen (z. B. die *Skyrocket* und die *Trident*).

Die Physik hat durch die Rakete in ihrer Eigenschaft als Träger von Meßinstrumenten, die sie in große Höhen befördert, und als Transportmittel der künstlichen Erdsatelliten bereits neue Erkenntnisse über die hohe Atmosphäre und über extraterrestrische physikalische Vorgänge gewinnen können.

Der prinzipielle Vorteil beim Einsatz eines Raketengeschosses gegenüber dem normalen Geschoß liegt darin, daß beim Abfeuern einer Rakete keine

Rückstoßkräfte durch das Abschußgestell aufzunehmen sind. Da weiter die Gasdrücke bei der Rakete verhältnismäßig klein sind, sie liegen zwischen 20 kp/cm² und 200 kp/cm², können beim Abschuß aus einem Rohr dieses und die Lafette sehr leicht gehalten werden, und man kann eine größere Anzahl von Raketen aus mehreren Rohren aus einem Werfer gleichzeitig verschießen.

Für die Großraketen ist es zusätzlich vorteilhaft, daß ihre Geschwindigkeit allmählich anwächst und so beim Durchstoßen der unteren Luftschichten mit ihrer großen Dichte der Luftwiderstand relativ klein ist, die höchste Geschwindigkeit wird erst in Luftschichten kleinerer Dichte erreicht. So hat man die höchste Geschwindigkeit der Großrakete V 2 (oder A 4 benannt) beim Senkrechtschuß in etwa 38 km Höhe, in der die Luftdichte nur noch $^4/_{1000}$ der Luftdichte am Boden beträgt. Die Beschleunigungen sind im Gegensatz zu den Beschleunigungen der aus Geschützen verfeuerten Geschosse sehr klein (etwas über 1 g bis zu einigen g), was sich für die mechanische Konstruktion der Rakete und für die Meßgeräte vorteilhaft auswirkt.

Die größte Geschwindigkeit der V 2 beträgt in 38 km Höhe 1640 m/s. Mit $c_w = 0,2$ hätte man bei dieser Geschwindigkeit am Erdboden einen Gesamtwiderstand von $W_0 = 70600$ kp (der Durchmesser des Raketenkörpers beträgt $D = 1,65$ m, die Querschnittsfläche $F = 2,138$ m²), während man in 38 km Höhe bei $v = 1640$ m/s dagegen nur $W_{38\ km} = 283$ kp hat.

Die Raketengeschosse kleineren und mittleren Kalibers werden drall- und flügelstabilisiert verschossen. Die Großrakete wird mit Hilfe aerodynamischen oder Strahlrudern bzw. durch Schwenken der kardanisch gelagerten Brennkammer stabilisiert. Der Drall wird entweder, wie bei den drallstabilisierten Geschossen üblich, mittels eines Führungsbandes durch das mit Zügen versehene Rohr übertragen oder durch Reaktionskräfte der ausströmenden Verbrennungsgase erzeugt, die durch gegen die Raketenachse geneigte Düsen strömen. Die Streuung einer als Geschoß verwendeten Rakete ist im allgemeinen größer als die eines normalen drallstabilisierten Geschosses. Zur Herabsetzung der Streuung bei der Bekämpfung von Punktzielen (z. B. Panzern oder Flugzielen) werden die Raketen daher ferngesteuert. Das kann durch eine Drahtsteuerung oder durch eine Funksteuerung mittels Ultrakurzwellen geschehen *(H. Bender [1], R. Merten [2] sowie [22])*.

Die Flakrakete „Oerlikon" wird z. B. mittels Leitstrahlen mit Ultrakurzwellen (10 cm) zum Ziel gesteuert. Während des Einsteuerungsvorganges treten Anstellwinkel der Rakete bis zu $\delta = 15°$ auf (!).

Bei der Drahtsteuerung werden Kommandos entsprechend der Beobachtung durch einen Draht gegeben, der während des ganzen Fluges die Rakete mit der Abschußvorrichtung verbindet. Einige Raketentypen können sich durch ein in ihren Kopf eingebautes Zielsuchgerät selbst in das Ziel steuern, nachdem sie durch Funksteuerung in dessen Nähe gebracht worden sind. Die

Großraketen werden mit Kurzwellen (cm-Wellen) — zumindest auf einem
Teil der Flugbahn — ferngesteuert oder besitzen eine automatische Steuerung.
Mit der Entwicklung der Großrakete, die mit den Namen *v. Braun*, *Dornberger* und *Oberth* verbunden ist, hat die Aera der Raketentechnik begonnen.
Die Großrakete hat heute bereits den ersten Schritt in den Weltraum getan.
Die 4. Stufe der amerikanischen „Far-Side"-Rakete erreichte 1957 eine
Höhe von 6400 km; der erste künstliche Erdsatellit 1957 α wurde am
4. Oktober 1957 in der UdSSR gestartet.

Während die klassische Ballistik die gesamte Flugbahn und die Ausbildung
der Geschoßform unter dem Aspekt des Luftwiderstandes betrachten mußte,
ist dies bei der Großrakete nur für einen geringen Teil ihrer Flugbahn erforderlich. Über 100 km Höhe hat man schon praktisch die Ballistik des Vakuums, bei großen Fernbahnen der Rakete bewegt sich die Rakete, sofern
sie nicht ferngesteuert wird, allein nach den *Kepler*schen Gesetzen als ein
kleiner Planet. Die Erdkrümmung, die Erdrotation und die Abnahme der
Schwerkraft mit der Höhe müssen berücksichtigt werden.

Zur allgemeinen Orientierung über Raketen seien folgende Angaben gemacht: Die heute verwendeten Kaliber von Raketen liegen zwischen 5 cm
und 300 cm (der Flugkörperdurchmesser der V 2 betrug 165 cm). Die
Drücke in den Brennkammern liegen zwischen 20 und 200 kp/cm², die Temperaturen zwischen 1500 und 3000 °K. Die praktischen Austrittsgeschwindigkeiten der Brenngase betragen bei Pulverraketen etwa 2000 m/s (maximal
z. Z. etwa 2500 m/s), bei Flüssigkeitsraketen bis 2500 m/s (maximal etwa
2800 m/s). Die Abbrandzeiten bewegen sich zwischen 0,1 s und 100 s und
mehr. Die Beschleunigungen der Rakete liegen in der Größenordnung von
etwas über 1 g bis zu einigen g. Die Großrakete V 2 hatte eine größte Beschleunigung von nur 5 g. Die Reichweite der interkontinentalen Raketen
beträgt mehrere 1000 km. Die Gewichte von Einstufenraketen gehen bis
über 100 000 kp; die russische Mehrstufen-Trägerrakete des Satelliten 1958 δ 2,
der 1327 kp wog, muß ein Startgewicht von einigen 100 000 kp gehabt haben.

42. Der Schub der Rakete

Wir wollen annehmen, daß ein stationärer Strom von Verbrennungsgasen
aus der Düse ausströme. Dann wird von der Rakete ein Schub P erzeugt
(Bild 165) der sich aus zwei Teilen zusammensetzt:

1. der Impulsänderung $\dot{m} \, w_e$ der mit der Geschwindigkeit w_e aus dem Endquerschnitt F_e der Düse sekundlich ausströmenden Gasmasse $\dot{m} = dm/dt$
(im folgenden wollen wir gelegentlich $\dot{m} = \mu$ setzen).

2. dem im Strahl im Endquerschnitt (Düsenende) noch vorhandenen Gesamtdruck $p_e \, F_e$, vermindert um den Gesamtaußendruck $p_0 \, F_e$.

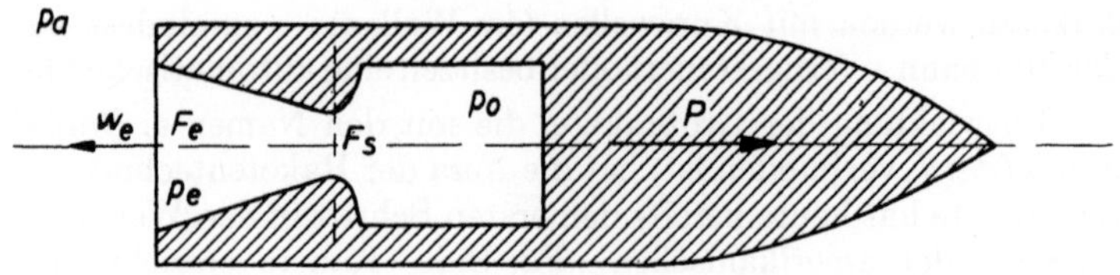

Bild 165. Der Schub der Rakete

Man hat somit als Schub der Rakete (vgl. hierzu auch *E. Sänger [3]*)

$$P = \mu\, w_e + (p_e - p_a)\, F_e. \qquad (1)$$

Die Durchflußmenge der Treibgase ist in allen Querschnitten die gleiche und damit durch die Durchflußmenge im engsten Querschnitt gegeben. Aus der Theorie der Düsenströmung (vgl. S. 147ff.) läßt sich für ein ideales Gas ableiten

$$P = F_s\, p_0\, f\, (F_s/F_e) - p_a\, F_e, \qquad (2)$$

wobei

$$f\, (F_s/F_e) = \varkappa\, (2/(\varkappa + 1))^{\varkappa/(\varkappa-1)}\, w_e/w_s + (p_e/p_0)\cdot(F_e/F_s).$$

Führt man noch einen Korrekturfaktor η ein zur Berücksichtigung der Verhältnisse der wirklichen Strömung, bei der Verluste durch Wärmeabgae der Treibgase, Reibung, Dissoziation und Strahldivergenz[1]) auftreten, so hat man endlich

$$P = \eta\, F_s\, p_0\, f\, (F_s/F_e) - p_a\, F_e \qquad (3)$$

η liegt etwa bei 0,9.

Der Verlauf von $f\,(F_s/F_e)$ ist von *Renate Laumann* berechnet worden und in Bild 166 dargestellt für $\varkappa = 1,2$ und $\varkappa = 1,4$. Man sieht, daß bei konstant gehaltenen Werten F_s und p_0 der Schub bei einer Ausströmung eines Gases mit $\varkappa = 1,2$ aus einem Endquerschnitt $F_e = 4F_s$ sich gegenüber dem Schub mit

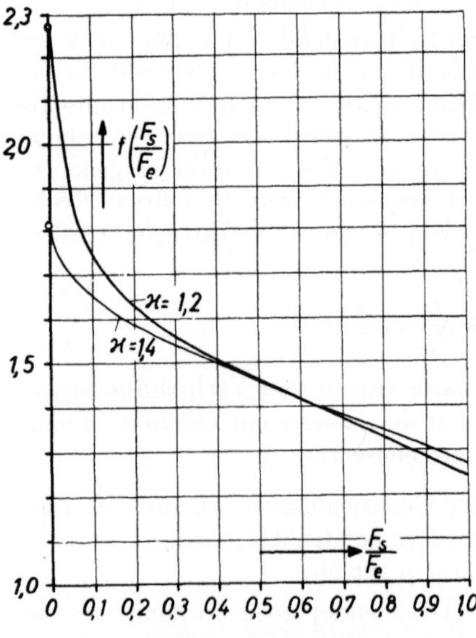

Bild 166. $f\,(F_s/F_e)$ als Funktion von F_s/F_e

---

1) *G. Sutton [4]* führt für die Geschwindigkeit w den Korrekturfaktor λ ein. $\lambda = {}^1\!/_2 \cdot (1 + \cos \alpha)$ mit $2\,\alpha$ als Öffnungswinkel der Düse. Es ist für $\alpha = 0°$, $8°$; $16°$; $24° : \lambda = 1; 0,995; 0,981; 0,957$.

dem engsten Querschnitt als Endquerschnitt $(F_e = F_s)$ um $30\,^0/_0$ ändert.

Beispiel:

Wie groß ist der Schub P, falls: $p_a = 1$ kp/cm²; $p_0 = 20$ kp/cm²; $F_s = 50$ cm²; $F_e = 200$ cm²; $F_s/F_e = 0,25$; $\varkappa = 1,2$.

Das Diagramm Bild 166 liefert $f\,(F_s/F_e) = 1,6$. Aus Gl. (3) hat man mit $\eta = 0,9$: $P = 1240$ kp.

43. Die Raketentreibstoffe. Einige Definitionen

A. Die Raketentreibstoffe

In der heutigen Raketentechnik verwendet man als Treibstoff feste Pulver oder flüssige Treibstoffe *(W. Gohlke [5], E. Schmidt [6], A. Stettbacher [7], J. W. Wiggins [25])*. Für kleinere und mittlere Kaliber werden Pulverraketen, für große Kaliber Pulver- und Flüssigkeitsraketen gebaut. Die Verwendung von festen oder flüssigen Treibstoffen hängt vom Verwendungszweck ab, da jeder Treibstoff seine Vor- und Nachteile hat *[23]*.

Die Feststoffrakete hat gegenüber der Flüssigkeitsrakete den außerordentlichen Vorteil des einfachen konstruktiven Aufbaus, es sind keine beweglichen Bauteile vorhanden; Pumpen, Ventile und Turbinen fallen fort. Die Feststoffrakete setzt sich im wesentlichen nur aus Treibstoff, Gehäuse und Düse, Zünder und Nutzlast zusammen. Die Feststoffrakete ist jederzeit startbereit. Die festen Treibstoffe haben in den letzten Jahren eine zunehmende Verwendung gefunden *[5, 24, 25, 26]*.

Die Flüssigkeitsrakete hat den Vorteil, daß der Abbrand relativ einfach in *weiten* Grenzen gesteuert werden kann. So kann z. B. die Verbrennung derart reguliert werden, daß mit dem während des Fluges abnehmenden Gewicht der Rakete der Schub in Funktion der Brennzeit abnimmt und eine *konstante* Beschleunigung der Rakete erzielt wird. Weiter hat die Flüssigkeitsrakete den Vorteil, daß die flüssigen Treibstoffe eine höhere Verbrennungswärme als die Pulver haben und billiger als diese sind. Nachteilig ist die nicht einfache und z. T. nicht ungefährliche Handhabung der Treibstoffe.

Zur Erhöhung der Antriebsleistungen sind Überlegungen angestellt worden, atomare Treibstoffe oder die Kernenergie nutzbar zu verwenden. Es sei aber an dieser Stelle auf diese Möglichkeiten nicht weiter eingegangen *(J. Ackeret [8], R. H. Reichel [9])*.

B. Einige Definitionen

Der Gesamtwirkungsgrad der Rakete. Der innere und der äußere Wirkungsgrad. Unter dem Gesamtwirkungsgrad η einer Rakete sei das Verhältnis der nach dem Abbrand auf das Leergewicht der Rakete übertragenen kinetischen Energie $m_e v_e^2/2$ zu der insgesamt verbrauchten chemischen Energie des Treibstoffes $g\, m_{Tr}\, i_0 = g\, m_{Tr}\, [\varkappa/(\varkappa - 1)]\, RT_0$ verstanden, wobei i_0 die Gesamtenthalpie (Wärmeinhalt) je kp des Treibstoffes darstellt. Es ist also

$$\eta = \frac{m_e v_e^2/2}{g m_{Tr}\, [\varkappa/(\varkappa - 1)]\, R T_0}. \tag{4}$$

Mit $w_\infty^2 = [2\, g\, \varkappa/(\varkappa - 1)]\, R T_0$ folgt aus Gl. (4)

$$\eta = m_e v_e^2/m_{Tr}\, w_\infty^2. \tag{5}$$

Erweitert man die rechte Seite dieser Gleichung mit w^2, so erhält man

$$\eta = \frac{w^2}{w_\infty^2} \cdot \frac{m_e v_e^2}{m_{Tr}\, w^2}.$$

Es ist naheliegend, η aufzuspalten in

$$\eta_i = w^2/w_\infty^2 \qquad (5\,\text{a}) \qquad \text{und} \qquad \eta_a = m_e v_e^2/(m_{Tr}\, w^2), \tag{5\,b}$$

so daß $\eta = \eta_i\, \eta_a$. Wir bezeichnen η_i als den *inneren*, η_a als den *äußeren Wirkungsgrad*.

η_i stellt bei dem vorliegenden Erweiterungsverhältnis der Rakete das Verhältnis der Energie der ausströmenden Verbrennungsgase zu der sich aus der Gesamtenthalpie des Brennstoffes ergebenden Energie dar. η_i hängt also nur vom Brennstoff und der Konstruktion von Brennkammer und Düse ab.
η_i ist auch gleich

$$\eta_i = w^2/w_\infty^2 = 1 - (p_e/p_0)^{(\varkappa-1)/\varkappa} = 1 - T_e/T_0. \tag{5c}$$

Bei Pulverraketen hat man im allgemeinen etwa $\eta_i = 0{,}32$; bei der Flüssigkeitsrakete A 4 war mit $F_s/F_e = 1/3{,}4$: $\eta_i = 0{,}38$.

$\eta_a = m_e v_e^2/(m_{Tr}\, w^2)$ ist das Verhältnis der kinetischen Energie des Endgewichts der Rakete $^1/_2\, m_e v_e^2$ zur kinetischen Energie der insgesamt ausströmenden Verbrennungsgase $^1/_2\, m_{Tr}\, w^2$, die diese relativ zur Rakete besitzen. η_a läßt sich auch, da $v_e = w \ln(m_0/m_e) = w \ln(1 + m_{Tr}/m_e)$ ist (vgl. S. 266), darstellen durch

$$\eta_a = \frac{v_e^2}{w^2} \cdot \frac{1}{e^{v_e/w} - 1}. \tag{6}$$

Der Verlauf von η_a ist im Bild 167 aufgezeichnet.
Die effektive Ausströmgeschwindigkeit. Das Schubverhältnis. Wir hatten für den Schub einer Rakete die Gleichung

$$P = \dot{m}\, w_e + (p_e - p_a)\, F_e$$

abgeleitet. Man kann nun eine effektive Ausströmgeschwindigkeit w_e' einführen, die durch

$$\dot{m}\, w_e' = \dot{m}\, w_e + (p_e - p_a)\, F_e \tag{7}$$

definiert ist. Als Schubverhältnis ζ bezeichnet man das Verhältnis $\zeta = w_e'/w_\infty$;

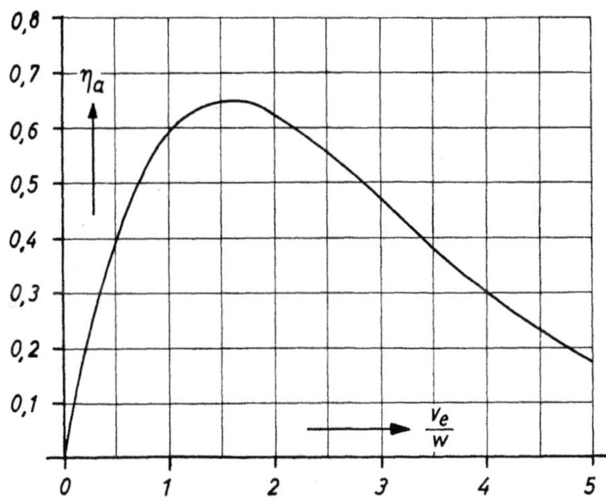

Bild 167. η_a als Funktion von v_e/w

es wird damit die Verringerung der Austrittsgeschwindigkeit durch die Verkürzung der Düse zum Ausdruck gebracht. Einige Autoren, z. B. E. *Schmidt* [6], definierten ζ durch $\zeta = w_e'/w_{th}$, wo $w_{th} = \sqrt{2\,g\,H_u}$. H_u ist der untere Heizwert je kg des Treibstoffes (Brennstoff + Sauerstoffträger). w_{th} ist dann die theoretische Austrittsgeschwindigkeit der Gase bei verlustloser Strömung, wenn die Gase bis auf die Temperatur expandieren, bei der der Heizwert bestimmt wurde. Bei einer Flammentemperatur von etwa 3000 °K und der Bezugstemperatur von 293 °K bei der Heizwertbestimmung erhält man für ein Gas von $\varkappa = 1,2$ einen Wert $w_{th} = 0,951\, w_\infty$. Der Wert von ζ beträgt etwa 0,6 bis 0,8.

Der spezifische Schub. Zur Bewertung der Treibstoffe pflegt man den spezifischen Schub des betreffenden Treibstoffs zu betrachten. Darunter versteht man den Schub des je Sekunde verbrannten Treibstoffes, wenn die Düse so abgestimmt ist, daß $p_e = p_a$. Man hat also für den spezifischen Schub i:

$$i = P/(g\,\dot{m}) = \dot{m}\, w_e/(g\,\dot{m}) = w_e/g \;\; [s]. \tag{8}$$

Man bezeichnet den spezifischen Schub auch als *spezifischen Impuls*. Für ein rauchloses Pulver ist etwa $i = 200{-}250$ kp s/kp, bei der Flüssigkeitsrakete A 4 ist bei Brennschluß $i = 230$ kp s/kp. Man erreicht heute bei Flüssigkeitsraketen Werte i bis etwa 280 kp s/kp. In den USA gibt man i in Sekunden an; dabei stellt i die Zeit dar, in der sich die betreffende Treibstoffmenge selbst in der Schwebe halten kann.

Man könnte schließen, daß ein Treibstoff mit größter Austrittsgeschwindigkeit der günstigste wäre. Das ist nicht immer der Fall, es kommt sehr wohl auf die Dichte des Treibstoffes an (vgl. S. 267).

Der spezifische Treibstoffverbrauch. Man versteht darunter den Treibstoffverbrauch je Sekunde, um 10^3 kp Schub zu erzeugen. Für eine Alkohol-Sauerstoffrakete liegt dieser Wert *(E. Sänger [10])* bei 4,5 kp/(s 10^3 kp) bei Pulverraketen bei 5,0 kp/(s $\cdot 10^3$ kp).

Beispiel: Eine Pulverrakete von 100 kg soll in 10 s eine Geschwindigkeit von $v_0 = 200$ m/s erhalten. Es ist abzuschätzen, wieviel kg Pulver etwa (bei Vernachlässigung des Luftwiderstandes) benötigt werden.

Aus $PT = mv$ folgt $P = \dfrac{Gv}{gT} = 204$ kp. Mit dem spezifischen Treibstoffverbrauch von 5,0 kp/(s $\cdot 10^3$ kp) wird $G_{Tr} = 0{,}204 \cdot 5 \cdot 10 = 10{,}2$ kp Pulver.

44. Der Druck in der Brennkammer. Berechnung des stationären Druckes

Der Druck in der Brennkammer läßt sich aus den thermodynamischen Werten des Treibmittels und aus den geometrischen Abmessungen der Düse berechnen. Insbesondere muß im stationären Fall bei einer Flüssigkeitsrakete die sekundlich in die Brennkammer geförderte Menge an Kraftstoff und Sauerstoffträger bzw. bei einer Pulverrakete die sekundlich bei der Verbrennung des Pulvers erzeugte Gasmenge gleich der sekundlich aus der Düse abströmenden Menge der Verbrennungsgase sein.

Als Beispiel soll der sich im stationären Zustand ausbildende Druck in der Brennkammer einer Pulverrakete nach *H. Molitz* berechnet werden (vgl. *W. Gohlke [5]*).

In der Brennkammer vom Volumen V_0 seien L kg Pulver (Bild 168).

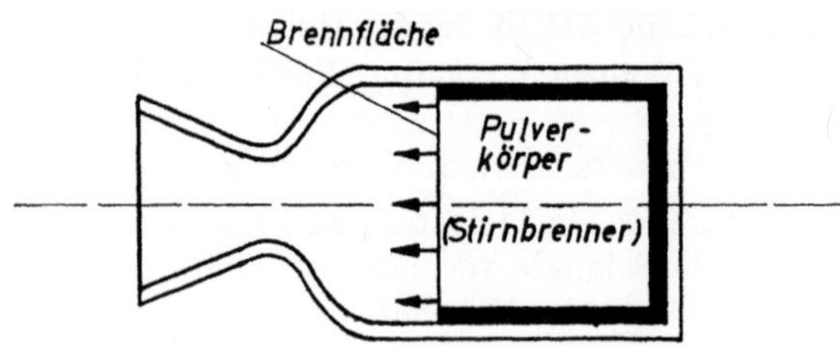

Bild 168. Der Abbrand in einer Pulverrakete

Durch den Abbrand des Pulvers ensteht je Sekunde eine Gasmenge von $L\, dy/dt$ kg/s, wobei dy/dt die Verbrennungsgeschwindigkeit darstellt.

Die Verbrennungstemperatur in der Brennkammer sei T, die Schallgeschwindigkeit $a_0 = \sqrt{\varkappa g R T_0}$. Dann strömen die Pulvergase mit einer Geschwindigkeit von

$$w_s = a_s = \sqrt{\frac{2}{\varkappa + 1}}\, a_0 = \sqrt{\varkappa g R T_s} = \sqrt{\varkappa g p_s v_s} \tag{9}$$

(p_s ist der Druck und v_s das spezifische Volumen im engsten Querschnitt) durch den engsten Querschnitt F_s. Das sekundlich aus der Düse tretende Gasgewicht beträgt dann

$$F_s\, p_0\, \frac{g f(\varkappa)}{a_0} \quad \text{mit} \quad f(\varkappa) = \varkappa \cdot \sqrt{\left(\frac{2}{1+\varkappa}\right)^{\frac{\varkappa + 1}{\varkappa - 1}}};$$

für $\varkappa = 1,2 \cdot 1,3;\ 1,4$ ist $f(\varkappa) = 0,710;\ 0,761;\ 0,810$ (vgl. S. 148). In der Brennkammer hat man also sekundlich eine zusätzliche Gasmenge von

$$\frac{dG}{dt} = L \frac{dy}{dt} - F_s p_0 g \frac{f(\varkappa)}{a_0}.$$

Im stationären Fall ist $dG/dt = 0$, d. h. es wird

$$L\, dy/dt = F_s\, p_0\, g\, f(\varkappa)/a_0. \tag{10}$$

Für das Verbrennungsgesetz können wir entweder das von *Charbonnier:*

$$\frac{dy}{dt} = A \frac{S}{S_0} p^n = \frac{S s \lambda}{L} p^n \tag{11a}$$

oder das von *Muraour-Aunis*

$$\frac{dy}{dt} = \frac{S s}{L} \cdot \frac{1}{2} \cdot (a + b p) \tag{11b}$$

heranziehen (vgl. S. 184ff.) Es sei erinnert, daß A bzw. λ, a und b Pulverkonstanten bedeuten. S/S_0 ist das Verhältnis der momentanen Pulveroberfläche zur Anfangsoberfläche und Ss/L das Verhältnis der momentanen Pulveroberfläche zum Anfangsvolumen des Pulvers. Das Pulver sei so gewählt, daß seine brennende Oberfläche konstant bleibe (z. B. Röhrenpulver oder Stirnbrenner), d. h. $S = S_0$. Man setzt $K = S_0/F_s$ und bezeichnet K als die *Klemmung*. Man erhält dann mit dem *Charbonnier*schen Verbrennungsgesetz:

$$p_0^{1-n} = K \frac{s \lambda a_0}{g f(\varkappa)} \tag{12a}$$

und mit dem *Muraour-Aunis*schen Gesetz:

$$p_0 = \frac{a}{2 \dfrac{g f(\varkappa)}{a_0 K s} - b}. \tag{12b}$$

Für die Stabilität des Gleichgewichtszustandes ergibt sich aber eine besondere Bedingung. Das Gleichgewicht ist nur stabil, wenn bei Verwendung des *Charbonnier*schen Verbrennungsgesetzes $n < 1$ (im allgemeinen ist $n = 0{,}7$) und bei Verwendung des *Muraour-Aunis*schen Verbrennungsgesetzes $(Ss/2)\, b < F_s\, g\, f(\varkappa)/a_0$ ist. Man erkennt dies sofort aus Bild 169, denn nur

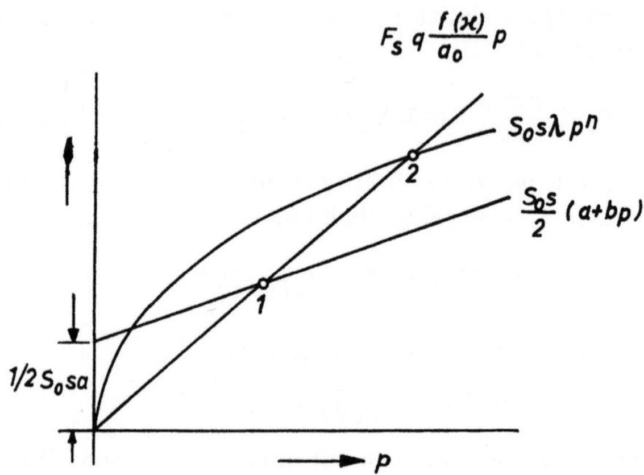

Bild 169. Zur Druckstabilität der Pulverrakete

unter diesen Bedingungen sind die Punkte 1 und 2 stabil, d. h. eine Druckerhöhung ergibt eine stärkere Abströmung der Gase als Neubildung derselben erfolgt, und umgekehrt bei Druckerniedrigung, so daß der bei 1 bzw. 2 bestehende Zustand wieder hergestellt wird.

Bei Verwendung der gleichen Pulversorte ist also der Druck in der Brennkammer im stationären Fall nur von der Klemmung K und von der Außentemperatur abhängig. Der Gasdruck bei den Pulverraketen liegt zwischen 20 bis 200 kp/cm².

Der Wert $F_s\, g\, p\, f(\varkappa)/a_0$ für die ausströmende Pulvergasmenge ist unter der idealen Gasströmung berechnet. In Wirklichkeit wird dieser aber kleiner sein, bedingt durch Wärmeabgabe an das Rohr und durch Auftreten von Wirbeln. Man kann daher noch einen durch den praktischen Versuch ermittelten Korrekturfaktor η ein führen. Damit hat man

$$p_0^{1-n} = \frac{1}{\eta}\, K\, \frac{s\lambda\, a_0}{f(\varkappa)g} \tag{13a}$$

bzw.

$$p_0 = \frac{a}{\eta\, \dfrac{2\, g f(\varkappa)}{K a_0 s} - b} \tag{13b}$$

264

Beispiel zur Berechnung des Gasdrucks in der Pulverrakete. Gegeben sei ein Pulver mit den Werten:

$a_0 = 1100$ m/s; $T_0 = 2500$ °K; $s = 1,57 \cdot 10^3$ kp/m³; $\varkappa = 1,2$; $f(\varkappa) = 0,763$; $a = 10 \cdot 10^{-3}$ m/s; $b = 0,093 \cdot 10^{-9}$ m/s; $K = 800$; $\eta = 0,9$. Dann berechnet sich p_0 aus $p_0 = \dfrac{a}{\eta \dfrac{2g f(\varkappa)}{K a_0 s} - b}$ zu $p_0 = 108$ kp/cm².

Es sei noch darauf hingewiesen, daß sich in Wirklichkeit der Gasdruck p_0 im Verbrennungsraum im Laufe der Verbrennung etwas ändert, da sich das den Gasen zur Verfügung stehende Volumen durch den Abbrand der Pulverkörper stetig vergrößert. Das läßt sich aber prinzipiell durch gesteuerte Gasentwicklung von der Pulverkornseite her kompensieren. Der exakte Gasdruckverlauf läßt sich mit Hilfe der Beziehungen

$$dG/dt = L\, dy/dt - F_s\, p\, g\, f(\varkappa)/a_0; \qquad dy/dt,$$

und dem den Gasen zur Verfügung stehenden Raum

$$J = V_0 - (1 - y)\, L/y - \alpha\, G \quad \text{und} \quad p\, J = G R T$$

berechnen. Der Druckabfall nach Brennschluß ist dann besonders zu ermitteln.

Bei einer Flüssigkeitsrakete errechnet sich der Gasdruck für den stationären Fall sehr einfach, wenn die sekundlich zugeführte Gasmasse $\mu = \dot{m}$ bekannt ist. Aus $dG/dt = \mu - F_s\, p_0\, g\, f(\varkappa)/a_0$ folgt unmittelbar $p_0 = \mu\, a_0/(F_s g f(\varkappa))$. *Beispiel:* Bei der V 2 war etwa $g\, \mu = 125$ kp/s; $a_0 = 1400$ m/s; $F_s = 0,126$ m² $f(\varkappa) = 0,71$ für $\varkappa = 1,2$. Damit wird $p_0 = 20$ kp/cm².

Über technische Einzelheiten betreffs Brennkammern vgl. *H. G. Mebus [41]*.

45. Die Grundgleichung der Rakete

Wir wollen jetzt den Verlauf der Geschwindigkeit einer Rakete im *luftleeren* und *schwerefreien* Raum betrachten, wenn aus der Düse die Treibgase mit der konstanten Geschwindigkeit w_e (im folgenden mit w bezeichnet) relativ zur Rakete ausströmen und dabei auf den Ausdruck Null expandiert sind (streng genommen nur bei unendlich erweiterter Düse!). Zu Beginn der Bewegung, also zur Zeit $t = 0$, habe die Rakete die Masse $m_0 = G_0/g$. $\mu = dm/dt$ sei die sekundliche Ausströmmasse. Nach der Zeit t ist dann die Masse $\mu\, t$ ausgeströmt. Die Masse der Rakete beträgt $m = m_0 - \mu\, t$. Der konstante Schub hat der Rakete im Zeitpunkt t die Geschwindigkeit v erteilt. Nach dem Impulssatz muß der Gesamtimpuls von Rakete und ausströmender Treibstoffmenge im Laufe der Zeit konstant bleiben. Wir können daher ansetzen, daß $(m_0 - \mu\, t)\, v = [m_0 - \mu\, (t + dt)] \cdot (v + dv) + (v - w)\, \mu\, dt$, wobei $v - w$ die Absolutgeschwindigkeit der Treibstoffgase ist. Hieraus ergibt sich die Differentialgleichung der Rakete im schwerefreien und luftleeren

Raum $(m_0 - \mu t)\, dv/dt = \mu w$. Die Integration liefert für $t = 0$ die Anfangsbedingungen $m = m_0$ und $v = 0$

$$m/m_0 = \exp(-v/w) \quad \text{oder} \quad v/w = \ln m_0/m\,. \tag{14}$$

Das ist die *Grundgleichung der Rakete*.

In Bild 170 ist v/w als Funktion von m_0/m angegeben. Man bezeichnet insbesondere m_0/m_e als das *Massenverhältnis* r der Rakete, wobei m_e die Masse
der Rakete nach vollendetem Abbrand darstellt.

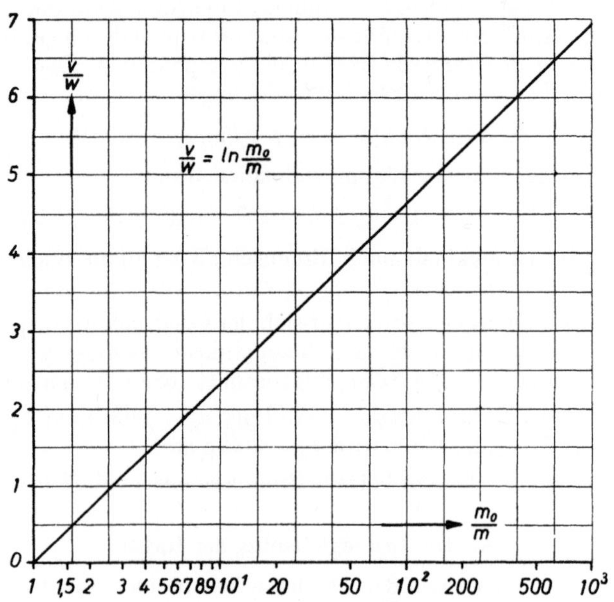

Bild 170. Die Grundgleichung der Rakete

Man kann nun aber in der Praxis nicht zu beliebig großen Werten m_0/m_e
gehen. Vielmehr ist man durch die Konstruktionsbedingungen der Rakete
begrenzt.

Das Gesamtgewicht G_0 der Rakete (Startgewicht) sei $G_0 = G_R + G_{Tr} + G_N$
(Bild 171). Als Leergewicht bezeichnet man $G_L = G_R + G_N$. Dabei ist G_R
das Gewicht von Zelle + Triebwerk, im Flugzeugbau als Rüstgewicht bezeichnet. Man bezeichnet nun als *Zellenfaktor* ε das Verhältnis

$$\varepsilon = \frac{\text{Rüstgewicht}}{\text{Startgewicht}} = \frac{G_R}{G_0} = \frac{m_R}{m_0}\,.$$

Bei den heutigen Raketen hat ε Werte zwischen 0,10 und 0,30 *(H. Gröttrup [42])*. Bei der V 2 war $\varepsilon = 3000/12\,800 = 0,23$ und $m_0/m_e = 12\,800/4000 = 3,2$. Bei Pulverraketen kommt man bis $\varepsilon = 0,07$ *[25]*, das ist ein erstaunlich kleiner Wert. Nach dem derzeitigen Stand dürfte eine maximale Ausströmgeschwindigkeit von etwa 3000 m/s erreichbar sein, d. h. bei einem Verhältnis $m_0/m_e = 3,2$ könnte man etwa eine maximale Geschwindigkeit von

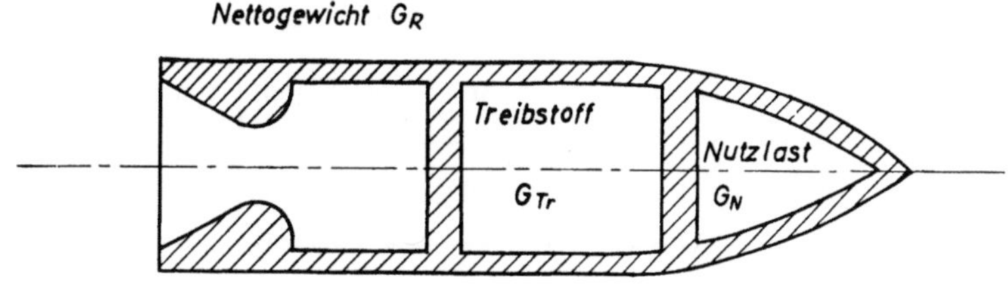

Bild 171. Zum Aufbau der Rakete

$1,17\,w = 3260$ m/s im schwerefreien Raum erreichen. Interessant ist noch folgende Tatsache: Schreibt man die Hauptgleichung der Rakete in der Form

$$v = w \ln \frac{m_0}{m} = w \ln \frac{m_L + m_{Tr}}{m_e} = w \ln \left(1 + \frac{m_{Tr}}{m_e}\right) = w \ln \left(1 + \frac{\varrho_{Tr}\, V_{Tr}}{m_e}\right), \qquad (15)$$

so sieht man, daß bei einer Rakete, die ein vorgegebenes Volumen V_{Tr} für den Brennstoff besitzt, nicht etwa die größte Austrittsgeschwindigkeit der Verbrennungsgase die größte Raketengeschwindigkeit v ergibt. Es ist vielmehr so, worauf *J. Himpan [11]* hinwies, daß ein Treibstoff von höherer Dichte ϱ_{Tr} und kleinerer Austrittsgeschwindigkeit eine größere Endgeschwindigkeit der Rakete geben kann als ein Treibstoff von hoher Austrittsgeschwindigkeit und niederer Dichte. Er bezeichnet $\sigma = V_{Tr}/m_e$ als *Konstruktionsgüte*; dieser Faktor hängt nur von der Konstruktion der Rakete ab, während w und ϱ_{Tr} Eigenschaften des Treibstoffs sind.

J. Himpan gibt folgendes Beispiel (Tabelle 17, Seite 268) für die letzte Stufe eines Stufenraketenprojektes an (vgl. S. 269).

Falls es gelingt, sehr große Austrittsgeschwindigkeiten w der Treibgase zu erhalten, muß man relativistisch rechnen *[29, 30]*. *J. Ackeret [29]* leitete folgende *relativistische Raketengleichung* ab:

$$\frac{m}{m_0} = \left(\frac{1 - v/c}{1 + v/c}\right)^{c/2w} \qquad (16)$$

bzw.

$$\frac{v}{c} = \frac{1 - (m/m_0)^{2w/c}}{1 + (m/m_0)^{2w/c}} \qquad (17)$$

wobei c die Lichtgeschwindigkeit darstellt.

Tabelle 17

Treibstoffkombination	Gesamtgewicht	Leergewicht	Nutzlast	Treibstoffraum	Treibstoff-gewicht	Spez. Gewicht des Treibstoffes	Ausströmge-schwindigkeit	Brennschluß geschwindigkeit der Rakete
	G_0	G_L	G_N	V_{Tr}	G_{Tr}	s_{Tr}	w	v
	kp	kp	kp	dm³	kp	kp/dm³	m/s	m/s
Gasöl-Tetranitromethan	360	50	10	200	300	1,50	2800	5000
Flüssig O_2 — Flüssig H_2	145	50	10	200	85	0,425	3650	3210

Der Grenzübergang $c \longrightarrow \infty$ führt Gl. (17) in Gl. (14) über. Die Diskussion von Gl. (17) zeigt, daß die Geschwindigkeit v der Rakete relativistisch natürlich die Lichtgeschwindigkeit c nicht überschreiten kann, und daß für Austrittsgeschwindigkeiten $w = c/10$ die klassische Theorie auch für extrem kleine Endmassen völlig ausreichend ist.

46. Zur innerballistischen Berechnung einer Rakete

Bei einem neuen Projekt wird man prinzipiell so vorgehen:

Flüssigkeitsrakete. Auf Grund der gewählten Treibstoffkombination, des Brennkammerdruckes p_0 und des benötigten Schubes P berechnet man das Mischungsverhältnis des Treibstoffes (Brennstoffgewicht zu Sauerstoffträgergewicht), den sekundlichen Treibstoffverbrauch μ und dimensioniert schließlich das Brennkammervolumen und die Abmessungen der Düse. Da die thermodynamischen Vorgänge und insbesondere die Strömungsvorgänge der Verbrennungsgase rechnerisch nur angenähert erfaßt werden können, wird man Prüfstandsversuche durchführen (vgl. S. 271 ff.)

Pulverrakete. Aufgabe: Eine Rakete vom Endgewicht G_e soll im *luftleeren* und *schwerefreien* Raum in T s auf die Geschwindigkeit v beschleunigt werden. Wir nehmen irgend ein Pulver, das bei einem bestimmten Erweiterungsverhältnis F_e/F_s eine Austrittsgeschwindigkeit w ergibt. Dann können wir aus

$$v/w = \ln m_0/m_e = \ln \frac{m_{Tr} + m_e}{m_e} = \ln \left(1 + \frac{m_{Tr}}{m_e}\right) = \ln \left(1 + \frac{G_{Tr}}{G_e}\right)$$

den Wert G_{Tr} berechnen. Da die Brennzeit T vorgegeben ist, ergibt sich der sekundliche Abbrand η aus $\mu = G_{Tr}/(gT)$. Den (mittleren) Schub entnehmen wir aus $P = \mu\, w_e + p_e\, F_e$. Dann folgt aus $P = F_s\, \eta\, p_0 f\, (F_s/F_e)$ bei Annahme eines Wertes für den Gasdruck p_0 in der Brennkammer der Wert von F_s. Aus

$$p_0 = \frac{a}{2\,\dfrac{'g\,f(\varkappa)}{a_0\,s}\,K - b}$$

ergibt sich die *Klemmung* $K = S/F_s$, womit man die brennbare Pulveroberfläche S zu $S = K\,F_s$ erhält. Das Pulvergewicht L kennen wir schon, da ja $L = G_{Tr}$ ist. Damit ist auch V_L, das Volumen des Pulvers bekannt, da s vorgegeben ist. Nehmen wir ein Röhrenpulver, so ist dessen Oberfläche bei Vernachlässigung der Endfläche gegeben durch

$$S = z\,(2\,\pi\,r_a\,l - 2\,\pi\,r_i\,l) = z\,2\,\pi\,l\,d\;.$$

Dabei ist d die Wandstärke, l die Länge der Pulverrohre und z deren Zahl. Da nun $d = e\,T$ (e ist die lineare Verbrennungsgeschwindigkeit), so kann man $z\,l$ bestimmen. Damit ist die innerballistische Aufgabe für das Raketenprojekt gelöst.

47. Die Stufenrakete

Es lassen sich heute mit einer einzigen Rakete im luftleeren und schwerefreien Raum Geschwindigkeiten zwischen 3000 und 4000 m/s realisieren. Höhere Geschwindigkeiten lassen sich aber nach dem Prinzip der Stufenrakete erhalten *(H. H. Kölle [12], H. G. L. Krause [13], P. Blanc [14]).* Wir hatten für die Geschwindigkeit einer Rakete erhalten

$$v = w\ln\frac{m_0}{m_e} = w\ln\frac{m_0}{m_L} = w\ln\frac{m_{Tr} + m_R + m_N}{m_R + m_N}\,. \tag{15}$$

Bei der Stufenrakete bildet man die Nutzlast ebenfalls als Rakete aus, die im Augenblick des Brennschlusses der „Mutterrakete" also im Moment der höchsten Geschwindigkeit, von dieser abgeschossen wird und selbständig als II. Stufe, als „Tochterrakete" weiterfliegt. Die II. Stufe beginnt also mit der Endgeschwindigkeit der I. Stufe.

Man kann nun mehrere solcher Raketen aufeinander setzen. Bezeichnet man bei einer solchen mehrstufigen Rakete die einzelnen Stufen mit den Indices I, II, ..., so erhält man als Endgeschwindigkeit

$$v = v_{\mathrm{I}} + v_{\mathrm{II}} + v_{\mathrm{III}} + \cdots = w_{\mathrm{I}}\ln\frac{m_{0\,\mathrm{I}}}{m_{\mathrm{L\,I}}} + w_{\mathrm{II}}\ln\frac{m_{0\,\mathrm{II}}}{m_{\mathrm{L\,II}}} + \cdots \tag{16}$$

Bei Verwendung des gleichen Treibstoffes und des gleichen bzw. ähnlichen Triebwerks wird damit $w_{\mathrm{I}} = w_{\mathrm{II}} = w_{\mathrm{III}} = \ldots$

$$v = w\ln\left(\frac{m_{0\,\mathrm{I}}}{m_{L\,\mathrm{I}}}\cdot\frac{m_{0\,\mathrm{II}}}{m_{L\,\mathrm{II}}}\cdot\frac{m_{0\,\mathrm{III}}}{m_{L\,\mathrm{III}}}\cdots\right)\,.$$

Man bezeichnet den Ausdruck

$$\frac{m_{0\,\mathrm{I}}}{m_{L\mathrm{I}}} \cdot \frac{m_{0\,\mathrm{II}}}{m_{L\mathrm{II}}} \cdot \frac{m_{0\,\mathrm{III}}}{m_{L\mathrm{III}}} = r_1 r_2 r_3 = r$$

als das *totale Massenverhältnis* der Stufenrakete. Da $m_{0\,n} = m_{L\,n-1} - m_{R\,n-1}$ erhält man

$$v = w \ln \left(\frac{m_{0\,\mathrm{I}}}{m_{L\mathrm{I}}} \cdot \frac{m_{L\mathrm{I}} - m_{R\mathrm{I}}}{m_{L\mathrm{II}}} \cdot \frac{m_{L\mathrm{II}} - m_{R\mathrm{II}}}{m_{L\mathrm{III}}} \dots \right)$$

bzw.

$$v = w \ln \left[\frac{m_{0\,\mathrm{I}}}{m_{L\,n}} \cdot \left(1 - \frac{m_{R\mathrm{I}}}{m_{L\mathrm{I}}} \right) \cdot \left(1 - \frac{m_{R\mathrm{II}}}{m_{L\mathrm{II}}} \right) \dots \right].$$

Ist nun $m_R/m_L = m_{R\mathrm{I}}/m_{L\mathrm{I}} = m_{R\mathrm{II}}/m_{L\mathrm{II}} = \dots$ so hat man die einfache Beziehung für eine n-stufige Rakete:

$$v = w \ln \left[\frac{m_{0\,\mathrm{I}}}{m_{L\,n}} \cdot \left(1 - \frac{m_R}{m_L} \right)^{n-1} \right]. \tag{17}$$

Setzt man $\xi = m_R/m_L$ und $r = m_0/m_L = m_{0\mathrm{I}}/m_{L\mathrm{I}} = \dots$, so läßt sich die Gl. 17 darstellen durch

$$v = w \ln \left[\frac{m_{0\,\mathrm{I}}}{m_{N\,n}} \cdot (1 - \xi)^n \right], \tag{18}$$

wobei

$$m_{N\,n} = m_{0\,\mathrm{I}} \cdot \frac{1}{r^n} \cdot (1 - \xi)^n.$$

Bei vorgegebenen Werten ξ, r und $m_{N\,n}$ ist also die Anfangsmasse der Rakete $m_{0\,\mathrm{I}}$ festgelegt.

Beispiele:

a) Eine dreistufige Rakete mit den Konstruktionswerten $\xi = 0{,}5$ und $r = 2{,}5$ sowie mit der Ausströmgeschwindigkeit $w = 3000$ m/s der Verbrennungsgase soll eine Nutzlast von $G_N = 80$ kp befördern. Welches Anfangsgewicht $G_{0\mathrm{I}}$ ist erforderlich und welche Endgeschwindigkeit der Nutzlast $G_{N\mathrm{III}}$ kann im luftleeren und schwerefreien Raum erreicht werden? Man findet

$$G_{0\mathrm{I}} = 10000 \text{ kp} \quad \text{und} \quad v = 8220 \text{ m/s}.$$

Die Verteilung der Massen der einzelnen Stufen ist in der folgenden Tabelle angegeben.

Tabelle 18

Stufen		I	II	III
G_0	kp	10000	2000	400
G_{Tr}	kp	6000	1200	240
G_L	kp	4000	800	160
G_R	kp	2000	400	80
G_N	kp	2000	400	80

Wird die Rakete als 1-stufige Rakete gestartet, d. h. muß sie ihr gesamtes Rüstgewicht mitschleppen, so erreicht man, wie sich leicht errechnen läßt. nur eine Geschwindigkeit der Nutzlast von $v = 4080$ m/s!

b) Zweistufenrakete: V 2 + WAC-Corporal.

I. V 2: Erreichte Brennschlußhöhe 38 km; $v_I = 1644$ m/s.

II. WAC-Corporal: Anfangsgeschwindigkeit $v_I = 1644$ m/s; $w = 2000$ m/s; $G_0 = 300$ kp; $G_{Tr} = 160$ kp; $T_{BrII} = 45$ s. Nach Gl. 21 S. 274 hat man:

$$v_{II} = w_{II} \ln \frac{m_{0\,II}}{m_{e\,II}} - g\,T_{Br\,II} = 2000 \cdot \ln \frac{300}{140} - 9{,}81 \cdot 45 = 1078 \text{ m/s} .$$

Setzt man den durch den Luftwiderstand bedingten Geschwindigkeitsverlust der WAC-Corporal zu etwa $10^0/_0$ an, so erhält man

$$v = v_I + v_{II} = 1644 + 960 = 2604 \text{ m/s}.$$

Es läßt sich zeigen, daß zur Erreichung einer Maximalgeschwindigkeit einer vorgegebenen Nutzlast eine optimale Stufenzahl existiert *[12]*.

48. Kurze Bemerkungen zur Raketenmeßtechnik

In der Praxis mißt man im Standversuch den Gasdruck p und den Schub P in Abhängigkeit von der Zeit bei kurzen Brenndauern im allgemeinen piezoelektrisch, bei längeren Brenndauern mit mechanischen Indikatoren. Da man das insgesamt verbrannte Brennstoffgewicht G_{Tr} und aus dem Versuch die Brennzeit kennt, hat man die sekundlich verbrannte Treibstoff- oder Pulvermasse zu $\dot{m} = dm/dt = G_{Tr}/(gT)$. Aus $P = \dot{m}\,w'$ erhält man dann die effektive Ausströmgeschwindigkeit w' (vgl. S. 260).

Aus dem Erweiterungsverhältnis F_e/F_s und dem Gasdruck $p = p_0$ in der Brennkammer kann man den Gasdruck p_e an der Mündung ermitteln, und da p_a bekannt ist ($p_a = 1$ atm) auch die tatsächliche Ausströmgeschwindigkeit w_e.

Der Druck p_e und die Ausströmgeschwindigkeit w_e der Verbrennungsgase lassen sich spektroskopisch messen. Die von *F. P. Bundy* und *H. M. Strong [15]* entwickelte Methode fußt auf der Wellenlängenänderung der Natrium D-Linie, die mittels eines *Fabry-Perot*schen Interferometers gemessen wird (dem Brennstoff mischt man Natrium bei). Zur *Geschwindigkeitsmessung* des austretenden Strahles wird der Dopplereffekt verwendet, indem man die Streifenverschiebung zweier Lichtstrahlen mißt, die unter zwei Richtungen zur Düsenachse (unter 40° stromaufwärts bzw. stromabwärts) vom austretenden Strahl ausgesendet werden (Bild 172).

Die Wellenlängenänderung δ_λ erhält man aus $\dfrac{\delta_\lambda}{\lambda} = \dfrac{w_e}{c} (\cos \vartheta_1 - \cos \vartheta_2)$, wo c die Lichtgeschwindigkeit ist. *Bundy* und *Strong* und *Gregg [16]* geben an, daß sie die Geschwindigkeit des Strahles, die etwa 2000 m/s betrug, auf ± 150 m/s messen konnten.

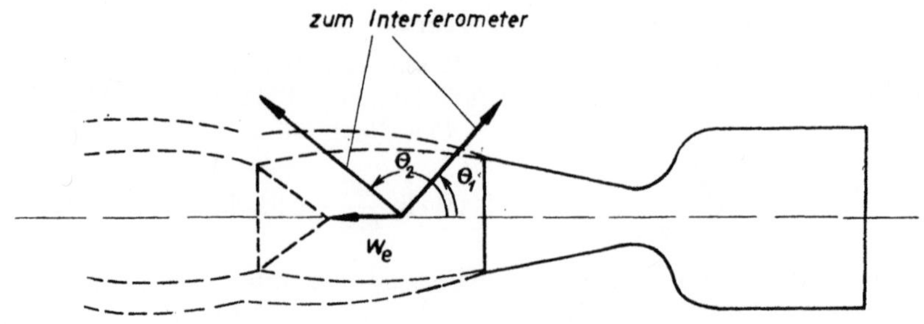

Bild 172. Methode von *Bundy* und *Strong*

Zur *Druckmessung* wird die Verbreiterung der D-Linie gemessen, wobei ein Lichtstrahl verwendet wird, der senkrecht zur Düsenachse vom Flammenstrahl emittiert wird, um den Dopplereffekt auszuschalten. Die Verfasser messen den Druck auf ± 0,3 atm. Die Druckverbreiterung der D-Linie ist sehr klein und liegt in der Größenordnung von 0,01 Å/atm (bei 2600 °K).

Die Verfasser untersuchten die periodischen Verdichtungen und Verdünnungen nach dem Austritt eines Raketenstrahles aus der Düse, der durch die Verbrennung von O_2 und Propan bei einigen atm erzeugt wurde, und fanden dabei Werte von 2600 °K und 2,6 atm in der Verdichtung bzw. von 2200 °K und 0,8 atm in der Verdünnung.

F. Rössler [17] führte Temperaturmessungen an Raketenstrahlen nach der Linienumkehrmethode durch. Die Messungen wurden an einer kleinen Modellrakete vorgenommen, deren Düse an der Stelle des engsten Querschnittes endigte, um eine hohe Temperatur der Strahlen zu haben. Als Treibmittel wurde nitroglyzerinhaltiges Pulver (SD 21) verwendet. Da die Brenndauer nur einige zehntel Sekunden betrug, modulierte *Rössler* die zur Linienumkehr benötigte Hilfslichtquelle mittels rotierender Polarisationsfilter und nahm das Ergebnis hinter dem Monochromator auf rotierendem Film auf. Es konnte so nachträglich der Moment der Linienumkehr und damit die zugehörige schwarze Temperatur der Hilfslichtquelle festgelegt werden. *Rössler* erhielt kurz hinter der Austrittsöffnung des Strahles im ersten Kegel eine Temperatur von 1760 °K, während die Berechnung aus der Wärmetönung zu einer Temperatur von 1770 °K führte, also eine sehr gute Übereinstimmung. Die Methode zeichnet sich dadurch aus, daß keine photogrammetrische Auswertung erforderlich ist und das Ergebnis unmittelbar erhalten wird.

Das *ballistische Verhalten* einer Rakete während des Fluges läßt sich aus Modelluntersuchungen in einer aeroballistischen Freifluganlage oder im

Windkanal voraussagen. Mit steigender Machzahl gewinnen die optischen und vor allem elektrischen Methoden zur unmittelbaren Bestimmung der Bahnkoordinaten und der Achsenlage der Rakete an Bedeutung.

Zur Untersuchung des Verhaltens von Großraketen bei großen Reichweiten und hohen Eintauchgeschwindigkeiten in die Lufthülle werden Versuchsraketen gebaut, z.B. die amerikanische Rakete Lockheed-17, bei den von eingebauten Meßgeräten Angaben über Druck und Temperatur an der Spitze usw. radioelektrisch zur Bodenstelle gesendet werden.

Zehnter Abschnitt: Äußere Ballistik der Rakete

49. Die Bewegung der Rakete im luftleeren und schwerefreien Raum

Für die Geschwindigkeit v in Abhängigkeit vom Massenverhältnis m_0/m hatten wir gefunden $v = - w \ln m/m_0$. Mit $dx/dt = v$ und $m = m_0 - \mu t$ hat man $dx = - w \ln [(m_0 - \mu t)/m_0]\, dt$. Die Integration liefert

$$x = w \frac{m_0}{\mu} \int_{t=0}^{t} \ln \frac{m_0 - \mu t}{m_0}\; d\left(\frac{m_0 - \mu t}{m_0}\right),$$

$$x = w \frac{m_0}{\mu} \left(\frac{m_0 - \mu t}{m_0} \ln \frac{m_0 - \mu t}{m_0} - \frac{m_0 - \mu t}{m_0} + 1\right).$$

Setzt man $\ln[(m_0 - \mu t)/m_0] = - v/w$ und $m_0 - \mu t = m$, so erhält man die einfache Beziehung

$$x = w \frac{m_0}{\mu} - (v + w) \frac{m}{\mu}. \tag{19}$$

50. Senkrechtflug der Rakete im luftleeren Raum unter Berücksichtigung des Schwerefeldes

Das Schwerefeld erzeuge die konstante Fallbeschleunigung $g = g_0 = 9{,}81$ m/s². Die Rakete werde *senkrecht* nach oben geschossen. Die Differentialgleichung zwischen v, m und t lautet dann

$$(m_0 - \mu t)\, dv/dt = \mu w - (m_0 - \mu t)\, g.$$

Integration mit den Anfangsbedingungen $t = 0$; $v = 0$; $m = m_0$ ergibt $(m_0 - \mu\, t)/m_0 = m/m_0 = \exp(-v/w) \cdot \exp(-g\, t/w)$ oder

$$v = w \ln(m_0/m) - g\, t\,. \tag{20}$$

Für die zur Zeit t erreichte Höhe y der Rakete findet man:

$$y = \int\limits_0^t v\, dt = w \int\limits_0^t \ln \frac{m_0}{m_0 - \mu t}\, dt - \int\limits_0^t g\, t\, dt\,.$$

Die Integration liefert

$$y = w t - \frac{w}{\mu}\, (m_0 - \mu\, t) \ln \frac{m_0}{m_0 - \mu t} - \frac{g}{2}\, t^2 \tag{20a}$$

oder

$$y = w t \left(1 - \frac{1}{m_0/m - 1} \ln m_0/m\right) - \frac{g}{2}\, t^2\,. \tag{20b}$$

Das ist also der Verlauf von y während des Abbrandes in Abhängigkeit von der Brennzeit t.

Die Gleichung $v = w \ln m_0/m - g\, t$ lautet für den Brennschluß mit $m = m_0 - \mu\, t_B = m_0 - m_{Tr} = m_e$ und $t = t_B$:

$$v_e = w \ln m_0/m_e - g\, t_B = w \ln[m_0/(m_0 - \mu\, t_B)] - g\, t_B\,. \tag{21}$$

Man sieht, daß bei gleichem Wert $\mu\, t_B$ eine um so größere Geschwindigkeit erreicht wird, je kürzer die Gesamtbrennzeit t_B ist. Denn je länger der Abbrand dauert, um so mehr unverbrannten Treibstoff muß die Rakete mit sich nach oben tragen. Andererseits ist es ungünstig, große Geschwindigkeiten in der Nähe des Erdbodens zu erreichen, da infolge der hohen Luftdichte der Luftwiderstand besonders groß ist. Man wird daher einen Mittelweg wählen. Bei einer bemannten Rakete ist die maximale Beschleunigung durch die Beanspruchungsgrenze des Menschen vorgegeben. Diese liegt bei einer liegenden Haltung des Menschen falls der Andruck senkrecht zur Körperachse ist, bei etwa $15\, g$, falls der Andruck nicht länger als etwa 30 s andauert.

Beispiel: Bei der V 2 gelten etwa folgende Werte: $w = 2136$ m/s; der Austrittsdruck bei der V 2 ist nahezu gleich dem Atmosphärendruck; $G = 12800$ kp; $G_{Tr} = 8750$ kp; $G_e = 4050$ kp; $t_B = 70$ s; $\mu\, g = 8750/70 = 125$ kp/s. Für die maximale Geschwindigkeit im luftleeren Schwerefeld ergibt sich ein Wert von $v_e = 1776$ m/s.

Im luftleeren schwerefreien Raum beträgt die maximale Geschwindigkeit $v_e = 2460$ m/s. Die Rakete hat nach Gl. (20b) und Gl. (21) die Geschwindigkeit v_e und die Höhe y_e im Augenblick des Brennschlusses $(t = t_B$; $m = m_e)$ und bewegt sich dann mit der Geschwindigkeit v_e als Anfangsgeschwindigkeit senkrecht weiter. Sie erreicht dann bei konstantem Schwerefeld die Gesamthöhe $y = y_e + v_e^2/(2\,g)$, also

$$y = w\, t_B \left(1 - \frac{1}{m_0/m_e - 1} \ln m_0/m_e\right) - \frac{g}{2}\, t_B^2 + \frac{(w \ln m_0/m_e - g\, t_B)^2}{2\,g}.$$

Der Einfluß der sekundlich ausströmenden Brennstoffmasse μ oder bei vorgegebener Gesamtbrennstoffmasse m_{Tr} der Gesamtbrennzeit $t_B = m_{Tr}\ g/\mu$ auf die erreichbare Gesamthöhe y der Rakete sei an folgendem Beispiel gezeigt: Bei einer Rakete sei $m_0/m = 3$; $w = 2000\ m/s$. Die Gesamtbrennzeit sei veränderlich von $t_B = 0$ bis $t_B = m_{Tr}\ w/m_0\ g$. Dieser Wert von t_B ist dadurch gegeben, daß unsere Gleichungen nur dann gelten, wenn zur Zeit $t = 0$ auch tatsächlich ein Abheben der Rakete erfolgt, d. h., wenn der Schub gleich dem Anfangsgewicht der Rakete ist. Es gilt also

$$P = \mu\, w = m_{Tr}\, w/t_B \geqq m_0\, g.$$

In unserem Beispiel wird $t_{B\,\mathrm{max}} = 136$ s. Die Werte von y, y_e und $v_e^2/(2\,g)$ sind in Bild 173 dargestellt.

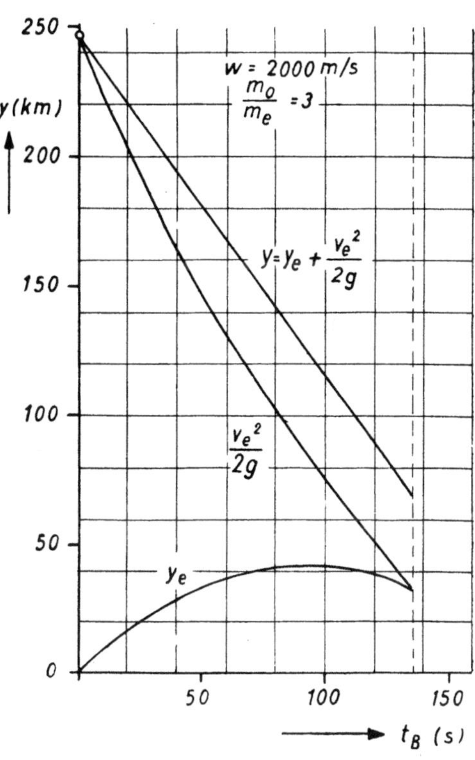

Bild 173. y, $v_e^2/(2g)$, y_e in Abhängigkeit von der Brennzeit t_B

51. Senkrechtflug der Rakete im lufterfüllten Schwerefeld

Die Bewegungsgleichung während des Abbrandes der Rakete lautet:

$$(m_0 - \mu t)\, dv/dt = \mu w + (p_e - p_a)\, F_e - (m_0 - \mu t)\, g - c_w \varrho v^2 F/2; \tag{22}$$

daraus folgt

$$dv = \frac{\mu w}{m_0 - \mu t}\, dt + \frac{p_e - p_a}{m_0 - \mu t}\, F_e\, dt - g\, dt - \frac{c_w \varrho v^2 F/2}{m_0 - \mu t}\, dt.$$

18*

In integrierter Form mit den Anfangsbedingungen $t = 0 : v = 0, y = 0$ hat man:

$$v = \left(w + \frac{p_e F_e}{\mu}\right) \ln \frac{m_0}{m_0 - \mu t} - g t - \int\limits_0^t \frac{p_a F}{m_0 - \mu t} dt - \int\limits_0^t \frac{1}{2} \frac{c_w \varrho v^2 F}{m_0 - \mu t} dt. \qquad (23)$$

Hieraus ergibt sich

$$y = \int\limits_0^{} v \, dt = \left(w + \frac{p_e \cdot F_e}{\mu}\right)\left(t - \frac{1}{\mu}\left(m_0 - \mu t\right) \ln \frac{m_0}{m_0 - \mu t} - \frac{1}{2} g t^2 - \right.$$

$$- \iint\limits_0^t \frac{p_a F}{m_0 - \mu t} dt - \iint\limits_0^t \frac{1}{2} \cdot \frac{c_w \varrho v^2 F}{m_0 - \mu t} dt \qquad (24)$$

c_w, p_a, ϱ und v sind Funktionen von t, im allgemeinen Fall auch g.

Da die Raketenbahnen der Großraketen im Senkrechtschuß durch kleine Luftwiderstände gekennzeichnet sind, kann man die widerstandsfreie Bahn als erste Näherung ansehen. Führt man daher $v^{(1)} = w \ln \frac{m_0}{m_0 - \mu t} - g t$ in das

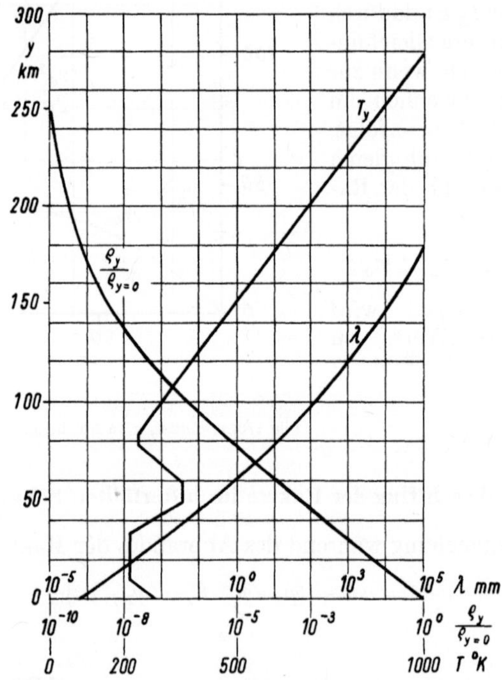

Bild 174. Dichteverhältnis, Temperatur und freie Weglänge in der Atmosphäre in Abhängigkeit von der Höhe

276

Integral $\int\limits_0^t \dfrac{1}{2} \cdot \dfrac{c_w \varrho\, v^2 F}{m_0 - \mu t}\, dt$ an Stelle von v ein und wählt man das Zeitintervall Δt derart, daß c_w, p_a und ϱ in den betreffenden Intervallen als konstant angesehen werden können, so kann man das Integral graphisch oder numerisch lösen. Auf die gleiche Weise behandelt man das Integral $\int\limits_0^t \dfrac{p_a F_e\, dt}{m_0 - \mu t}$.

Die entsprechenden mittleren Werte für c_w, p_a und ϱ nimmt man aus den Höhenbereichen, die angenähert durch

$$y^{(1)} = wt - \frac{w}{\mu}(m_0 - \mu t)\ln\frac{m_0}{m_0 - \mu t} - \frac{1}{2}g t^2 \quad \text{für} \quad t = \Delta t$$

gegeben sind. Man kann in das Integral die 2. Näherung

$$v^{(2)} = w\ln\frac{m_0}{m_0 - \mu t} + p_e F_e t - F_e \int\limits_0^t p_a\, dt - gt - \int\limits_0^t \frac{1}{2}\cdot\frac{c_w \varrho\,(v^{(1)})^2 F}{m_0 - \mu t}\, dt$$

einführen usw. Das Entsprechende gilt für y.

Der Verlauf der Luftdichte (aus Raketen- und Satellitenvermessungen) kann aus Bild 174 entnommen werden (vgl. auch [27]).

52. Die allgemeine Flugbahngleichung der Rakete im lufterfüllten Raum unter Berücksichtigung der Schwerkraft

Wir setzen voraus, daß der Raketenschub immer in der Tangente der Flugbahn wirke (Bild 175).

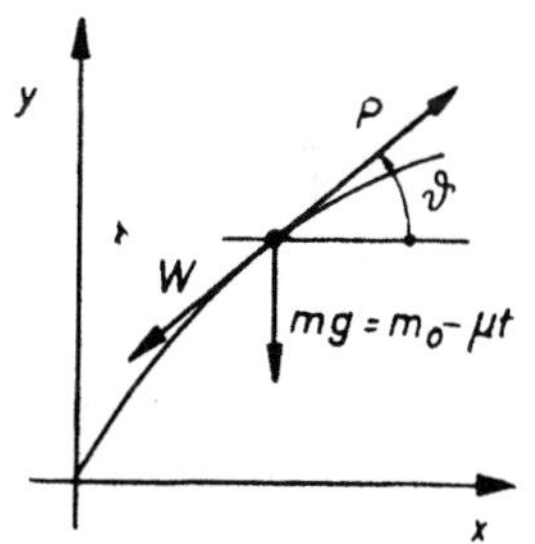

Bild 175. Die Kräfte auf die Rakete

Mit

$$m = m_0 - \mu t; \quad P = \dot m w + (p_e - p_a)F_e;$$

$$W = \frac{1}{2}c_w \varrho\, v^2 F$$

(F Querschnittsfläche der Rakete) wird in Richtung der x-Achse:

$$m\, dv_x/dt = (m_0 - \mu t)\, dv_x/dt \qquad (25\,\text{a})$$
$$= \mu w\cos\vartheta + (p_e - p_a)F_e\cos\vartheta - {}^1\!/_2\, c_w \varrho\, v^2 F\cos\vartheta,$$

in Richtung der y-Achse:

$$m\, dv_y/dt = (m_0 - \mu t)\, dv_y/dt \qquad (25\,\text{b})$$
$$= \mu w\sin\vartheta + (p_e - p_a)F_e\sin\vartheta - {}^1\!/_2\, c_w \varrho\, v^2 F\sin\vartheta - (m_0 - \mu t)g.$$

Außer diesen beiden Gleichungen hat man noch die folgenden Beziehungen

$$dt/d\vartheta = -v/(g\cos\vartheta); \quad dy/d\vartheta = -v^2\tan\vartheta/g;$$
$$dx/d\vartheta = -v^2/g. \tag{26}$$

Diese Gleichungen gelten bis zum Ende der Brennzeit, danach verhält sich die Rakete wie ein normales Geschoß, das mit den Anfangsbedingungen

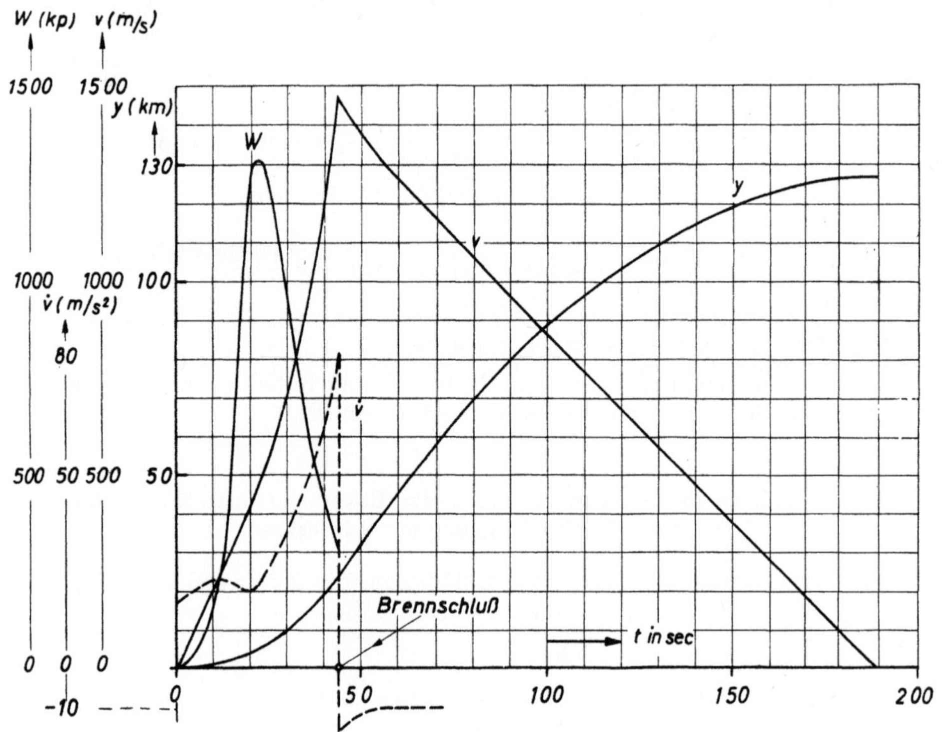

Bild 176. Flugbahnwerte der Meßrakete „Veronique" bei Senkrechtschuß

verschossen wird, die im Augenblick der Beendigung des Abbrandes gelten. Dieses Gleichungssystem kann man simultan graphisch oder numerisch (z. B. nach dem *Runge-Kutta*-Verfahren) integrieren.

In Bild 176 ist der Verlauf von y, v, $\dot{v} = dv/dt$ und der Widerstand W in Abhängigkeit von der Zeit t für die französische Forschungsrakete „Véronique" beim Senkrechtstart aufgezeichnet. Für die Veronique gelten folgende Werte: Startgewicht 1500 kp; Leergewicht 555 kp; Treibstoffgewicht 945 kp; Nutzlast 50 kp; Massenverhältnis 2,7; Treibstoff: Salpetersäure + Gasöl; sekundliches Ausströmgewicht 21 kp/s; Ausströmgeschwindigkeit

278

2000 m/s; Durchmesser der Rakete 0,55 m; Gesamtlänge 6 m; Druck in der Brennkammer 20 kp/cm²; $c_w = 0,3$ bei $M = 3$ und $c_w = 0,7$ bei $M = 1$.

Zur Ballistik der Rakete vgl. auch *[12]* vom 2. Abschnitt sowie *[28]*.

53. Die Pendelgleichung der flügelstabilisierten Rakete

Die Pendelgleichung für die flügelstabilisierte Rakete nach dem Abbrand erhalten wir aus der Pendelgleichung des drallstabilisierten Geschosses, wenn wir $\omega = 0$ setzen und berücksichtigen, daß die Magnuskraft und damit deren Moment gleich Null werden. Die S. 62 angegebene Differentialgleichung vereinfacht sich, da jetzt $B_1 = 0$ und $B_2 = 0$, zu $\varepsilon'' + A_1 \varepsilon' + A_2 \varepsilon = 0$ mit

$$A_1 = (A' - W)/(m\, v^2) + H^*/(B\, v) \quad \text{und} \quad A_2 = + M'/(B\, v^2).$$

A_2 ist jetzt positiv, da der Angriffspunkt der Luftwiderstandsresultierenden hinter dem Schwerpunkt liegt, also diese stabilisierend wirkt. Da die Koeffizienten A_1 und A_2 reel sind, schwingen die beiden Komponenten unabhängig voneinander mit gleicher Frequenz. Es läßt sich zeigen, daß sich ε darstellen läßt durch $\varepsilon = C_1 \exp(\varkappa + i\,\mu\,x) + C_2 \exp(\varkappa - i\,\mu\,x)$ mit $\varkappa = - A_1/2$ und $\mu = \sqrt{A_2 - A_1^2/4} \approx \sqrt{A_2}$, $C_1 = K_1 \exp(i\,\gamma_1)$, $C_2 = K_2 \exp(i\,\gamma_2)$. Der Verlauf von ε läßt sich also durch 2 Vektoren darstellen, die gegenläufig mit gleicher Frequenz schwingen und den gleichen Dämpfungskoeffizienten $\varkappa$ haben.

Für den reinen Stoß mit $\varepsilon_0 = 0$ und $\varepsilon' = \varepsilon'_0$ für $x = 0$ erhält man dann $|K_1| = |K_2| = K$, $\gamma_2 = \gamma_1 + \pi$ und damit $\varepsilon = K \exp(i\,\gamma_1) \exp(\varkappa\, x) \cdot i \sin \mu x$ bzw. für die Komponenten

$$\delta \sin \psi = - 2\,K \sin \gamma_1 \exp(\varkappa\, x) \cdot \sin \mu\, x,$$

$$\delta \cos \psi = \;\;\; 2\,K \cos \gamma_1 \exp(\varkappa\, x) \cdot \sin \mu\, x.$$

Division der beiden Gleichungen ergibt $\tan \psi = - \tan \gamma_1$; daraus $\psi = \dfrac{2\,\pi}{\pi} \Big\} - \gamma_1$.

Die flügelstabilisierte Rakete schwingt also bei reinem Anfangsstoß in einer Ebene. Während des Abbrandes wirkt der Strahl stabilisierend.

54. Zur Leistungssteigerung der Rakete

Will man die Leistungen von Raketenantrieben erhöhen, so bieten sich folgende Wege an, die sich aus der Betrachtung der Grundgleichung der Rakete $v = w \ln m_0/m$ ergeben:

1. Erhöhung des Massenverhältnisses $r = m_0/m$,

2. Steigerung der Austrittsgeschwindigkeit w der Verbrennungsgase.

Zu 1.: Bei Pulverraketen hat man bereits Massenverhältnisse bis zu $r = 14$ erreicht *[25]*. Auch bei Flüssigkeitsraketen erhielt man Werte von $r > 10$, indem man die Leichtbauweise für die Wandung einführte, die zugleich als Treibstoffbehälter dient, und die kardanische Aufhängung des Ofens verwendete, wodurch man aerodynamische und Strahlruder erspart.

Zu 2.: Für die Austrittsgeschwindigkeit w der Gase aus einer Lavaldüse hatten wir gefunden, daß $w = \sqrt{2\,g\,\Re\,[\varkappa/(\varkappa-1)]\cdot(T_0/\mathfrak{M})\cdot[1-(p_e/p_0)^{(\varkappa-1)/\varkappa}]}$ (Gl. (14) S. 148). Um einen großen Wert w zu erhalten, ist ein hohes Entspannungsverhältnis p_e/p_0, eine hohe Ofentemperatur T_0, ein kleines Molekulargewicht $\mathfrak{M}$ und ein kleiner Wert von $\varkappa$ anzustreben (*J. Ackeret [32]*). Das Verhältnis p_e/p_0 ist durch die konstruktiven Daten der Rakete bestimmt. $\varkappa$ beeinflußt den Wert w relativ wenig. Der Ofentemperatur T_0 ist durch die Wärmefestigkeit des Ofenmaterials, die z.Zt. bei etwa 3000 °C liegen dürfte, eine Grenze gesetzt. So bleibt nur, solange wir die Ausnutzung der chemischen Energie betrachten, die Herabsetzung des mittleren Molekulargewichtes $\mathfrak{M}$ übrig. Man denkt deshalb an die Verwendung leichter Elemente und versucht z.B. durch Zusätze von Bor bei festen und flüssigen Treibstoffen *[32]* w zu vergrößern. Eine Grenze dürfte hier bei etwa $w = 4000$ m/s liegen.

Eine weitere Entwicklungsrichtung will die hohe Wärmetönung von einatomigen Gasen und Radikalen ausnutzen, z.B. die Reaktion: $H_1 + H_1 = H_2 + 103$ kcal (bezogen auf 1 g-Mol). Voraussetzung ist dabei, daß einatomiger *gefrorener* Wasserstoff zum Raketenantrieb zur Verfügung gestellt werden kann. Hieran wird z. B. in den USA intensiv gearbeitet. Es ist bereits gelungen, einatomigen Wasserstoff allerdings in starker Verdünnung mit gewöhnlichem Wasserstoff zu frieren. *J. Ackeret* und *F. Brocher [32]* haben die Austrittsgeschwindigkeit w bei einem Raketenmotor, der mit verschiedenen Mischungen von ein- und zweiatomigem Wasserstoff bei verschiedenen Ofendrücken betrieben wird, berechnet. Danach erscheint es möglich, bei einer Ofentemperatur von $T_0 = 3000$ °K, einem Ofendruck von $p_0 \approx 5$ atm und einem Mischungsverhältnis H_2 zu H_1 gleich 1,09 eine Austrittsgeschwindigkeit von etwa 10 000 m/s zu erreichen.

Man denkt auch daran, die Kernenergie zu verwenden. Das kritische Problem ist hierbei, einen *gerichteten* Impulsstrom zu erzeugen. Das könnte dadurch geschehen, daß man ein möglichst leichtes Gas durch einen Reaktor leitet, der das Gas erhitzt. *J. Ackeret* und *E. Brocher* berechneten, daß man mit einem Uranreaktor bei einer Erhitzung der Gase auf 2000 °K Austrittsgeschwindigkeiten von etwa 4000 m/s bei Helium und von 7000 m/s bei Wasserstoff erhalten könnte. Auch auf diesem Gebiet werden in den USA bereits Versuche angestellt.

Zum Schluß soll noch der Ionenantrieb erwähnt werden (*E. Stuhlinger [35]*), an dem ebenfalls experimentell gearbeitet wird. Bei diesem Verfahren werden positive Ionenstrahlen elektrisch beschleunigt, wobei auch gleichzeitig Elektronen abgestrahlt werden, damit sich die Rakete nicht negativ auflädt. Man kann zwar hierbei sehr hohe Austrittsgeschwindigkeiten von etwa 10^5 m/s erreichen, aber da die zur Verfügung stehenden abgestrahlten Massen sehr gering sind, sind die erreichbaren Beschleunigungen gering (Größenordnung $10^{-6}\,g$). Diese Antriebsart kommt daher nur bei einem Raumfahrzeug in Frage, bei dem diese über sehr lange Zeiträume (Monate oder Jahre) wirken kann.

Zu der Frage der Beherrschung hoher Temperaturen in der Brennkammer liegen interessante theoretische Vorschläge vor. Wer sich in diese nicht einfachen Gedankengänge, die in die neuen Gebiete der Plasmaphysik und Magnetoaerodynamik vorstoßen und damit auch zu den modernen Verfahren der nuklearen Forschung führen, hineinvertiefen will, sei auf Arbeiten von *J. Kaeppeler [36]* aufmerksam gemacht.

55. Probleme bei hohen Machzahlen

In den letzten Jahren ist das Gebiet des *Hyperschalls* oder der *Hyper-Aerodynamik*, in dem man Geschwindigkeiten des Flugkörpers von $M > 5$ behandelt, von besonderer Bedeutung geworden (*H. Oertel [37]*). Von den beim Hyperschall auftretenden Problemen seien kurz die des Luftwiderstandes und der aerodynamischen Erwärmung angedeutet.

a) *Luftwiderstandsgesetze.* Der Luftwiderstand in sehr großen Höhen ändert sich prinzipiell gegenüber dem am Erdboden dadurch, daß die Luftdichte nach oben sehr stark abnimmt und die freie Weglänge der Luftmoleküle zunimmt. Bereits in 100 km Höhe haben wir eine freie Weglänge von etwa 20 cm, in 200 km von etwa 30 m (vgl. Bild 174). Während wir am Boden die Luft als Kontinuum betrachten müssen, haben wir in den großen Höhen eine Molekularströmung, was eine Vereinfachung des Luftwiderstandsgesetzes zur Folge hat. Denn bei der Molekularströmung treffen die einzelnen Luftmoleküle ohne gegenseitige Beeinflussung auf den Flugkörper. Dürfen wir die Anströmgeschwindigkeit v als groß gegenüber der thermischen Geschwindigkeit der Moleküle ansetzen (z. B. bei der Bewegung des Satelliten), so kann man im Grenzfall hoher Machzahlen einfach mit parallelem Einfall der Einzelmoleküle rechnen und kommt dabei auf das Newtonsche Luftwiderstandsgesetz zurück (vgl. *C. Cranz [1]* 1. Abschn.). Wir wollen annehmen, daß die Moleküle unelastisch auf den Körper aufprallen, also ihren gesamten Impuls abgeben und langsam nach hinten abströmen. Dann folgt für den Luftwiderstandsbeiwert $c_w = 2$ und damit $W = \varrho\, v^2 F$, unabhängig von der Form der Spitze des Flugkörpers. Mit dem Wert $c_w = 2$ pflegt man bei den Luftdichtemessungen mittels der Erdsatelliten zu rechnen. Bei anderen Annahmen über den Reflexionsvorgang, z. B. vollkommen diffuse oder spiegelnde Reflexion, erhält man erheblich differierende Werte von c_w. Nimmt man z. B. an, daß beim Reflexionsvorgang nur die zur Oberfläche senkrechte Komponente vernichtet wird, so ergibt sich für eine Platte mit dem Anstellwinkel δ: $c_w = 2 \sin^2 \delta$.

b) *Zur aerodynamischen Erwärmung.* Bei hohen Geschwindigkeiten tritt in den dichteren Luftschichten der Atmosphäre das Problem der Aufheizung eines Flugkörpers auf, z.B. beim Wiedereintritt von Raketen oder Satelliten in die Atmosphäre. Hinter der Stoßwelle wird das Gas stark aufgeheizt, so daß die Luftmoleküle dissoziiert und ionisiert werden. Es bildet sich an der Vorderseite des Flugkörpers eine elektrisch leitende Schicht, ein sogen. *Plasma* aus. Die hierbei vom Flugkörper, vornehmlich von dessen Spitze aufzunehmende Wärmemenge ist derartig hoch, daß er evtl. einen Teil seiner Materie durch Verdampfung abstoßen muß, um die enorme Aufheizung zu überstehen. Als Resultat ergibt sich die „eigenartige aerodynamische Situation" *[38]* eines Flugkörpers, dessen Gestalt kontinuierlichen Änderungen unterworfen ist.

Untersuchungen von *H. J. Allen [38, 39]* haben ergeben, daß sich ein Flugkörper mit hohem c_w-Wert und geringem Reibungsbeiwert beim kurzzeitigen Wiedereintritt in die Atmosphäre am günstigsten verhält. Bei einem stumpfnasigen, z.B. mit halbkugelförmiger Spitze versehenem Flugkörper leitet die nicht anliegende Stoßwelle eine sehr hohe Wärmemenge ab, so daß die Erwärmung des Flugkörpers unterkritisch bleiben kann.

L. Kucharcik [40] wies auf die Möglichkeit hin, ein Aufprallen der Luftmoleküle auf den Flugkörper dadurch zu verhindern, daß die Luftmoleküle durch ein vom Flugkörper selbst erzeugtes elektrisches Feld ionisiert (falls sie es nicht schon sein sollten) und um den Körper herum entlang der Feldlinien geleitet werden. Er schlägt entsprechende Versuche vor. Denn auf die Dauer sieht *Kucharcik* in der Umkleidung eines Flugkörpers mit einer Schutzschicht von geringer Wärmeleitfähigkeit, die abschmelzen soll, keine befriedigende Lösung..

Aus dem oben angedeuteten Fragenkomplex des Hyperschalls haben sich die Gebiete der Aerothermochemie und der Magnetoaerodynamik entwikkelt, die einen erheblichen Beitrag zur physikalischen Grundlagenforschung liefern.

56. Schlußbemerkung zur Rakete

Die Großrakete hat heute außer für militärische Zwecke eine besondere Bedeutung in der Physik für die Erforschung der hohen Atmosphäre sowie extraterrestrischer Vorgänge gefunden *(E. Burgess [18])*. Die Nutzlast einer Forschungsrakete besteht aus einer Kammer mit physikalischen Meßgeräten, die nach Erreichung der größten Höhe aus der Rakete ausgestoßen wird und mittels eines Fallschirmes zurückkehrt. So wurde die V 2 entsprechend umgebaut. Es konnten Temperatur- und Druckmessungen in der Atmosphäre und Untersuchungen der *E*-Schichten bis etwa 100 km Höhe durchgeführt werden. Mittels eines in die V 2 eingebauten Spektrographen, dessen Optik während des Fluges der Rakete laufend automatisch zur Sonne gerichtet wurde, wurde das Sonnenspektrum aufgenommen.

Die Rakete ist für derartige Untersuchungen als Objektträger besonders gut geeignet, da bei ihr nur geringe Beschleunigungen wirken und daher die Meßgeräte nur geringem Andruck ausgesetzt sind. In Amerika sind für physikalische Messungen besondere Forschungsraketen, u. a. die Viking, die Aerobee und die verschiedenen Typen der Lockheed-X, in Frankreich die Véronique (S. 278), entwickelt worden.

Der Mehrstufenrakete ist es zu verdanken, daß künstliche Erdsatelliten auf ihre Bahn gebracht werden konnten. Diese stellen fraglos einen hohen wissenschaftlichen Wert dar, sei es als Träger von physikalischen Meßgeräten, sei es durch ihre Existenz schlechthin. Bisher wurden als wissenschaftliche Ergebnisse bereits Angaben über die Luftdichte, über das Auftreten von Meteoriten, über die Intensität der kosmischen Strahlung in der hohen Atmosphäre sowie über die Temperatur an der Oberfläche und im Innern der Satelliten erhalten.

In der folgenden Tabelle 19 (s. S. 284) sind Angaben über Bahnwerte von einigen Satelliten zusammengestellt.

Die erfolgreichen Starts der Satelliten brachten es naturgemäß mit sich, daß die Frage einer Weltraumfahrt ernsthaft diskutiert wird *[32, 33, 34]*. Wir wollen auf dieses Problem kurz eingehen. Die bisherigen Vorschläge zur Weltraumfahrt basieren auf den *heute* zur Verfügung stehenden technischen Mitteln (z. B. den chemischen Treibstoffen) und sehen zunächst den Aufbau eines großen Satelliten um die Erde als Raumstation vor. Diese würde ein fliegendes physikalisches Laboratorium darstellen, in dem die eigentlichen Raumschiffe montiert und von dem aus sie in den Weltraum gestartet werden sollen.

Um einen Überblick über die Größenordnung der dabei benötigten Stufenraketen zu bekommen, seien in der folgenden Tabelle 20 (s. S. 285) die Zahlenwerte eines von *H. H. Kölle [19]* durchgerechneten Beispiels angegeben.

Für den Aufbau der Station ist nun eine Vielzahl solcher Raketen erforderlich. Bevor man an die Durchführung einer solchen Planung gehen kann, sind aber noch zahlreiche Vorversuche durchzuführen. Denn die Ausführung eines solchen Projektes hängt außer von der Kostenfrage von technischen Fragen (z. B. dem *sicheren* Funktionieren der Rakete und der *sicheren* Rückkehr von einzelnen Stufen) und vor allem von medizinischen Fragen ab. Bei dem Aufbau der Raumstation ist ja die Mitwirkung des Menschen selbst erforderlich. Hier sind aber die bisherigen Vorversuche noch nicht ausreichend, um heute mit Sicherheit sagen zu können, daß der Mensch den besonderen Verhältnissen außerhalb der Lufthülle der Erde im schwerefreien Zustand für längere Zeit gewachsen ist. Der Entwicklungsweg wird

Tabelle 19. Bahnwerte für einige Satelliten

Satellit		$1957\,\beta$	$1958\,\alpha$	$1958\,\gamma$	$1958\,\delta\,2$
Startgewicht	kp	?	25400	25400	?
Satellitengewicht	kp	508	14	14	1327
Bahnwinkel gegen Äquator	Grad	$65,29 \pm 0,03$	33,235	33,33	65,0
Große Halbachse a	km	$7235 \pm 0,11$	7783	7145,5	7470
Perigäumshöhe h_p	km	281	352,4	169,8	320
Apogäumshöhe h_a	km	1449	2476,4	1384	1880
Exzentrizität ε	—	$0,0904 \pm 0,0003$	0,13630	0,08477	$0,105 \pm 0,01$
Geschwindigkcit im Perigäum	m/s	8030	8190	8110	8160
Apogäum	m/s	6690	6230	6780	6610
Umlaufszeit T	min	$102,289 \pm 0,01$	114,106	100,38	$105,902 \pm 0,005$
Änderung der Umlaufszeit	ε/Tag	$-3,0$			$-0,756$
Präzessionsbewegung	°/Tag	$2,69 \pm 0,01$	4,338	5,71	1,8
Apsidenbewegung	°/Tag	$\approx 0,41$	6,474	8,51	$\approx 0,38$
Die obigen Bahnwerte gelten für den	—	3. 12. 1957	28. 5. 1958	31. 5. 1858	23. 5. 1958

Tabelle 20. Angaben für eine optimale Außenstation-Lastrakete von H. H. Kölle

Stufe		I	II	III	IV
Startgewicht G_0	kp	871 000	234 000	66 000	18 400
Treibstoffgewicht G_{Tr}	kp	527 000	135 000	39 000	9 400
Rüstgewicht G_R	kp	110 000	33 000	8 600	5 500
Nutzlast G_N	kp	234 000	66 000	18 400	3 500
Ausströmgeschwindigkeit ...	m/s	2580	2800	2900	2900
Massenverhältnis $m_0/(m_0 - m_{Tr})$	—	2,53	2,36	2,44	2,02
Charakteristische Geschwindigkeit[1])	m/s	2380	2410	2600	2010

[1]) *Bemerkung:* Geschwindigkeit, die die Rakete im schwerefreien Vakuum erreicht. Summe der charakteristischen Geschwindigkeiten: 9400 m/s. Gesamtmassenverhältnis = Produkt der Einzelmassenverhältnisse = 29,4.

der folgende sein: Zunächst muß eine nahezu an Sicherheit grenzende Funktion der Mehrstufen-Trägerrakete erreicht werden. Man wird zu größeren Satelliten übergehen und versuchen, Teile der Trägerraketen oder die Satelliten selbst sicher zur Erde zurückzubringen. Die besonderen physikalischen Verhältnisse außerhalb der Lufthülle der Erde (extraterrestrische Strahlung, Meteoriten) müssen noch sorgfältig erforscht werden. Man wird Tierversuche durchführen und bemannte Raketen (die heutigen Höchstgeschwindigkeitsflugzeuge sind ja bereits nichts anderes als bemannte Raketen) sukzessive in größere Höhen bringen und immer längere Zeiten schwerefrei fliegen lassen.

Mit den heutigen chemischen Raketen ist es durchaus möglich, unbemannte Raketen zum Mond zu schießen; eine interstellare Fahrt dagegen erscheint auch aus technischen Gründen sehr fraglich.

Bedenkt man die ungeahnte Raketenentwicklung der letzten 20 Jahre (zu der zum großen Teil die Entwicklung der cm-Wellen-Technik beigetragen hat); so darf man sich wohl mit Recht der Ansicht von *Th. von Karman [21]* anschließen, daß „die Entwicklung von Staustrahltriebwerken und Raketen einen Umfang annehmen wird, von dem man sich gegenwärtig kaum einen Begriff machen kann".

Nachtrag

1. Bemerkung zur Ballistik der Fernraketen

Die Ballistik der Fernraketen ($X \geqq 3000$ km) unterscheidet sich grundsätzlich von der klassischen Ballistik dadurch, daß der weitaus größte Teil der Flugbahn praktisch im luftleeren Raum verläuft und daß die Drehung der Erde berücksichtigt werden muß. (*H. Molitz [1]* und *[12]* vom 2. Abschnitt). Einige Zahlenwerte: $X = 3000$ km; $v_0 = 4900$ m/s (Mindestwert im Vakuum); $Y_G = 627$ km; $T = 14{,}8$ min.

Der erste Teil der Flugbahn ist eine normale „klassische" Flugbahn im lufterfüllten Raum, an den sich als zweiter Bahnteil ein Ellipsenbogen anschließt, der sich aus den Anfangsbedingungen beim Verlassen des lufterfüllten Raumes ergibt. Diesem Ellipsenbogen folgt dann der dritte Bahnteil beim Wiedereintritt in die dichte Atmosphäre. Die Flugbahnberechnung kann mit den angegebenen Integrationsmethoden des 1. und 2. Abschnittes berechnet werden, wozu noch die Berücksichtigung der durch die Erddrehung bedingten Corioliskräfte hinzukommt *[1]*. Man wird heute derartige Bahnen mit elektronischen Rechenmaschinen berechnen. Für den dritten Bahnteil ist charakteristisch, daß der Wiedereintritt mit großer Geschwindigkeit (Hyperschallgeschwindigkeit) erfolgt und dabei die Geschwindigkeit bei steigender Luftdichte sogar zunächst noch ansteigt, während bei der Aufstiegsbahn mit steigender (von Null beginnender) Geschwindigkeit die Luftdichte abnimmt. Die Abstiegsbahn bringt daher für den Flugkörper besondere Beanspruchungen mit sich durch aerodynamische Erwärmung, durch hohe Verzögerungen und u. U. durch das Auftreten von Eintauchschwingungen *(G. Ludwig [2])*. Zur Erzielung einer befriedigenden Schußpräzision wird die Fernrakete sich selbst bis zum Ende der Antriebsperiode programmiert steuern bzw. können Geschwindigkeits- und Kursverbesserungen vom Boden her gegeben werden. Es soll bei Fernraketen eine Längenstreuung von der Größenordnung von $1\,^0/_0$ der Schußweite erreicht worden sein.

2. Die I.C.A.O.[1]-Atmosphäre (vgl. S. 34)

Tabelle 21

Höhe y m	Temperatur T °C	Druck p kp/m²	Dichte ϱ kp s²/m⁴	Spezifisches Gewicht γ kp/m³
0	15	10332	0,1249	1,2250
100	14,35	10210	0,1237	1,2133
200	13,70	10090	0,1225	1,2017
400	12,40	9852	0,1202	1,1787
600	11,10	9618	0,1179	1,1560
800	9,80	9389	0,1156	1,1337
1000	8,50	9165	0,1134	1,1117
2000	2,00	8106	0,1026	1,0065
3000	— 4,50	7149	0,0927	0,9091
4000	—11,00	6285	0,0835	0,8191
5000	—17,50	5508	0,0751	0,7361
6000	—24,00	4811	0,0673	0,6597
7000	—30,50	4187	0,0601	0,5895
8000	—37,00	3636	0,0535	0,5252
9000	—43,50	3135	0,04755	0,4663
10000	—50,00	2696	0,04208	0,4127
11000	—56,50	2308	0,03711	0,3639
12000	—56,50	1971	0,03170	0,3108
13000	—56,50	1684	0,02707	0,2655
14000	—56,50	1438	0,02312	0,2267
15000	—56,50	1228	0,01975	0,1937
16000	—56,50	1049	0,01687	0,1654
17000	—56,50	896	0,01441	0,1413
18000	—56,50	765	0,01231	0,1207
19000	—56,50	654	0,01051	0,1031
20000	—56,50	558	0,00898	0,0880

[1] Internationel Civil Aviation Organization.

Literatur

Erster Abschnitt

[1] *C. Cranz:* Lehrbuch der Ballistik. Ergänzungsband. Verlag J. Springer, Berlin 1936.

[2] *R. Schmidt:* Wehrtechnische Monatshefte Bd. 42 (1938), Heft 4.
R. Schmidt: Praktische Ballistik. Verlag E. S. Mittler & Sohn, Berlin-Frankfurt/M. 1957.

[3] *W. Kraus:* Näherungsformeln usw. Wehrtechnische Monatshefte Bd. 47 (1943), S. 235/241 sowie S. 299/307.

[4] *M. J. Kooy* and *J. W. H. Uytenbogaart:* Ballistics of the Future. The Technical Publishing Comp. H. Stam, Haarlem, Holland 1946.

[5] *W. Schaub:* Die himmelsmechanischen Grundlagen der Raumfahrt. In: Raumfahrtforschung (Herausgeber: *H. Gartmann*). Verlag R. Oldenbourg, München 1952.

Zweiter Abschnitt

[1] *L. Prandtl* und *O. Tietjens:* Hydro- und Aeromechanik. Verlag J. Springer, Berlin 1931.

[2] *G. J. Taylor* und *J. W. Maccoll:* The Airpressure on a Cone Moving at High Speeds. Proc. Roy. Soc. (Ser. A) Vol. 139 (1933), p. 278 ff.

[3] *L. Prandtl:* Strömungslehre. Verlag Friedr. Vieweg & Sohn, Braunschweig 1957.

[4] *S. Hoerner:* Aerodynamic Drag. The Otterbein Press. Dayton Ohio USA 1951.

[5] *H. Kurzweg:* Der Druck auf der Rückseite schnellfliegender Körper. Allgem. Wärmetechnik. Bd. 4 (1953), Heft 8, S. 172/175.

[6] *H. Schardin:* Vortrag auf dem Congrès sur l'Ecoulement des Gaz am 12./13. 7. 1949 im Laboratoire de Recherches Techniques de Saint Louis.

[7] *C. Cranz:* Lehrbuch der Ballistik. I. Bd. 5. Aufl. Verlag J. Springer 1925.

[8] *L. Gabeaud:* Mém. de l'Art frç. T. 15 (1936), p. 1219/1313.

[9] *M. Garnier:* Calcul des Tables et Abaques de Tirs (Methode G. H. M. 1927). Imprimerie Nationale Paris 1953.

[10] *R. Sauer:* Theoretische Einführung in die Gasdynamik. Verlag J. Springer, Berlin 1951.

[11] *K. Jochmann:* Wehrtechnische Monatshefte. Bd. 41 (1937). S. 78/89.

[12] Handbuch der Ballistik (Herausgeber: *H. Schardin*). Bd. 1: Äußere Ballistik. In Vorbereitung. Beitrag von *H. Molitz:* Ballistik ungesteuerter Geschosse.

[13] *M. Garnier:* La balistique extérieure moderne en France. Mém. de l'Art frç. T. 28, 1954, 1er fasc., p. 117/234.

[14] *E. J. McShane, J. L. Kelley* and *F. V. Reno:* Exterior Ballistics. The University of Denver Press 1952.

[15] *G. Bruno:* Tavole dei Fattori di Tiro. Roma 1934.

[16] *H. H. Kritzinger:* Primärfunktionen. Rheinisch-Westfälische Sprengstoff AG. Nürnberg 1943.

[17] *G. de Josselin de Jong:* Holländische Zeitschrift Militaire Spectator 1924.

[18] *H. Schardin:* Beiträge zur Ballistik und Technischen Physik (Beitrag D. Wehage) Verlag J. Ambrosius Barth, Leipzig 1938.

[19] *L. Besse:* Cours de Balistique extérieure. Mem. de l'Art. frç. 31 (1957) 2e fasc. p. 391/446; 31 (1957) 3e fasc. p. 593/625; 31 (1957) 4e fasc. p. 939/1016 u. folg. Hefte 1958.

[20] *F. K. Hill* and *R. A. Alpher:* Base pressures at supersonic velocities. J. Aeron. Sciences 16 (1949), S. 153/160.

Dritter Abschnitt

[1] *H. Molitz:* Vgl. Lit.-Angabe [12] vom 2. Abschnitt — *H. Molitz:* Verschiedene Berichte aus dem Laboratoire de Recherches Techniques de St. Louis (LRSL) aus den Jahren 1947 bis 1957. — *H. Molitz* und *G. Schöner:* Theorie der Geschoßpendelung. Rapport 10/51, LRSL 1951.

[2] *J. Ackeret:* Elementare Betrachtungen über die Stabilität von Langgeschossen. Helv. Phys. Acta XXII (1949), Heft 2, S. 127/134.

[3] *R. E. Kutterer:* Vortrag auf dem Congrès International sur l'Ecoulement des Gaz im Laboratoire de Recherches Techniques, Saint Louis 1949.

[4] *P. Rebuffet:* Aérodynamique Expérimentale. Librairie Polytechnique Ch. Béranger, Paris 1950.
R. C. Pankhurst and *D. W. Holder:* Wind-Tunnel Technique. Sir Isaac Pitman & Sons, London 1952.
A. Pope: Wind Tunnel Testing. New York, Biley II. Aufl. 1954.

[5] *A. Auriol:* Sur une nouvelle méthode pour déterminer en soufflerie les caractéristiques aérodynamiques des projectiles. C. R. No 14 (6. X. 1952), p. 701/702.

[6] *V. I. Stevens:* Hypersonic Research Facilities at the Ames Aeronautical Laboratory. J. Appl. Phys. Vol. 21 (Nov. 1950), p. 1150/1155.

[7] *K. Schüssler, E. Henning* und *J. Schmidt:* Untersuchungen zur Vermessung von Geschoßbahnen und -pendelungen besonders in Schießkanälen. Deutsche Luftfahrtforschung, Forsch.-Bericht 980/2 (1939) und 980/3 (1941).

[8] *A. C. Charters:* Some Ballistic Contributions to Aerodynamics. J. Aeron. Sc. (1947), p. 155 ff.

[9] *E. C. Barkofsky:* Multiple-Image Silhouette Photography for the NOTS Aeroballistic Laboratory. J. of the SMPTE Vol. 58 (1952), p. 480/486.
E. C. Barkofsky, R. Hopkins and *S. Dorsey:* Microsecond Photography of Rocket in Flight. Electronics (June 1953), p. 142/147.

[10] *P. Gieseler:* The Pressurized Ballistics Range at the Naval Ordnance Laboratory. J. of the SMPTE Vol. 55 (July 1950), p. 53/59.

[11] *A. G. Hoyem:* Captive Flight Testing. Ordnance (Jan. Feb. 1953), p. 691/693.

[12] *J. Kuntz:* Le rail transsonique de l'Onera. Atomes, 5 (1950), p. 407/412.

[13] *J. J. Glass* and *G. N. Patterson:* A Theoretical and Experimental Study of Shock—Tube Flows. J. Aeron. Sciences Vol. 22 (1955), p. 73/100.

[14] *W. Wuest:* Neue Probleme der Strömungsforschung im Bereich hoher Geschwindigkeit und großer Höhen. Weltraumfahrt (1951), Heft 2. S. 35/39.

[15] *R. Schmidt* und *P. Klages:* Modell-Meßverfahren der Flugtechnik.
H. Ludwieg: Der Rohrwindkanal.
W. Neuberger: Ersatz für Windkanalmessungen bei besonderer Berücksichtigung von Messungen im freien Fluge.
Diese drei Arbeiten in Z. f. Flugwiss. 3. Jahrg. (1955) Heft 7.

[16] *R. E. Kutterer:* Die Bestimmung ballistischer Beiwerte durch instabiles Verschießen von Geschossen. Vortrag auf einer Tagung im Laboratoire de Recherches Techniques, Saint Louis, Jan. 1955.

[16a] H. Molitz und G. Schöner: Methoden zur Auswertung der Bahn drallos verschossener instabiler und kreisstabiler Geschosse. Note Technique 3a/55, LRSL 1955.

[17] A. Stenzel und R. E. Kutterer: Eine geschwindigkeitsunabhängige Mehrfach-Funkenauslösung für die Freifluganlage. Note Technique 7a/55, LRSL 1955.

[18] R. E. Kutterer: Über den Stabilitätsfaktor s, seine praktische Bedeutung und seine Ermittlung. Wehrtechnische Monatshefte 54 (1957), Heft 8/9, S. 315/332.

[19] H. Molitz: Das sekundäre Hauptproblem der äußeren Ballistik. Wehrtechn. Monatshefte 54 (1957), Heft 8, S. 333/342.

[20] R. E. Kutterer: Über den Entwicklungsstand der Freifluganlagen. Jahrbuch 1957 der WGL.

[21] Track-Testing. Mehrere Arbeiten über Raketenschlitten in Jet Propulsion 27 (1957), Nr. 9.

[22] G. V. Bull: Some Aerodynamic Studies in the C.A.R.D.E. Aeroballistics Range. Canadian Aeronautical Journal 2 (1956), No. 5, S. 154/163.

[23] A. Stenzel: Geschwindigkeitsunabhängige Mehrfach-Funkenauslösung für die Freifluganlage. Laboratoire de Recherches Techniques de St. Louis. Note Technique 5a/56.
A. Stenzel: Eine tragbare Cranz-Schardin-Funkenzeitlupe mit Steuerung der Funkenfolge auf der Niederspannungsseite. Laboratoire de Recherches Techniques de St. Louis. Note Technique 10a/55.

[24] P. Devaux: De l'évolution de la chronometrie dans la cinématographie ultrarapide. V. Congrès International de Chronometrie Paris Oktober 1954, Procès-Verbaux Vol. II, 1956, S. 783/798.
P. Devaux: Flash generators with built-in chronometrie. Proceedings of the Third International Congress on High-Speed Photographie. London Butterworths Scientific Publications 1957. S. 67 u. ff.

[25] B. Koch: Radioelektrische Messung ballistischer Daten in Freifluganlagen. Wehrtechn. Monatshefte 54 (1957), Heft 8, S. 342/355.

[26] H. H. Kurzweg and R. E. Wilson: Experimental Hyperballistics. Aeronaut. Eng. Review 15 (1956), No. 12, p. 32/38.

Vierter Abschnitt

[1] P. Fayolle et P. Naslin: La Mesure des Courtes Durées. Mém. de l'Art frç. T. 26 (1952) 4e Fasc. p. 767/817; T. 27 (1953) 1er fasc., p. 7/76; T. 27 (1953) 2e fasc., p. 279/346.

[2] a) H. Lukanow: v_0-Meßverfahren für feldmäßigen Einsatz. Wehrtechnische Monatshefte 53. Jg. (1956), Heft 5, S. 199/216.
b) P. Drewell: Neue Kurzzeitmeßgeräte und ihre Anwendung in der Munitionsentwicklung und -prüfung. Bericht aus der Forschungsanstalt der DMM, Lübeck-Schlutup 1944.

[3] W. Woehl: Einige neue v_0-Meßgeräte mit kurzer Basis. In „Beiträge zur Ballistik und Technischen Physik", herausgegeben von H. Schardin. Verlag Ambrosius Barth, Leipzig 1938.

[4] K. Bötz: Der Lichtblitzzeitmesser, ein neues Kurz- und Langzeitmeßgerät. Z. f. techn. Phys. 21 (1940), S. 228/232.

[5] C. Cranz, R. E. Kutterer und H. Schardin: Der Kerreffekt-Chronograph, ein neuer Geschoßgeschwindigkeitsmesser. Wehr und Waffen. 10. Jg. (1932), Heft 9.

[6] R. Sartorius: Emploi du Chronograph Piézo-optique Tawil au Tarage des Cordeaux Détonants. Mém. de l'Art frç. T. 31 (1951) 2e fasc., p. 387/419.

[7] *B. Koch:* Mesure Radioélectrique de la Vitesse des Projectiles. L'Onde électrique. Vol. 32 (1952), p. 357/371.

[8] *B. Koch:* Réfléxion de Micro-Ondes par des Phénomènes de Détonation. C. R. Tome 236. (16. II. 1953) No. 7, p. 661/663.

[9] *M. A. Cook, R. L. Doran* and *G. J. Morris:* Measurement of Detonation Velocity by Doppler Effect at Three-Centimeter Wavelength. J. Appl. Physics. Vol. 26 (1955), No. 48, p. 426/428.

[10] a) *J. Kömnik* und *E. Wehnelt:* Z. f. Techn. Phys. 22 (1941).
b) *J. A. van Allen* and *H. P. Hitchcock:* Loss of Spin of Projectiles. J. Aeron. Sciences, Vol. 15 (1948), Nr. 1 S. 35/40.

[11] *C. Cranz:* Lehrbuch der Ballistik. 3. Bd. Verlag J. Springer, Berlin 1927.

[12] *H. Schardin:* Theorie und Anwendung des Mach-Zehnderschen Interferenzrefraktometers. Z. f. Instrum.kunde 53 (1933), S. 396/403.

[13] *E. Schmidt:* Forsch. Ing. Wesen 3 (1932).

[14] *H. Schardin:* Das Toeplersche Schlierenverfahren VDI-Forschungsheft Nr. 367 (1934).

[15] *F. Fründel:* Die Kontrolltechnik schneller Bewegungsvorgänge. Z. f. angew. Phys. 6. Bd. (1954), 4. Heft, S. 183/192.

[16] *E. Fünfer:* Einige experimentelle Untersuchungen der elektrischen und optischen Vorgänge beim Durchschlag von Gasen. Z. f. angew. Phys. 1. Bd. (1949), 7. Heft, S. 295/304.

[17] *H. Schardin* und *E. Fünfer:* Grundlagen der Funkenkinematographie. Z. f. angew. Physik 4. Bd. (1952) Heft 5, S. 185/199, sowie Heft 6, S. 224/238.

[18] *P. Fayolle* et *P. Naslin:* Photographie Instantanée et Cinématographie Ultrarapide. Mém, de l'Art. frç. T. 22 (1948) 3e fasc., p. 657/755; T. 23 (1949) 1er fasc., p. 7/103.

[19] a) *C. Cranz* und *H. Schardin:* Kinematographie auf ruhenden Film und mit extrem hoher Bilderfrequenz. Z. f. Physik Bd. 56 (1929), Heft 3 und 4.
H. Schardin: Die Mehrfach-Funken-Kamera und ihre Anwendung in der technischen Physik. Z. f. angew. Physik 5. Bd. (1953), Heft 1, S. 19/24.
b) *A. Stenzel:* Eine tragbare Cranz-Schardin-Funkenzeitlupe mit Steuerung der Funkenfolge auf der Niederspannungsseite. Note Technique 10a/55, LRSL 1955.
A. Stenzel: Elektronisches Steuergerät zur tragbaren Cranz-Schardin-Funkenzeitlupe. Note Technique 13a/56, LRSL 1956.
c) *A. Stenzel* und *K. Vollrath:* Elektronische Funkenzeitlupe hoher Bildzahl. Vortrag auf dem 2e Congrès de Photographie et Cinématographie Ultra-Rapide (22./28. IX. 1954, Paris).

[20] *E. Fünfer* und *W. Müller:* Photographie et Cinématographie des Phénomènes Balistiques à l'Aide de Cellule de Kerr. Vortrag auf dem 2e Congrés International des Photographie et Cinématographie Ultra-Rapide (22./28. IX. 1954 Paris).

[21] *E. Fünfer* und *R. Schall:* Erzeugung und Untersuchung extrem kurzdauernder Zustände. Phys. Bl. 8 (1952), Heft 7, S. 305/312.

[22] *D. Elle:* Eine Anwendung des Faradayeffektes zur Herstellung eines Kurzzeitverschlusses für Reihenvorderlichtaufnahmen und für die Röhrenblitzphotographie. Z. f. angew. Phys. 6. Bd. (1954) Heft 2, S. 49/54.

[23] *H. E. Edgerton* and *C. W. Wyckhoff:* A Rapid-Action Shutter With No Moving Parts. J. of the SMPTE 56 (1951), Nr. 4, p. 398/406.

[24] *J. A. Jenkins* and *R. A. Chippendale:* Ultraschnelle Momentphotographie mit Hilfe des Bildwandlers. Philips Technische Rundschau. 14. Jg. (1954), Heft 12, S. 367/380.

[25] *G. Turetschek:* Die unmittelbare Druckmessung in der Nähe des fliegenden Geschosses. Lilienthalgesellschaft für Luftfahrtforschung, Bericht 139 (1941).

[26] *H. Oertel:* Knallwellenoszillographie mittels Koronasonde. Z. f. angew. Phys. 4. Bd. (1952), Heft 5, S. 177/183.

[27] *R. Schall:* Röntgenblitzrohre in Betrieb und Anwendung. ATM Z 74—13. Mai 1953.

[28] *W. Schaafs:* Erzeugung und Anwendung von Röntgenblitzen. Ergebnisse der exakten Naturwiss. Bd. XXVIII (1955), Verlag J. Springer, Berlin.

[29] *R. Schall:* Röntgenblitzuntersuchungen bei Sicherheits-Sprengstoffen. Nobel-Hefte 21 (1955), Heft 1, S. 1/10.

[30] *G. Thomer:* Wirkungsweise und Anwendung eines Doppel-Röntgenblitzrohres. Z. f. angew. Phys. 5 (1953), Heft 6, S. 217/221.

[31] Tagungsbericht des 2e Congrès International de Photographie et Cinématographie Ultra-Rapide (22./28. IX. 1954, Paris).

[32] *G. Schultze:* Entwicklung eines Meßwertsenders für mittelkalibrige Geschosse hoher v_0. LRSL, Note Technique No. 16a/57.

[33] *H. Kleinwächter:* Mesure de la rotation de projectiles en vol a l'aide d'ondes centimétriques. Vortrag auf dem Colloque d'Aérodynamique im Laboratoire de Recherches Techniques de St. Louis am 4./5. XII. 1956.

[34] *L. A. Delsasso, L. G. de Bey* and *D. Reuyl:* Full-Scale Free-Flight Ballistic Measurements of Guided Missiles.
J. of Aeronautical Sciences 1948 (Heft 10), S. 605/615.

[35] *W. A. Price* and *E. H. Ehling:* Motion-Picture Photography in Guided-Missile Research. J. of the SMPTE 64 (1955), June p. 310/314.

[36] *H. Molitz:* Theoretische Betrachtungen zur Bahnvermessung durch drei Radialgeschwindigkeiten. Aktennotiz 7a/47, LRSL 1947.

Fünfter Abschnitt

[1] *R. Rüdenberg:* Artillerist. Monatshefte (1916), S. 237/316.

[2] *R. Becker:* Zeitschr. f. Physik 8 (1922), S. 321 ff.

[3] *Bairstow, Fowler* and *Hartree:* Proc. Roy. Soc. London (A) 1920 and 1923.

[4] *A. Schmidt:* Ztschr. f. Schieß- und Sprengstoffwesen 27 (1932), S. 1, 45, 82; 30 (1935), S. 364; 31 (1936), S. 8, 37, 80, 114; 35 (1938), S. 121, 280, 312.

[5] *W. Döring* und *G. Burkhardt:* Beiträge zur Theorie der Detonation. (Institut f. Ballistik der Techn. Akademie der Luftwaffe Bln.-Gatow). ZWB 1944, Forschungsbericht Nr. 1939.

[6] *S. Travers:* Etat actuel et valeur de la théorie hydro-thermodynamique des explosifs et chocs. Mém. de l'Art. frç.: T. 24 (1950) 3e fasc., p. 487/553; T. 25 (1951) 2e fasc., p. 423/624; T. 25 (1951) 4e fasc., p. 921/1006.
S. Travers: Les ondes de choc et de combustion (Colloque international de Saint Louis 29/30. X. 1951). Mém. de l'Art. frç. T. 27 (1953) 3e fasc., p. 699/762 et p. 761/856.

[7] *H. Langweiler:* Beitrag zur hydrodynamischen Detonationstheorie. Z. f. techn. Phys. 19 (1938), S. 271/283.

[8] *R. Schall* und *G. Thomer:* Röntgenblitzaufnahmen von Stoßwellen in festen, flüssigen und gasförmigen Medien. Z. f. angew. Phys. 3. Bd. (1951), Heft 2, S. 41/44.

Sechster Abschnitt

[1] *A. Parisot:* Mém. de l'Art frç. 18 (1939), p. 499/598.

[2] *A. Schmidt:* Thermochemische Tabellen für die Explosivchemie. Z. f. Schieß- und Sprengstoffwesen 29 (1934), S. 259 ff. und S. 296 ff.

[3] *H. Muraour:* Poudres et Explosifs. Presses Universitaires de France 1947.

[4] *H. Muraour* et *G. Aunis:* Etude de la vivacité de combustion de poudres colloidales. Mém. de l'Art frç. T. 23 (1949) 4e fasc., p. 859/866.

[5] *H. Muraour* et *G. Aunis:* Etudes de lois de combustion des poudres colloidales.
Mém. de l'Art frç. T. 25 (1951) 1er fasc., p. 117/165.

[6] *G. Seitz:* Untersuchung der Pulververbrennung in der geschlossenen Verbren-
nungsbombe. Explosivstoffe 3. Jg. (1955), Heft 11, S. 173/178 und Heft 12,
S. 201/206.

[7] *P. Charbonnier:* Balistique Intérieure. Paris 1908.

[8] *E. Bollé:* Z. f. Schieß- und Sprengstoffwesen 35 (1940), S. 197/198 und S. 222/224.
E. Bollé und *G. Seitz:* Einführung in die innere Ballistik. Verlag Friedr. Vieweg &
Sohn, Braunschweig 1942.

[9] *H. Langweiler:* Z. f. Schieß- und Sprengstoffwesen 33 (1938), S. 273/276, S. 305/
309 und S. 338/342.

[10] *J. Pohl:* Die Berechnung eines Gewehrlaufes. In „Beiträge zur Ballistik und Techn.
Physik" von *H. Schardin.* Verlag Barth, Leipzig 1938.

[11] *H. Petersen:* Die halbempirische innere Ballistik. Wehrtechn. Monatshefte 48
(1944), Heft 8, S. 230/235.

[12] *L. Médard:* Tables Thermochemiques. Mém. de l'Art. frç. 1954, 2e fasc. S. 415
bis 492.

[13] *G. Seitz:* Innerballistische Berechnungen. Explosivstoffe 4 (1956), Heft 11,
S. 248/256; 5 (1957), Heft 1, S. 7/11; Heft 3, S. 53/57; Heft 9 S. 187/194.

Siebenter Abschnitt

[1] *C. Cranz:* Lehrbuch der Ballistik. 1. Bd. Verlag J. Springer, Berlin 1926.

[2] *H. Joachim* und *H. Illgen:* Gasdruckmessung mit Piezo-Indikatoren. Z. f.
Schieß- und Sprengstoffwesen, Jg. 27 (1932), S. 76 ff.

[3] *E. Keller:* Experimente zur inneren Ballistik der 2-cm-Flugzeugflügelkanone
„Oerlikon". Diss. 1942, Verlag Ernst Lang, Zürich.

[4] *W. Gohlke:* Einführung in die piezoelektrische Meßtechnik. Akademische Ver-
lagsgesellschaft Geest & Portig K. G. Leipzig II. Aufl. 1958.

[5] *Th. Roßmann:* Neuere Untersuchungen zur inneren Ballistik. Vortrag in der
Deutschen Akademie für Luftfahrtforschung, März 1950.

[6] *H. Stadler, H. Gawlik, D. Menzel:* Messung innerballistischer Vorgänge. Explosivstoffe 2. Jg. (1954), Heft 11/12, S. 144/148 sowie 3. Jg. (1955), Heft 1/2, S. 1/6.

[7] *F. Rössler:* Optische Untersuchungen bei der adiabatischen Verbrennung von
festen Treibstoffen. Z. f. angew. Phys. 6. Bd. (1954), Heft 4, S. 175/182.

[8] *M. Sasiadek:* Ztschr. f. Physik 104 (1937), S. 566/579.

[9] *D. Bendersky:* Mechanical Engng. (1953) Nr. 2, p. 117/121. Hierüber Referat von
K. H. Niemeyer: Ein Thermoelement zum Messen schnell veränderlicher Ober-
flächentemperaturen. Stahl und Eisen 74 (1954), Nr. 4, S. 228/229.

[10] *W. H. Giedt:* The Determination of Transient Temperatures and Heat Transfer
at a Gas—Metal Interface Applied to a 40 mm Gun Barrel. Jet Propulsion. Vol.
25 (1955), No. 4, p. 158/162.

[11] *Spätzler:* Über den Einpressungswiderstand von Geschossen in das Rohr und
dessen rechnerische Behandlung. E. S. Mittler & Sohn, Berlin 1936.

[12] *M. P. Libessart:* Mém. de l'Art frç. 1932, p. 10, 121, 1115.

[13] *R. E. Kutterer:* Messung des Geschoßwiderstandes im Rohr. Diss. T.H. Berlin
1935.

[14] *K. H. Bodlien:* Beitrag zur inneren Ballistik gezogener Gewehre unter Berücksichtigung der Reibungsvorgänge. Diss. Universität Berlin 1938.

[15] *P. Régnauld:* Mém. de l'Art frç. 7 (1928), p. 863/869.

[16] *H. Pfriem:* Der Einfluß der Gasträgheit beim Schuß usw. Z. f. Schieß- und Sprengstoffwesen 38 (1943), S. 1/4; S. 21/25; S. 165/168.

[17] *P. Carrière:* Méthodes Théoriques de la Balistique. Actes du Colloque International de Mécanique (Poitiers 1950), Publications Scientifiques et Techniques du Ministère de l'Air No. 250 Paris 1951.

[18] High Velocity Gun. Military Review XXXV (1956) Nr. 12, p. 69.

[19] *Chr. Rohrbach:* Das Dehnungsmeßstreifen-Verfahren. ATM J 135—4/10, 1953 bis 1956.
R. Thiel: Zur Praxis der dynamischen Dehnungsmessung. ATM J 135—1/3, 1953.

[20] *H. Rumpff:* Differential-Druckmessung zur Untersuchung von Treibpulver. Explosivstoffe 5 (1957), Heft 3, S. 43/45.

[21] *W. Gohlke:* Elektronische Bestimmung dynamischer Spannungs-Dehnungskurven bei sehr schneller Stauchung. VDI-Z. 99 (1957), Nr. 13, S. 579/586.

[22] *G. Grötsch* und *E. Plake:* Bestimmung des Reibungskoeffizienten bei hohen Geschwindigkeiten für Stahl auf Stahl. Jahrbuch 1938 der deutschen Luftfahrtforschung II S. 345/349.

[23] *P. A. Thurston:* Research in the U. S. Naval Ordnance Laboratory Ballistics Ranges. Agard-Report 137 vom Juli 1957.

Achter Abschnitt

[1] *L. E. Simon:* German Research in World War II. New York, John Wiley & Son 2. Aufl. 1951.

[2] *J. Strecke:* Mathematische Innenballistik. Naturforschung und Medizin in Deutschland 1939—1946. Bd. 7, Teil V, S. 187/209.

[3] *R. Hermann:* Entwicklung flügelstabilisierter Geschosse zum Zwecke der Leistungssteigerung, Schriften der DAL. Geschosse ohne Drall.

[4] *H. Poltz:* Flügelstabilisierte Langgeschosse der Artillerie. Wehrtechn. Monatshefte 52. Jg. (1955), Heft 2, S. 221/224.

[5] *K. H. Bodlien:* Versuchs- und Entwicklungsergebnisse mit Düsengeschützen 1945.

[6] *B. Protte:* Le canon sans recul. Mém. de l'Art frç. T. 27 (1953) 1er fasc., p. 131 bis 138.

[7] *J. Corner:* Theory of the Internal Ballistic of the „Hoch- und Niederdruckkanone". J. of the Franklin Institute (1948), p. 234 ff.

[8] *S. Travers:* Le canon à tuyère. Mém. de l'Art frç. T. 26 (1952) 4e fasc., p. 853/858. *S. Travers* et *L. Touchard:* Le canon à tuyère. Mém. de l'Art frç. T. 27 (1953) 1er fasc., p. 219/278.

[9] *W. Trommsdorff:* Staustrahltriebwerke bei hohen Machzahlen. Z. f. Flugwissenschaften (1954), Heft 9, S. 228/241.

[10] *H. Schardin:* Über die Entwicklung der Hohlladung. Wehrtechn. Monatshefte 51. Jg. (1954), Heft 4, S. 97/120.

[11] *Teissier:* La charge creuse. Revue du Génie Militaire (1947), p. 109/152.

[12] *G. Birkhoff, D. P. MacDougall, E. M. Pugh* and *G. Taylor:* Explosives with Lined Cavities. J. Appl. Phys. Vol. 19 (1948), p. 563/582.

[13] *W. S. Koski, F. A. Lucy, R. G. Shreffler* and *F. J. Willy:* Fast Jets from Collapsing Cylinders. J. Appl. Phys. 23 (1952), p. 1300/1305.

[14] *G. Thomer:* Neuere Apparate-Entwicklungen zur Röntgenblitzphotographie und Kinematographie. Vortrag auf dem 2e Congrès International de Photographie et Cinématographie Ultra-Rapide, Paris 22./28. IX. 1954.

[15] *R. Schall* und *G. Thomer:* Röntgenblitzuntersuchungen bei Deternationsvorgängen, insbesondere bei Hohlladungen. Vortrag auf der Tagung wie unter *[14]*.

[16] *A. Stettbacher:* Energie, Zusammensetzung und Auspuffgeschwindigkeit chemischer Treibstoffe. Explosivstoffe 4. Jg. (1956), Heft 2, S. 25/33 sowie folgende Hefte.

[17] *W. A. Allan, J. S. Rinehart* and *W. C. White:* Phenomena Associated with the Flight of Ultra-Speed. Part I. Ballistics. J. Appl. Phys. 33 (1952), Nr. 1, p. 132 bis 137.

Neunter Abschnitt

[1] *H. Bender:* Beitrag zur Entwicklung der Fernlenkwaffen. Wehrtechn. Monatshefte 52. Jg. (1955), Heft 6, S. 165/175 und Heft 8, S. 260/266.

[2] *R. Merten:* Hochfrequenztechnik und Weltraumfahrt. S. Hirzel Verlag, Stuttgart 1951.

[3] *E. Sänger:* Thermodynamik der Raketen. Luftfahrttechnik 1. Jg. (1955), Heft 1, S. 14/18.

[4] *G. P. Sutton:* Rocket Propulsion Elements. John Wiley & Sons. II. Edition New York 1956.

[5] *W. Gohlke:* Die neuere Entwicklung der Feststoffrakete. Wehrtechn. Monatshefte 53. Jg. (1956), Heft 1, S. 14/20.

[6] *E. Schmidt:* Thermodynamik, 7. Aufl., Verlag J. Springer, Berlin 1958.

[7] *A. Stettbacher:* vgl. 8. Abschn. *[16].*

[8] *J. Ackeret:* Zur Theorie der Raketen. Helv. Phys. Acta, XIX (1946), S. 103/112.

[9] *R. H. Reichel:* Die heutigen Grenzen des Raketenantriebs usw. Z. VDI Bd. 92 (1950), Heft 32, S. 873/883.

[10] *E. Sänger:* Was kostet der Strahlantrieb? Interavia (1952), Heft 6, S. 338/340.

[11] *J. Himpan:* Die Leistungsbewertung der Raketentreibstoffe. Interavia 5. Jg. (1950), Heft 10. S. 530/532.

[12] *H. H. Koelle:* Verfahren zur Bestimmung der minimalen Startgewichte und der günstigsten Konstruktionsgrundwerte von Raumfahrzeugen. Forschungsberichte der GfW Nr. 5 vom 5. Mai 1950.

[13] *H. G. L. Krause:* Allgemeine Theorie der Stufenraketen. Weltraumfahrt (1952), Heft 2, S. 52/59.

[14] *P. Blanc:* Le Calcul des Fusées à Etages. Mém. de l'Art frç. T. 26 (1952) 3e fasc., p. 705/734.

[15] *F. P. Bundy* and *H. M. Strong:* Measurement of Velocity and Pressure of the Gases in Rocket Flames by Spectroscopic Methods. Third Composium on Combustion and Flame and Explosion Phenomena. The Williams and Wilkins Comp., Baltimore 1949, p. 647/654.

[16] *F. P. Bundy, H. M. Strong* and *A. B. Gregg:* Measurement of Velocity and Pressure of Gases in Rocket Flames by Spectroscopic Methods. J. Appl. Phys. Vol. 22 (1951), No. 8, p. 1069/1077.

[17] *F. Rösaler:* Temperaturmessungen an Raketenstrahlen. Z. f. angew. Phys. 6. Bd. (1954), Heft 5, S. 229/231 sowie 4. Bd. (1952), Heft 1, S. 22/29.

[18] *Eric Burgess:* Raketen in der Ionosphärenforschung. Deutsche Radar-Verlagsgesellschaft Garmisch-Partenkirchen 1956. (Originaltitel:: „Frontier To Space").

[19] *H. H. Kölle:* Ist der Weltraumflug möglich? VDI-Ztschr. Bd. 94 (1952), Heft 32, S. 1042/1044.

[20] *S. F. Singer:* A Minimum Orbital Instrument Satellite-Now. (Project„MOUSE"). Vortrag gehalten auf dem IV. Internat. Astronaut. Kongreß in Zürich 1953. Kongreßbericht im Verlag Laubscher, Biel (Schweiz) 1954.

[21] *Th. v. Kármán:* Interavia 1955. Heft 1. S. 21.

[22] History of German Guided Missiles Development. Agard-Tagung April 1956 in München. Verlag E. Appelhans & Co., Braunschweig 1957.

[23] *H. Reichel:* Raketenantriebe (Übersicht). VDI-Z. 99 (1957), Nr. 31, S. 1587/1591.

[24] *A. J. Zaehringer:* Solid Propellant Rockets. American Rocket Co., Wyandotte, Michigan 1955.

[25] *J. W. Wiggins:* Feststofftriebwerke für höchste Geschwindigkeiten. Raketentechnik und Raumfahrtforschung 1 (1957), Heft 3, S. 30/34. Übersetzung aus Jet Propulsion 26 (1956), No. 12.

[26] *J. M. Vogel:* A quasi-morphological approach to the geometry of charges for solid propellant rockets. Jet Propulsion 26 (1956), Nr. 2, S. 102/105.

[27] *W. Proel* and *N. J. Bowman:* A Handbook of Space Flight. Perastadion Press Chicago 1950.
Pressures, Densities and Temperatures in the Upper Atmosphere. The Rocket Panel. Harvard College Observatory, Cambridge, Massachusetts. Physical Review 88 (1952), Nr. 4, S. 1027/1032.

[28] *H. S. Tsien:* Technische Kybernetik. Berliner Union Stuttgart 1957.

[29] *O. Scholze:* Einflußgrößen ballistischer Fern-Flugkörper. Raketentechnik und Raumfahrtforschung II (1958), S. 2/8.

[30] *J. Ackeret:* Zur Theorie der Raketen. Helv. Phys. Acta XIX (1946), S. 103/112.

[31] *H. G. L. Krause:* Relativistische Raketenmechanik. Astronautica Acta II (1956), Fasc. 1, S. 30/47.

[32] *J. Ackeret:* Elementare Betrachtungen zum Satelliten- und Raumfahrtproblem. Schweizerische Bauzeitung 75 (1957), S. 814/822.

[33] *E. Schmidt:* Düsenflugzeug und Raketenantrieb. Verlag R. Oldenbourg München 1954.

[34] *W. von Braun, W. Ley* und *F. L. Whipple:* Die Eroberung des Mondes. S. Fischer Verlag 1954.
W. Ley und *W. von Braun:* Die Erforschung des Mars. S. Fischer Verlag 1957.

[35] *E. Stuhlinger:* Possibilities of electrical space ship propulsion. Astronautica Acta I (1955), Fasc. 3.

[36] *H. J. Kaeppeler:* Zur Frage der Verwendbarkeit thermonuklearer Reaktionen in Raketen. Raketentechnik und Raumfahrtforschung I (1957), Heft 3, S. 60/70 und II (1958), Heft 1, S. 13/19. In Heft 3 sind zahlreiche Literaturangaben.

[37] *H. Oertel:* Probleme und Methoden der Hyperschallforschung. Mémoire Nr. 3m/57 des Laboratoire de Recherches Techniques de St. Louis. Ein sehr guter, zusammenfassender Bericht.

[38] *Th. von Kármán:* Gedanken über Fernlenkwaffen. Interavia. 12 (1957), Heft 8, S. 777/778.

[39] *H. J. Allen:* Some aerodynamic effects on long-range rocketcraft. Agard-Tagung in Freiburg/Brsg. am 21./25. April 1958.

[40] *L. Kucharcik:* Die Werkstoffe schneller Flugkörper und ihr Verhalten im Temperaturbereich zwischen 5000 und 15000°C. Techn. Rundschau 50 (1958), Nr. 5.

[41] *H. G. Mebus:* Berechnung von Raketentriebwerken. C. F. Winter'sche Verlagshandlung Füssen 1957.

[42] *H. Gröttrup:* Aus den Arbeiten des deutschen Raketen-Kollektivs in der Sowjetunion. Raketentechnik und Raumfahrtforschung, Heft 2 (1958), S. 58/62.

Nachtrag

[1] *H. Molitz:* Bewegungsgleichungen für Geschoßbahnen mit großer Schußweite und ihre Lösung durch Störungsrechnung, insbesondere bei geringem Luftwiderstand. Bericht 20/46 LRSL 1946.

[2] *G. Ludwig:* Eintauchschwingungen von Raketen beim Wiedereintauchen in die Atmosphäre. Weltraumfahrt 5 (1954), Heft 2, S. 43/48.

Namenverzeichnis

Sachverzeichnis